人物剪影设计

黑白艺术照

手机个人主页

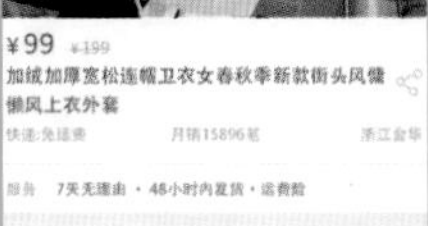

淘宝购物首页

时装杂志设计

旅游杂志封面

婚礼展架设计

企业宣传折页设计

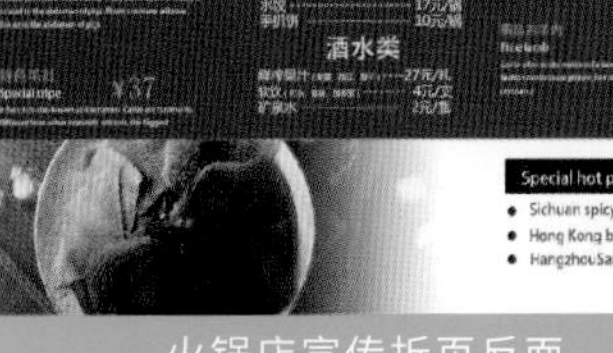

火锅店宣传折页反面

婚礼展架设计

牛奶包装设计

粽子包装设计

榴莲饼包装设计

豆粒字效果

酒店宣传展架设计

唯美暖色照片效果

校正照片色彩

感恩节海报设计

怀旧老照片

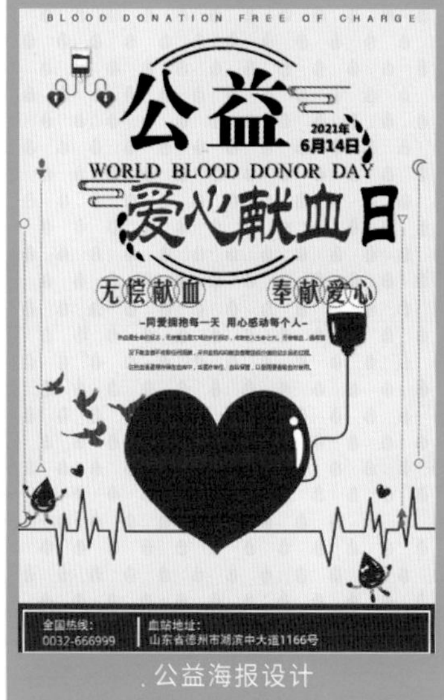

公益海报设计

戏曲海报

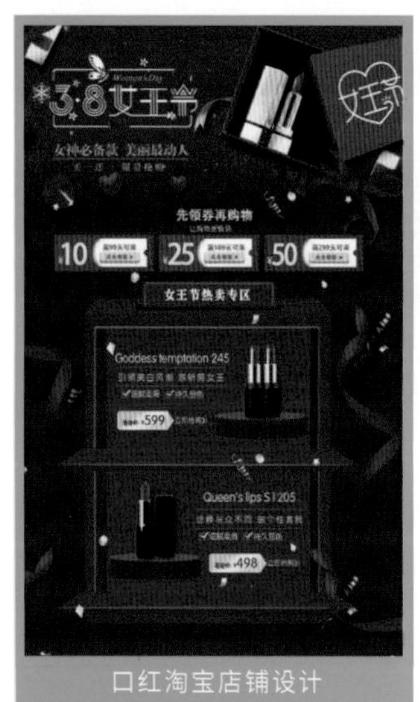

口红淘宝店铺设计

护肤品网站宣传广告

服装网站宣传广告

服装淘宝店铺设计

Adobe Photoshop CC 图像设计与制作案例实战

乜艳华　王　卓　主编

清华大学出版社
北　京

内 容 简 介

本书由浅入深、循序渐进地介绍了 Photoshop 2020 的使用方法和操作技巧。书中每一章都围绕综合实例来介绍，便于提高和拓宽读者对 Photoshop 2020 基本功能的掌握与应用。

本书按照平面设计工作的实际需求组织内容，划分为 10 章，包括人物剪影设计——Photoshop 的基础操作、手机个人主页——选区与路径、时装杂志封面设计——图像修饰工具、企业宣传折页设计——图像编辑工具、榴莲饼包装设计——图层的应用与编辑、婚礼展架设计——文本的创建与编辑、唯美暖色照片效果——图像色彩及处理、公益海报设计——通道与蒙版、护肤品网页宣传广告设计——滤镜、课程设计，使读者在制作学习过程中做到融会贯通。

本书的最大特点是内容实用，精选最常用、最实用、最有用的案例技术进行讲解，不仅有代表性，而且还覆盖当前的各种典型应用，读者学到的不仅仅是软件的用法，更重要的是用软件完成实际项目的方法、技巧和流程，同时也能从中获取视频编辑理论。本书的第二大特点是轻松易学，步骤讲解非常清晰，图文并茂，一看就懂。

本书内容翔实，结构清晰，语言流畅，实例分析透彻，操作步骤简洁实用，适合广大初学 Photoshop 2020 的用户使用，也可作为各类高等院校相关专业的教材。

图书在版编目(CIP)数据

Adobe Photoshop CC 图像设计与制作案例实战 / 乜艳华，王卓主编. —北京：清华大学出版社，2021.7
1+x职业技能等级证书数字孪生城市建模与应用-专业群试点教材
ISBN 978-7-302-58213-7

Ⅰ. ①A… Ⅱ. ①乜… ②王… Ⅲ. ①图像处理软件—教材 Ⅳ. ①TP391.413

中国版本图书馆CIP数据核字（2021）第099079号

责任编辑：李玉茹
封面设计：李　坤
责任校对：鲁海涛
责任印制：杨　艳
出版发行：清华大学出版社
网　　址：http://www.tup.com.cn，http://www.wqbook.com
地　　址：北京清华大学学研大厦A座　　**邮　　编：**100084
社 总 机：010-62770175　　**邮　　购：**010-62786544
投稿与读者服务：010-62776969，c-service@tup.tsinghua.edu.cn
质量反馈：010-62772015，zhiliang@tup.tsinghua.edu.cn
印 装 者：三河市铭诚印务有限公司
经　　销：全国新华书店
开　　本：185mm×260mm　　**印　　张：**20　　**插　　页：**1　　**字　　数：**488千字
版　　次：2021年8月第1版　　**印　　次：**2021年8月第1次印刷
定　　价：79.00 元

产品编号：091633-01

前言

Photoshop 是 Adobe 公司研发的世界顶级、最著名、使用最广泛的图形处理软件，是旗下最为出名的图像处理软件之一，被广泛应用于图像处理、平面设计、淘宝店铺设计、网站宣传广告设计、室内大厅、影视包装等诸多领域。基于 Photoshop 在平面设计行业应用的广泛度，本书针对不同层次和工作需求的读者制订了差异化的学习计划，包括为初学者设置的必学课程，希望能对读者学习平面设计带来帮助。

本书内容

全书共分 10 章，按照平面设计工作的实际需求组织内容，案例以实用、够用为原则。其中包括人物剪影设计——Photoshop 的基础操作、手机个人主页——选区与路径、时装杂志封面设计——图像修饰工具、企业宣传折页设计——图像编辑工具、榴莲饼包装设计——图层的应用与编辑、婚礼展架设计——文本的创建与编辑、唯美暖色照片效果——图像色彩及处理、公益海报设计——通道与蒙版、护肤品网页宣传广告设计——滤镜、课程设计等内容，Photoshop 在日常设计中几乎成了各种设计的必备软件。

本书特色

Photoshop 功能强大，命令繁多，全部掌握需要很长时间。本书以提高读者的动手能力为出发点，易学易用，由浅入深、由易到难，通过案例精讲、实战及课后练习诸多案例逐步引导读者系统地掌握软件的操作技能和相关行业知识。

海量的电子学习资源和素材

本书附带大量的学习资料和视频教程，下面截图给出部分概览。

本书附带所有的素材文件、场景文件、效果文件、多媒体有声视频教学录像，读者在读完本书内容以后，可以调用这些资源进行深入学习。

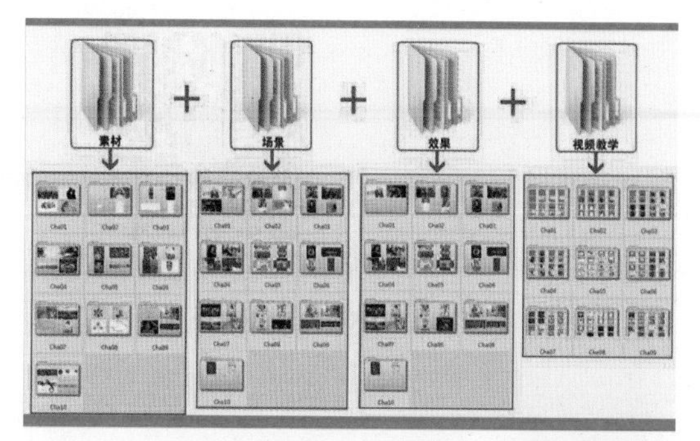

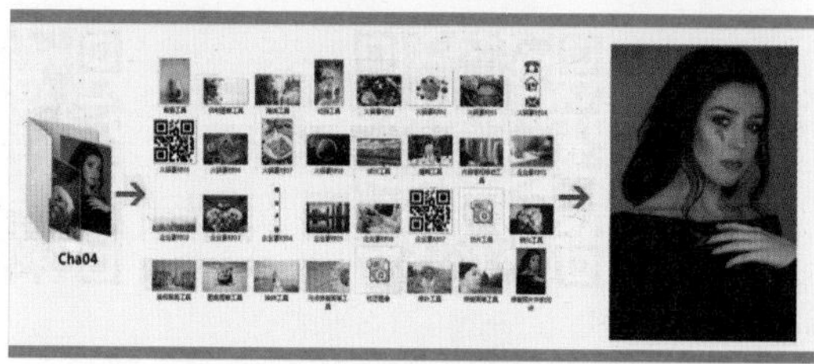

本书视频教学贴近实际，几乎手把手教学。

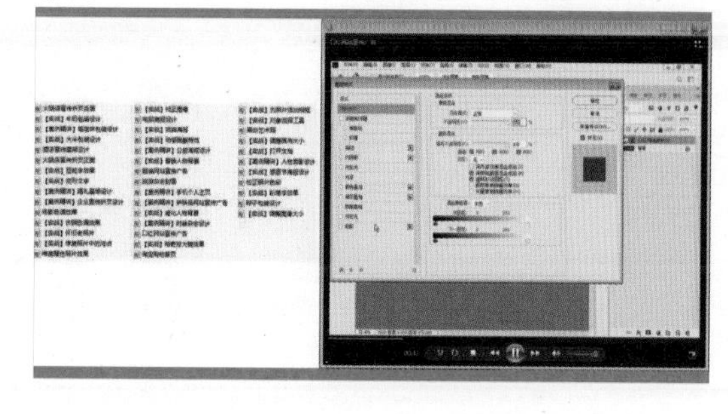

读者对象

1. Photoshop 初学者。

2. 大、中专院校和社会培训班平面设计及其相关专业的学生。

3. 平面设计从业人员。

衷心感谢在本书出版过程中给予我帮助的编辑老师，以及为这本书付出辛勤劳动的出版社的老师们。

致谢

本书由乜艳华（哈尔滨石油学院）、王卓（黑龙江工程学院）编写，其中乜艳华编写第1～7章，王卓编写第8～10章。在编写的过程中，我们虽竭尽所能将最好的讲解呈现给读者，但难免有疏漏和不妥之处，敬请读者不吝指正。

Adobe Photoshop CC 图像设计与制作案例实战 -PPT 课件

Adobe Photoshop CC 案例实战 - 视频教学 2

场景

效果 1

效果 2

编　者

目录

第 01 章 人物剪影设计——Photoshop 的基础操作

第 02 章 手机个人主页——选区与路径

第 03 章 时装杂志封面设计——图像修饰工具

第04章 企业宣传折页设计——图像编辑工具

第05章 榴莲饼包装设计——图层的应用与编辑

第 09 章 护肤品网页宣传广告设计——滤镜

第 10 章 课程设计

附 录 Photoshop 2020 常用快捷键

参考文献

第 01 章

人物剪影设计——Photoshop 的基础操作

本章主要对 Photoshop 2020 进行简单的介绍，其中包括 Photoshop 2020 的工作界面、保存文档、调整图像大小、调整画布大小等内容。通过对本章的学习，使用户对 Photoshop 2020 有一个初步的认识，为后面章节的学习奠定良好的基础。

本章导读

基础知识	初识 Photoshop 2020　新建空白文档
重点知识	调整图像大小　视图的缩放及平移
提高知识	切换屏幕显示模式　常用术语

案例精讲
人物剪影设计

为了更好地完成本设计案例，现对制作要求及设计内容做如下规划，效果如图 1-1 所示。

作品名称	人物剪影设计
作品尺寸	1500px×1000px
设计创意	（1）将人物照片以剪影的形式展现，为人物对象设置混合模式和不透明度。 （2）通过创建剪贴蒙版使画面富有设计感。
主要元素	（1）城市背景。 （2）人物剪影。 （3）艺术字。
应用软件	Photoshop CC 2020
素材：	素材 \Cha01\ 素材 01.jpg、素材 02.jpg、素材 03.png
场景：	场景 \Cha01\【案例精讲】人物剪影设计.psd
视频：	视频教学 \Cha01\【案例精讲】人物剪影设计.mp4
人物剪影效果欣赏	图 1-1　人物剪影设计

01 打开【素材 \Cha01\ 素材 01.jpg】素材文件，如图 1-2 所示。

图 1-2　打开的素材文件

02 在菜单栏中选择【文件】|【置入嵌入对象】命令，在弹出的对话框中选择【素材 \Cha01\ 素材 02.jpg】素材文件，单击【置入】按钮，在工作区中调整其位置与大小，调整完成后，按 Enter 键完成置入，如图 1-3 所示。

图 1-3　置入素材文件

03 在【图层】面板中选择【素材 02】图层，将【混合模式】设置为【滤色】，将【不透明度】设置为 90%，如图 1-4 所示。

图 1-4　设置混合模式与不透明度

04 使用同样的方法将【素材 03.png】素材文件置入文档，并调整其位置与大小，按 Enter 键完成置入，效果如图 1-5 所示。

图 1-5　置入素材文件

05 在【图层】面板中选择【背景】图层，按 Ctrl+J 组合键复制图层，选择【背景 拷贝】图层，将其调整至【素材 03】图层的上方，并在【背景 拷贝】图层上右击，在弹出的快捷菜单中选择【创建剪贴蒙版】命令，如图 1-6 所示。

图 1-6　复制图层并选择【创建剪贴蒙版】命令

06 在菜单栏中选择【文件】|【存储为】命令，如图 1-7 所示。

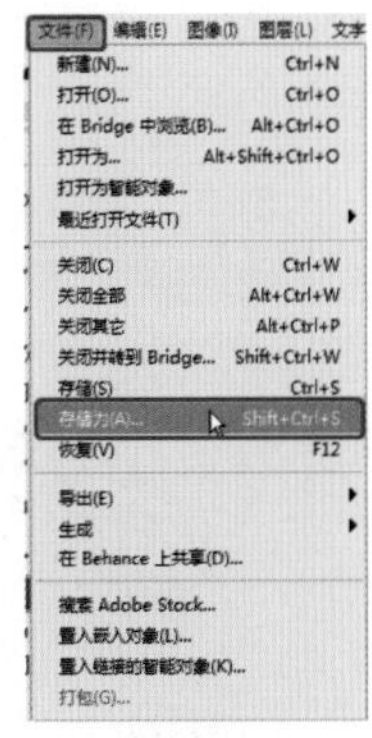

图 1-7　选择【存储为】命令

07 在弹出的对话框中指定存储路径，将【文件名】设置为“【案例精讲】人物剪影设计”，将【保存类型】设置为【Photoshop（*.PSD；*.PDD；*.PSDT）】，如图 1-8 所示。

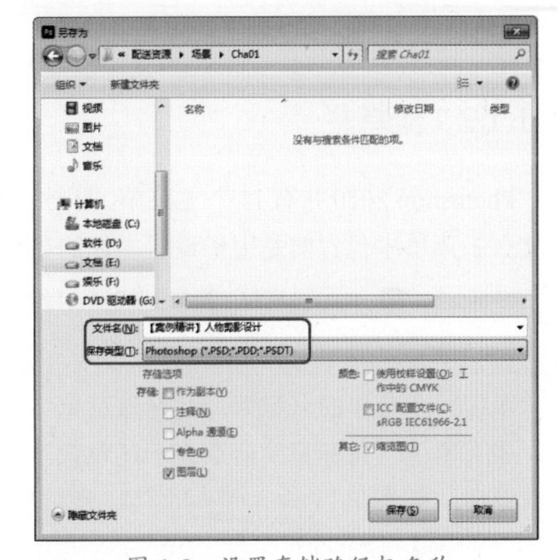

图 1-8　设置存储路径与名称

08 设置完成后，单击【保存】按钮即可对创建后的文档进行保存。

1.1 初识 Photoshop 2020

下面介绍 Photoshop 2020 工作区的工具、面板和其他元素。

1.1.1　Photoshop 2020 的工作界面

Photoshop 2020 工作界面的设计非常系统

化，便于操作和理解，同时也易于被人们接受，主要由菜单栏、工具箱、工具选项栏、状态栏、面板和图像窗口等几个部分组成，如图 1-9 所示。

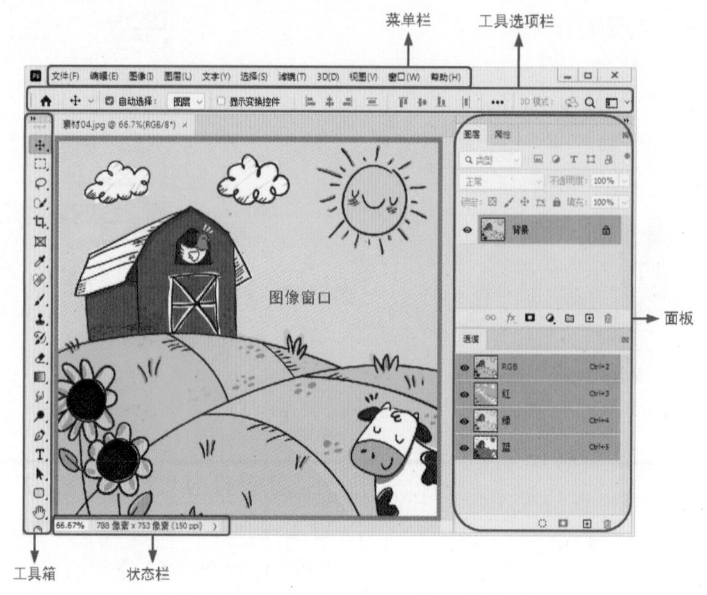

图 1-9 Photoshop 2020 的工作界面

1.1.2 菜单栏

Photoshop 2020 共有 11 个主菜单，如图 1-10 所示，每个菜单内都包含相同类型的命令。例如，【文件】菜单中包含的是用于设置文件的各种命令，【滤镜】菜单中包含的是各种滤镜。

文件(F) 编辑(E) 图像(I) 图层(L) 文字(Y) 选择(S) 滤镜(T) 3D(D) 视图(V) 窗口(W) 帮助(H)

图 1-10 菜单栏

单击一个菜单的名称即可打开该菜单；在菜单中，不同功能的命令之间采用分隔线进行分隔，带有黑色三角标记的命令表示还包含下拉菜单，将鼠标指针移到这样的命令上，即可显示下拉菜单，如图 1-11 所示为【调整】命令的子菜单。

选择菜单中的一个命令便可以执行该命令。如果命令后面附有组合键，则无须打开菜单，直接按组合键即可执行该命令。例如，按 Shift+Ctrl+V 组合键可以执行【选择性粘贴】|【原位粘贴】命令，如图 1-12 所示。

图 1-11 子菜单

图 1-12 带有组合键的命令

有些命令只提供了字母，要通过快捷方式执行这样的命令，可以按 Alt 键 + 主菜单的字母。使用字母执行命令的操作方法如下。

01 打开一个图像文件，按Alt键，然后按I键，打开【图像】菜单，如图 1-13 所示。

图 1-13 【图像】菜单

02 按 S 键，即可打开【画布大小】对话框，如图 1-14 所示。

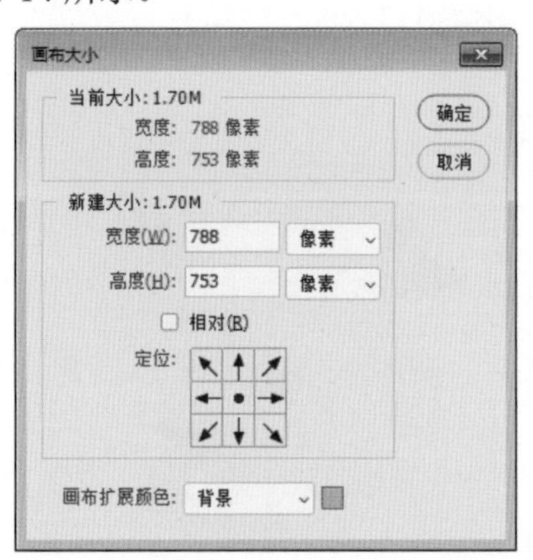

图 1-14 【画布大小】对话框

如果一个命令的名称后面带有【…】符号，表示执行该命令时将打开一个对话框，如图 1-15 所示。

如果菜单中的命令显示为灰色，则表示该命令在当前状态下不能使用。

下拉列表会因所选工具的不同而显示不同的内容。例如，使用画笔工具时，显示的下拉列表是画笔选项设置面板，而使用渐变工具时，显示的下拉列表则是渐变编辑面板。在图层上单击右键也可以显示工具菜单，图 1-16 为当前工具为【裁剪工具】时的快捷菜单。

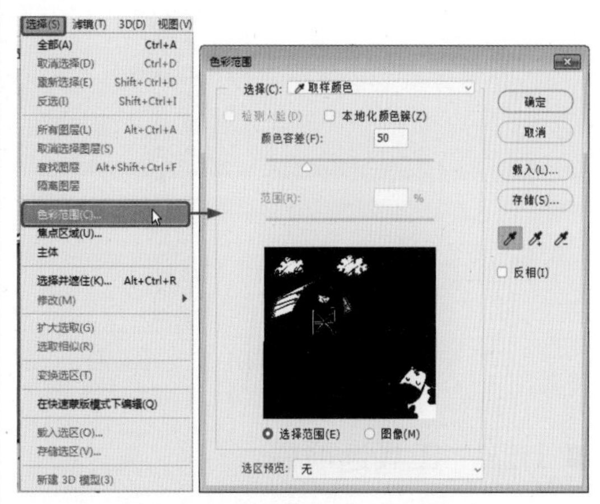

图 1-15 后面带有【…】的命令

图 1-16 【裁剪工具】快捷菜单

1.1.3 工具箱

第一次启动应用程序时，工具箱将出现在屏幕的左侧，可通过拖动工具箱的标题栏来移动它。选择【窗口】|【工具】命令，也可以显示或隐藏工具箱。Photoshop 2020 的工具箱如图 1-17 所示。

单击工具箱中的一个工具即可选择该工具。右下角带有三角形图标的工具表示这是一个工具组，在这样的工具上按住鼠标可以显示隐藏的工具，如图 1-18 所示；将鼠标指针移至隐藏的工具上放开鼠标，即可选择该工具。

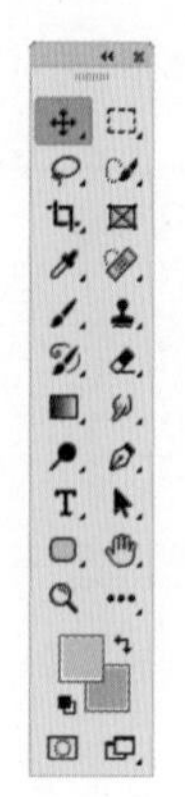

图 1-17　工具箱

图 1-18　显示隐藏工具

1.1.4　工具选项栏

大多数工具的选项都会在该工具的选项栏中显示，选中矩形选框工具状态的选项栏如图 1-19 所示。

图 1-19　工具选项栏

选项栏与工具相关，并且会随所选工具的不同而变化。选项栏中的一些设置对于许多工具都是通用的，但是有些设置则专用于某个工具。

1.1.5　面板

使用面板可以监视和修改图像。

选择【窗口】命令，可以控制面板的显示与隐藏。默认情况下，面板以组的方式堆叠在一起，用鼠标左键拖动面板的顶端可以移动面板组，还可以单击面板左侧的各类面板标签打开相应的面板。

单击选中面板中的标签，然后拖动到面板以外，就可以从组中移去面板。

1.1.6　图像窗口

通过图像窗口可以移动整个图像在工作区中的位置。图像窗口显示图像的名称、百分比率、色彩模式以及当前图层等信息，如图 1-20 所示。

单击窗口右上角的 ▬ 图标可以最小化图像窗口，单击窗口右上角的 ◘ 图标可以最大化图像窗口，单击窗口右上角的 × 图标可以关闭整个图像窗口。

图 1-20　图像窗口

1.1.7　状态栏

状态栏位于图像窗口的底部，它左侧的文本框中显示了窗口的视图比例，如图 1-21 所示。

图 1-21　窗口的视图比例

在文本框中输入百分比值，然后按 Enter 键，可以重新调整视图比例。

在状态栏上单击时，可以显示图像的宽

度、高度、通道数目和颜色模式等信息，如图 1-22 所示。

如果按住 Ctrl 键单击（按住鼠标左键不放），可以显示图像的拼贴宽度等信息，如图 1-23 所示。

图 1-22　图像的基本信息

图 1-23　图像的信息

单击状态栏中的 〉 按钮，弹出如图 1-24 所示的快捷菜单，在此菜单中可以选择状态栏中显示的内容。

图 1-24　弹出的快捷菜单

1.2 文件的相关操作

本节将讲解 Photoshop 2020 中新建文档、打开文档、保存文档、关闭文档等基础知识。

1.2.1　新建空白文档

新建 Photoshop 空白文档的具体操作步骤如下。

01 在菜单栏中选择【文件】|【新建】命令，打开【新建文档】对话框，将【宽度】和【高度】设置为 500 像素，【分辨率】设置为 72 像素 / 英寸，【颜色模式】设置为 RGB 颜色 /8 位，【背景内容】设置为白色，如图 1-25 所示。

图 1-25　【新建文档】对话框

02 设置完成后，单击【创建】按钮，即可新建空白文档，如图 1-26 所示。

图 1-26　新建的空白文档

【实战】打开文档

下面我们将介绍打开文档的具体操作步骤。

素材：	素材 \Cha01\素材 06.jpg
场景：	场景 \Cha01\【实战】打开文档 .psd
视频：	视频教学 \Cha01\【实战】打开文档 .mp4

01 按 Ctrl+O 组合键，弹出【打开】对话框，选择【素材 \Cha01\ 素材 06.jpg】素材文件，如图 1-27 所示。

图 1-27 【打开】对话框

02 单击【打开】按钮，或按 Enter 键，或双击鼠标，即可打开选择的素材图像，如图 1-28 所示。

图 1-28 打开素材后的效果

提示：在菜单栏中选择【文件】|【打开】命令，如图 1-29 所示；在工作区域内双击鼠标左键，也可以打开【打开】对话框。

按住 Ctrl 键单击需要打开的文件，可以打开多个不相邻的文件；按住 Shift 键单击需要打开的文件，可以打开多个相邻的文件。

图 1-29 选择【打开】命令

1.2.2 保存文档

保存文档的具体操作步骤如下。

01 继续上一节的操作，在菜单栏中选择【图像】|【调整】|【亮度 / 对比度】命令，选中【使用旧版】复选框，将【亮度】【对比度】设置为 21、-50，如图 1-30 所示。

图 1-30 设置【亮度】【对比度】参数

02 单击【确定】按钮，在菜单栏中选择【文件】|【存储为】命令，如图 1-31 所示。

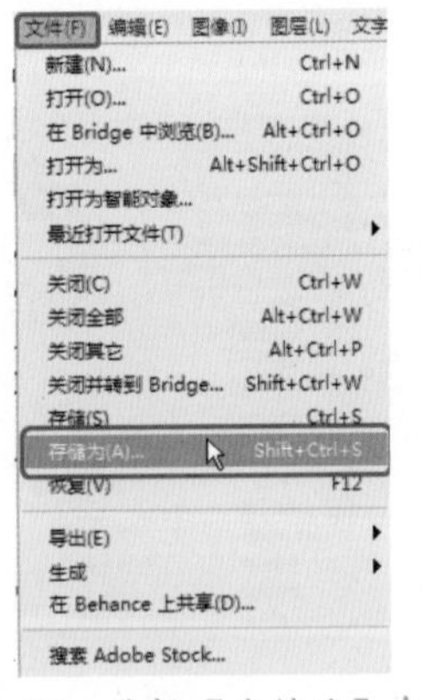

图 1-31 选择【存储为】命令

03 在弹出的【另存为】对话框中设置保存路径、文件名以及保存类型，如图 1-32 所示，单击【保存】按钮。

图 1-32 【另存为】对话框

04 在弹出的【JPEG 选项】对话框中将【品质】设置为 12，单击【确定】按钮，如图 1-33 所示。

图 1-33 【JPEG 选项】对话框

提示：如果希望在原图像上进行保存，可选择【文件】|【存储】命令，或按 Ctrl+S 组合键进行存储。

1.2.3 关闭文档

关闭文档的方法如下。

◎ 单击【保存文档】右侧的 × 按钮，即可关闭当前文档，如图 1-34 所示。

图 1-34 关闭文档

◎ 在菜单栏中选择【文件】|【关闭】命令，可关闭当前文档。

◎ 按 Ctrl+W 组合键可快速关闭当前文档。

【实战】调整图像大小

在 Photoshop 中，图像的尺寸太大会占用一定的内存，使软件变得卡顿，这时就需要对图像的大小做出适当的调整。下面将介绍如何调整图像大小。

素材：	素材 \Cha01\ 素材 07.jpg
场景：	无
视频：	视频教学 \Cha01\【实战】调整图像大小 .mp4

01 打开【素材 \Cha01\ 素材 07.jpg】素材文件，在菜单栏中选择【图像】|【图像大小】命令，如图 1-35 所示。

图 1-35 选择【图像大小】命令

02 在弹出的【图像大小】对话框中会显示当前图像的尺寸与分辨率，如图 1-36 所示。

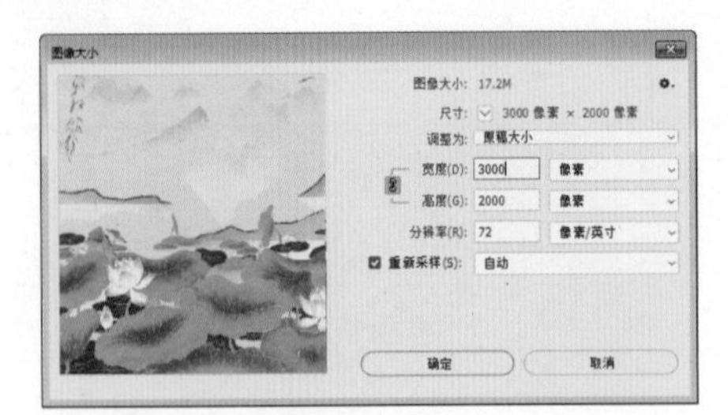

图 1-36　当前文档的尺寸与分辨率

03 在【图像大小】对话框中单击【限制长宽比】按钮，锁定长宽比，将【宽度】设置为 900 像素，此时将会发现【高度】也会随之改变，如图 1-37 所示。

图 1-37　调整图像大小

04 设置完成后，单击【确定】按钮，即可完成调整图像的大小，效果如图 1-38 所示。

图 1-38　调整图像大小后的效果

【实战】调整画布大小

调整画布的大小可以在保持原图像尺寸不变的情况下增大或缩小可编辑的画面范围。下面将介绍如何调整画布大小。

素材：	素材 \Cha01\ 素材 08.jpg
场景：	无
视频：	视频教学 \Cha01\【实战】调整画布大小 .mp4

01 打开【素材 \Cha01\ 素材 08.jpg】素材文件，效果如图 1-39 所示。

图 1-39　打开的素材文件

02 在菜单栏中选择【图像】|【画布大小】命令，如图 1-40 所示。

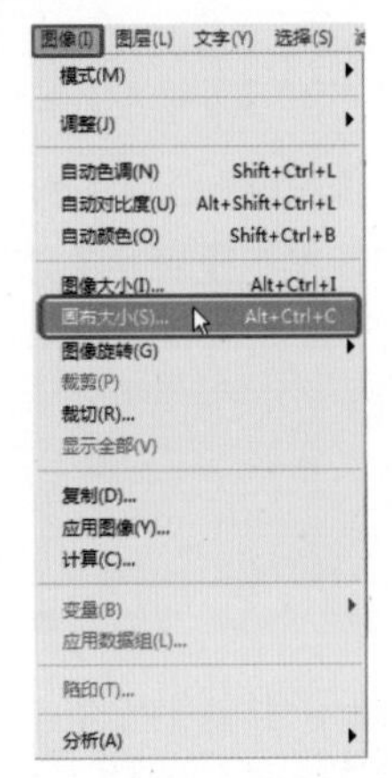

图 1-40　选择【画布大小】命令

03 在弹出的对话框中选中【相对】复选框，将【宽度】【高度】均设置为 2 厘米，将【画布扩展颜色】设置为【白色】，如图 1-41 所示。

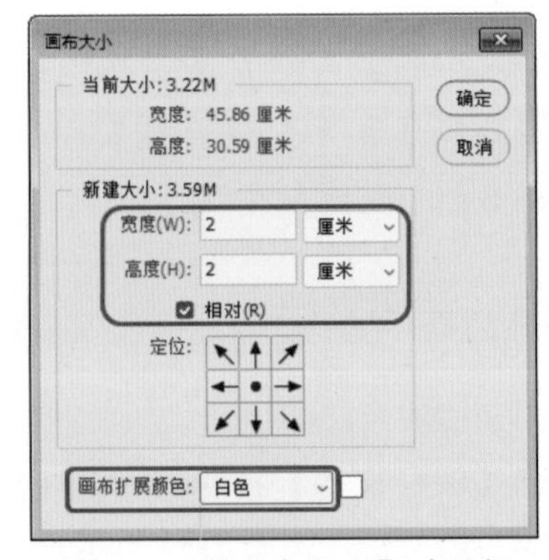

图 1-41　【画布大小】对话框

> 提示：选中【相对】复选框后，将会在原尺寸的基础上实际增加或减少画布的大小，输入正值代表增加画布大小，输入负值将减少画布大小。

04 设置完成后，单击【确定】按钮，即可完成调整画布大小，效果如图 1-42 所示。

图 1-42　调整画布大小后的效果

1.2.4　窗口的排列

有时在利用 Photoshop 设计文件时需要打开多个文档，频繁地切换不同的文档难免会降低工作效率，为了方便操作，Photoshop 可以排列多个文档窗口。下面将介绍如何调整窗口的排列。

01 打开【素材 08.jpg】【素材 09.jpg】素材文件，此时可以看到窗口中只可以显示一个文档窗口，如图 1-43 所示。

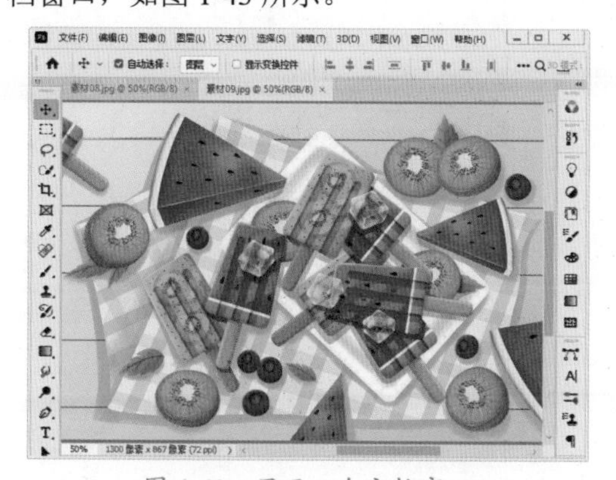

图 1-43　显示一个文档窗口

02 在菜单栏中选择【窗口】|【排列】|【平铺】命令，如图 1-44 所示。

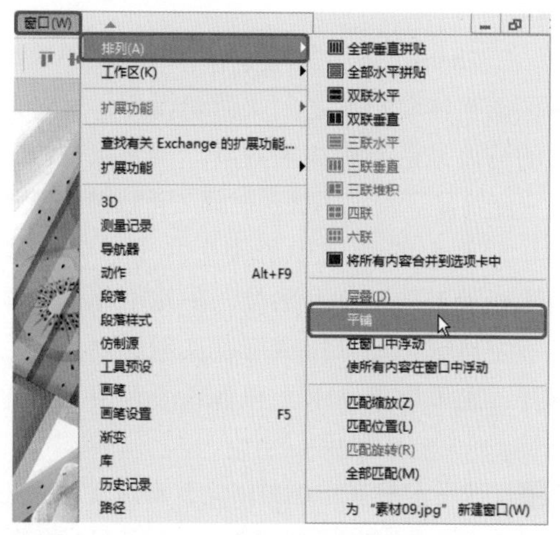

图 1-44　选择【平铺】命令

03 执行该操作后，即可发现文档窗口全部显示在文档中，效果如图 1-45 所示。

图 1-45　窗口排列后的效果

04 除此之外，还可以在菜单栏中选择【窗口】|【排列】|【双联水平】命令，执行该操作后，即可发现文档窗口水平排列在文档中，效果如图 1-46 所示。

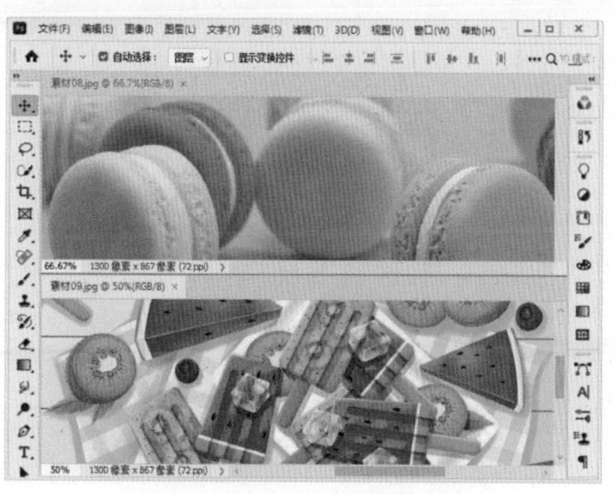

图 1-46　双联水平排列效果

1.2.5 视图的缩放及平移

在 Photoshop 中处理图像时，会频繁地在图像的整体和局部之间来回切换，通过对局部的修改来达到最终的效果。当图像被放大到只能够显示局部图像的时候，可以使用【抓手工具】查看图像中的某个部分；除去使用【抓手工具】查看图像，在使用其他工具时按空格键拖动鼠标就可以显示所要显示的部分；也可以拖动水平和垂直滚动条来查看图像。

01 打开【素材 \Cha01\01.jpg】素材文件，在工具箱中单击【缩放工具】，将鼠标指针移至工作区中，此时鼠标指针将变为中心带有加号的“放大镜”样式，如图 1-47 所示。

图 1-47 “放大镜”状鼠标指针

02 在工作区中的图像上单击，即可放大图像，效果如图 1-48 所示。

图 1-48 放大图像后的效果

提示：若需要缩放显示比例，可以按住 Alt 键，此时鼠标指针将变为中心带有减号的“缩小”样式，在图像上单击鼠标，即可将图像缩小显示。除此之外，还可以按Ctrl+减号键缩小图像显示比例，以及按 Ctrl+ 加号键放大图像显示比例。

03 当显示比例放大到一定程度后，窗口将无法显示全部画面，如果需要查看隐藏的区域，可以在工具箱中单击【抓手工具】，此时鼠标指针将变为形状，按住鼠标左键拖动即可对画布进行平移，如图 1-49 所示。

图 1-49 对画布进行平移

04 移动至相应位置并释放鼠标后，即可查看无法显示的部分画面，效果如图 1-50 所示。

图 1-50 平移后的效果

提示：除了上述方法之外，还可以按住空格键，当鼠标指针变为✋形状时，按住鼠标拖动，同样可以平移画布。

1.2.6 个性化设置

本节将讲解如何对 Photoshop 进行个性化设置，通过对其进行设置可以大大提高工作效率。

01 启动软件后，在菜单栏中选择【编辑】|【首选项】|【常规】命令，会弹出【首选项】对话框，如图 1-51 所示。

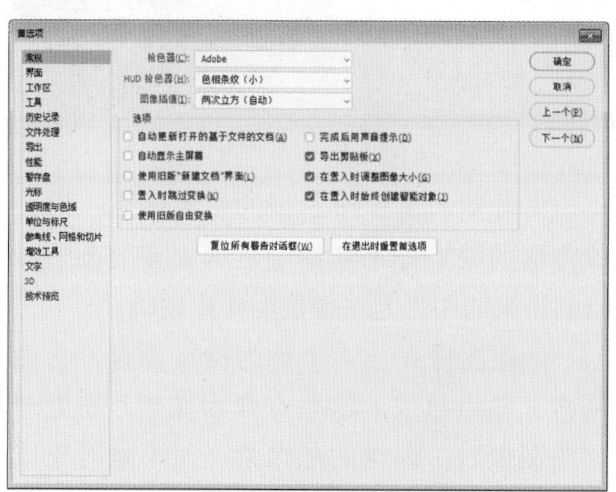

图 1-51 【首选项】对话框

02 切换到【界面】选项卡，将【颜色方案】设为最后一个色块（默认为第一个色块），其他保持默认值，如图 1-52 所示。

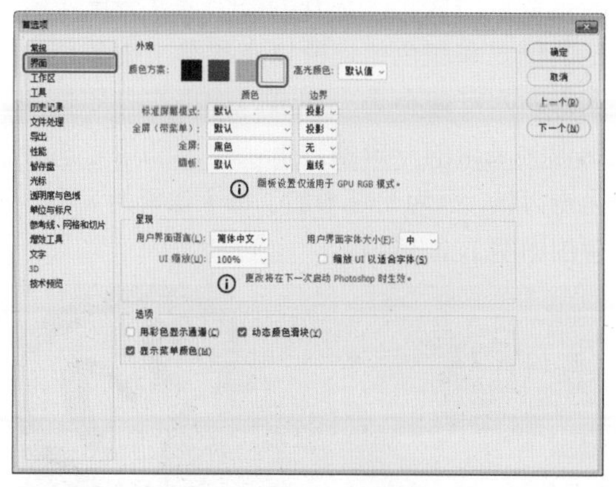

图 1-52 设置外观界面

03 切换到【光标】选项卡，在该界面中可以设置【绘画光标】和【其他光标】，例如将【绘画光标】设为【标准】，【其他光标】设为【标准】，如图 1-53 所示。

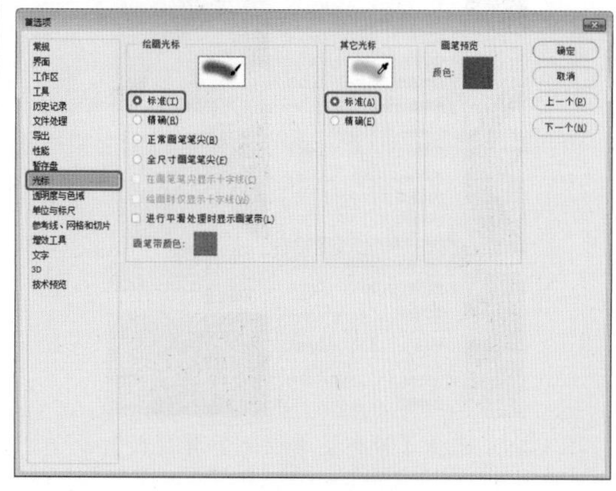

图 1-53 设置光标

04 切换到【透明度与色域】选项卡，从中可以设置【网格大小】和【网格颜色】，可以根据自己的需要进行相应的设置，如图 1-54 所示，设置完成后，单击【确定】按钮即可。

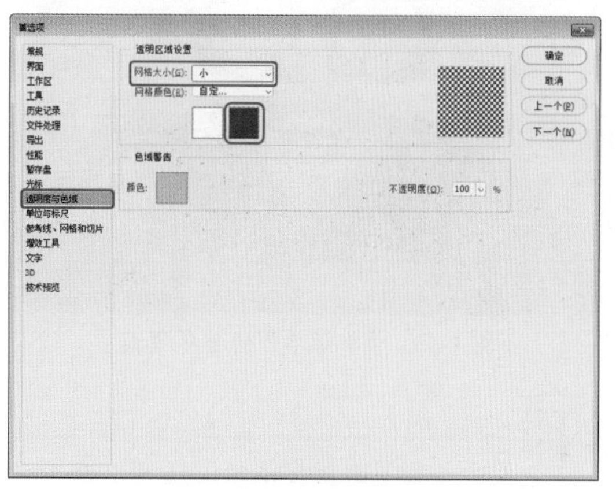

图 1-54 设置【透明度与色域】

1.2.7 切换屏幕显示模式

在利用 Photoshop 设计作品时，有时面板会占用屏幕显示空间，使图像无法全部显示，此时可以通过切换屏幕的显示模式来隐藏部分或者全部面板，使窗口仅显示图像。下面将介绍如何切换屏幕显示模式。

01 在菜单栏中选择【视图】|【屏幕模式】|【带有菜单栏的全屏模式】命令，如图 1-55 所示。

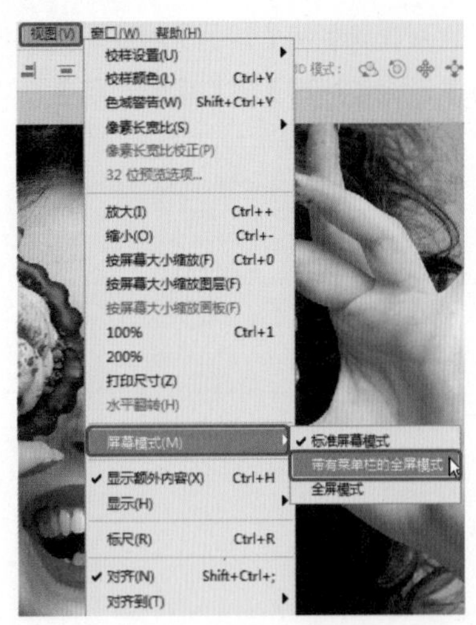

图 1-55　选择【带有菜单栏的全屏模式】命令

02 执行该操作后，即可切换至带有菜单栏的全屏模式，效果如图 1-56 所示。

图 1-56　带有菜单栏的全屏模式

提示：除了上述方法外，还可以在工具箱中的【更改屏幕模式】按钮上单击鼠标右键，在弹出的快捷菜单中选择屏幕模式。

1.3 常用术语

下面通过介绍矢量图、位图、像素、分辨率、图像文件格式和颜色模式等图像的基础知识，学习掌握图像处理的速度和准确性。

1.3.1　矢量图与位图

矢量图由经过精确定义的直线和曲线组成，这些直线和曲线称为向量，通过移动直线调整其大小或更改其颜色时，不会降低图形的品质。

矢量图与分辨率无关，也就是说，可以将它们缩放到任意尺寸，可以按任意分辨率打印，而不会丢失细节或降低清晰度，如图 1-57 所示。

图 1-57　矢量图

矢量图的文件所占据的空间微小，但是该图形的缺点是不易绘制色调丰富的图片，绘制出来的图形无法像位图那样精确。

位图图像在技术上称为栅格图像，它由网格上的点组成，这些点称为像素。在处理位图图像时，编辑的是像素，而不是对象或形状。位图图像是连续色调图像（如照片或数字绘画）最常用的电子媒介，因为它们可以表现出阴影和颜色的细微层次。

因为位图图像与分辨率有关，它们包含固定数量的像素，并且为每个像素分配了特定的位置和颜色值，所以在屏幕上缩放位图图像时，可能会丢失细节。如果在打印位图图像时采用的分辨率过低，位图图像可能会呈锯齿状，因为此时增加了每个像素的大小。位图如图 1-58 所示。

图 1-58　位图

1.3.2 像素与分辨率

像素是构成位图的基本单位，位图图像在高度和宽度方向上的像素总量称为图像的像素大小。当位图图像放大到一定程度的时候，所看到的一个一个的马赛克就是像素。

分辨率是指单位长度上像素的数目，其单位为像素 / 英寸或像素 / 厘米，包括显示器分辨率、图像分辨率和印刷分辨率等。

显示器分辨率取决于显示器的大小及其像素设置。例如，一幅大图像（尺寸为 800 像素 ×600 像素）在 15 英寸显示器上显示时几乎会占满整个屏幕；而同样还是这幅图像，在更大的显示器上所占的屏幕空间就会比较小，每个像素看起来则会比较大。

图像分辨率由打印在纸上的每英寸像素（像素 / 英寸）的数量决定。在 Photoshop 中，可以更改图像的分辨率。打印时，高分辨率的图像比低分辨率的图像包含的像素更多，因此，像素点更小。与低分辨率的图像相比，高分辨率的图像可以重现更多的细节和更细微的颜色过渡，因为高分辨率图像中的像素密度更高。无论打印尺寸多大，高品质的图像通常看起来都不错。

1.3.3 颜色模式

颜色模式决定了显示和打印电子图像的色彩模型（简单地说，色彩模型是用于表现颜色的一种数学算法），即一幅电子图像用什么样的方式在计算机中显示或打印输出。

常见的颜色模式包括位图模式、灰度模式、双色调模式、HSB（表示色相、饱和度、亮度）模式、RGB（表示红、绿、蓝）模式、CMYK（表示青、洋红、黄、黑）模式、Lab 模式、索引色模式、多通道模式以及 8 位 /16 位模式，每种模式的图像描述、重现色彩的原理及所能显示的颜色数量是不同的。Photoshop 的颜色模式基于色彩模型，而色彩模型对于印刷中使用的图像非常有用，可以从以下模式中选取：RGB（红色、绿色、蓝色）、CMYK（青色、洋红、黄色、黑色）、Lab（基于 CIE L*a*b）和灰度。

选择【图像】|【模式】命令，打开其子菜单，如图 1-59 所示。

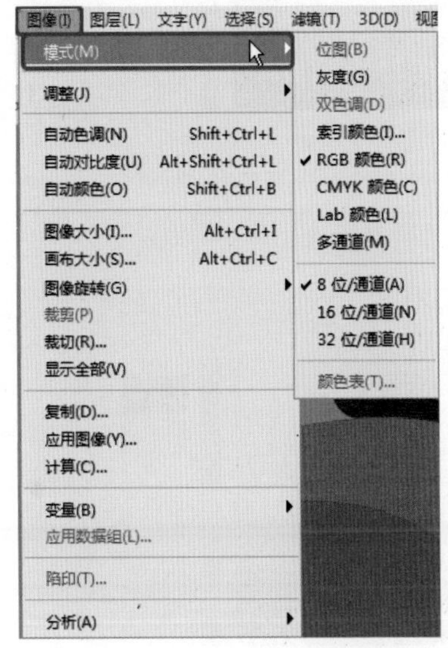

图 1-59 【模式】子菜单

其中包含了各种颜色模式命令，如常见的灰度模式、RGB 模式、CMYK 模式及 Lab 模式等，Photoshop 也包含了用于特殊颜色输出的索引色模式和双色调模式。

1. RGB 颜色模式

Photoshop 的 RGB 颜色模式使用 RGB 模型，对于彩色图像中的每个 RGB（红色、绿色、蓝色）分量，为每个像素指定一个 0（黑色）到 255（白色）之间的强度值。例如，亮红色可能 R 值为 246，G 值为 020，B 值为 50。

不同的图像中 RGB 的各个成分也不尽相同，可能有的图中 R（红色）成分多一些，有的 B（蓝色）成分多一些。在计算机中，RGB 的所谓“多少”就是指亮度，并使用整数来表示。通常情况下，RGB 各有 256 级亮度，用数字表示为 0 ～ 255。

当所有分量的值均为 255 时，结果是纯白色，如图 1-60 所示；当所有分量的值都为 0 时，结果是纯黑色，如图 1-61 所示。

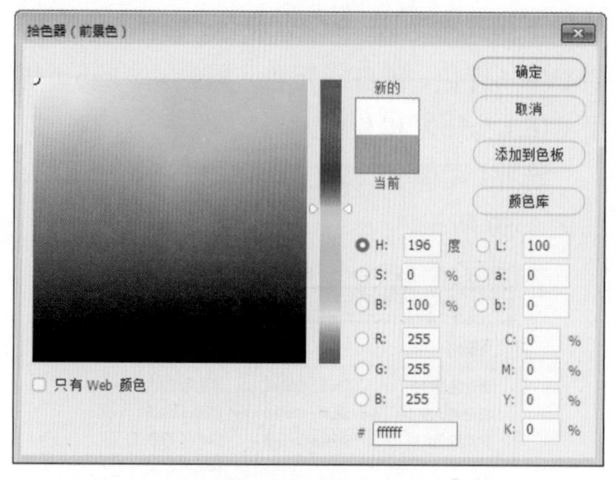

图 1-60　纯白色

图 1-61　纯黑色

RGB 图像使用 3 种颜色或 3 个通道在屏幕上重现颜色，如图 1-62 所示。

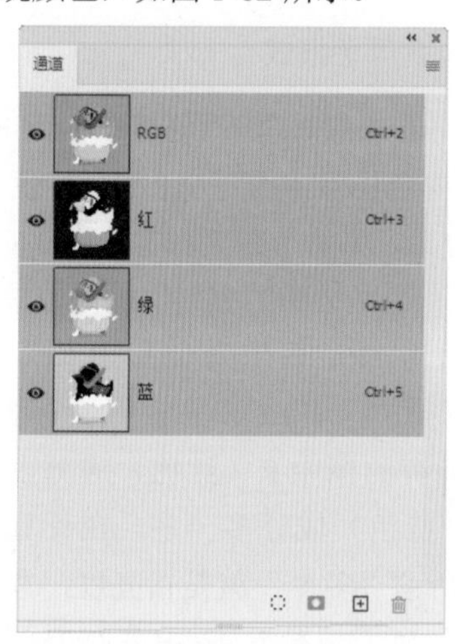

图 1-62　RGB 通道

这 3 个通道将每个像素转换为 24 位（8 位 ×3 通道）色信息。对于 24 位图像，可重现多达 1670 万种颜色；对于 48 位图像（每个通道 16 位），可重现更多的颜色。新建的 Photoshop 图像的默认模式为 RGB，计算机显示器、电视机、投影仪等均使用 RGB 模式显示颜色，这意味着在使用非 RGB 颜色模式（如 CMYK）时，Photoshop 会将 CMYK 图像插值处理为 RGB 模式，以便在屏幕上显示。

2. CMYK 颜色模式

当阳光照射到一个物体上时，这个物体将吸收一部分光线，并将剩下的光线进行反射，反射的光线就是我们所看见的物体颜色。这是一种减色色彩模式，同时也是与 RGB 模式的根本不同之处。不但我们看物体的颜色时用到了这种减色模式，而且在纸上印刷时应用的也是这种减色模式。按照这种减色模式，就衍变出了适合印刷的 CMYK 色彩模式。Photoshop 中的 CMYK 通道如图 1-63 所示。

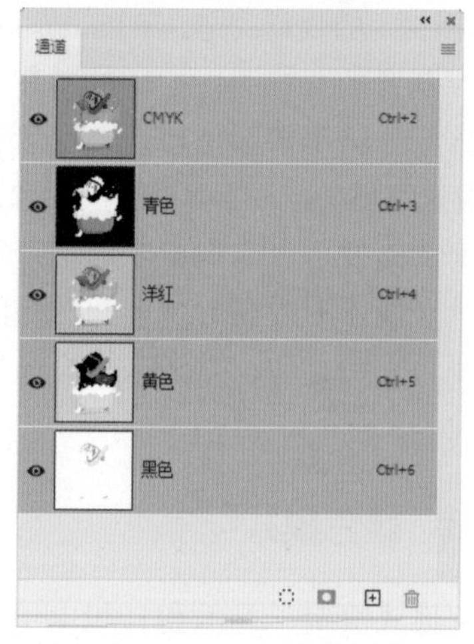

图 1-63　CMYK 通道

CMYK 代表印刷上用的四种颜色：C 代表青色，M 代表洋红色，Y 代表黄色，K 代表黑色。因为在实际引用中，青色、洋红色和黄色很难叠加形成真正的黑色，最多不过是褐色而已，所以才引入了 K——黑色。黑色的作用是强化暗调，加深暗部色彩。

CMYK 模式是最佳的打印模式，RGB 模式尽管色彩多，但不能完全打印出来。那么是不是在编辑的时候就采用 CMYK 模式呢？其实不是，用 CMYK 模式编辑虽然能够避免色彩的损失，但运算速度很慢。主要的原因如下：

（1）即使在 CMYK 模式下工作，Photoshop 也必须将 CMYK 模式转变为显示器所使用的 RGB 模式。

（2）对于同样的图像，RGB 模式只需要处理 3 个通道即可，而 CMYK 模式则需要处理 4 个。

由于用户所使用的扫描仪和显示器都是 RGB 设备，因此无论什么时候使用 CMYK 模式工作，都有把 RGB 模式转换为 CMYK 模式这样一个过程。

RGB 通道灰度图较白表示亮度较高，较黑表示亮度较低，纯白表示亮度最高，纯黑表示亮度为零。图 1-64 所示为 RGB 模式下通道明暗的含义。

图 1-64　RGB 模式下的通道

CMYK 通道灰度图较白表示油墨含量较低，较黑表示油墨含量较高，纯白表示完全没有油墨，纯黑表示油墨浓度最高。图 1-65 所示为 CMYK 模式下通道明暗的含义。

图 1-65　CMYK 模式下的通道

3. Lab 颜色模式

Lab 颜色模式是在 1931 年国际照明委员会（CIE）制定的颜色度量国际标准模型的基础上建立的，1976 年，该模型经过重新修订后被命名为 CIE L*a*b。

Lab 颜色模式与设备无关，无论使用何种设备（如显示器、打印机、计算机或扫描仪等）创建或输出图像，这种模式都能生成一致的颜色。

Lab 颜色模式是 Photoshop 在不同颜色模式之间转换时使用的中间颜色模式。

Lab 颜色模式将亮度通道从彩色通道中分离出来，成为一个独立的通道。将图像转换为 Lab 颜色模式，然后去掉色彩通道中的 a、b 通道，而保留亮度通道，就能获得 100% 逼真的图像亮度信息，得到 100% 准确的黑白效果。

4. 灰度模式

大家平常所说的黑白照片、黑白电视实际上都应该称为灰度色才确切。灰度色中不包含任何色相，即不存在红色、黄色这样的颜色。灰度的通常表示方法是百分比，范围从 0% 到 100%。在 Photoshop 中只能输入整数，百分比越高颜色越偏黑，百分比越低颜色越偏白。灰度最高相当于最高的黑，就是纯黑。灰度为 100% 时为黑色，如图 1-66 所示。

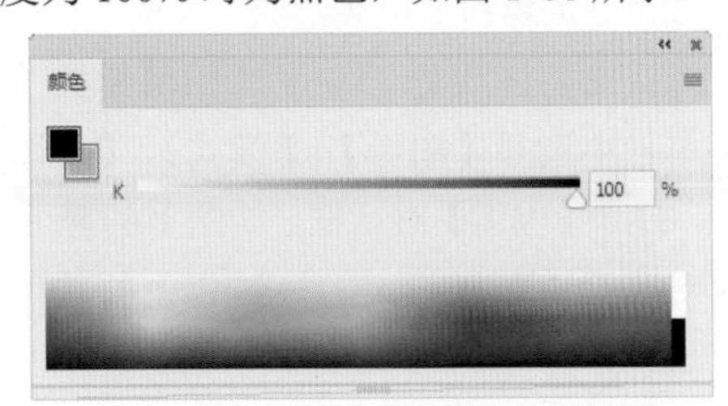

图 1-66　灰度为 100% 时呈黑色

灰度最低相当于最低的黑，也就是没有黑色，那就是纯白。灰度为 0% 时为白色，如图 1-67 所示。

图 1-67　灰度为 0% 时呈白色

当灰度图像是从彩色图像模式转换而来时，灰度图像反映的是原彩色图像的亮度关系，即每个像素的灰阶对应着原像素的亮度，在灰度图像模式下，只有一个描述亮度信息的通道，即灰色通道，如图 1-68 所示。

图 1-68　灰度模式下的通道

5. 位图模式

在位图模式下，图像的颜色容量是 1 位，即每个像素的颜色只能在两种深度的颜色中选择，不是黑就是白，其相应的图像也就是由许多个小黑块和小白块组成。

确认当前图像处于灰度的图像模式下，在菜单栏中选择【图像】|【模式】|【位图】命令，打开【位图】对话框，如图 1-69 所示，在该对话框中可以设定转换过程中的减色处理方法。

图 1-69　【位图】对话框

【位图】对话框中各个选项的介绍如下。

◎ 【分辨率】：用于在输出中设定转换后图像的分辨率。

◎ 【方法】：在转换的过程中，可以使用 5 种减色处理方法。【50% 阈值】会将灰度级别大于 50% 的像素全部转换为黑色，将灰度级别小于 50% 的像素转换为白色；【图案仿色】会在图像中产生明显的较暗或较亮的区域；【扩散仿色】会产生一种颗粒效果；【半调网屏】是商业中经常使用的一种输出模式；【自定图案】可以根据定义的图案来减色，使得转换更为灵活、自由。图 1-70 为【扩散仿色】时的效果。

图 1-70　【扩散仿色】效果

提示：在位图图像模式下，图像只有一个图层和一个通道，滤镜全部被禁用。

6. 索引颜色模式

索引颜色模式用最多 256 种颜色生成 8 位图像文件。当图像转换为索引颜色模式时，Photoshop 将构建一个 256 种颜色查找表，用以存放索引图像中的颜色。如果原图像中的某种颜色没有出现在该表中，程序将选取最接近的一种或使用仿色来模拟该颜色。

索引颜色模式的优点是它的文件可以做得非常小，同时保持视觉品质不单一，非常适于用来做多媒体动画和Web页面。在索引颜色模式下只能进行有限的编辑，若要进一步进行编辑，则应临时转换为RGB颜色模式。索引颜色文件可以存储为Photoshop、BMP、GIF、Photoshop EPS、大型文档格式（PSB）、PCX、Photoshop PDF、Photoshop Raw、Photoshop 2.0、PICT、PNG、Targa或TIFF等格式。

在菜单栏中选择【图像】|【模式】|【索引颜色】命令，即可弹出【索引颜色】对话框，如图1-71所示。

图1-71 【索引颜色】对话框

◎ 【调板】下拉列表框：用于选择在转换为索引颜色时使用的调色板，例如需要制作Web网页，则可选择Web调色板。还可以设置强制选项，将某些颜色强制加入颜色列表，例如选择黑白，就可以将纯黑和纯白强制添加到颜色列表中。

◎ 【选项】选项组：在【杂边】下拉列表框中，可指定用于消除图像锯齿边缘的背景色。

在索引颜色模式下，图像只有一个图层和一个通道，滤镜全部被禁用。

7. 双色调模式

双色调模式可以弥补灰度图像的不足。灰度图像虽然拥有256种灰度级别，但是在印刷输出时，印刷机的每滴油墨最多只能表现出50种左右的灰度，这意味着如果只用一种黑色油墨打印灰度图像，图像将非常粗糙。

如果混合另一种、两种或三种彩色油墨，因为每种油墨都能产生50种左右的灰度级别，所以理论上至少可以表现出5050种灰度级别，这样打印出来的双色调、三色调或四色调图像就能表现得非常流畅了。这种靠几盒油墨混合打印的方法被称为套印。

一般情况下，双色调套印应用较深的黑色油墨和较浅的灰色油墨进行印刷，黑色油墨用于表现阴影，灰色油墨用于表现中间色调和高光。但更多的情况是将一种黑色油墨与一种彩色油墨配合，用彩色油墨来表现高光区。利用这一技术能给灰度图像轻微上色。

由于双色调使用不同的彩色油墨重新生成不同的灰阶，因此在Photoshop中将双色调视为单通道、8位的灰度图像。在双色调模式中，不能像在RGB、CMYK和Lab模式中那样直接访问单个的图像通道，而是通过【双色调选项】对话框中的曲线来控制通道，如图1-72所示。

图1-72 【双色调选项】对话框

◎ 【类型】下拉列表框：用于从单色调、双色调、三色调和四色调中选择一种套印类型。

◎ 【油墨】设置项：选择了套印类型后，即可在各色通道中用曲线工具调节套印效果。

课后项目练习

黑白艺术照

某客户需要对人物照片进行处理，将照片以黑白艺术照的形式展现，要求具有一定的艺术性，效果如图 1-73 所示。

图 1-73　黑白艺术照

课后项目练习过程概要：

（1）添加图像素材。

（2）在菜单栏中选择【图像】|【模式】|【灰度】命令，实现艺术照效果。

素材：	素材 \Cha01\ 素材 11.jpg
场景：	场景 \Cha01\ 黑白艺术照 .psd
视频：	视频教学 \Cha01\ 黑白艺术照 .mp4

01 打开【素材 \Cha01\ 素材 11.jpg】素材文件，如图 1-74 所示。

图 1-74　打开的素材文件

02 在菜单栏中选择【图像】|【模式】|【灰度】命令，如图 1-75 所示。

图 1-75　选择【灰度】命令

03 在弹出的【信息】对话框中单击【扔掉】按钮，如图 1-76 所示。

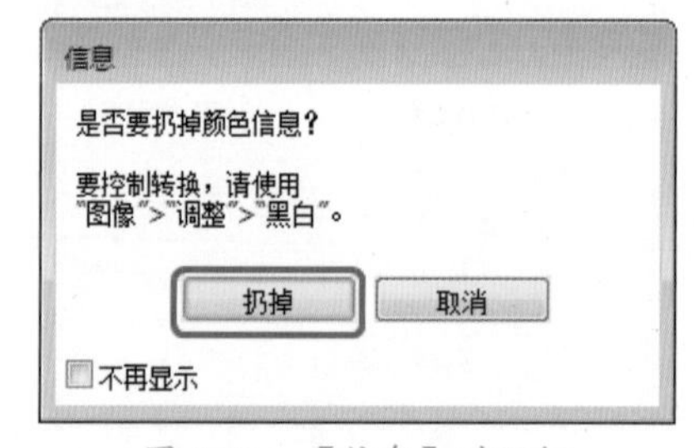

图 1-76　【信息】对话框

04 执行该操作后，即可将照片转换为黑白艺术照，效果如图 1-77 所示。

图 1-77　将照片转换为黑白艺术照后的效果

第 02 章

手机个人主页——选区与路径

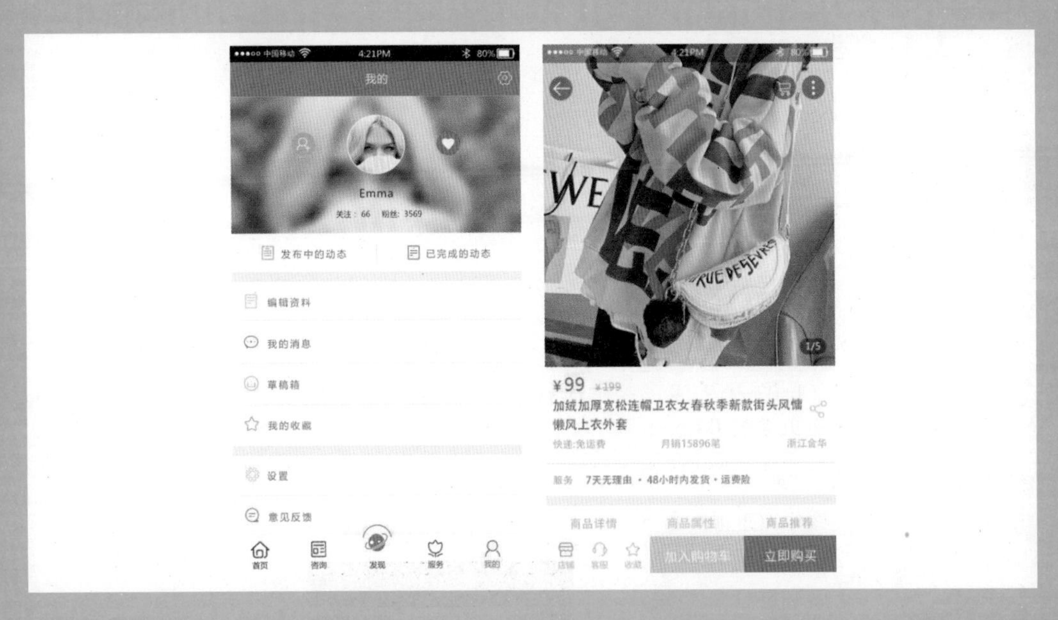

本章首先介绍使用各种工具对图像选区进行创建、编辑，通过创建选区，我们可以将编辑限定在一定区域内，这样就可以处理局部图像而不影响其他内容了；其次对钢笔工具及常用的形状工具进行了详细介绍。通过本章的学习，可以学习并掌握路径的创建与编辑、选区的创建与编辑及形状工具的使用方法。

本章导读

基础知识	创建选区　编辑选区
重点知识	钢笔工具的使用　路径编辑
提高知识	自由钢笔工具　弯度钢笔工具

案例精讲
手机个人主页

为了更好地完成本设计案例，现对制作要求及设计内容做如下规划，效果如图 2-1 所示。

作品名称	手机个人主页
作品尺寸	750px×1334px
设计创意	（1）设计师在制作个人主页界面时，界面需要简洁，看上去一目了然；如果界面上充斥着太多的东西，会让用户在查找内容的时候比较困难和乏味。 （2）使用【矩形工具】制作个人主页界面背景。 （3）使用【椭圆工具】制作界面的小工具按钮。 （4）为了使个人展示界面富有层次性，为人物添加【高斯模糊】【曲线】效果，然后使用【椭圆工具】绘制圆形，将头像置入场景，为对象创建剪贴蒙版效果。 （5）使用【矩形工具】【直线工具】制作个人界面的框架部分，置入相应的素材文件，完成最终效果。
主要元素	（1）手机界面的状态栏。 （2）人物头像。 （3）个人主页的小工具按钮。 （4）信息栏按钮。 （5）软件界面图标栏。
应用软件	Photoshop CC 2020
素材：	素材 \Cha02\ 个人主页素材 01.png、个人主页素材 02.jpg、个人主页素材 03.png、个人主页素材 04.png、个人主页素材 05.png
场景：	场景 \Cha02\【案例精讲】手机个人主页 .psd
视频：	视频教学 \Cha02\【案例精讲】手机个人主页 .mp4
手机个人主页效果欣赏	图 2-1　手机个人主页

01 按 Ctrl+N 组合键，在弹出的对话框中将【宽度】【高度】分别设置为 750 像素、1334 像素，将【分辨率】设置为 72 像素 / 英寸，将【背景内容】设置为【自定义】，将颜色值设置为 # f2f2f2，设置完成后，单击【创建】按钮，在工具箱中单击【矩形工具】，在工具选项栏中将【工具模式】设置为【形状】，在工作区中绘制一个矩形，在【属性】面板中将 W 和 H 设置为 750 像素、128 像素，将【填充】的颜色值设置为 # ff4c4d，将【描边】设置为无，如图 2-2 所示。

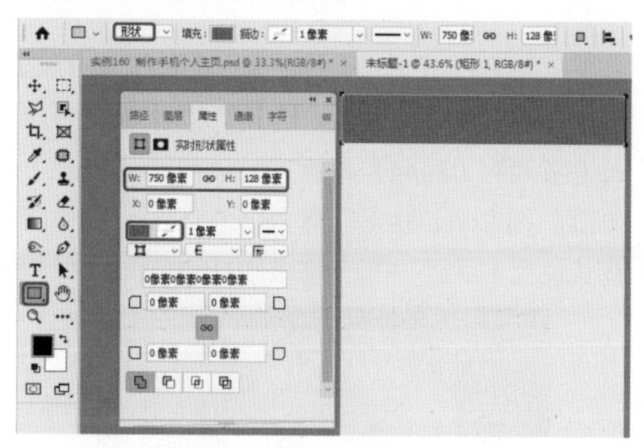

图 2-2　绘制矩形

02 使用【矩形工具】在工作区中绘制一个矩形，在【属性】面板中将 W、H 分别设置为 750 像素、40 像素，将【填充】的颜色值设置为 # 000000，将【描边】设置为无，在【图层】面板中将【矩形 2】的【不透明度】设置为 85%，如图 2-3 所示。

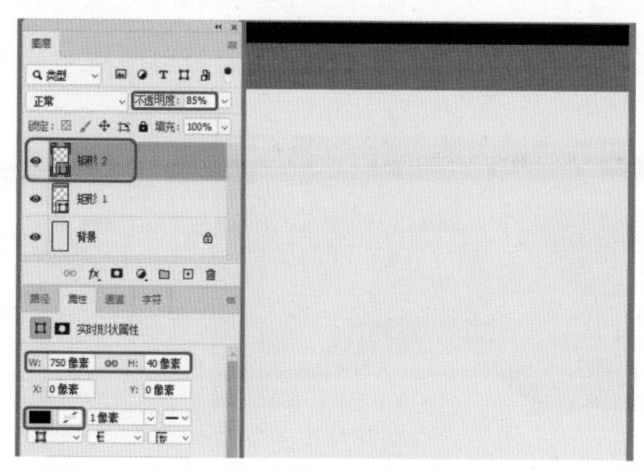

图 2-3　再次绘制矩形

03 在菜单栏中选择【文件】|【置入嵌入对象】命令，在弹出的对话框中选择【素材 \Cha02\ 个人主页素材 01.png】素材文件，单击【置入】按钮，按 Enter 键完成置入，并在工作区中调整其位置，效果如图 2-4 所示。

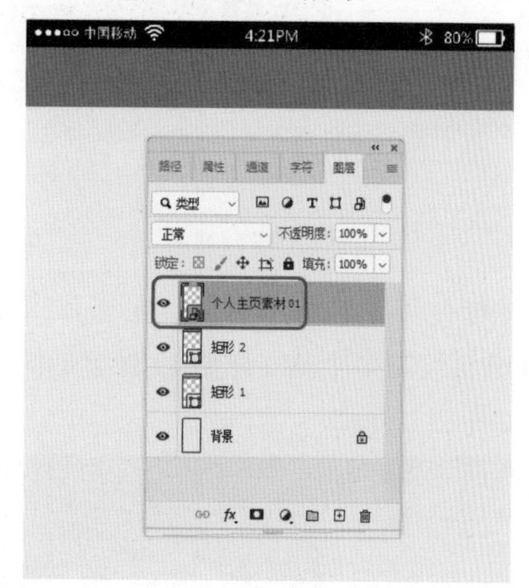

图 2-4　置入素材文件

04 在工具箱中单击【横排文字工具】，在工作区中单击鼠标，输入文字，选中输入的文字，在【字符】面板中将【字体】设置为【微软雅黑】，将【字体大小】设置为 28 点，将【字符间距】设置为 60，将【颜色】设置为白色，如图 2-5 所示。

图 2-5　输入文字并设置后的效果

05 在工具箱中单击【椭圆工具】，在工具选项栏中将【填充】设置为无，将【描边】设置为白色，将【描边宽度】设置为 2 像素，将【路径操作】设置为【减去顶层形状】，在工作区中按住 Shift 键绘制一个正圆，在【属性】面板中将 W、H 均设置为 36 像素，如图 2-6 所示。

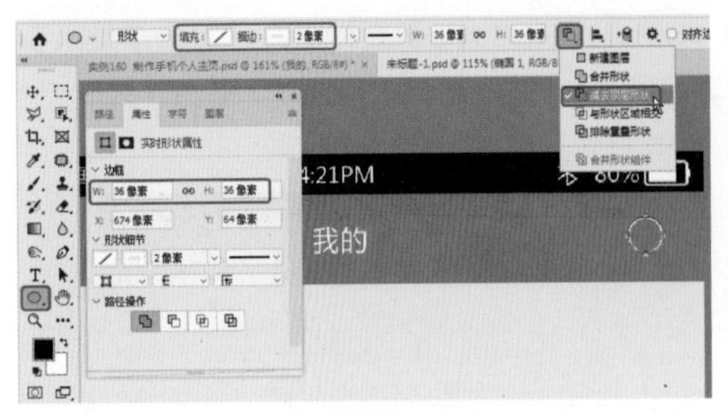

图 2-6 绘制圆形

06 继续使用【椭圆工具】，在工作区中按住 Shift 键绘制多个 W、H 为 12 像素的圆形，效果如图 2-7 所示。

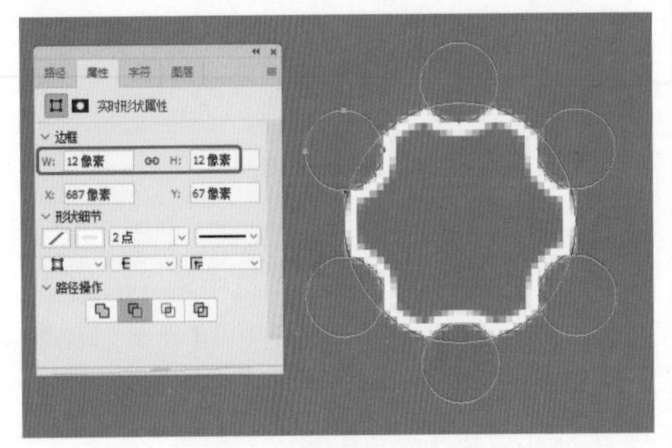

图 2-7 绘制多个圆形

07 再次使用【椭圆工具】，在工具选项栏中将【路径操作】设置为【新建图层】，在工作区中按住 Shift 键绘制一个圆形，在【属性】面板中将 W、H 均设置为 13 像素，如图 2-8 所示。

图 2-8 再次绘制圆形

08 在工具箱中单击【矩形工具】，在工作区中绘制一个矩形，在【属性】面板中将 W、H 分别设置为 750 像素、347 像素，随意填充一种颜色，将【描边】设置为无，如图 2-9 所示。

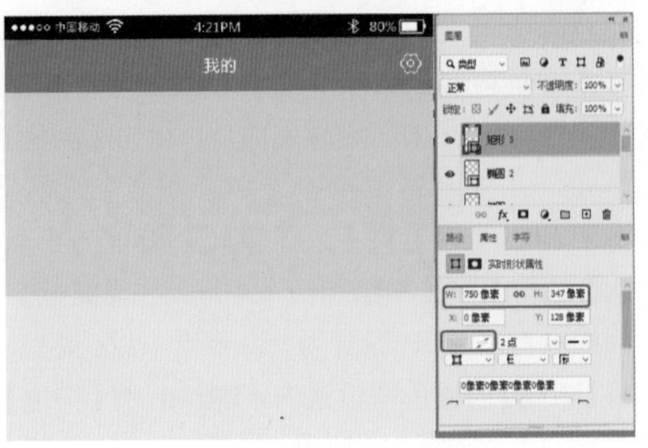

图 2-9 绘制矩形

09 在菜单栏中选择【文件】|【置入嵌入对象】命令，在弹出的对话框中选择【素材\Cha02\个人主页素材 02.jpg】素材文件，单击【置入】按钮，按 Enter 键完成置入，并在工作区中调整其位置与大小，效果如图 2-10 所示。

图 2-10 置入素材文件

10 在【图层】面板中选择【个人主页素材 02】图层，右击鼠标，在弹出的快捷菜单中选择【创建剪贴蒙版】命令，效果如图 2-11 所示

图 2-11 创建剪贴蒙版后的效果

11 继续选中【个人主页素材 02】图层，按 Ctrl+M 组合键，在弹出的对话框中添加一个编辑点，将【输出】【输入】分别设置为

187、173，再次添加一个编辑点，将【输出】【输入】分别设置为139、116，如图2-12所示。

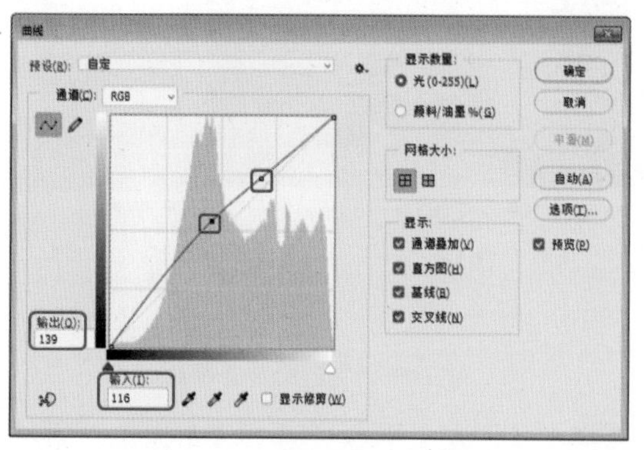

图 2-12　设置【曲线】参数

12 设置完成后，单击【确定】按钮，在菜单栏中选择【滤镜】|【模糊】|【高斯模糊】命令，在弹出的对话框中将【半径】设置为9.7像素，如图2-13所示。

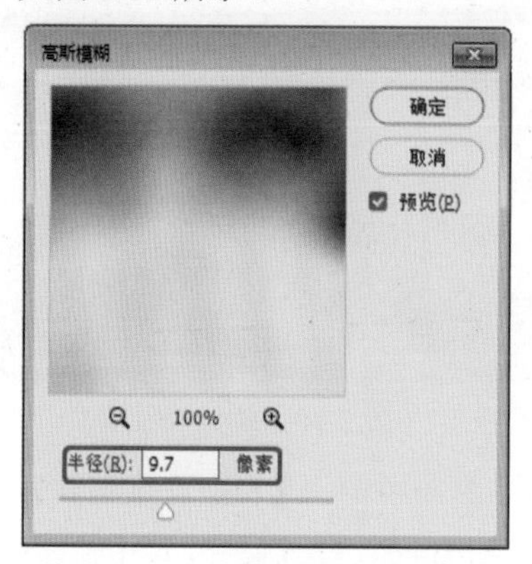

图 2-13　设置【高斯模糊】参数

13 设置完成后，单击【确定】按钮，在工具箱中单击【椭圆工具】，在工作区中按住Shift键绘制一个正圆，在【属性】面板中将W、H均设置为150像素，将【填充】设置为白色，将【描边】设置为白色，将【描边宽度】设置为2像素，如图2-14所示。

14 在【图层】面板中选择【个人主页素材02】图层，按Ctrl+J组合键复制图层，将【个人主页素材02拷贝】图层调整至【椭圆3】图层的上方，并在【个人主页素材02拷贝】图层上右击鼠标，在弹出的快捷菜单中选择【创建剪贴蒙版】命令，如图2-15所示。

图 2-14　绘制圆形

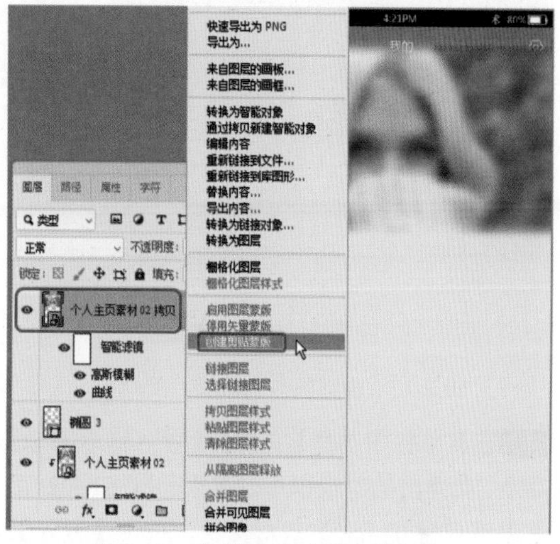

图 2-15　复制图层并创建剪贴蒙版

15 创建剪贴蒙版后，继续在【图层】面板中选择【个人主页素材02拷贝】图层，在工作区中调整其大小，调整完成后，在【个人主页素材02拷贝】图层下方的【高斯模糊】上右击鼠标，在弹出的快捷菜单中选择【删除智能滤镜】命令，双击【曲线】，在弹出的【曲线】对话框中删除多余的点，将如图2-16所示的编辑点【输出】、【输入】分别设置为138、121，单击【确定】按钮。

16 在工具箱中单击【椭圆工具】，在工作区中按住Shift键绘制一个正圆，在【属性】面板中将W、H均设置为61像素，将【填充】的颜色值设置为# ffa3a4，将【描边】设置为无，如图2-17所示。

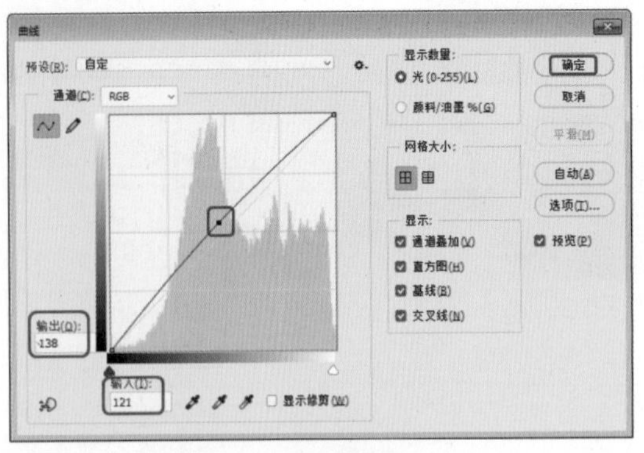

图 2-16 设置【曲线】参数

图 2-17 绘制圆形并设置后的效果

17 在菜单栏中选择【文件】|【置入嵌入对象】命令，在弹出的对话框中选择【素材\Cha02\个人主页素材 03.png】素材文件，单击【置入】按钮，按 Enter 键完成置入，并在工作区中调整其位置，效果如图 2-18 所示。

图 2-18 置入素材文件

18 在【图层】面板中选择【椭圆 4】图层，按 Ctrl+J 组合键复制图层，选中复制后的图层，在【属性】面板中将【填充】的颜色值设置为 # ff4c4d，调整对象的位置，如图 2-19 所示。

图 2-19 复制图层并修改

19 在【图层】面板中选择【个人主页素材 03】图层，在工具箱中选择【钢笔工具】，在工具选项栏中将【填充】设置为白色，在工作区中绘制一个心形，如图 2-20 所示。

图 2-20 绘制心形

20 在工具箱中单击【横排文字工具】，在工作区中单击鼠标，输入文字，选中输入的文字，在【字符】面板中将【字体】设置为【微软雅黑】，将【字体大小】设置为 28 点，将【字符间距】设置为 60，将【颜色】设置为 # 611212，效果如图 2-21 所示。

图 2-21 输入文字并设置后的效果

21 再次使用【横排文字工具】在工作区中输入文字，选中输入的文字，在【字符】面板中将【字体】设置为【微软雅黑】，将【字体大小】设置为 20 点，将【字符间距】设置为 0，将【颜色】值设置为 # 611212，效果如图 2-22 所示。

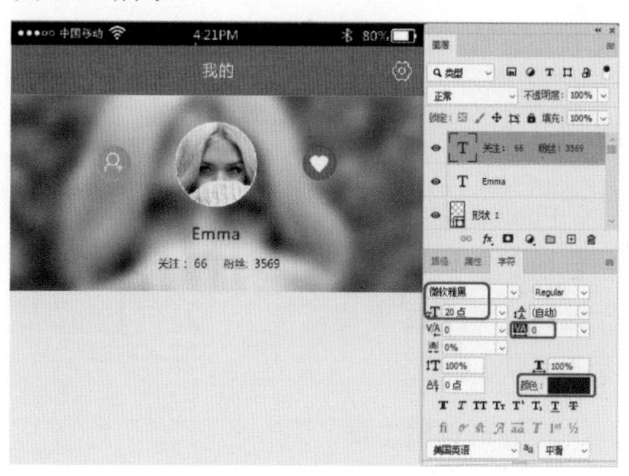

图 2-22 再次输入文字

22 在工具箱中单击【矩形工具】，在工作区中绘制一个矩形，在【属性】面板中将 W、H 分别设置为 750 像素、97 像素，将【填充】设置为白色，将【描边】设置为无，如图 2-23 所示。

图 2-23 绘制矩形并设置后的效果

23 使用同样的方法再在工作区中绘制两个 750 像素 ×415 像素与 750 像素 ×206 像素的白色矩形，并调整其位置，效果如图 2-24 所示。

24 在菜单栏中选择【文件】|【置入嵌入对象】命令，在弹出的对话框中选择【素材\Cha02\个人主页素材 04.png】素材文件，单击【置入】按钮，按 Enter 键完成置入，并在工作区中调整其位置，效果如图 2-25 所示。

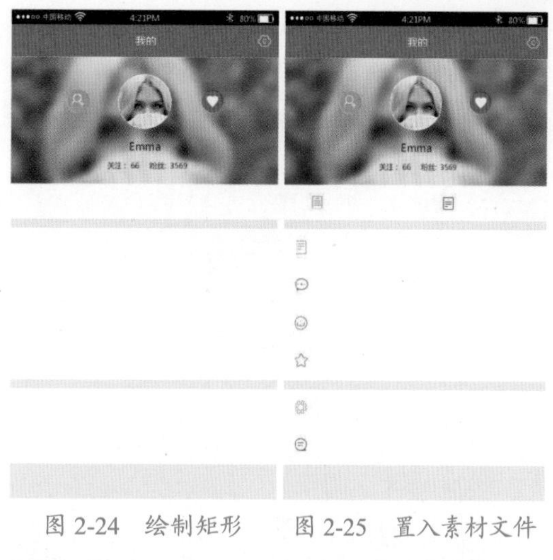

图 2-24 绘制矩形　　图 2-25 置入素材文件

25 根据前面所介绍的方法在工作区中输入相应的文字，并绘制水平直线，效果如图 2-26 所示。

图 2-26 输入文字并绘制水平直线后的效果

26 在菜单栏中选择【文件】|【置入嵌入对象】命令，在弹出的对话框中选择【素材\Cha02\个人主页素材 05.png】素材文件，单击【置入】按钮，按 Enter 键完成置入，并在工作区中调整其位置，效果如图 2-27 所示。

27 在【图层】面板中双击【个人主页素材 05】图层，在弹出的对话框中选中【投影】复选框，将【混合模式】设置为【正片叠底】，将【阴影颜色】的颜色值设置为 # 000000，将【不透明度】设置为 40%，取消选中【使用全局光】复选框，将【角度】设置为 90 度，将【距离】【扩展】【大小】分别设置为17像素、1%、27像素，如图2-28所示。

图 2-27　置入素材文件

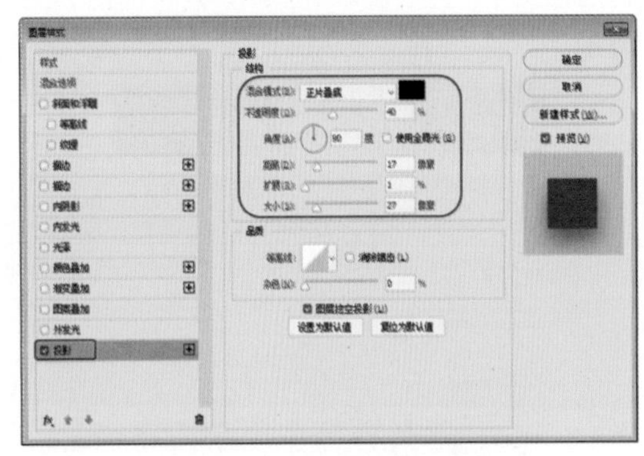

图 2-28　设置【投影】参数

28 设置完成后，单击【确定】按钮，即可为素材添加投影效果，如图2-29所示。

图 2-29　添加投影后的效果

2.1 选区的创建

本节讲解创建选区的方法，其中包括规则选区和不规则选区，具体讲解了矩形选框工具、椭圆选框工具、多边形套索工具、磁性套索工具、魔棒工具、快速选择工具等内容。

2.1.1　规则选区

Photoshop中有很多创建选区的工具，其中包括【矩形选框工具】【椭圆选框工具】【单行选框工具】【单列选框工具】和【多边形套索工具】。

1. 矩形选框工具

【矩形选框工具】用来创建矩形选区，下面将介绍【矩形选框工具】的基本操作方法。

01 启动Photoshop 2020，打开【素材\Cha02\矩形选框素材01.jpg】和【矩形选框素材02.psd】素材文件，如图2-30、图2-31所示。

图 2-30　矩形选框素材01 图 2-31　矩形选框素材02

02 在工具箱中选择【矩形选框工具】，在工具选项栏中使用默认参数，然后在【矩形选框素材02.psd】文件左上角单击并向右下角拖动，框选第一个矩形空白区域，创建一个矩形选区，如图2-32所示。

03 创建完成后，将鼠标指针移至选区中，当指标变为形状时，单击鼠标并拖曳，将其移动至素材【矩形选框素材 01.jpg】文件中，并调整其位置，如图 2-33 所示。

图 2-32　创建选区后的效果

图 2-33　调整选区

提示：当前的图像中存在选区，在创建选区的过程中再按 Shift 键或 Alt 键，则新建的选区会与原有的选区发生运算。

04 调整完成后，选中工具箱中的【移动工具】，将画面中矩形选区的图像拖曳至白框中合适位置，效果如图 2-34 所示。

05 使用相同的方法继续进行操作，完成后的效果如图 2-35 所示。

图 2-34　调整图像位置

图 2-35　完成后的效果

提示：使用【矩形选框工具】也可以绘制正方形。单击工具箱中的【矩形选框工具】，配合 Shift 键在图片中创建选区，即可绘制正方形，如图 2-36 所示。按住 Alt+Shift 组合键，可以以光标所在位置为中心创建正方形选区。

图 2-36　正方形选区

2. 椭圆选框工具

【椭圆选框工具】用于创建椭圆形和圆形选区，如高尔夫球、乒乓球和盘子等。该工具的使用方法与矩形选框工具完全相同。下面通过实例来具体地介绍【椭圆选框工具】的操作方法。

01 启动 Photoshop 2020，打开【素材 \Cha02\椭圆选框工具 01.jpg】和【椭圆选框工具 02.jpg】素材文件，如图 2-37、图 2-38 所示。

图 2-37　椭圆选框工具 01

图 2-38　椭圆选框工具 02

02 选择工具箱中的【椭圆选框工具】，在工具选项栏中使用默认参数，然后在图片中按住 Shift 键沿球体绘制选区，绘制完成后在选区中单击鼠标右键，在弹出的快捷菜单中选择【变换选区】命令，选区四周会出现句柄，拖动句柄更改圆形选区大小并进行调整，如图 2-39 所示。

图 2-39　选择足球选区

03 调整完成后，按 Enter 键进行确认，选中工具箱中的【移动工具】，将画面中圆形选区中的图像拖曳至【椭圆选框工具 02.jpg】文件中合适位置，调整对象的大小，效果如图 2-40 所示。

图 2-40　调整后的效果

提示：在绘制椭圆选区时，按住 Shift 键的同时拖动鼠标可以创建圆形选区；按住 Alt 键的同时拖动鼠标会以光标所在位置为中心创建选区；按住 Alt+Shift 组合键同时拖动鼠标，会以光标所在位置为中心绘制圆形选区。

04 双击该图层，在弹出的【图层样式】对话框中选中【投影】复选框，将【混合模式】设置为【正片叠底】，将【颜色】设置为黑色，将【不透明度】设置为 21%，【角度】设置为 30 度，将【距离】【扩展】【大小】设置为 16 像素、11%、62 像素，如图 2-41 所示。

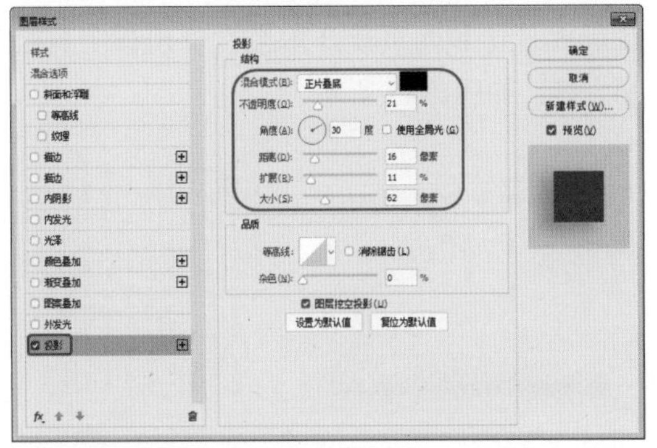

图 2-41 设置【投影】参数

05 单击【确定】按钮，效果如图 2-42 所示。

图 2-42 设置投影后的足球效果

椭圆选框工具选项栏与矩形选框工具选项栏的选项相同，但是该工具增加了【消除锯齿】功能。由于像素为正方形并且是构成图像的最小元素，因此当创建圆形或者多边形等不规则图形选区时，很容易出现锯齿效果，此时选中该复选框，会自动在选区边缘 1 像素的范围内添加与周围相近的颜色，这样就可以使产生锯齿的选区变得平滑。

3. 单行选框工具

使用【单行选框工具】只能创建高度为 1 像素的行选区。下面我们通过实例来介绍如何创建行选区。

01 启动 Photoshop 2020，打开【素材 \Cha02\单行选框工具 .jpg】素材文件，如图 2-43 所示。

图 2-43 素材文件

02 选择工具箱中的【单行选框工具】，在工具选项栏中使用默认参数，然后在素材图像中单击即可创建水平选区，效果如图 2-44 所示。

图 2-44 创建选区

03 选择工具箱中的【矩形选框工具】，然后在工具选项栏中单击【从选区减去】按钮，在图像编辑窗口中单击绘制选区，将不需要的选区用矩形框选中，如图 2-45 所示。

图 2-45 创建选区

04 选择完成后释放鼠标，矩形框选中的选区即可被删除。在图层中绘制选区，将不需要的选区删除，如图 2-46 所示。

图 2-46　删除多余选区

05 设置完成后，单击工具箱中的【前景色】色块，在弹出的【拾色器（前景色）】对话框中，将 RGB 值设为 16、5、6，如图 2-47 所示。

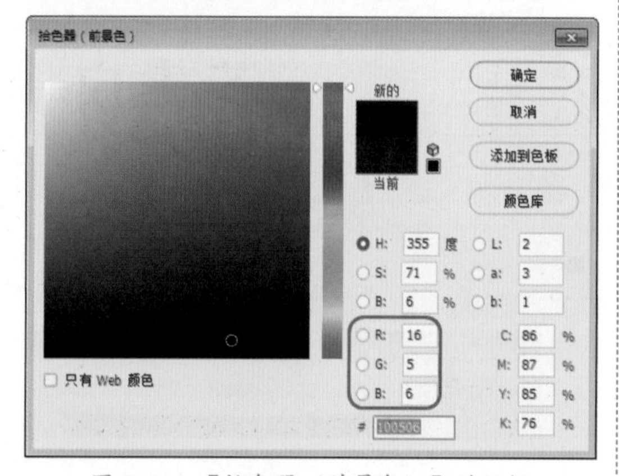

图 2-47　【拾色器（前景色）】对话框

06 按 Alt+Delete 组合键，填充前景色，然后再按 Ctrl+D 组合键取消选区，最终效果如图 2-48 所示。

图 2-48　填充颜色后的效果

4. 单列选框工具

【单列选框工具】和【单行选框工具】的用法一样，【单列选框工具】可以精确地绘制宽度为 1 像素的列选区，填充选区后能够得到一条垂直线，其通常用来制作网格，在版式设计和网页设计中经常使用该工具绘制直线；如图 2-49 所示。

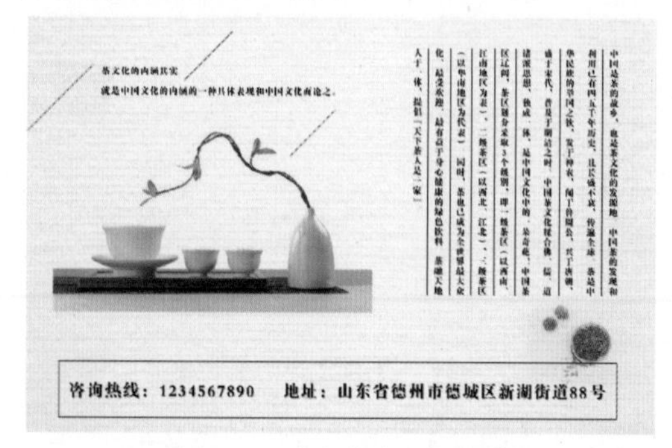

图 2-49　填充颜色后的效果

知识链接：标尺

利用标尺可以精确地定位图像中的某一点以及创建参考线。

在菜单栏中选择【视图】|【标尺】命令，也可以使用 Ctrl+R 组合键打开标尺，如图 2-50 所示。

标尺会出现在当前窗口的顶部和左侧，标尺内的虚线可显示当前鼠标指针所处的位置。如果想要更改标尺原点，可以从图像上的特定点开始度量，在左上角按住鼠标拖动到特定的位置后释放鼠标，即可改变原点的位置。

图 2-50　移动标尺原点的位置

5. 多边形套索工具

使用【多边形套索工具】可以创建由直线连接的选区，它适合选择边缘为直线的对象。下面通过实例来介绍它的使用方法。

01 启动 Photoshop 2020，打开【素材\Cha02\多边形套索工具.jpg】素材文件，如图 2-51 所示。

图 2-51 选择图片

02 在工具箱中选择【多边形套索工具】，使用该工具选项栏中的默认值，然后在心形的边缘处单击绘制选区，如图 2-52 所示。

图 2-52 用【多边形套索工具】绘制选区

2.1.2 不规则选区

本节将对套索工具、磁性套索工具、魔棒工具、快速选择工具进行介绍。

1. 套索工具

【套索工具】用来徒手绘制选区，因此，创建的选区具有很强的随意性，无法使用它来准确地选择对象，但可以用它来处理蒙版，或者选择大面积区域内的漏选对象。下面介绍它的使用方法。

01 启动 Photoshop 2020，打开【素材\Cha02\套索工具.jpg】文件，如图 2-53 所示。

图 2-53 选择图片

02 选择工具箱中的【套索工具】，在工具选项栏中使用默认参数，然后在图片中进行绘制，如图 2-54 所示。

如果没有移动到起点处就放开鼠标，则 Photoshop 会在起点与终点处连接一条直线来封闭选区。

图 2-54 绘制选区

2. 磁性套索工具

使用【磁性套索工具】能够自动检测和跟踪对象的边缘。如果对象的边缘较为清晰，并且与背景的对比也比较明显，使用它可以快速选择对象。下面通过实例介绍该工具的使用方法。

01 启动 Photoshop 2020，打开【素材\Cha02\磁性套索工具.jpg】素材文件，如图 2-55 所示。

02 选择【磁性套索工具】，使用工具选项栏中的默认值，然后沿着手指五角的边缘绘制选区，如图 2-56 所示。如果想要在某一位置放置一个锚点，可以在该处单击，按 Delete 键可依次删除前面的锚点。

图 2-55　选择图片

图 2-56　用【磁性套索工具】绘制选区

提示：在使用【磁性套索工具】时，按住 Alt 键在其他区域单击鼠标左键，可切换为【多边形套索工具】创建直线选区；按住 Alt 键单击鼠标左键并拖动鼠标，则可以切换为【套索工具】绘制自由形状的选区。

如图 2-57 所示为【磁性套索工具】的选项栏。

羽化: 0像素　消除锯齿　宽度: 10像素　对比度: 10%　频率: 57　选择并遮住...

图 2-57　【磁性套索工具】的选项栏

◎　【宽度】：宽度值决定了以光标为基准，周围有多少个像素能够被工具检测到。如果对象的边界清晰，可以选择较大的宽度值；如果边界不清晰，则选择较小的宽度值。

◎　【对比度】：用来检测设置工具的灵敏度，较高的数值只检测与它们的环境对比鲜明的边缘；较低的数值则检测低对比度边缘。

◎　【频率】：在使用【磁性套索工具】创建选区时，会跟随产生很多锚点，频率值就决定了锚点的数量。该值越大，设置的锚点数越多。

◎　【使用绘图板压力以更改钢笔宽度】：如果计算机配置有手绘板和压感笔，可以激活该按钮，增大压力将会导致边缘宽度减小。

3. 魔棒工具

使用【魔棒工具】能够基于图像的颜色和色调来建立选区。它的使用方法非常简单，只需在图像上单击即可。适合选择图像中较大的单色区域或相近颜色。下面介绍该工具的使用方法。

01 启动 Photoshop 2020，打开【素材\Cha02\魔棒工具.jpg】素材文件，如图 2-58 所示。

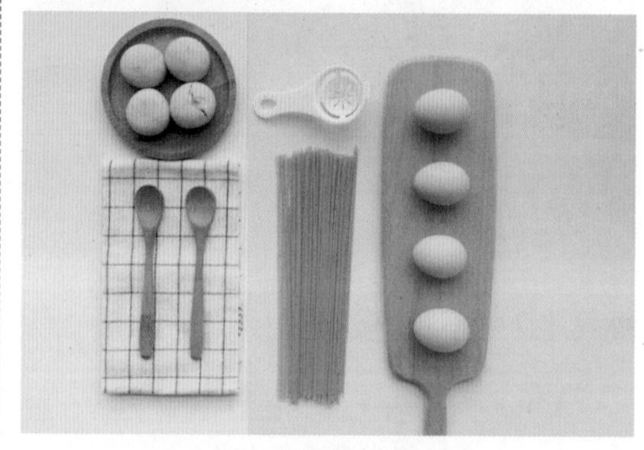

图 2-58　选择图片

02 在工具箱中选择该工具，然后在素材图片中的背景区域单击鼠标，即可将颜色相同的部分选中，如图 2-59 所示。单击的位置不同，所选的区域就不同。

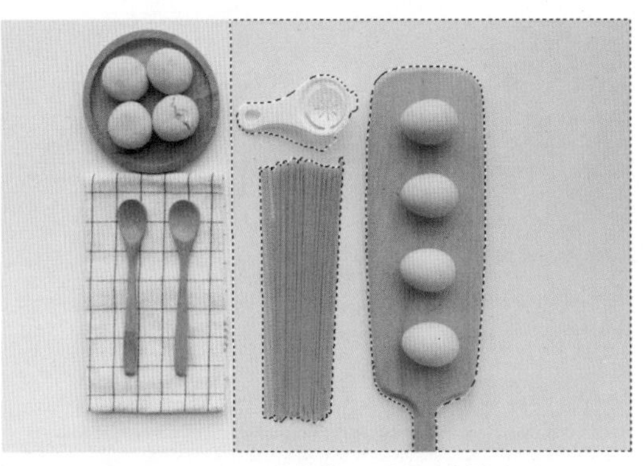

图 2-59　使用【魔棒工具】绘制选区

提示：使用魔棒工具时，按住 Shift 键的同时单击鼠标可以添加选区，按住 Alt 键的同时单击鼠标可以从当前选区中减去选区，按住 Shift+Alt 组合键的同时单击鼠标可以得到与当前选区相交的选区。

4. 快速选择工具

【快速选择工具】是一种非常直观、灵活和快捷的选择工具，适合选择图像中较大的单色区域。

01 启动 Photoshop 2020，打开【素材 \Cha02\ 快速选择工具 .jpg】素材文件，如图 2-60 所示。

图 2-60　选择图片

02 选择工具箱中的【快速选择工具】，在素材文件中单击鼠标左键并拖曳鼠标创建选区，鼠标指针经过的区域即变为选区。可以通过多次单击鼠标选择某个对象，如图 2-61 所示。

图 2-61　使用【快速选择工具】绘制选区

提示：使用快速选择工具时，除了可以拖动鼠标来选取图像外，还可以单击鼠标选取图像。如果有漏选的地方，可以在按住 Shift 键的同时将其选取添加到选区中；如果有多选的地方可以在按住 Alt 键的同时单击选区，将其从选区中减去。

【实战】对象选择工具

使用【对象选择工具】可以对人像部分进行自动选择。下面将通过【对象选择工具】改变人物帽子颜色，效果如图 2-62 所示。

图 2-62　通过【对象选择工具】改变帽子颜色

素材：	素材 \Cha02\ 素材 01.jpg
场景：	场景 \Cha02\【实战】对象选择工具 .psd
视频：	视频教学 \Cha02\【实战】对象选择工具 .mp4

01 打开【素材 \Cha02\ 素材 01.jpg】素材文件，如图 2-63 所示。

图 2-63　打开的素材文件

02 在工具箱中单击【对象选择工具】按钮 ，在工具选项栏中将【模式】设置为【矩形】，在工作区中框选如图 2-64 所示的选区。

图 2-64　绘制选区

03 此时选区自动选中人物的帽子部分，效果如图 2-65 所示。

图 2-65　选中帽子部分

04 按 Ctrl+U 组合键，在弹出的【色相 / 饱和度】对话框中将【色相】设置为 +38，如图 2-66 所示。

图 2-66　设置【色相】参数

05 设置完成后，单击【确定】按钮，效果如图 2-67 所示；按 Ctrl+D 组合键取消选区。

图 2-67　调整后的效果

2.1.3　使用命令创建随意选区

下面将讲解如何使用命令创建选区，其中包括使用【色彩范围】命令创建选区、使用【扩大选取】命令扩大选区、使用【选取相似】命令创建相似选区、使用【全部】命令选择全部图像。

1. 使用【色彩范围】命令创建选区

下面介绍如何使用【色彩范围】命令。

01 启动 Photoshop 2020 后，打开【素材 \Cha02\选区素材 01.jpg】素材文件，如图 2-68 所示。

02 在菜单栏中选择【选择】|【色彩范围】命令，如图 2-69 所示。

03 执行该操作后，弹出【色彩范围】对话框，从中单击【吸管工具】按钮 ，将【颜色容差】

设置为 200，在人物红色衣服上单击，吸取红色图像，如图 2-70 所示。

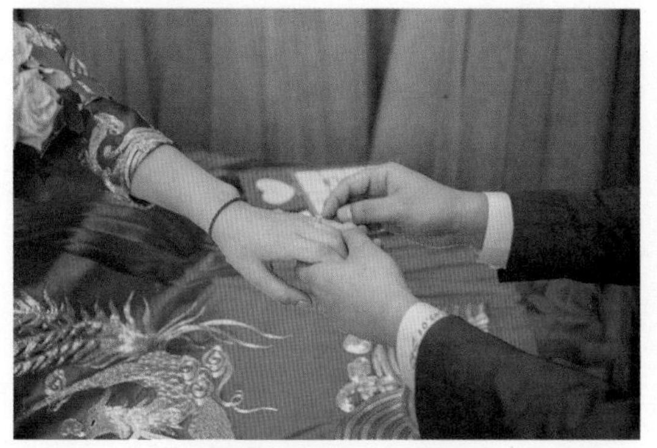

图 2-68　打开素材文件

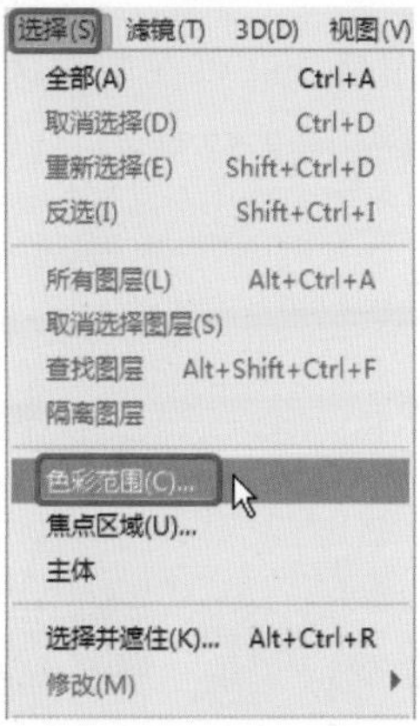

图 2-69　选择【色彩范围】命令

图 2-70　吸取红色图像

04 选择完成后单击【确定】按钮，选择的红色部分就转换为选区，如图 2-71 所示。

图 2-71　将红色图像转换为选区

05 在菜单栏中选择【图像】|【调整】|【色相 / 饱和度】命令，在弹出的【色相 / 饱和度】对话框中，将【色相】设为 -18，将【饱和度】设为 +17，将【明度】设为 3，如图 2-72 所示。

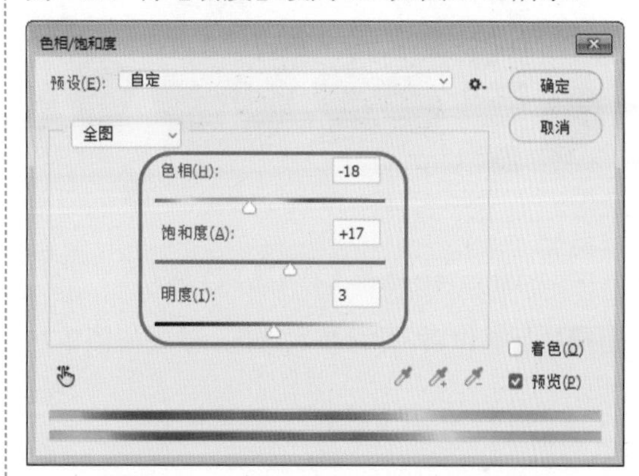

图 2-72　设置【色相 / 饱和度】参数

06 设置完成后，单击【确定】按钮，按 Ctrl+D 组合键取消选区，完成后的效果如图 2-73 所示。

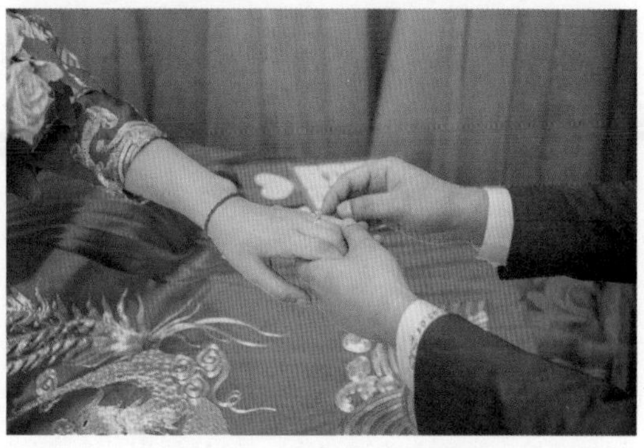

图 2-73　设置完成后的效果

2. 使用【扩大选取】命令扩大选区

使用【扩大选取】命令可以将原选区扩大，

但是该选项只扩大与原选区相连接的区域，并且会自动寻找与选区中的像素相近的像素进行扩大。下面介绍该命令的使用方法。

01 打开【素材\Cha02\选区素材02.jpg】素材文件，在工具箱中选择【魔棒工具】，在图像中创建选区。完成选区的创建后，执行【选择】|【扩大选取】命令，或者在选区中单击鼠标右键，在弹出的快捷菜单中选择【扩大选取】命令，如图2-74所示。

图 2-74　选择【扩大选取】命令

02 执行操作后，即可扩大选区，效果如图2-75所示。

图 2-75　扩大选取后的效果

3. 使用【选取相似】命令创建相似选区

使用【选取相似】命令也可以扩大选区，它与【扩大选取】命令相似，但是使用该命令可以从整个文件中寻找相似的像素进行扩大选取。

01 继续上一个案例的操作，在菜单栏中选择【选择】|【选取相似】命令，或者在选区中右击，在弹出的快捷菜单中选择【选取相似】命令，如图2-76所示。

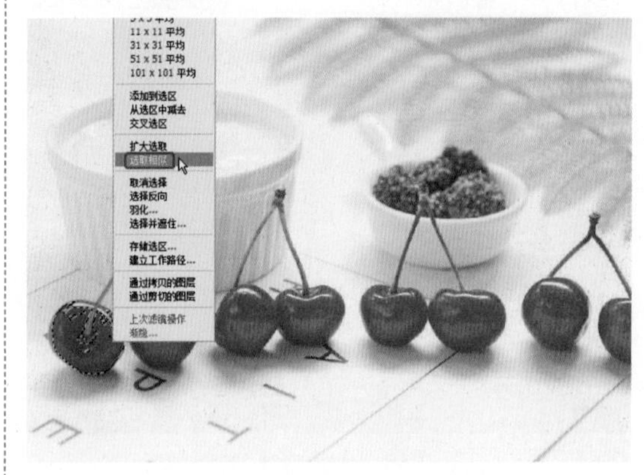

图 2-76　选择【选取相似】命令

02 执行操作后，即可在工作区中选取相似的对象，效果如图2-77所示。

图 2-77　选取相似的对象

4. 使用【全部】命令选择全部图像

【全部】命令主要是对图像进行全选，下面介绍【全部】命令的使用方法。

01 打开【素材\Cha02\选区素材03.jpg】素材文件，如图2-78所示。

图 2-78　打开素材文件

02 在菜单栏中选择【选择】|【全部】命令，或按 Ctrl+A 组合键，可以选择文档边界内的全部图像，如图 2-79 所示。

图 2-79　选中全部图像

2.2 选区的编辑

下面将讲解如何编辑选区，其中包括反向选择、变换选区、取消选择与重新选择。

2.2.1　反向选择

【反选】命令主要用于对创建的选区进行反向选择。下面介绍【反选】命令的使用方法。

01 打开【素材\Cha02\反向选区.jpg】素材文件，选择【魔棒工具】，在工具选项栏中将【容差】设置为 100，在工作区中单击蓝色部分，如图 2-80 所示。

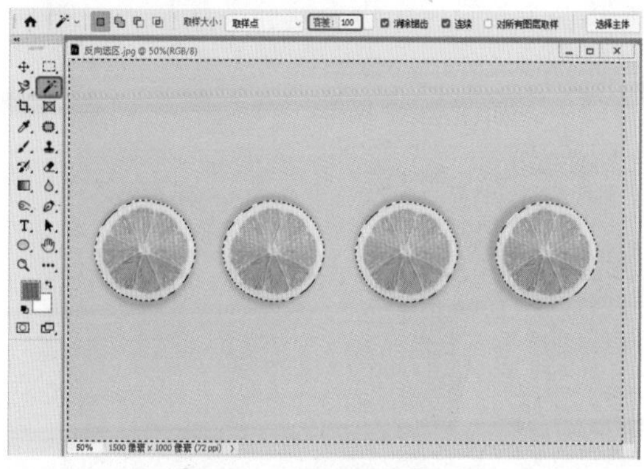

图 2-80　选取蓝色图像

02 在菜单栏中选择【选择】|【反选】命令，这样刚才未被选中的图像就被选中了，效果如图 2-81 所示。

图 2-81　反向选择

03 按 Ctrl+U 组合键，在弹出的对话框中将【色相】【饱和度】分别设置为 -31、3，如图 2-82 所示。

图 2-82　设置色相、饱和度

04 设置完成后，单击【确定】按钮，即可完成设置，按 Ctrl+D 组合键取消选区，效果如图 2-83 所示。

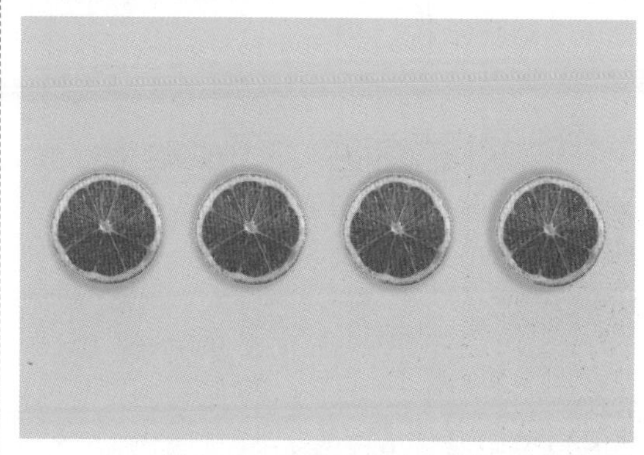

图 2-83　设置完成后的效果

提示：【反选】命令对应的组合键是Shift+Ctrl+I。如果想取消选择的区域，可以执行【选择】|【取消选择】命令，或按Ctrl+D组合键。

【实战】为照片添加相框

本例将介绍一种相框照片的制作方法。通过使用【多边形套索工具】选取照片，然后将其拖曳至相框模板中，从而完成效果图的制作，效果如图2-84所示。

图 2-84　为照片添加相框

素材：	素材 \Cha02\ 相框 .jpg、人物素材 01.jpg、人物素材 02.jpg
场景：	场景 \Cha02\【实战】为照片添加相框 .psd
视频：	视频教学 \Cha02\【实战】为照片添加相框 .mp4

01 打开【素材 \Cha02\ 相框 .jpg】素材文件，如图2-85所示。

图 2-85　打开的素材文件

02 在工具箱中单击【多边形套索工具】，在工作区中选取如图2-86所示的区域。

图 2-86　选取区域

03 打开【素材 \Cha02\ 人物素材 01.jpg】素材文件，如图2-87所示。

04 切换至【相框 .jpg】素材文件中，使用【矩形选框工具】将选区拖曳至【人物素材 01.jpg】素材文件中，并调整选区的位置，效果如图2-88所示。

图 2-87　打开的素材文件

图 2-88　调整选区的位置

05 在工具箱中单击【移动工具】，按住鼠标将选区中的图像拖曳至【相框 .jpg】素材文件中，如图2-89所示。

图 2-89　移动选区中的图像

06 使用同样的方法，将【人物素材 02.jpg】素材添加至相框中，效果如图 2-90 所示。

图 2-90　添加相框后的效果

2.2.2　变换选区

下面介绍【变换选区】命令的使用方法。

01 打开【素材 \Cha02\ 变换选区 .jpg】素材文件，在工具箱中选择【矩形选框工具】，在图像中创建选区。完成选区的创建后，执行【选择】|【变换选区】命令。或者在选区中单击鼠标右键，在弹出的快捷菜单中选择【变换选区】命令，如图 2-91 所示。

图 2-91　选择【变换选区】命令

02 在出现的定界框中，移动定界点，变换选区，按住 Shift 键可以随意调整选区，效果如图 2-92 所示。

图 2-92　调整变换选区

提示：定界框中心有一个图标状的参考点，所有的变换都以该点为基准来进行。默认情况下，该点位于变换项目的中心（变换项目可以是选区、图像或者路径），可以在工具选项栏的参考点定位符图标上单击，修改参考点的位置，例如，要将参考点定位在定界框的左上角，可以单击参考点定位符左上角的方块。此外，也可以通过拖动的方式移动它。

2.2.3　取消选择与重新选择

执行【选择】|【取消选择】命令，或按 Ctrl+D 组合键可以取消选择。如果当前使用的工具是矩形选框、椭圆选框或套索工具，并且在工具选项栏中单击【新选区】按钮，则在选区外单击即可取消选择。

在取消选择后，如果需要恢复被取消的选区，可以执行【选择】|【重新选择】命令，或按 Shift+Ctrl+D 组合键。但是，如果在执行该命令前修改了图像或是画布的大小，则选区记录将从 Photoshop 中删除，因此，也就无法恢复选区。

2.3　路径的创建

下面将讲解如何创建路径，其中主要讲

解【钢笔工具】【自由钢笔工具】【弯度钢笔工具】的使用方法。

■ 2.3.1 钢笔工具的使用

【钢笔工具】是创建路径的最主要的工具，它不仅可以用来选取图像，而且可以绘制矢量图形等，如图 2-93 所示。使用【钢笔工具】无论是画直线或是曲线，都非常简单，随手可得。其操作特点是通过用鼠标在工作界面中创建各个锚点，根据锚点的路径和描绘的先后顺序，产生直线或者是曲线的效果。

图 2-93 矢量图形

选择【钢笔工具】，开始绘制之前鼠标指针会呈形状，若大小写锁定键被按下则为-¦-形状。下面介绍用钢笔工具创建路径与图形的方法。

1. 绘制直线图形

下面将介绍如何使用【钢笔工具】绘制直线图形。

01 按 Ctrl+O 组合键，在弹出的对话框中选择【素材 \Cha02\ 素材 02.psd】素材文件，单击【打开】按钮，即可将选中的素材文件打开，效果如图 2-94 所示。

02 在工具箱中单击【钢笔工具】，在工具选项栏中将【工具模式】设置为【形状】，将【填充】设置为无，将【描边】的 RGB 值设置为 229、99、125，将【描边宽度】设置为3 像素，在工作界面中的不同位置单击鼠标，使用钢笔工具绘制直线，如图 2-95 所示。

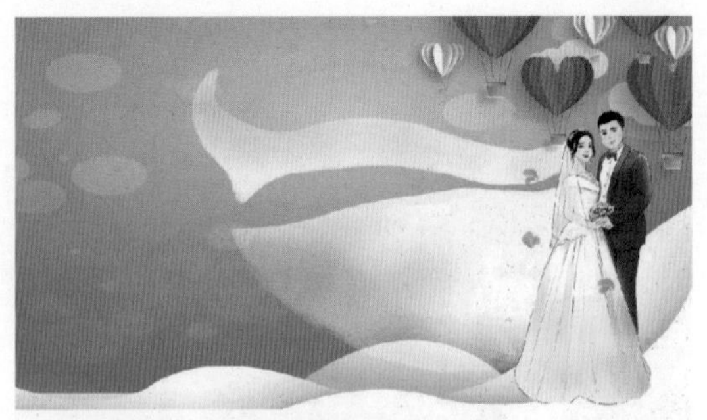

图 2-94 打开的素材文件

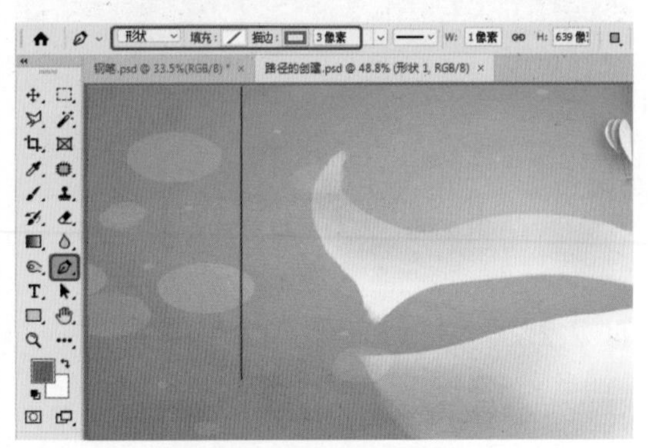

图 2-95 绘制直线

03 使用相同的方法绘制其他直线，即可完成由直线组成的图形，效果如图 2-96 所示。

图 2-96 绘制图形后的效果

2. 绘制曲线图形

（1）绘制曲线

单击鼠标绘制出第一点，然后单击左键并按住鼠标拖动绘制出第二点，如图 2-97 所示，这样就可以绘制曲线并使锚点两端出现方向线。方向点的位置及方向线的长短会影响曲线的方向和弧度。

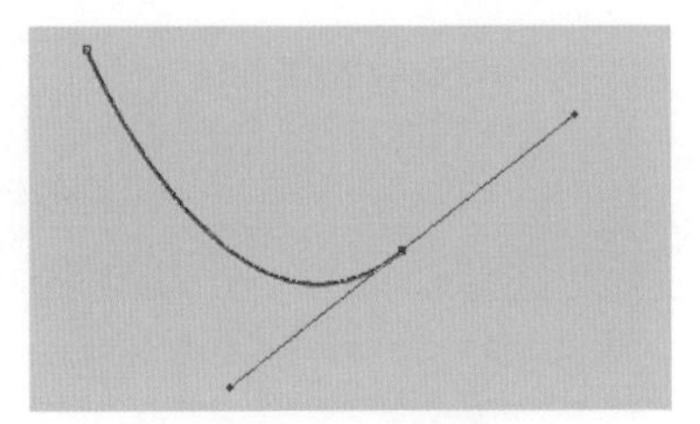

图 2-97　绘制曲线

知识链接：贝塞尔曲线

贝塞尔曲线（Bézier curve），又称贝兹曲线或贝济埃曲线，是应用于二维图形应用程序的数学曲线。1962 年，法国数学家 Pierre Bézier 第一个研究了这种矢量绘制曲线的方法，并给出了详细的计算公式，因此按照这样的公式绘制出来的曲线就用他的姓氏来命名，即为贝塞尔曲线。一般的矢量图形软件通过它来精确画出曲线。贝塞尔曲线由线段与节点组成，节点是可拖动的支点，线段像可伸缩的皮筋。我们在绘图工具上看到的钢笔工具就是用来绘制这种矢量曲线的。贝塞尔曲线是计算机图形学中相当重要的参数曲线，它具有精确和易于修改的特点，被广泛地应用在计算机图形领域，如 Photoshop、Illustrator、CorelDRAW 等软件中都包含可以绘制贝塞尔曲线的工具。

贝塞尔曲线是依据四个位置任意的点坐标绘制出的一条光滑曲线。在历史上，研究贝塞尔曲线的人最初是按照已知曲线参数方程来确定四个点的思路设计出这种矢量曲线绘制法。贝塞尔曲线的有趣之处更在于它的“皮筋效应”，也就是说，随着点有规律地移动，曲线将产生皮筋伸引一样的变换，带来视觉上的冲击。

（2）绘制曲线之后接直线

绘制出曲线后，若要在之后接着绘制直线，则需要按住 Alt 键在最后一个锚点上单击，使控制线只保留一段，再松开 Alt 键，在新的地方单击另一点即可，如图 2-98 所示。

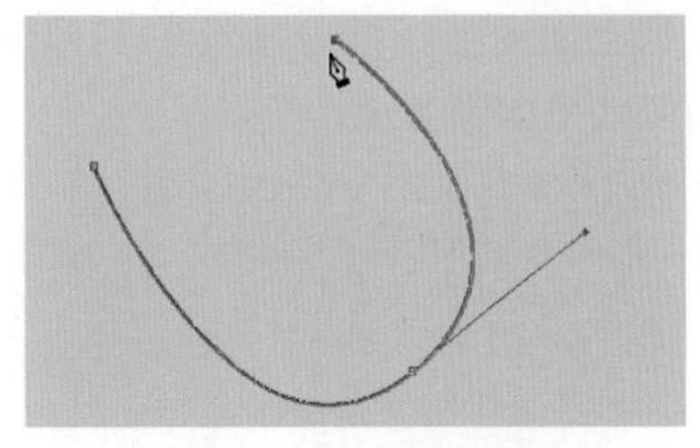

图 2-98　绘制曲线后接直线

下面将通过实际步骤来讲解如何绘制曲线路径。

01 继续上面的操作，在工具箱中单击【钢笔工具】，在工具选项栏中将【工具模式】设置为【形状】，将【填充】的 RGB 值设置为 219、76、104，将【描边】设置为无，单击鼠标绘制出第一点，然后单击左键并按住鼠标拖动绘制出第二点，绘制一条曲线，如图 2-99 所示。

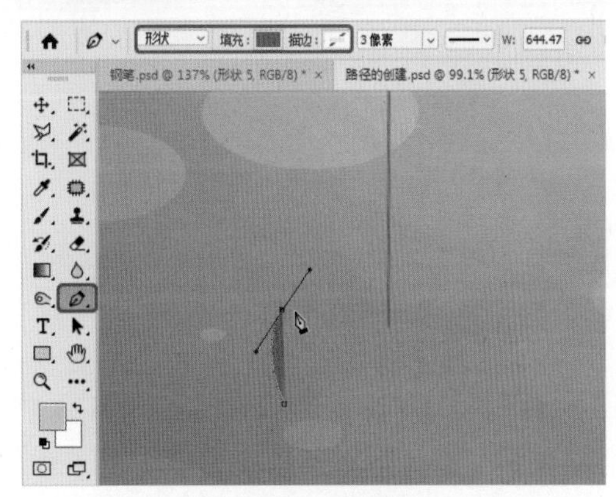

图 2-99　绘制曲线

02 绘制完成第二点后，按住 Alt 键将鼠标指针移至第二点上，当指针变为形状时，单击鼠标左键，如图 2-100 所示。

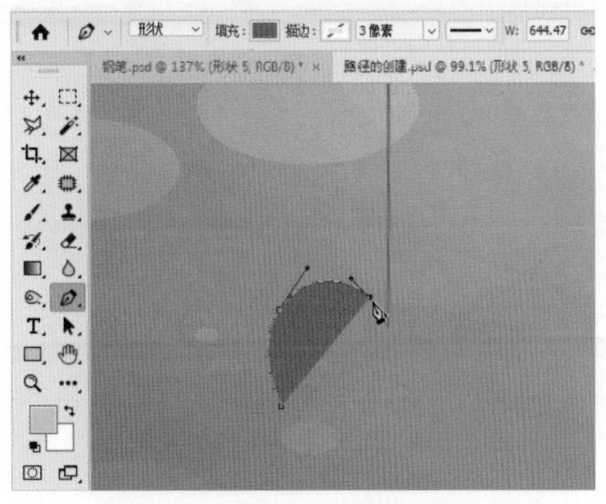

图 2-100　按住 Alt 键单击第二点

03 根据上面所介绍的方法绘制其他曲线，绘制后的效果如图 2-101 所示。

图 2-101　绘制其他曲线后的效果

04 按住 Alt 键的同时，对绘制的心形对象拖曳进行复制，效果如图 2-102 所示。

图 2-102　复制出其他的心形对象

知识链接：橡皮带

当选择【钢笔工具】后，在工具选项栏中单击【设置其他钢笔和路径选项】按钮，在弹出的下拉列表中选中【橡皮带】复选框，如图 2-103 所示，则可在绘制时直观地看到锚点之间的轨迹，如图 2-104 所示。

图 2-103　选中【橡皮带】复选框

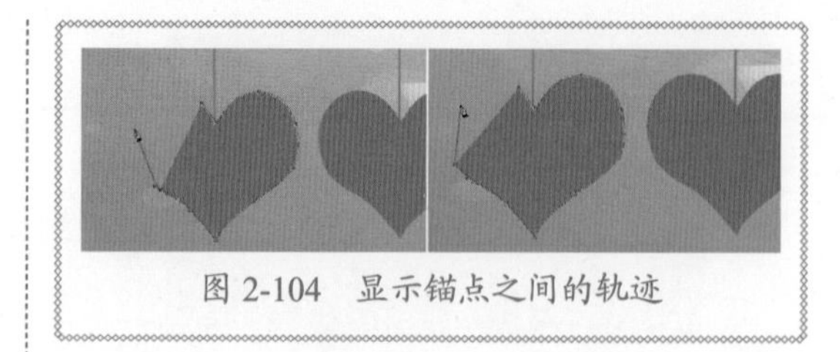

图 2-104　显示锚点之间的轨迹

2.3.2　自由钢笔工具的使用

【自由钢笔工具】用来绘制比较随意的图形，它的使用方法与【套索工具】非常相似。选择该工具后，在画面中单击并拖动鼠标即可绘制路径，路径的形状为鼠标指针运行的轨迹，Photoshop 会自动为路径添加锚点。

下面详细介绍用自由钢笔工具创建图形的方法。

01 继续上面的操作，在工具箱中单击【自由钢笔工具】，在工具选项栏中将【工具模式】设置为【形状】，将【填充】的 RGB 值设置为 225、41、51，将【描边】设置为无，在工作界面中对如图 2-105 所示的图形进行绘制。

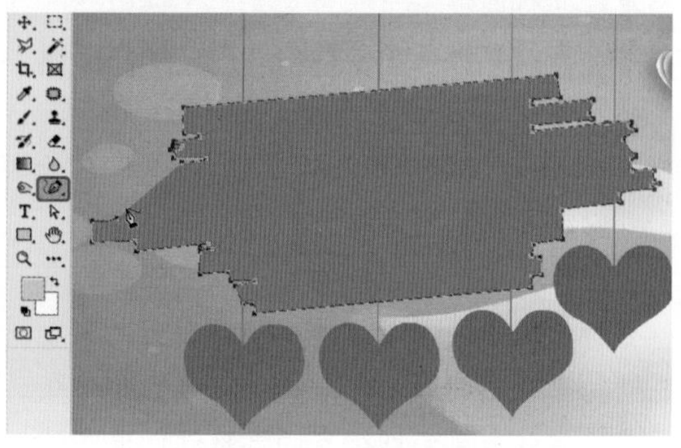

图 2-105　绘制图形

02 当释放鼠标后，即可完成图形的绘制，效果如图 2-106 所示。

图 2-106　绘制图形后的效果

■ 2.3.3　弯度钢笔工具的使用

使用弯度钢笔工具可以以同样轻松的方式绘制平滑曲线和直线段。使用【弯度钢笔工具】可以在设计中创建自定义形状，或定义精确的路径，以便毫不费力地优化图像。在执行该操作的时候，无须切换工具就能创建、切换、编辑、添加或删除平滑点或角点。

下面介绍如何使用【弯度钢笔工具】创建路径。

01 继续上面的操作，在工具箱中单击【弯度钢笔工具】，在工具选项栏中将【工具模式】设置为【形状】，将【填充】的 RGB 值设置为 255、255、255，将【描边】设置为无，在工作界面中单击鼠标左键创建第一个锚点，然后再创建第二个锚点，即可创建一条直线，如图 2-107 所示。

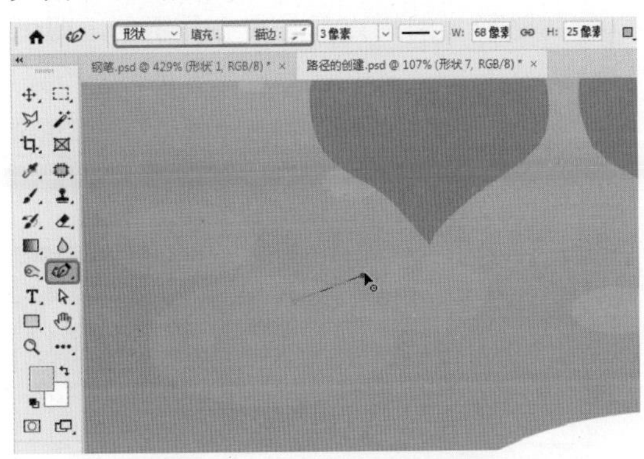
图 2-107　创建一条直线

02 在工作界面中单击鼠标创建第三个锚点，此时，前面所绘制的直线将自动调节为曲线状态，如图 2-108 所示。

图 2-108　创建第三个锚点

提示：路径的第一段最初始终显示为工作界面中的一条直线，依据接下来绘制的是曲线段还是直线段，Photoshop 稍后会对它进行相应的调整。如果绘制的下一段是曲线段，Photoshop 将使第一段曲线与下一段曲线平滑地关联。

03 使用相同的方法创建其他锚点，完成图形的绘制，如图 2-109 所示。

图 2-109　绘制完成后的图形

04 在【图层】面板中选择【标题文本】图层，按住鼠标将其调整至图层最上方，使用【横排文字工具】输入其他的文本，效果如图 2-110 所示。

图 2-110　调整图层的排放顺序并输入其他文本

提示：在使用【弯度钢笔工具】绘制图形时，如果希望路径的下一段变为弯曲的曲线状态，单击一次鼠标左键创建锚点，Photoshop 将会自动将绘制的线段平滑为曲线状态；如果希望接下来绘制一条直线段，双击鼠标创建锚点，则创建的线段将会变为直线段。

知识链接：弯度钢笔工具使用技巧

如果需要将已经创建的曲线转换为角点，使用【弯度钢笔工具】在锚点上双击鼠标，即可将曲线转换为角点状态；同样，如果需要将角点转换为曲线，使用【弯度钢笔工具】在锚点上双击鼠标，即可将角点转换为曲线。

在使用【弯度钢笔工具】时，如果需要对创建的锚点进行移动，只需单击该锚点并按住鼠标进行拖动即可。

如果需要将创建的锚点删除，可以使用【弯度钢笔工具】在需要删除的锚点上单击，然后按 Delete 键将其删除即可。在删除锚点后，曲线将被保留下来并根据剩余的锚点进行适当的调整。

2.4 路径的编辑

初步绘制的路径往往不够完美，需要对局部或整体进行编辑。编辑路径的工具与修改路径的工具相同，下面介绍编辑路径的方法。

2.4.1 选择路径

本节主要介绍使用【路径选择工具】和【直接选择工具】进行路径选择的方法。

1. 路径选择工具

路径选择工具用于选择一个或几个路径并对其进行移动、组合、对齐、分布和变形。选择【路径选择工具】，或反复按 Shift+A 组合键，其工具选项栏如图 2-111 所示。

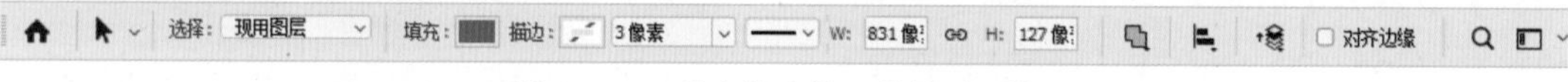

图 2-111 【路径选择工具】选项栏

下面将介绍如何使用【路径选择工具】。

01 打开【素材\Cha02\素材 03.psd】素材文件，如图 2-112 所示。

图 2-112 打开的素材文件

02 在工具箱中单击【路径选择工具】，在工具选项栏中将【选择】设置为【所有图层】，在工作界面中如图 2-113 所示的蓝色对象上单击鼠标，即可选中该图形的路径，可以看到路径上的锚点都是实心显示的，即可移动路径。

图 2-113 使用路径选择工具选择路径

03 按住 Alt 键拖动鼠标，即可对选中的图形进行复制，效果如图 2-114 所示。

图 2-114　复制后的效果

提示：在使用【路径选择工具】时，如果直接拖动鼠标，可以对选中的路径进行移动。

2. 直接选择工具

【直接选择工具】用于移动路径中的锚点或线段，还可以调整手柄和控制点。路径的原始效果如图 2-115 所示，选择要调整的锚点，按住鼠标进行拖动，即可改变路径的形状，如图 2-116 所示。

图 2-115　选择路径

图 2-116　调整路径后的效果

2.4.2　添加 / 删除锚点

本节主要介绍【添加锚点工具】和【删除锚点工具】在路径中的使用方法。

1. 添加锚点工具

【添加锚点工具】可以用于在路径上添加新的锚点。

01 在工具箱中单击【添加锚点工具】，在路径上单击，如图 2-117 所示。

图 2-117　使用【添加锚点工具】添加锚点

02 添加锚点后，按住鼠标拖动锚点，即可对图形进行调整，如图 2-118 所示。

图 2-118　调整图形后的效果

2. 删除锚点工具

【删除锚点工具】用于删除路径上已经存在的锚点。

01 使用【直接选择工具】选择要进行调整的路径，如图 2-119 所示。

图 2-119　选择要调整的路径

02 在工具箱中单击【删除锚点工具】，在需要删除的锚点上单击鼠标，即可将该锚点删除，效果如图 2-120 所示。

图 2-120　删除锚点后的效果

提示：也可以在【钢笔工具】状态下，在工具选项栏中选中【自动添加 / 删除】复选框，此时在路径上单击即可添加锚点，在锚点上单击即可删除锚点。

2.4.3　转换点工具

使用【转换点工具】可以使锚点在角点、平滑点和转角之间进行转换。

将角点转换成平滑点：使用【转换点工具】在锚点上单击并拖动鼠标，即可将角点转换成平滑点，如图 2-121 所示。

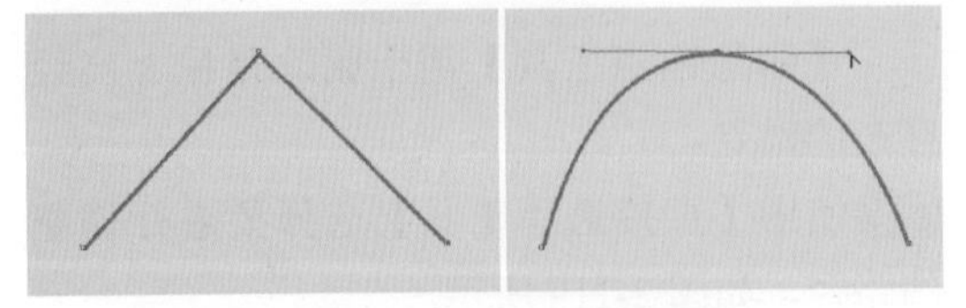

图 2-121　将角点转换成平滑点

将平滑点转换成角点：使用【转换点工具】直接在锚点上单击即可，如图 2-122 所示。

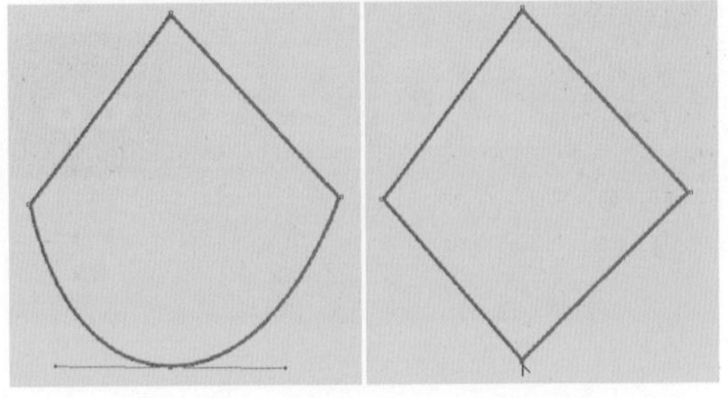

图 2-122　将平滑点转换成角点

将平滑点转换成转角：使用【转换点工具】单击方向点并拖动，更改控制点的位置或方向线的长短即可，如图 2-123 所示。

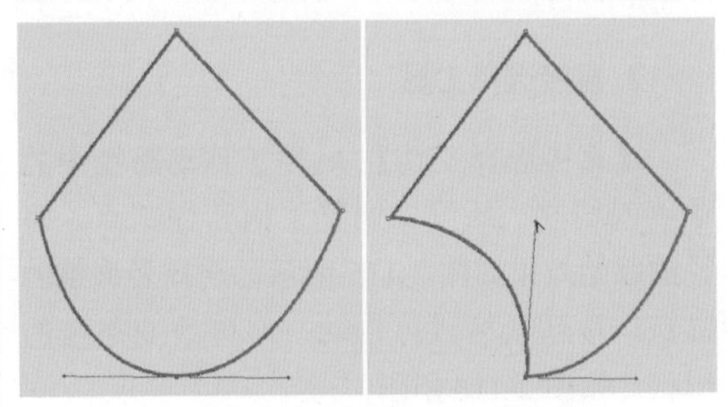

图 2-123　将平滑点转换成转角

2.4.4　将选区转换为路径

下面介绍将选区转换为路径的方法。

01 打开【素材 \Cha02\ 素材 04.psd】素材文件，如图 2-124 所示。

图 2-124　打开的素材文件

02 在【图层】面板中选择【兔子】图层，按住Ctrl键单击【兔子】的缩略图，将其载入选区，如图 2-125 所示。

图 2-125　载入选区

03 打开【路径】面板，单击【从选区生成工作路径】按钮，即可将选区转换为路径，如图 2-126 所示。

图 2-126　将选区转换为路径

■ 2.4.5　路径和选区的转换

下面介绍路径与选区之间的转换。

在【路径】面板中单击【将路径作为选区载入】按钮，可以将路径转换为选区进行操作，如图 2-127 所示，也可以按组合键Ctrl+Enter 来完成这一操作。

图 2-127　将路径转换成选区

如果在按住 Alt 键的同时单击【将路径作为选区载入】按钮，则可弹出【建立选区】对话框，如图 2-128 所示，通过该对话框可以设置【羽化半径】等选项。

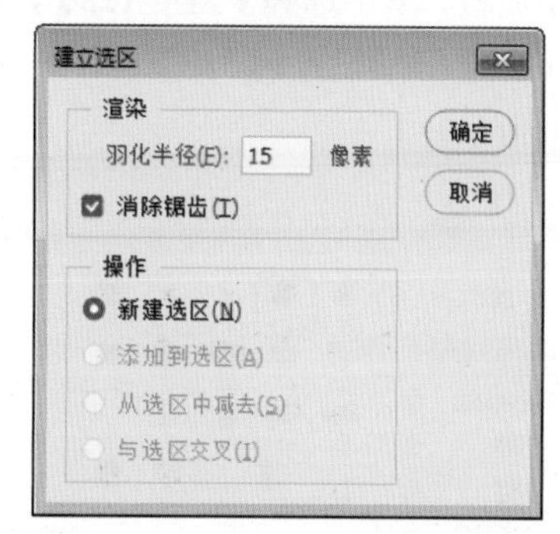

图 2-128　【建立选区】对话框

单击【从选区生成工作路径】按钮，可以将当前的选区转换为路径进行操作。如果在按住 Alt 键的同时单击【从选区生成工作路径】按钮，则可弹出【建立工作路径】对话框，如图 2-129 所示。

图 2-129　【建立工作路径】对话框

提示：【建立工作路径】对话框中的【容差】用于控制将选区转换为路径时的精确度。【容差】值越大，建立路径的精确度就越低；【容差】值越小，精确度就越高，但同时锚点也会增多。

2.4.6 描边路径

描边路径是指用绘画工具和修饰工具沿路径描边。下面介绍描边路径的使用方法。

01 在工具箱中选择【画笔工具】，打开【画笔设置】面板，从中选择【尖角 123】，将【大小】【间距】分别设置为 51 像素、292%，如图 2-130 所示。

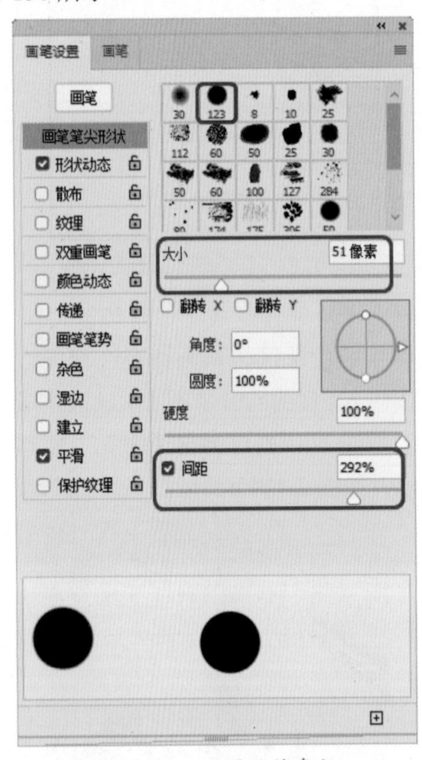

图 2-130 设置画笔参数

02 在【路径】面板中单击【用画笔描边路径】按钮，即可为路径描边，效果如图 2-131 所示。

图 2-131 描边路径后的效果

提示：在【路径】面板中选择一个路径后，单击【用画笔描边路径】按钮，可以使用画笔工具的当前设置描边路径。再次单击该按钮会增加描边的不透明度，使描边看起来更粗。前景色可以控制描边路径的颜色。

除了上述方法外，还可以使用【钢笔工具】在路径上右击鼠标，在弹出的快捷菜单中选择【描边路径】命令，如图 2-132 所示，执行该操作后，将会打开【描边路径】对话框，如图 2-133 所示，单击【确定】按钮，同样也可以对路径进行描边。

图 2-132 选择【描边路径】命令

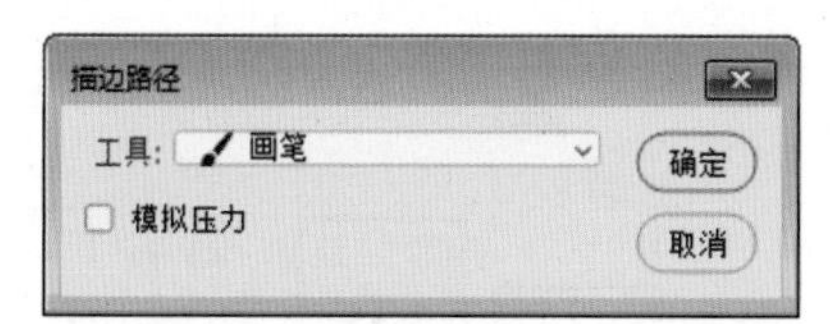

图 2-133 【描边路径】对话框

2.4.7 填充路径

下面介绍填充路径的使用方法。

01 在工作界面中创建一个路径，如图 2-134 所示。

图 2-134 创建路径

02 将【前景色】的 RGB 值设置为 255、255、255，在【路径】面板中单击【用前景色填充路径】按钮，即可为路径填充前景色，效果如图 2-135 所示。

图 2-135 填充前景色后的效果

2.5 形状工具的使用

形状工具包括【矩形工具】、【圆角矩形工具】、【椭圆工具】、【多边形工具】、【直线工具】和【自定形状工具】。这些工具包含了一些常用的基本形状和自定义图形，通过这些图形可以方便地绘制所需要的基本形状和图形。

2.5.1 矩形工具

【矩形工具】用来绘制矩形。按住 Shift 键的同时拖动鼠标可以绘制正方形；按住 Alt 键的同时拖动鼠标，可以以光标所在位置为中心绘制矩形；按住 Shift+Alt 组合键的同时拖动鼠标，可以以光标所在位置为中心绘制正方形。

选择【矩形工具】，然后在工具选项栏中单击【设置其他形状和路径选项】按钮，弹出如图 2-136 所示的选项面板，从中可以选择绘制矩形的方法。

图 2-136 矩形工具选项面板

◎ 【不受约束】：选中该单选按钮后，可以绘制任意大小的矩形。

◎ 【方形】：选中该单选按钮后，只能绘制任意大小的正方形。

◎ 【固定大小】：选中该单选按钮，然后在右侧的文本框中输入要创建的矩形的固定宽度和固定高度，则会按照输入的宽度和高度来创建矩形。

◎ 【比例】：选中该单选按钮，然后在右侧的文本框中输入相对宽度和相对高度，此后无论绘制多大的矩形，都会按照此比例进行绘制。

◎ 【从中心】：选中该复选框后，无论以任何方式绘制矩形，都将以光标所在位置为矩形的中心向外扩展绘制矩形。

下面介绍如何使用【矩形工具】绘制图形。

01 打开【素材\Cha02\素材05.jpg】素材文件，如图2-137所示。

图2-137 打开的素材文件

02 在工具箱中单击【矩形工具】，在工具选项栏中将【工具模式】设置为【形状】，将【填充】设置为无，将【描边】的RGB值设置为26、26、26，将【描边宽度】设置为8像素，单击【设置其他形状和路径选项】按钮，选中【固定大小】单选按钮，将W、H分别设置为260像素、371像素，如图2-138所示。

图2-138 设置工具选项参数

03 设置完成后，在工作界面中拖动鼠标，即可创建一个260像素×371像素的矩形，如图2-139所示。

图2-139 创建矩形后的效果

2.5.2 圆角矩形工具

【圆角矩形工具】用来创建圆角矩形，它的创建方法与矩形工具相同，只是比矩形工具多了一个【半径】选项，用来设置圆角的半径，该值越高，圆角就越大。如图2-140所示为将【半径】设置为20像素时的效果。

图2-140 半径为20像素时的效果

图2-141所示为将【半径】设置为60像素时的效果。

图2-141 半径为60像素时的效果

> 提示：在使用【圆角矩形工具】创建图形时，半径只可以介于 0.00 到 1000.00 像素之间。

2.5.3 椭圆工具

使用【椭圆工具】 可以创建规则的圆形，也可以创建不受约束的椭圆形；在绘制图形时，按住 Shift 键可以绘制一个正圆。

下面介绍如何使用【椭圆工具】绘制图形。

01 打开【素材\Cha02\素材 06.jpg】素材文件，如图 2-142 所示。

图 2-142 打开的素材文件

02 在工具箱中单击【椭圆工具】，在工具选项栏中将【工具模式】设置为【形状】，将【填充】的 RGB 值设置为 232、78、28，将【描边】设置为无，在工作界面中按住鼠标绘制一个椭圆形，如图 2-143 所示。

03 使用【钢笔工具】绘制白色的图形，效果如图 2-144 所示。

04 在工具箱中单击【椭圆工具】，在工具选项栏中将【工具模式】设置为【形状】，将【填充】的 RGB 值设置为 63、97、170，将【描边】设置为无，单击【路径操作】按钮 ，在弹出的下拉列表中选择【减去顶层形状】选项（见图 2-145），在工作界面中按住鼠标绘制一个椭圆形。

图 2-143 绘制椭圆形

图 2-144 绘制图形

图 2-145 选择【减去顶层形状】选项

知识链接：路径操作选项

【路径操作】下拉列表中各个选项的功能如下。

【新建图层】：选择该选项后，可以创建新的图形图层。

【合并形状】：选择该选项后，新绘制的图形会与现有的图形合并，如图 2-146 所示。

【减去顶层形状】：选择该选项后，可以从现有的图形中减去新绘制的图形，如图 2-147 所示。

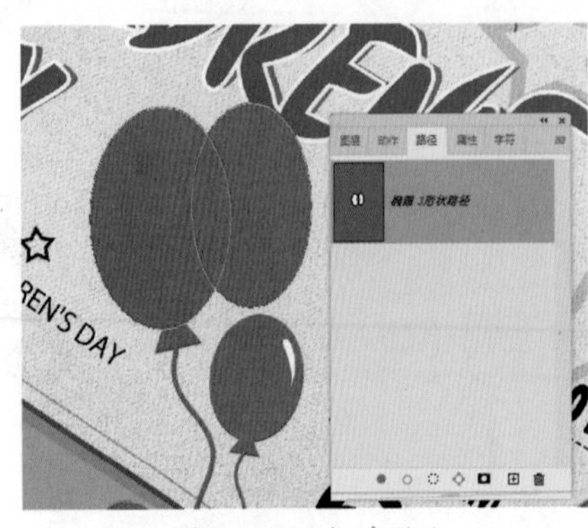

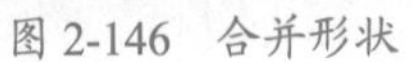

图 2-146　合并形状

图 2-147　减去顶层形状

【与形状区域相交】：选择该选项后，即可保留两个图形相交的区域，如图 2-148 所示。

【排除重叠形状】：选择该选项后，将删除两个图形所重叠的部分，效果如图 2-149 所示。

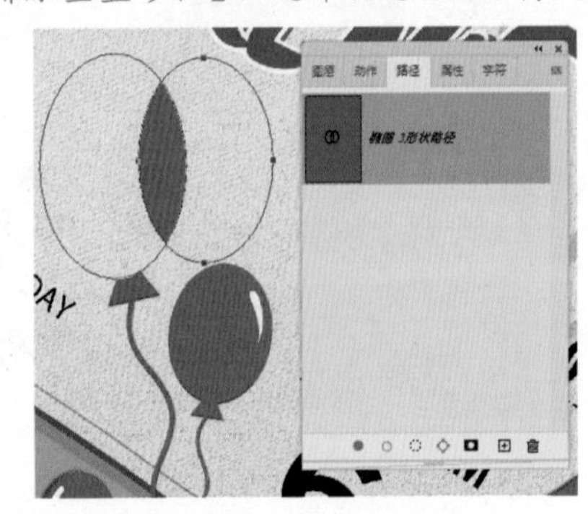

图 2-148　与形状区域相交

图 2-149　排除重叠形状

【合并形状组件】：选择该选项后，会将两个图形进行合并，并将其转换为常规路径。

05 使用【椭圆工具】在工作界面中绘制一个如图 2-150 所示的椭圆形，即可减去顶层的形状。

图 2-150　绘制椭圆形减去顶层的形状

■ 2.5.4　多边形工具

使用【多边形工具】 可以创建多边形和星形，下面介绍如何使用【多边形工具】。

01 打开【素材\Cha02\素材 07.jpg】素材文件，如图 2-151 所示。

02 在【图层】面板中选择【背景】图层，在工具箱中单击【多边形工具】，在工具选项栏中将【工具模式】设置为【形状】，将【填充】的 RGB 值设置为 255、234、0，将【描边】设置为无，单击【设置其他形状和路径选项】按钮，在弹出的选项面板中选中【星形】复选框，将【缩进边依据】设置为 30%，将【边】设置为 5，如图 2-152 所示。

图 2-151　打开的素材文件

图 2-152　设置工具参数

知识链接：多边形的参数设置

选择【多边形工具】后，在工具选项栏中单击【设置其他形状和路径选项】按钮，弹出如图 2-153 所示的选项面板，从中可以设置相关参数。其中各个选项的功能如下。

【半径】：用来设置多边形或星形的半径。

【平滑拐角】：用来创建具有平滑拐角的多边形或星形。如图 2-154 所示为未选中与选中该复选框的对比效果。

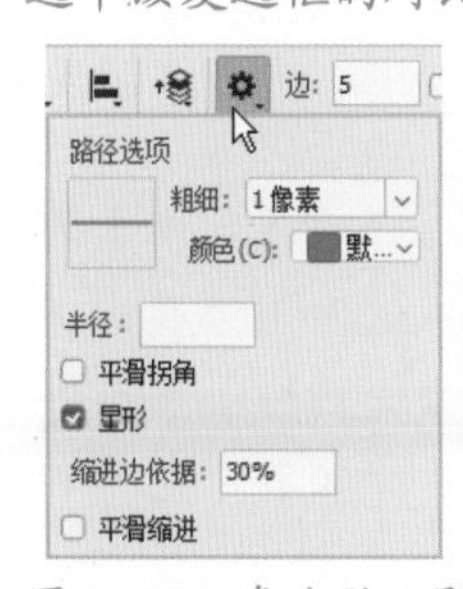

图 2-153　多边形工具选项面板

图 2-154　未选中【平滑拐角】和选中【平滑拐角】对比

【星形】：选中该复选框可以创建星形。

【缩进边依据】：当选中【星形】复选框后该选项才会被激活，用于设置星形的边缘向中心缩进的数量，该值越高，缩进量就越大。如图 2-155、图 2-156 所示为【缩进边依据】为 50% 和 80% 的对比效果。

【平滑缩进】：当选中【星形】复选框后该选项才会被激活，选中该复选框可以使星形的边平滑缩进。如图 2-157、图 2-158 所示为选中前与选中后的对比效果。

图 2-155 【缩进边依据】为 50%

图 2-156 【缩进边依据】为 80%

图 2-157 未选中【平滑缩进】的效果

图 2-158 选中【平滑缩进】的效果

03 设置完成后，使用【多边形工具】在工作界面中绘制一个星形，如图 2-159 所示。

图 2-159 绘制星形

04 选中绘制的星形对象，按住 Alt 键的同时拖曳鼠标复制多个星形对象，适当地调整对象的大小及位置，效果如图 2-160 所示。

图 2-160 复制星形对象

2.5.5 直线工具

【直线工具】 用来创建直线和带箭头的线段。选择【直线工具】，然后在工具选项栏中单击【设置其他形状和路径选项】按钮，弹出如图 2-161 所示的选项面板。

图 2-161 直线工具选项面板

◎ 【起点】/【终点】：选中【起点】复选框后会在直线的起点处添加箭头；选中【终点】复选框后会在直线的终点处添加箭头；如果同时选中这两个复选框，则会绘制出双向箭头。

◎ 【宽度】：该选项用来设置箭头宽度与直线宽度的百分比。

◎ 【长度】：该选项用来设置箭头长度与直线宽度的百分比。

◎ 【凹度】：该选项用来设置箭头的凹陷程度。

■ 2.5.6 自定形状工具

在【自定形状工具】形状库中有许多 Photoshop 自带的形状，选择该工具后，单击工具选项栏中【形状】后的按钮，即可打开形状库，如图 2-162 所示。

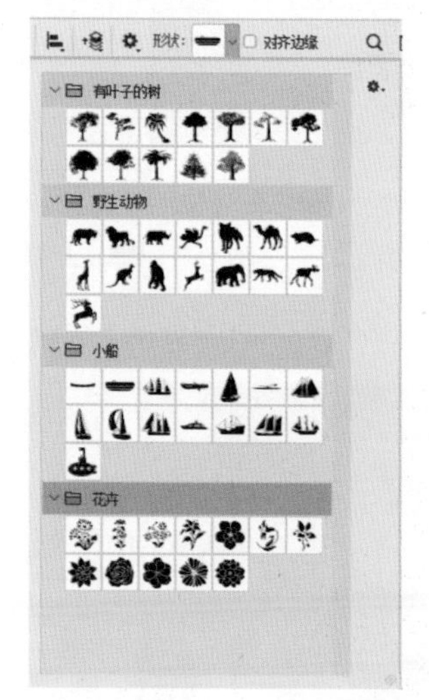

图 2-162 【自定形状工具】形状库

使用【自定形状工具】创建图形的方法比较简单，单击【自定形状工具】后，在工具选项栏中单击【形状】右侧的按钮，在弹出的下拉列表中选择需要的形状，然后在工作界面中绘制相应的图形即可。

课后项目练习

淘宝购物首页

某淘宝店铺要将新品卫衣上架，需要制作淘宝购物首页，要求具有一定的宣传性，效果如图 2-163 所示。

课后项目练习过程概要：

（1）本案例主要使用【矩形工具】【椭圆工具】制作页面效果。

（2）添加相应的素材文件进行美化，最终制作出淘宝购物首页效果。

图 2-163 淘宝购物首页

素材：	素材 \Cha02\ 淘宝购物首页素材 06.jpg、淘宝购物首页素材 07.png、淘宝购物首页素材 08.png、淘宝购物首页素材 09.png、淘宝购物首页素材 10.png、淘宝购物首页素材 11.jpg
场景：	场景 \Cha02\ 淘宝购物首页 .psd
视频：	视频教学 \Cha02\ 淘宝购物首页 .mp4

01 按 Ctrl+N 组合键，在弹出的对话框中将【宽度】、【高度】分别设置为 750 像素、1334 像素，将【分辨率】设置为 72 像素 / 英寸，将【背景内容】设置为【白色】，设置完成后，单击【创建】按钮，在工具箱中单击【矩形工具】，在工具选项栏中将【工具模式】设置为【形状】，在工作区中绘制一个矩形，在【属性】面板中将 W 和 H 设置为 750 像素、808 像素，将【填充】的颜色值设置为 #de2330，将【描边】设置为无，如图 2-164 所示。

02 在菜单栏中选择【文件】|【置入嵌入对象】命令，在弹出的对话框中选择【素材 \Cha02\ 淘宝购物首页素材 06.jpg】素材文件，单击【置入】按钮，按 Enter 键完成置入，并在工作区中调整其位置，在【图层】面板中选择【淘宝购物首页素材 06】图层，右击，在弹出的快捷

菜单中选择【创建剪贴蒙版】命令，如图2-165所示。

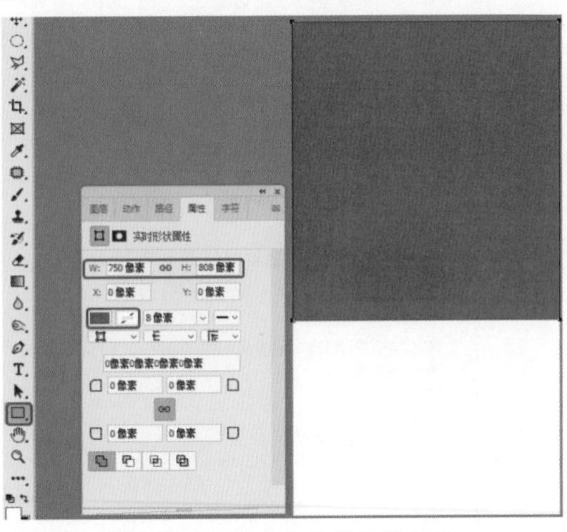

图 2-164　新建文档并绘制矩形

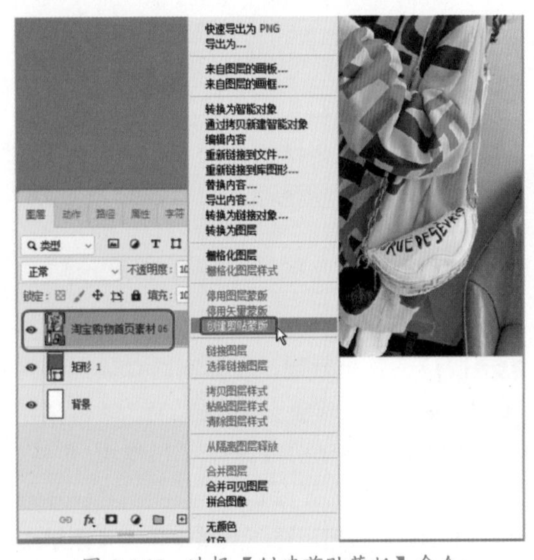

图 2-165　选择【创建剪贴蒙版】命令

03 在工具箱中单击【矩形工具】，在工作区中绘制一个矩形，在【属性】面板中将W和H设置为750像素、46像素，将【填充】的颜色值设置为# 000000，将【描边】设置为无，在【图层】面板中选择【矩形2】图层，将【不透明度】设置为40%，如图2-166所示。

04 在菜单栏中选择【文件】|【置入嵌入对象】命令，在弹出的对话框中选择【素材\Cha02\淘宝购物首页素材07.png】素材文件，单击【置入】按钮，按Enter键完成置入，并在工作区中调整其位置，效果如图2-167所示。

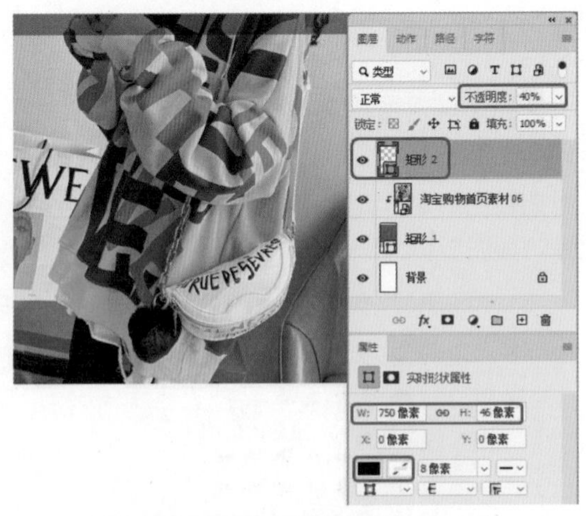

图 2-166　绘制矩形并设置后的效果

图 2-167　置入素材文件

05 使用【椭圆工具】，按住Shift键绘制一个正圆，在【属性】面板中将W和H均设置为60像素，将【填充】设置为黑色，将【描边】设置为无，在【图层】面板中选择【椭圆1】图层，将【不透明度】设置为50%，如图2-168所示。

图 2-168　绘制圆形并设置其不透明度

06 在【图层】面板中选择【椭圆1】图层，

按两次 Ctrl+J 组合键复制图层，并在工作区中调整复制的椭圆形的位置，效果如图 2-169 所示。

图 2-169　复制图层并调整对象的位置

07 根据前面所介绍的方法将【淘宝购物首页素材 08.png】【淘宝购物首页素材 09.png】素材文件置入文档，并调整其位置与大小，然后使用【椭圆工具】在工作区中绘制一个白色圆形，并对绘制的圆形进行复制，调整其位置，效果如图 2-170 所示。

图 2-170　置入素材并绘制圆形后的效果

08 使用【圆角矩形工具】在工作区中绘制一个圆角矩形，在【属性】面板中将 W 和 H 均设置为 70 像素、40 像素，将【填充】设置为黑色，将【描边】设置为无，将所有的角半径均设置为 20 像素，在【图层】面板中选择【圆角矩形 1】图层，将【不透明度】设置为 50%，如图 2-171 所示。

09 在工具箱中单击【横排文字工具】，在工作区中单击，输入文字，选中输入的文字，在【字符】面板中将【字体】设置为【微软雅黑】，将【字体大小】设置为 24 点，将【字符间距】设置为 25，将【颜色】设置为白色，如图 2-172 所示。

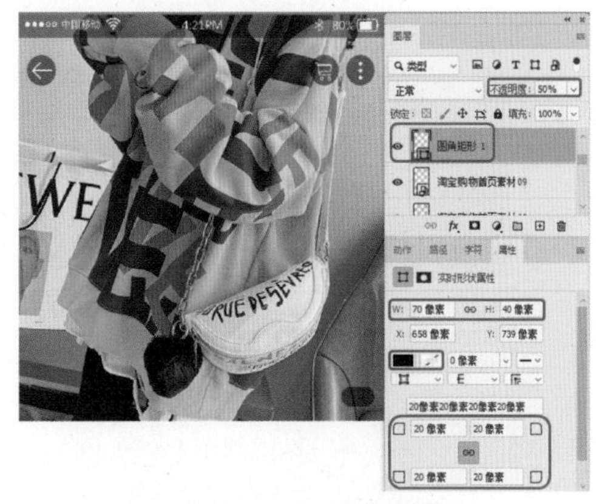

图 2-171　绘制圆角矩形

图 2-172　输入文字并设置后的效果

10 使用同样的方法在工作区中使用【横排文字工具】输入其他文字，并进行相应的调整，效果如图 2-173 所示。

图 2-173　输入其他文字后的效果

11 在工具箱中单击【直线工具】，将【工具模式】设置为【形状】，将【填充】设置为无，将【描边】的颜色值设置为#c8c8c8，将【描边宽度】设置为1像素，在工作区中按住Shift键绘制一条水平直线，如图2-174所示。

图 2-174　绘制水平直线

12 在工具箱中单击【矩形工具】，在工作区中绘制一个矩形，在【属性】面板中将W和H分别设置为750像素、25像素，将【填充】值设置为#f1f1f1，将【描边】设置为无，并调整其位置，如图2-175所示。

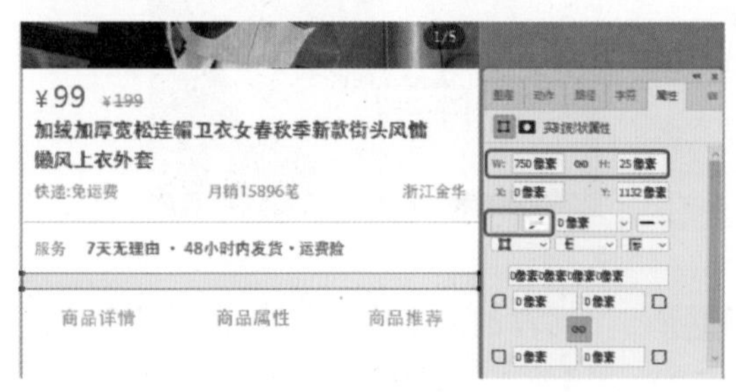

图 2-175　绘制矩形

13 根据前面所介绍的方法将【淘宝购物首页素材10.png】【淘宝购物首页素材11.jpg】素材文件置入文档，并调整其大小与位置，效果如图2-176所示。

14 在工具箱中单击【矩形工具】，在工作区中绘制一个矩形，在【属性】面板中将W和H设置为240像素、100像素，将【填充】值设置为#ffcc00，【描边】设置为无，如图2-177所示。

15 在【图层】面板中选中【矩形4】图层，按Ctrl+J组合键复制图层，并在【属性】面板中将复制后的对象的【填充】值设置为#ff3855，在工作区中调整其位置，效果如图2-178所示。

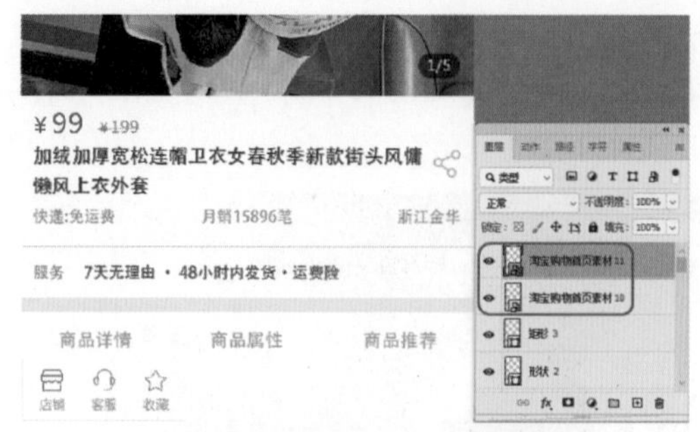

图 2-176　置入素材文件

图 2-177　绘制矩形并设置后的效果

图 2-178　复制图层并修改对象后的效果

16 根据前面所介绍的方法在新绘制的两个矩形上输入文字，效果如图2-179所示。

图 2-179　输入文字后的效果

第 03 章

时装杂志封面设计——图像修饰工具

本章主要介绍使用工具对图像进行修饰。通过本章的学习，可以学习并掌握修饰图像的方法。

本章导读

基础知识	画笔工具　铅笔工具
重点知识	橡皮擦工具　渐变工具
提高知识	魔术橡皮擦工具　历史记录画笔工具

案例精讲
时装杂志设计

为了更好地完成本设计案例，现对制作要求及设计内容做如下规划，效果如图 3-1 所示。

作品名称	时装杂志设计
作品尺寸	1100px×1654px
设计创意	（1）将人物照片背景抠除，为其替换背景；通过为人物添加投影效果，使人物照片更加真实，增强画面层次感。 （2）为人物照片进行调色，减少照片的暗度，为照片提亮，使人物变得鲜明。 （3）添加艺术字，通过对文字内容的排版设计，使画面干净整洁并富有设计感。
主要元素	（1）人物背景。 （2）艺术字。 （3）条形码。
应用软件	Photoshop CC 2020
素材：	素材 \Cha03\ 素材 01.jpg、素材 02.png、素材 03.png、素材 04.png、条形码 .jpg
场景：	场景 \Cha03\【案例精讲】时装杂志设计 .psd
视频：	视频教学 \Cha03\【案例精讲】时装杂志设计 .mp4
时装杂志设计效果欣赏	图 3-1　时装杂志设计

01 按 Ctrl+O 组合键，在弹出的对话框中选择【素材 \Cha03\ 素材 01.jpg】素材文件，单击【打开】按钮，效果如图 3-2 所示。

02 在工具箱中单击【魔术橡皮擦工具】，在选项栏中将【容差】设置为 100，在蓝色背景上单击，将背景去除，如图 3-3 所示。

图 3-2 打开的素材文件

图 3-3 去除背景

03 在【图层】面板中单击【创建新的填充或调整图层】按钮，在弹出的菜单中选择【纯色】命令，如图 3-4 所示。

图 3-4 选择【纯色】命令

04 在弹出的对话框中将颜色值设置为 #013732，单击【确定】按钮，在【图层】面板中选择【图层 0】图层，按住鼠标将其拖曳至顶层，效果如图 3-5 所示。

图 3-5 调整图层排放顺序

05 在【图层】面板中按住 Ctrl 键单击【图层 0】缩略图，将其载入选区，单击【创建新图层】按钮，将背景色设置为黑色，按 Ctrl+Delete 组合键填充背景色，效果如图 3-6 所示。

图 3-6 新建图层并填充背景色

06 按 Shift+F6 组合键，在弹出的对话框中将【羽化半径】设置为 120 像素，如图 3-7 所示。

07 设置完成后，单击【确定】按钮，按 Ctrl+Shift+I 组合键进行反选，按四次 Delete 键将多余部分删除，效果如图 3-8 所示。

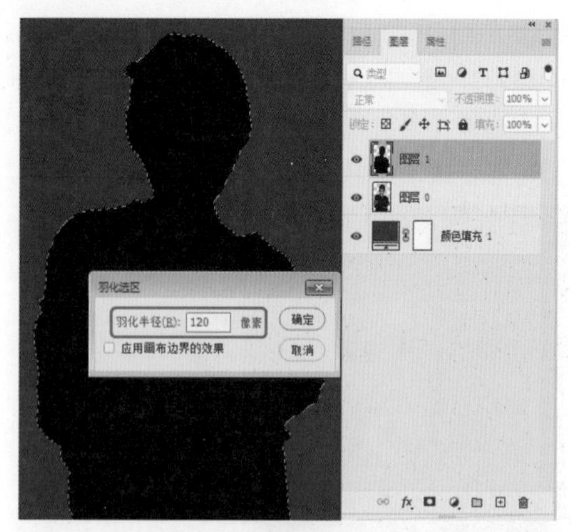

图 3-7 设置羽化半径

图 3-8 删除多余部分

08 按 Ctrl+D 组合键取消选区，将【图层 1】调整至【图层 0】的下方，并调整其位置，效果如图 3-9 所示。

图 3-9 调整图层排放顺序

09 继续选中【图层 1】图层，在工具箱中单击【橡皮擦工具】，在工具选项栏中选择一种柔边圆，将【大小】设置为 250 像素，在图像中对人物边缘生硬部分进行擦除，使黑色阴影与背景更好地融合在一起，如图 3-10 所示。

图 3-10 对人物边缘进行擦除

10 继续选中【图层 1】图层，在工具箱中单击【画笔工具】，在工具选项栏中选择一种柔边圆，并调整笔触大小，将【不透明度】设置为 20%，将【前景色】设置为黑色，在人物的黑色投影上进行涂抹，使投影更加真实，效果如图 3-11 所示。

图 3-11 使用画笔工具对投影进行涂抹

11 在【图层】面板中选择【图层 0】图层，单击【创建新的填充或调整图层】按钮，在弹出的菜单中选择【曲线】命令，在【属性】面板中添加一个编辑点，将【输入】【输出】分别设置为 78、102，如图 3-12 所示。

图 3-12 设置曲线参数

12 在【图层】面板中单击【创建新的填充或调整图层】按钮，在弹出的菜单中选择【可选颜色】命令，在【属性】面板中将【颜色】设置为【中性色】，将【黄色】设置为 -36%，如图 3-13 所示。

图 3-13 设置可选颜色参数

13 在【图层】面板中单击【创建新的填充或调整图层】按钮，在弹出的菜单中选择【曲线】命令，在【属性】面板中添加一个编辑点，将【输入】【输出】分别设置为 111、128，如图 3-14 所示。

图 3-14 设置曲线参数

14 将【素材 02.png】素材文件置入文档，在工作区中调整其大小与位置，在【图层】面板中选中【素材 02】图层，单击【添加图层蒙版】按钮，在工具箱中单击【画笔工具】，在工具选项栏中将【不透明度】设置为 100%，将前景色设置为黑色，在工作区中对遮挡人物部分的内容进行涂抹，效果如图 3-15 所示。

图 3-15 对遮挡人物部分进行涂抹

15 继续选中【素材 02】图层，将【填充】设置为 45%，对其进行复制，并对复制后的对象进行调整，效果如图 3-16 所示。

图 3-16　复制并调整后的效果

16 将【素材 03.png】素材文件置入文档，在工具箱中单击【横排文字工具】T，在工作区中单击，输入文字，在【字符】面板中将【字体】设置为Baskerville Old Face，将【字体大小】设置为 260 点，将【字符间距】设置为 -100，将【水平缩放】设置为 85%，将【颜色】设置为白色，单击【全部大写字母】按钮TT，并在工作区中调整其位置，如图 3-17 所示。

图 3-17　导入素材并输入文字

17 再次使用【横排文字工具】在工作区中输入文字，在【字符】面板中将【水平缩放】设置为 78%，在【图层】面板中选择两个文字图层，按住鼠标将其拖曳至【创建新组】按钮上，并重新将组命名为【标题】，如图 3-18 所示。

图 3-18　再次输入文字并新建组

18 在【图层】面板中选择【标题】组，单击【添加图层蒙版】按钮，在工具箱中单击【画笔工具】，将前景色设置为黑色，在工作区中对遮挡人物部分的内容进行涂抹，效果如图 3-19 所示。

图 3-19　对遮挡人物部分的内容进行涂抹

19 在工具箱中单击【横排文字工具】T，在工作区中单击鼠标，输入文字，在【字符】面板中将【字体】设置为 Trebuchet MS，将【字体大小】设置为 39 点，将【字符间距】设置为 -50，将【水平缩放】设置为 100%，并在工作区中调整其位置，如图 3-20 所示。

20 根据前面所介绍的方法输入其他文字内容，并导入相应的素材，效果如图 3-21 所示。

图 3-20　再次输入文字

图 3-21　制作其他内容后的效果

3.1 画笔工具组的应用

3.1.1 画笔工具

在工具箱中设置前景色，选择【画笔工具】，在工作区中单击或者拖动鼠标即可绘制线条。

下面通过实际的操作来介绍该工具的使用方法。

01 打开【素材\Cha03\素材 05.jpg】素材文件，如图 3-22 所示。

图 3-22　打开的素材文件

02 在工具箱中单击【画笔工具】，在菜单栏中选择【窗口】|【画笔】命令，在弹出的【画笔】面板中选择【特殊效果画笔】下的【Kyle 的喷溅画笔 - 高级喷溅和纹理】画笔效果，如图 3-23 所示。

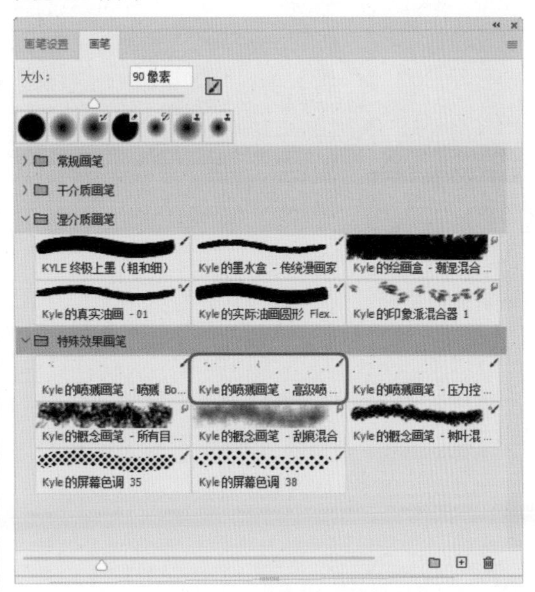

图 3-23　选择特殊画笔

03 按 F5 键，打开【画笔设置】面板，将【间距】设置为 116%，如图 3-24 所示。

04 设置完成后，在工具箱中将【前景色】的 RGB 值设置为 255、255、255，在工作区中单击鼠标进行绘制，绘制后的效果如图 3-25 所示。

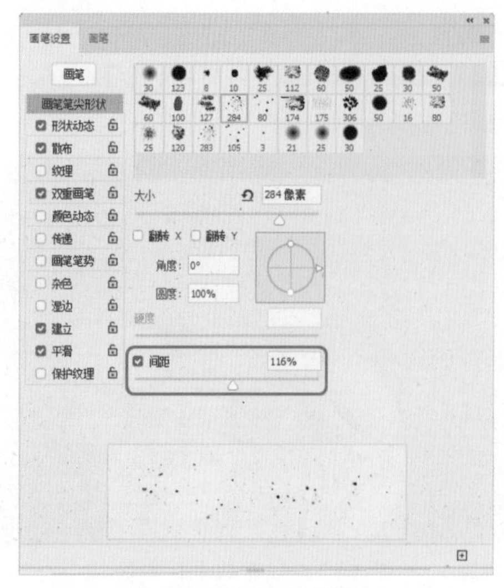

图 3-24　设置画笔间距

图 3-25　绘制后的效果

提示：在使用画笔的过程中，按住 Shift 键可以绘制水平、垂直或者以 45° 为增量角的直线。如果在确定起点后，按住 Shift 键单击画布中的任意一点，则两点之间以直线相连接。

3.1.2　铅笔工具

【铅笔工具】的使用方法与【画笔工具】基本相同，只是使用【铅笔工具】绘制的线条比较有棱角。下面通过实际的操作来介绍该工具的使用方法。

01 打开【素材\Cha03\素材 06.jpg】素材文件，如图 3-26 所示。

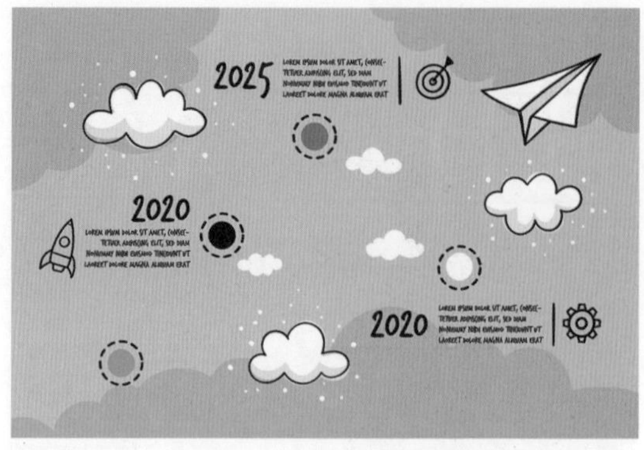

图 3-26　打开的素材文件

02 右击工具箱中的【画笔工具】，在弹出的快捷菜单中选择【铅笔工具】，在工具选项栏中将笔触大小设置为 6，将【平滑】设置为 100%，将前景色设置为黑色，在图像上进行绘制，效果如图 3-27 所示。

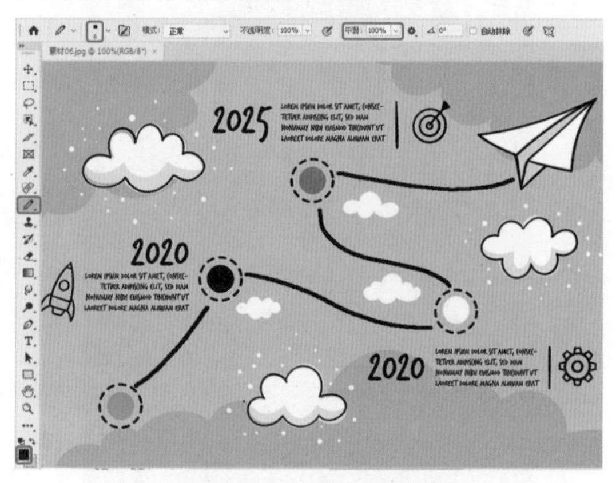

图 3-27　绘制后的效果

3.1.3　颜色替换工具

在 Photoshop 中可以通过【颜色替换工具】对图像中的颜色进行替换。下面将对其进行简单讲解。

01 打开【素材\Cha03\素材 06.jpg】素材文件，在工具箱中单击【颜色替换工具】，在工具选项栏中将笔触大小设置为 200，将【模式】设置为【色相】，将【容差】设置为 60%，如图 3-28 所示。

02 在图像上黄色部分进行涂抹，即可替换颜色，效果如图 3-29 所示。

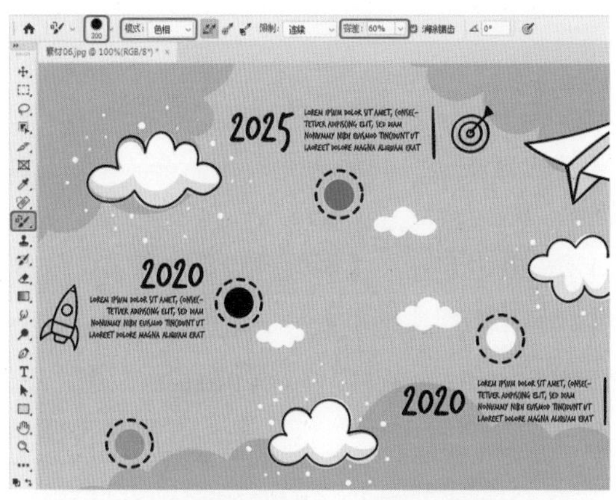
图 3-28　选择工具并进行设置

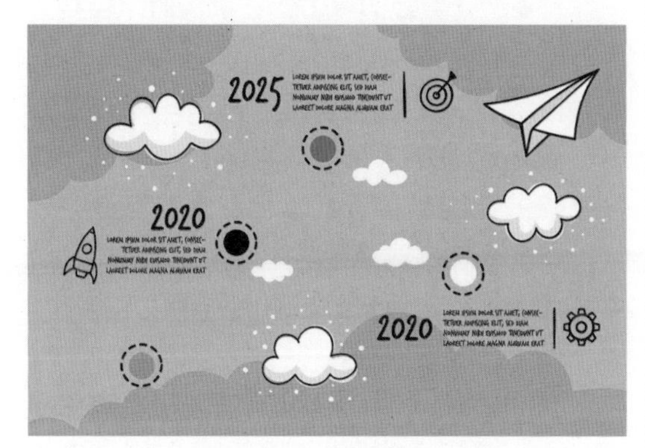
图 3-29　替换颜色后的效果

3.2 橡皮擦工具组的应用

使用橡皮擦工具组中的工具，就像在学习中使用的橡皮擦，但并不完全相同，橡皮擦工具组中的工具，不但可以擦除像素，将像素更改为背景色或透明，还可以填充像素。

3.2.1 橡皮擦工具

使用橡皮擦工具可以将不喜欢的图案擦除。橡皮擦工具的颜色取决于背景色的 RGB 值，如果在普通图层上使用，则会将像素抹成透明效果。下面介绍该工具的使用方法。

01 打开【素材\Cha03\素材 07.jpg】素材文件，如图 3-30 所示。

图 3-30　打开素材文件

02 在工具箱中单击【橡皮擦工具】，在【画笔预设】选取器中选择笔触，将【大小】设置为 100 像素，将【硬度】设置为 100%，按 Enter 键确认，如图 3-31 所示。

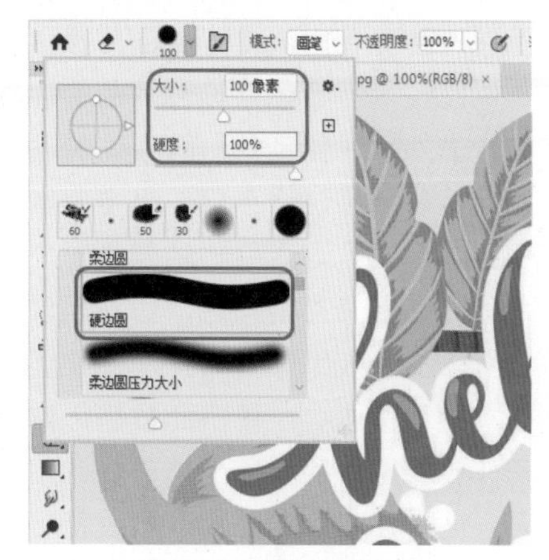

图 3-31　设置画笔大小

03 在工具箱中将背景色的 RGB 值设置为 197、237、237，在素材文件中进行涂抹，完成后的效果如图 3-32 所示。

图 3-32　完成后的效果

3.2.2 背景橡皮擦工具

使用【背景橡皮擦工具】会擦除图层上的像素，使图层透明；还可以擦除背景，同时保留对象中与前景相同的边缘；通过指定不同的取样和容差选项，可以控制透明度的范围和边界的锐化程度。

【背景橡皮擦工具】的选项栏如图 3-33 所示，其中包括：【画笔预设】选取器、取样设置、【限制】下拉列表框、【容差】下拉列表框以及【保护前景色】复选框等。

图 3-33 背景橡皮擦工具的选项栏

◎ 【画笔预设】选取器：用于设置画笔的大小、硬度、间距等。

◎ 【连续】按钮：单击此按钮，擦除时会自动选择所擦除的颜色为标本色。此按钮用于擦除不同颜色的相邻范围。在擦除一种颜色时，【背景橡皮擦工具】不能超过这种颜色与其他颜色的边界而完全进入另一种颜色，因为这时已不再满足相邻范围这个条件。当【背景橡皮擦工具】完全进入另一种颜色时，标本色即随之变为当前颜色，也就是说，现在所在颜色的相邻范围为可擦除的范围。

◎ 【一次】按钮：单击此按钮，擦除时首先在要擦除的颜色上单击以选定标本色，这时标本色已固定，然后就可以在图像上擦除与标本色相同的颜色范围。每次单击选定标本色只能做一次连续的擦除，如果想继续擦除，则必须重新单击选定标本色。

◎ 【背景色板】按钮：单击此按钮，也就是在擦除之前选定好背景色（即选定好标本色），然后就可以擦除与背景色相同的色彩范围了。

◎ 【限制】下拉列表框：用于选择【背景橡皮擦工具】的擦除界线，包括以下 3 个选项。

- ◆ 【不连续】：在选定的色彩范围内，可以多次重复擦除。
- ◆ 【连续】：在选定的色彩范围内，只可以进行一次擦除，也就是说，必须在选定的标本色内连续擦除。
- ◆ 【查找边缘】：在擦除时，保持边界的锐度。

◎ 【容差】下拉列表框：可以输入数值或者拖动滑块来调节容差。数值越低，擦除的范围越接近标本色。大的容差会把其他颜色擦成半透明的效果。

◎ 【保护前景色】复选框：用于保护前景色，使之不会被擦除。

在 Photoshop 中是不支持背景层有透明部分的，而使用【背景橡皮擦工具】则可直接在背景层上擦除，擦除后，Photoshop 会自动把背景层转换为一般层。

3.2.3 魔术橡皮擦工具

与【橡皮擦工具】不同的是，使用魔术橡皮擦工具在同一位置、同一 RGB 值的位置上单击鼠标时，可将其擦除。下面介绍该工具的使用方法。

01 打开【素材\Cha03\素材 08.jpg】素材文件，如图 3-34 所示。

图 3-34 打开的素材文件

02 在工具箱中单击【魔术橡皮擦工具】，在工具选项栏中将【容差】设置为100，在L、V对象上单击鼠标，即可将其擦除，如图3-35所示。

图 3-35　擦除后的效果

【实战】替换人物背景

首先打开素材文件，使用【对象选择工具】与【快速选择工具】选择人物区域，反向选择区域内容并将区域中的背景删除，利用【背景橡皮擦工具】与【橡皮擦工具】将人物边缘多余内容擦除，完成人物的抠取，并为其替换背景，效果如图3-36所示。

图 3-36　更换人物背景

素材:	素材\Cha03\素材09.jpg、素材10.jpg
场景:	场景\Cha03\【实战】替换人物背景.psd
视频:	视频教学\Cha03\【实战】替换人物背景.mp4

01 按Ctrl+O组合键，打开【素材\Cha03\素材09.jpg】素材文件，如图3-37所示。

图 3-37　打开的文件

02 在工具箱中单击【对象选择工具】，在工具选项栏中单击【选择主体】按钮，将人物载入选区，如图3-38所示。

图 3-38　选择人物

03 在工具箱中单击【快速选择工具】，在工具选项栏中单击【添加到选区】按钮，在人物头发上单击鼠标，将漏选的区域添加至选区中，如图3-39所示。

04 在【图层】面板中双击【背景】图层，在弹出的对话框中使用默认设置，单击【确定】按钮，按Ctrl+Shift+I组合键进行反选，按Delete键将选区中的对象删除，如图3-40所示。

05 按Ctrl+D组合键取消选区，此时可以发现，人物边缘有多余的部分，在工具箱中单击【背景橡皮擦工具】，在工具选项栏中将笔触大小设置为50，在如图3-41所示的灰色区域上单击鼠标，将其擦除。

图3-39　将漏选部分添加至选区

图3-40　删除选区中的对象

图3-41　在灰色区域单击鼠标

06 使用同样的方法在其他区域进行擦除，打开【素材10.jpg】素材文件，返回至【素材09】素材文件中，在工具箱中单击【移动工具】，在人物上单击鼠标，按住鼠标将其拖曳至【素材10】素材文件中，并调整其大小与位置，在工具箱中单击【橡皮擦工具】，对人物服装的边缘进行擦除，效果如图3-42所示。

图3-42　调整素材大小与位置

3.3 历史记录画笔工具

使用【历史记录画笔工具】可以将图像恢复到编辑过程中的某一状态，或者将部分图像恢复为原样。该工具需要配合【历史记录】面板一同使用。接下来通过实例来学习它的使用方法。

01 打开【素材\Cha03\素材11.jpg】素材文件，如图3-43所示。

图3-43　打开的素材文件

02 在菜单栏中选择【图像】|【调整】|【色相 / 饱和度】命令，如图 3-44 所示。

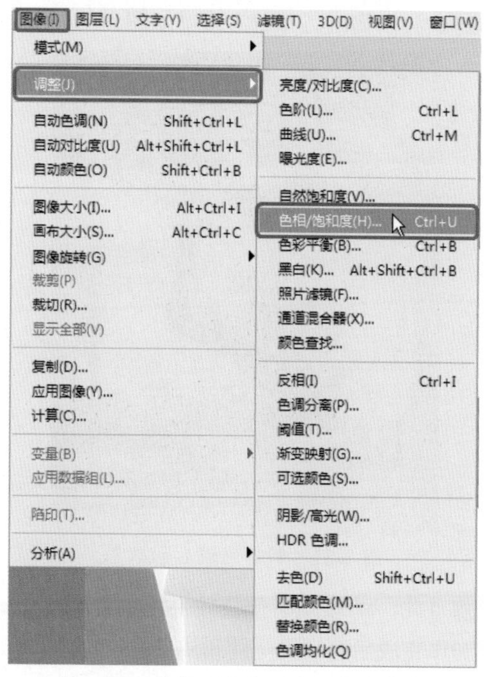

图 3-44　选择【色相 / 饱和度】命令

03 在弹出的对话框中将【色相】设置为 -145，单击【确定】按钮，调整后的效果如图 3-45 所示。

图 3-45　设置色相后的效果

04 在工具箱中单击【历史记录画笔工具】，在工具选项栏中设置笔触大小，设置完成后，在需要修复的位置进行涂抹，即可恢复素材文件的原样，如图 3-46 所示。

图 3-46　恢复后的效果

【实战】动感跑酷效果

本例主要介绍动感模糊背景效果的制作方法，其中介绍了使用【动感模糊】滤镜将背景进行模糊处理，效果如图 3-47 所示。

图 3-47　制作动感模糊背景

素材：	素材 \Cha03\ 素材 12.jpg
场景：	场景 \Cha03\【实战】动感跑酷效果 .psd
视频：	视频教学 \Cha03\【实战】动感跑酷效果 .mp4

01 打开【素材 \Cha03\ 素材 12.jpg】素材文件，如图 3-48 所示。

02 在菜单栏中选择【滤镜】|【模糊】|【动感模糊】命令，如图 3-49 所示。

图 3-48　打开的素材文件

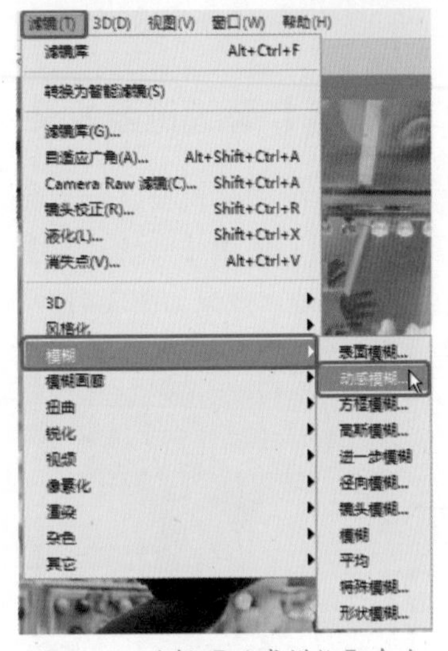

图 3-49　选择【动感模糊】命令

03 在弹出的【动感模糊】对话框中，将【角度】设置为 90 度，将【距离】设置为 50 像素，如图 3-50 所示。

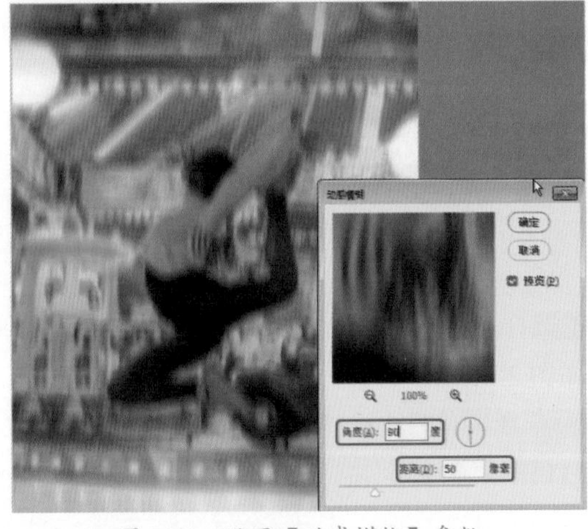

图 3-50　设置【动感模糊】参数

04 设置完成后，单击【确定】按钮，在工具箱中选择【历史记录画笔工具】，在工作区中对人物进行涂抹，效果如图 3-51 所示。

图 3-51　制作完成后的效果

05 至此，动感模糊背景效果就制作完成了，将制作完成后的场景文件和效果进行存储即可。

提示：使用【动感模糊】滤镜可以沿指定的方向模糊图像，产生的效果类似于以固定的曝光时间给一个移动的对象拍照。在表现对象的速度感时经常会用到该滤镜。

3.4 渐变工具组的应用

3.4.1 渐变工具

【渐变工具】通常用于对图像中的选区颜色进行填充与替换。

渐变是实现一种颜色向另一种颜色的过渡，以形成一种柔和的或者具有特殊规律的色彩区域。

下面介绍渐变工具的使用方法。

01 打开【素材\Cha03\素材 13.jpg】素材文件，如图 3-52 所示。

图 3-52　打开的素材文件

02 在工具箱中选择【渐变工具】，在工具选项栏中单击【点按可编辑渐变】按钮，打开【渐变编辑器】对话框，选择【红色】下的【红色_06】渐变预设，如图 3-53 所示。

图 3-53　设置渐变参数

03 单击【确定】按钮，在工具选项栏中选中【反向】复选框，在【图层】面板中单击【创建新图层】按钮，新建一个图层，在图像的左上角单击鼠标，按住鼠标向右下角拖曳，释放鼠标后，即可填充渐变色，如图 3-54 所示。

04 在【图层】面板中选择【图层 1】图层，将【混合模式】设置为【线性减淡（添加）】，将【不透明度】设置为 50%，效果如图 3-55 所示。

图 3-54　填充渐变后的效果

图 3-55　完成后的效果

3.4.2　油漆桶工具

下面介绍如何使用【油漆桶工具】。

01 打开【素材\Cha03\素材 14.jpg】素材文件，如图 3-56 所示。

图 3-56　打开的素材文件

02 将前景色的颜色值设置为 #fbce23，在工具箱中单击【油漆桶工具】，在工具选项栏中将【容差】设置为10，在粉色背景上多次单击鼠标，为其填充前景色，如图3-57所示。

图3-57　利用油漆桶工具更换颜色

课后项目练习

旅游杂志封面

某出版社要设计一版旅游杂志封面，要求设计精美、富有吸引力，选用色彩丰富的素材图片，结合文字的排版制作出美观的效果。效果如图3-58所示。

图3-58　旅游杂志

课后项目练习过程概要：

（1）添加背景图像，为其添加渐变效果。

（2）使用【横排文字工具】输入文字，并对输入的文字进行排版。

素材：	素材\Cha03\素材15.jpg、条形码.jpg
场景：	场景\Cha03\旅游杂志封面.psd
视频：	视频教学\Cha03\旅游杂志封面.mp4

01 按Ctrl+O组合键，在弹出的对话框中选择【素材\Cha03\素材15.jpg】素材文件，单击【打开】按钮，效果如图3-59所示。

图3-59　打开的素材文件

02 在工具箱中单击【渐变工具】，在工具选项栏中单击渐变条，在弹出的对话框中将左侧色标的颜色值设置为#8d4d09，将右侧色标的颜色值设置为#8d4d09，将其【不透明度】设置为0%，如图3-60所示。

图3-60　设置渐变色

03 设置完成后，单击【确定】按钮，在【图层】面板中单击【创建新图层】按钮，在图像上拖动鼠标，填充渐变色，在【图层】面板中选择【图层 1】，将【不透明度】设置为 84%，如图 3-61 所示。

图 3-61　填充渐变色

04 在工具箱中单击【横排文字工具】T，在工作区中单击鼠标，输入文字，在【字符】面板中将【字体】设置为【方正粗宋简体】，将【字体大小】设置为 109 点，将【字符间距】设置为 220，将【颜色】设置为白色，单击【仿粗体】按钮 T，按 Ctrl+T 组合键选中文字，按住 Shift 键水平调整文字，调整完成后，按 Enter 键确认，并在工作区中调整其位置，如图 3-62 所示。

图 3-62　输入文字并设置

05 在【图层】面板中双击文字图层，在弹出的对话框中选择【投影】选项，将阴影颜色设置为黑色，将【不透明度】设置为 25%，选中【使用全局光】复选框，将【角度】设置为 90 度，将【距离】【扩展】【大小】分别设置为 11 像素、0%、25 像素，如图 3-63 所示。

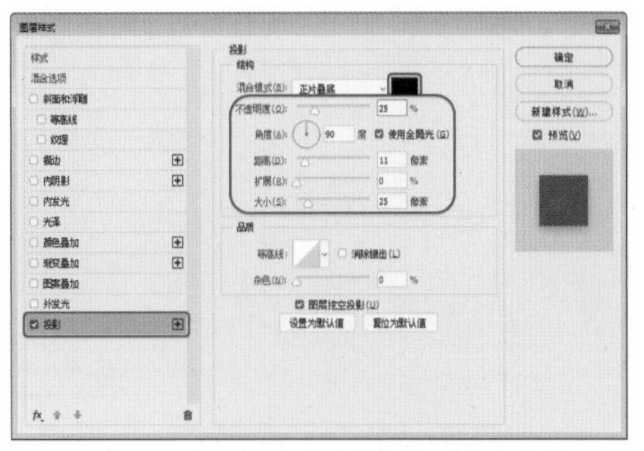

图 3-63　设置投影参数

06 设置完成后，单击【确定】按钮，在工具箱中单击【矩形工具】□，在工作区中绘制一个矩形，在【属性】面板中将 W、H 分别设置为 93 像素、132 像素，将【填充】设置为无，将【描边】设置为 # ffe400，将【描边宽度】设置为 12 像素，并在工作区中调整其位置，效果如图 3-64 所示。

图 3-64　绘制矩形

07 在工具箱中单击【横排文字工具】T，在工作区中单击鼠标，输入文字，在【字符】面板中将【字体】设置为【微软雅黑】，将

【字体样式】设置为 Bold，将【字体大小】设置为 24 点，将【行距】设置为 39 点，将【字符间距】设置为 -25，将【颜色】设置为白色，取消单击【仿粗体】按钮 T，单击【全部大写字母】按钮 TT，并在工作区中调整其位置，如图 3-65 所示。

图 3-65　输入文字并进行设置

08 再次使用【横排文字工具】 T. 在工作区中输入文字，在【字符】面板中将【字体大小】设置为 87 点，将【行距】设置为【自动】，将【字符间距】设置为 -75，将【颜色】设置为 #ffe400，并在工作区中调整其位置，如图 3-66 所示。

图 3-66　再次输入文字

09 在工具箱中单击【圆角矩形工具】，在工作区中绘制一个圆角矩形，在【属性】面板中将 W、H 分别设置为 721 像素、70 像素，将【填充】设置为白色，将【描边】设置为无，将所有的角半径均设置为 23 像素，并在工作区中调整其位置，效果如图 3-67 所示。

图 3-67　绘制圆角矩形

10 在【图层】面板中选择【圆角矩形 1】图层，按 Ctrl+J 组合键复制图层，选中复制后的图层，在【属性】面板中将【填充】设置为 #00b6d9，并调整其位置，效果如图 3-68 所示。

图 3-68　复制圆角矩形

11 在工具箱中单击【横排文字工具】 T.，在工作区中单击，输入文字，在【字符】面板中将【字体】设置为【Adobe 黑体 Std】，将【字体大小】设置为 22 点，将【字符间距】

设置为 20，将【颜色】设置为白色，单击【仿粗体】按钮T，取消单击【全部大写字母】按钮TT，并在工作区中调整其位置，如图 3-69 所示。

图 3-69　输入并设置文字

12 根据前面所介绍的方法制作其他内容，并导入相应的素材文件，对导入的素材文件进行调整，效果如图 3-70 所示。

图 3-70　制作其他内容后的效果

第 04 章

企业宣传折页设计——图像编辑工具

本章主要介绍使用工具对图像进行分析、修复、美化、合成，改进图片的质量，包括去除噪点、修正数码照片的广角畸变、提高图片对比度、消除红眼等，轻松处理局部图像而不影响其他内容。通过本章的学习，可以掌握图像编辑方法。

本章导读

基础知识	模糊工具　减淡工具
重点知识	切片工具　修复画笔工具
提高知识	透视裁剪工具　内容感知移动工具

案例精讲
企业宣传折页设计

为了更好地完成本设计案例，现对制作要求及设计内容做如下规划，效果如图 4-1 所示。

作品名称	企业宣传折页设计
作品尺寸	1713px×1240px
设计创意	（1）使用【钢笔工具】与【矩形工具】制作企业折页的背景效果。 （2）通过置入素材文件，创建剪贴蒙版美化折页。 （3）使用【横排文字工具】制作折页的内容。
主要元素	（1）企业背景。 （2）文字效果。
应用软件	Photoshop CC 2020
素材：	素材 \Cha04\ 企业素材 01.jpg、企业素材 02.png、企业素材 03.jpg、企业素材 04.png、企业素材 05.jpg、企业素材 06.jpg、企业素材 07.png
场景：	场景 \Cha04\【案例精讲】企业宣传折页设计 .psd
视频：	视频教学 \Cha04\【案例精讲】企业宣传折页设计 .mp4
企业宣传折页效果欣赏	图 4-1 企业宣传折页设计

01 按 Ctrl+N 组合键，弹出【新建文档】对话框，将【宽度】【高度】设置为 1713 像素、1240 像素，【分辨率】设置为 150 像素 / 英寸，【颜色模式】设置为 RGB 颜色 /8 位，单击【创建】按钮，在工具箱中单击【矩形工具】按钮 ，在工作区中绘制图形，将【工具模式】设置为【形状】，将【填充】设置为 224、223、222，将【描边】设置为无，如图 4-2 所示。

02 在菜单栏中选择【文件】|【置入嵌入对象】命令，弹出【置入嵌入的对象】对话框，选择【素材 \Cha04\ 企业素材 01.jpg】素材文件，单击【置入】按钮，对素材进行调整，在图层上单击鼠标右键，在弹出的快捷菜单中选择【创建剪贴蒙版】命令。创建剪贴蒙版后的效果如图 4-3 所示。

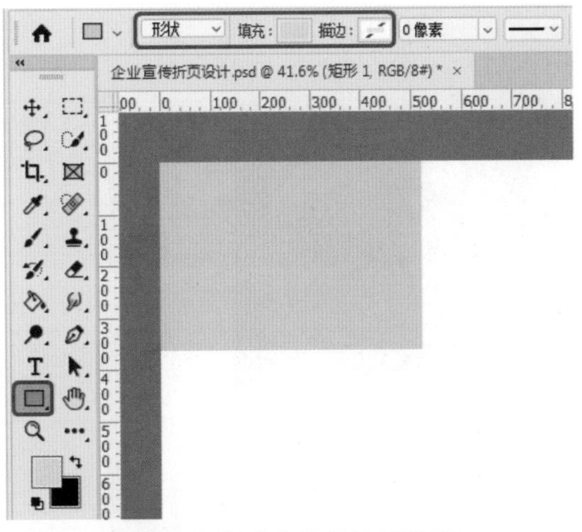

图 4-2　新建文档并绘制图形

图 4-3　置入嵌入对象文件

03 在菜单栏中选择【文件】|【置入嵌入对象】命令，弹出【置入嵌入的对象】对话框，选择【素材 \Cha04\ 企业素材 02.png】素材文件，单击【置入】按钮，对素材进行调整，在【图层】面板中将【不透明度】设置为 30%，如图 4-4 所示。

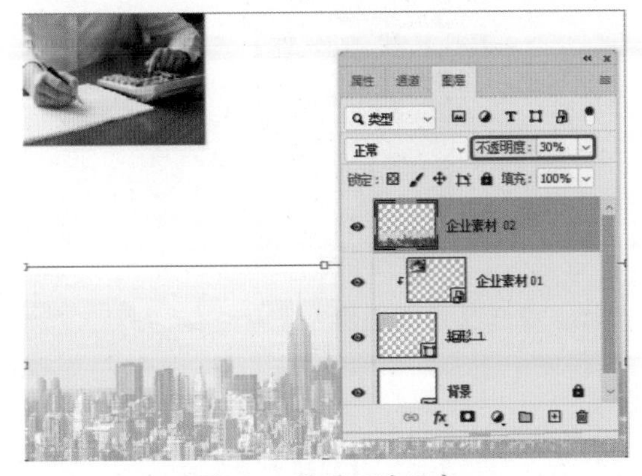

图 4-4　设置不透明度

04 在工具箱中单击【钢笔工具】按钮，将【工具模式】设置为【形状】，将【填充】设置为 36、46、51，将【描边】设置为无，绘制如图 4-5 所示的图形。

图 4-5　绘制图形并设置参数

05 在工具箱中单击【横排文字工具】按钮，在工作区中输入文字【企业创新】，在【字符】面板中将【字体】设置为【方正大黑简体】，将【字体大小】设置为 55 点，将【字符间距】设置为 40，将【垂直缩放】【水平缩放】都设置为 49%，将【颜色】设置为白色，如图 4-6 所示。

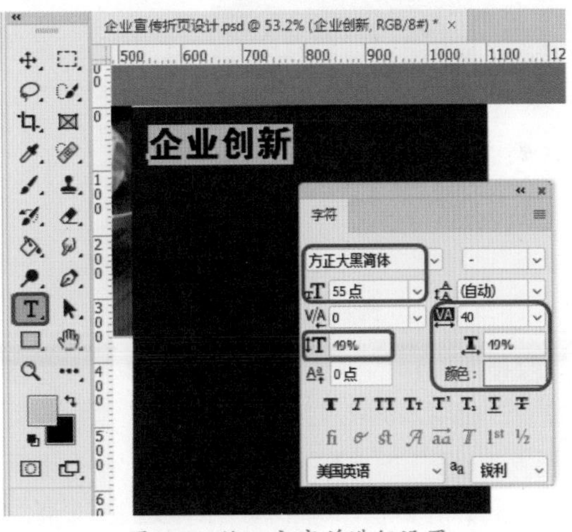

图 4-6　输入文字并进行设置

06 使用同样的方法输入文字 Enterprise innovation，在【字符】面板中将【字体】设置为【方正大黑简体】，将【字体大小】设置为 35 点，将【垂直缩放】【水平缩放】都设置为 49%，将【颜色】的 RGB 值设置为 129、

178、64，单击【全部大写字母】按钮，使用同样的方法输入其他文字，参考图4-7进行设置。

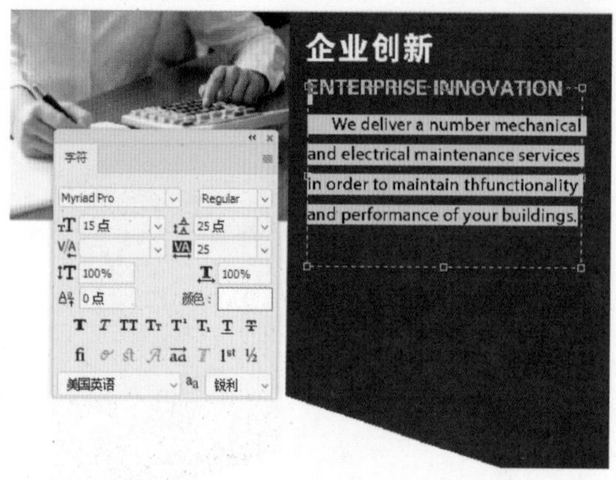

图4-7 输入文字后的效果

07 在工具箱中单击【椭圆工具】按钮，将【工具模式】设置为【形状】，将【填充】设置为白色，将【描边】设置为无，在【图层】面板中将【不透明度】设置为35%，如图4-8所示。

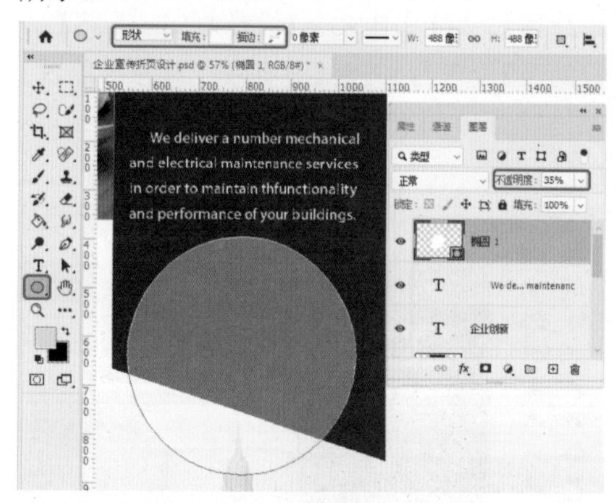

图4-8 绘制图形并设置不透明度

08 使用同样的方法绘制其他椭圆，并进行设置，如图4-9所示。

09 双击【椭圆3】图层的空白处，弹出【图层样式】对话框，选中【内阴影】复选框，将【混合模式】设置为【正片叠底】，将【颜色】的RGB设置为23、22、23，将【不透明度】设置为75%，将【角度】设置为90度，选中【使用全局光】复选框，将【距离】【阻塞】【大小】分别设置为3像素、52%、16像素，如图4-10所示。

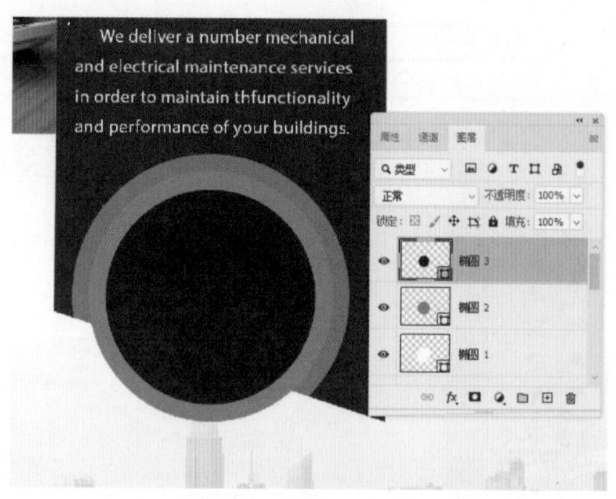

图4-9 绘制其他椭圆

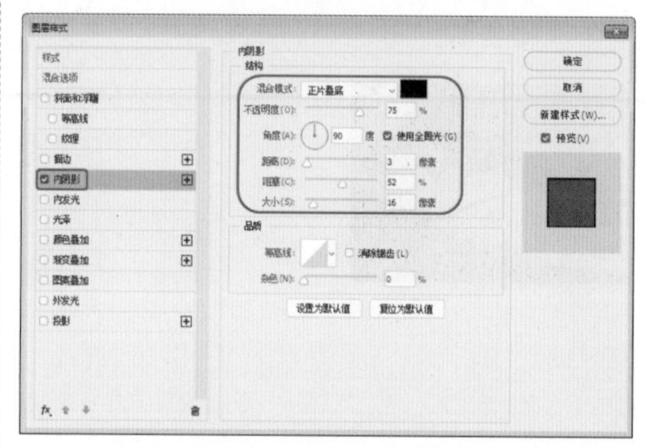

图4-10 添加【内阴影】效果

10 单击【确定】按钮，在菜单栏中选择【文件】|【置入嵌入对象】命令，弹出【置入嵌入的对象】对话框，选择【素材\Cha04\企业素材03.jpg】素材文件，单击【置入】按钮，在图层上右击，在弹出的快捷菜单中选择【创建剪贴蒙版】命令，使用【污点修复画笔】工具，修复小草后的效果如图4-11所示。

图4-11 修复后的效果

11 在工具箱中单击【横排文字工具】按钮 T，

在工作区中输入文字，在【字符】面板中将【字体】设置为【方正大黑简体】，将【字体大小】设置为 40 点，将【字符间距】设置为 80，将【垂直缩放】【水平缩放】都设置为 49%，将【颜色】设置为 129、178、64，单击【仿粗体】【全部大写字母】按钮，如图 4-12 所示。

图 4-12　输入文字

12 在工具箱中单击【矩形工具】按钮，在工作区中绘制两个图形，将【工具模式】设置为【形状】，将【填充】设置为 234、173、0，将【描边】设置为无，如图 4-13 所示。

图 4-13　绘制矩形并设置填充

13 选中绘制的两个矩形进行多次复制，调整复制后图形的位置，在菜单栏中选择【文件】|【置入嵌入对象】命令，弹出【置入嵌入的对象】对话框，选择【素材 \Cha04\ 企业素材 04.png】素材文件，单击【置入】按钮，对素材进行调整，如图 4-14 所示。

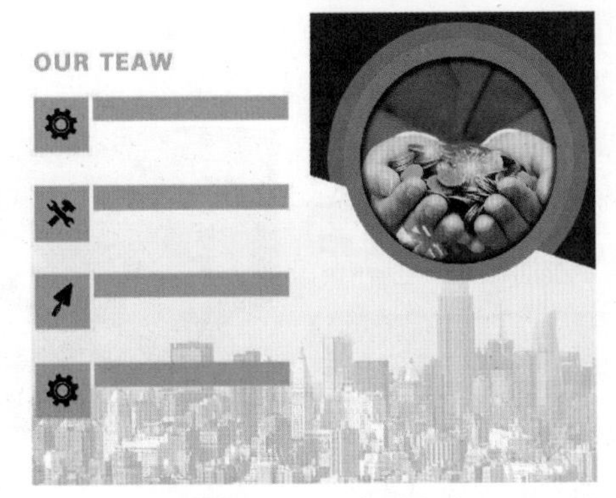

图 4-14　置入素材文件

14 在【色板】面板中将白色拖曳至素材文件上，如图 4-15 所示。

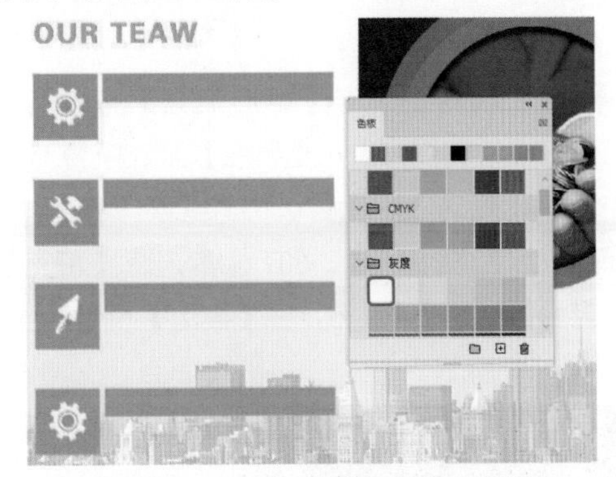

图 4-15　为素材文件添加颜色效果

15 在工具箱中单击【横排文字工具】按钮 T，在工作区中输入文字 WE ALWAYS，在【字符】面板中将【字体】设置为 Ebrima，将【字体大小】设置为 13 点，将【颜色】设置为白色。使用同样的方法输入文字，将【字体】设置为【Adobe 黑体 Std】，将【字体大小】设置为 7 点，将【颜色】设置为 30、25、26，如图 4-16 所示。

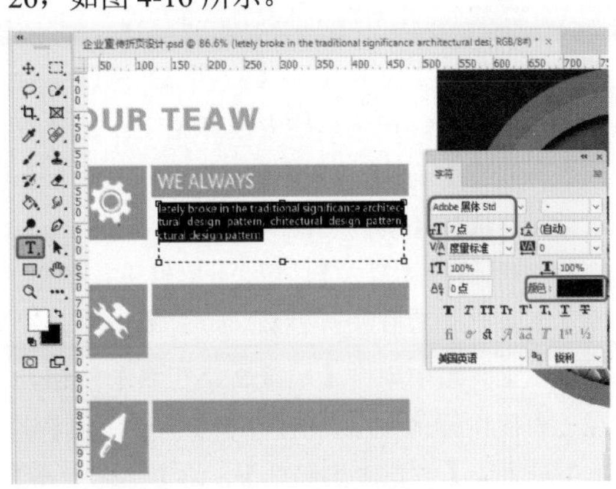

图 4-16　输入文字并进行设置

16 使用同样的方法输入其他文字，进行相应的设置，如图 4-17 所示。

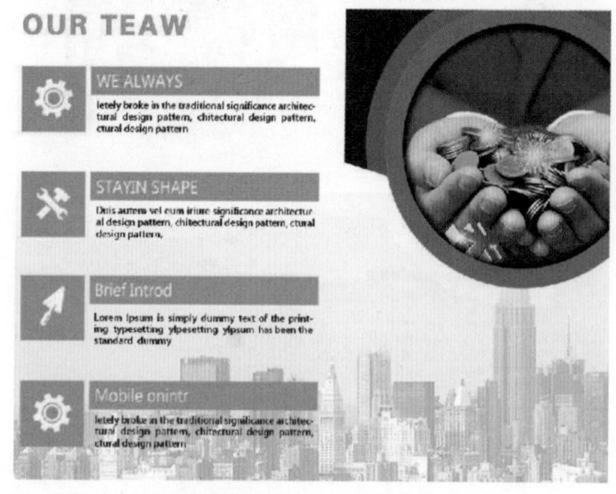

图 4-17　输入其他文字

17 在工具箱中单击【矩形工具】按钮，在工作区中绘制图形，在【属性】面板中将 W、H 分别设置为 583 像素、633 像素，将 X、Y 分别设置为 521 像素、607 像素，将【填充】设置为 175、175、175，将【描边】设置为无，如图 4-18 所示。

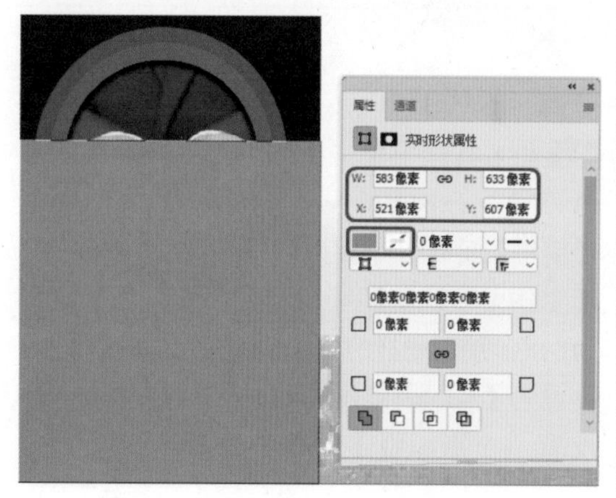

图 4-18　绘制图形并设置位置与大小

18 在【图层】面板中将【矩形 2】调整至合适的图层下方，在菜单栏中选择【文件】|【置入嵌入对象】命令，弹出【置入嵌入的对象】对话框，选择【素材 \Cha04\ 企业素材 05.jpg】素材文件，单击【置入】按钮，对素材进行调整，将【不透明度】设置为 75%，如图 4-19 所示。

19 在工具箱中单击【横排文字工具】按钮，在工作区中输入文字，在【字符】面板中将【字体】设置为【方正大黑简体】，将【字体大小】设置为 66 点，将【字符间距】设置为 40，将【垂直缩放】【水平缩放】都设置为 49%，将【颜色】设置为 249、249、250，如图 4-20 所示。

图 4-19　设置不透明度

图 4-20　为文字更改参数

20 使用同样的方法输入文字，将【字体】设置为【方正大黑简体】，将【字体大小】设置为 37 点，将【垂直缩放】【水平缩放】都设置为 49%，将【颜色】设置为白色，单击【全部大写字母】按钮，选中文字 care of your fitness，参照如图 4-21 所示进行设置。

21 使用【矩形工具】绘制图形，将【工具模式】设置为【形状】，将【填充】设置为 176、30、35，将【描边】设置为无，使用【横排文字工具】输入文字【企业简介】，在【字符】面板中将【字体】设置为【方正大黑简体】，将【字体大小】设置为 70 点，将【字符间距】设置为 40，将【垂直缩放】【水平缩放】都设置为 49%，将【颜色】设置为 249、249、

250，如图 4-22 所示。

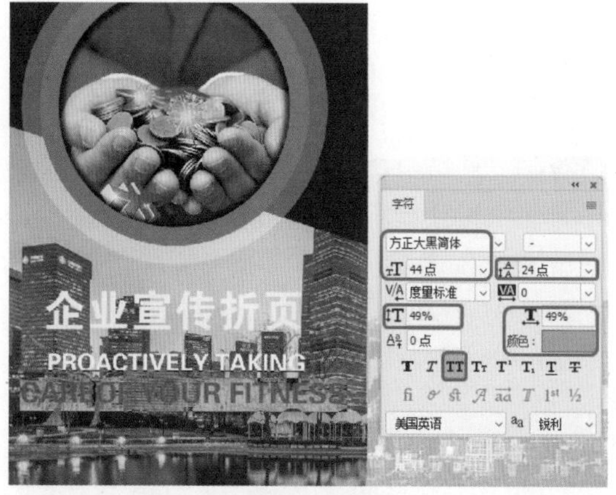

图 4-21　再次输入文字

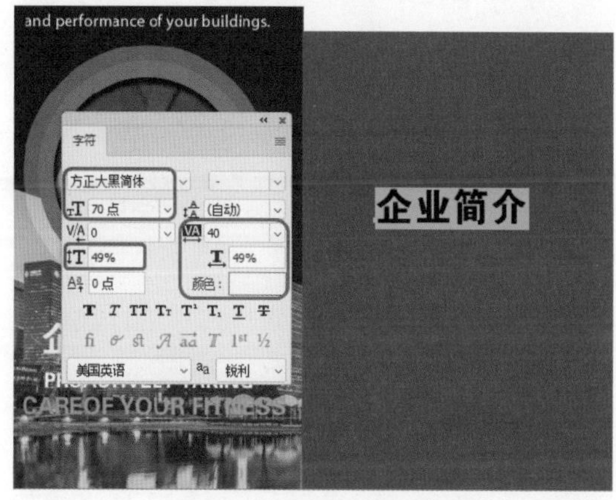

图 4-22　输入文字并设置

22 使用同样的方法输入文字，将【字体】设置为【方正大黑简体】，将【字体大小】设置为 50 点，将【字符间距】设置为 40，将【垂直缩放】【水平缩放】都设置为 49%，将【颜色】设置为 254、254、254，单击【下划线】按钮，如图 4-23 所示。

图 4-23　使用同样的方法输入文字

23 使用同样的方法输入段落文本，在【字符】面板中将【字体】设置为 Corbel，将【字体大小】设置为 16 点，将【行距】设置为 26 点，将【颜色】设置为白色，取消单击【下划线】按钮，在工具选项栏中单击【居中对齐文本】按钮，如图 4-24 所示。

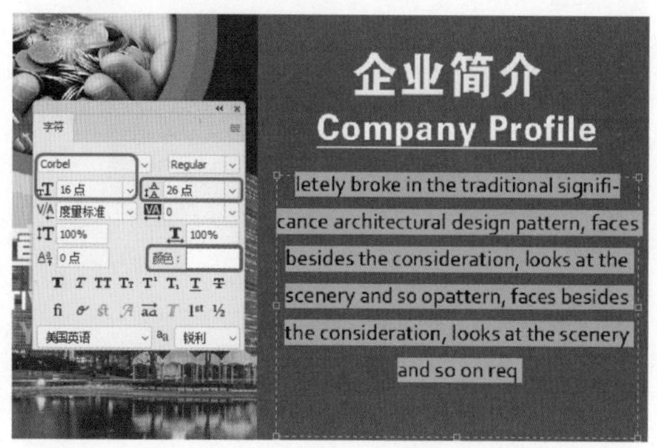

图 4-24　输入文字并设置参数

24 使用【矩形工具】绘制图形，将【工具模式】设置为【形状】，将【填充】设置为 224、224、223，将【描边】设置为无，在菜单栏中选择【文件】|【置入嵌入对象】命令，弹出【置入嵌入的对象】对话框，选择【素材 \Cha04\ 企业素材 06.jpg】素材文件，单击【置入】按钮，对素材进行调整，在图层上单击鼠标右键，在弹出的快捷菜单中选择【创建剪贴蒙版】命令。创建剪贴蒙版后的效果如图 4-25 所示。

图 4-25　绘制图形并置入素材文件

25 使用同样的方法置入【企业素材 07.png】素材文件并输入文字【联系我们】，在【字符】面板中将【字体】设置为【Adobe 黑体 Std】，将【字体大小】设置为 11 点，将【字符间距】设置为 5，将【颜色】设置为 49、49、49，如图 4-26 所示。

图 4-26　输入文字并进行设置

26 使用同样的方法输入其他文字并进行设置，效果如图 4-27 所示。

图 4-27　输入其他文字

4.1 裁剪工具组的应用

同样的照片，裁剪集中于一个物体时，会呈现出完全不同的体验，裁切图像的大小可以根据画面来随意框选裁切。但是如果需要处理的图片较多，又需要大小尺寸相同的画面，可以通过设定裁切工具的高度、宽度、分辨率来完成，这样绘制的图像不用担心会尺寸不同。

4.1.1 裁剪工具

使用【裁剪工具】可以保留图像中需要的部分，剪去不需要的内容。下面介绍如何使用该工具。

01 打开【素材 \Cha04\ 裁剪工具 .jpg】素材文件，如图 4-28 所示。

02 在工具箱中单击【裁剪工具】，在工作界面中按住鼠标左键并调整裁剪框的大小，在合适的位置释放鼠标。调整完成后的效果如图 4-29 所示。

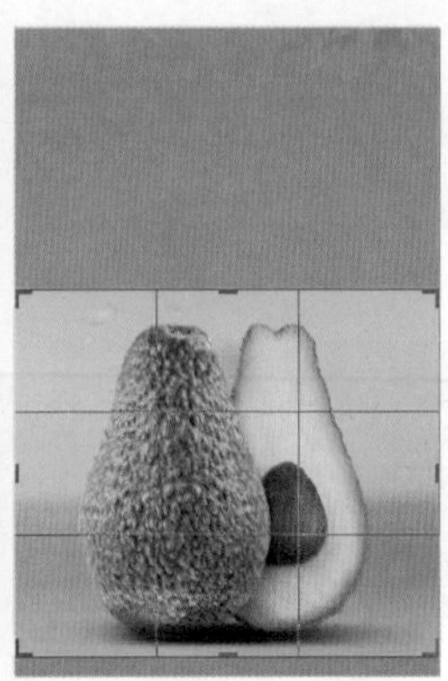

图 4-28　打开的素材文件　图 4-29　调整裁剪框

03 按 Enter 键，即可对素材文件进行裁剪。效果如图 4-30 所示。

图 4-30　裁剪完成后的效果

如果要将裁剪框移动到其他位置，则可将指针放在裁剪框内并拖动。在调整裁剪框时按住 Shift 键，则可以约束其裁剪比例。如果要旋转裁剪框，则将指针放在裁剪框外（指针变为弯曲的箭头形状）并拖动，即可旋转裁剪框。

【实战】校正图像

素材：	素材 \Cha04\ 校正图像 .jpg
场景：	场景 \Cha04\ 校正图像 .psd
视频：	视频教学 \Cha04\ 校正图像 .mp4

校正图像是指对图像进行的复原性处理，如图 4-31 所示。

图 4-31　校正图像

下面介绍如何使用裁剪工具。

01 打开【素材 \Cha04\ 校正图像 .psd】素材文件，此时的素材属于倾斜状态，在工具箱中单击【裁剪工具】，将鼠标指针放在裁剪框外，指针变为弯曲的箭头形状，如图 4-32 所示。

图 4-32　使用裁剪工具

02 拖曳鼠标，图片变为表格形状，效果如图 4-33 所示。

图 4-33　拖曳鼠标后的效果

03 继续拖曳鼠标进行校正后效果如图 4-34 所示。

图 4-34　完成后的效果

4.1.2　透明裁剪工具

下面介绍如何使用透明裁剪工具。

01 打开【素材 \Cha04\ 透视裁剪工具 .jpg】素材文件，如图 4-35 所示。

图 4-35　打开的素材文件

02 在工具箱中单击【透明裁剪工具】，单击照片的左上角，按住鼠标左键，将对角线向下拖曳到右下角，如图 4-36 所示。

图 4-36　使用透明裁剪工具

03 释放鼠标后，在场景中出现透明网格，如图 4-37 所示。

图 4-37 拖曳鼠标后的效果

04 将左上角的网格点向右拖动。拖曳网格点时，可以按住 Shift 键，这样可以更轻松地将网格点拖动，然后将右上角的网格点向左拖动，如图 4-38 所示。

图 4-38 拖曳网格点后的效果

05 按 Enter 键，即可看到素材呈垂直直线状，效果如图 4-39 所示。

图 4-39 最终效果

■ 4.1.3 切片工具

切片工具隐藏在裁剪工具组中，右键单击工具组按钮，在弹出的列表中可以看到切片工具，如图 4-40 所示。

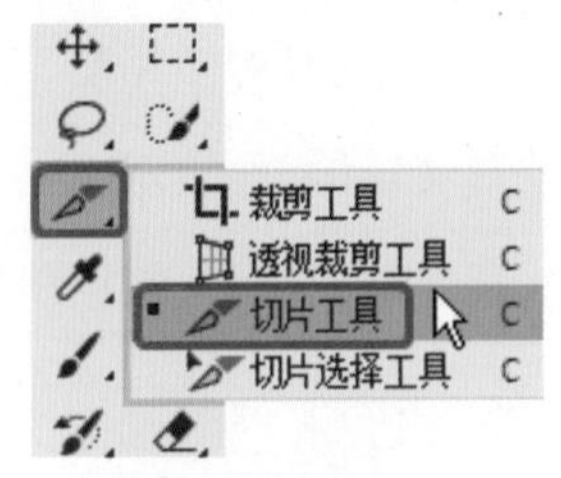

图 4-40 切片工具

单击工具组中的【切片工具】，在选项栏中可以设置切片的样式。选择【正常】样式可以通过在画面中按住并拖曳鼠标来确定切片的大小；选择【固定长宽比】样式，可以输入【宽度】和【高度】参数设置切片的宽高比；选择【固定大小】样式可以输入【宽度】【高度】参数设置切片的固定大小，如图 4-41 所示。

图 4-41 设置样式

01 打开【素材 \Cha04\ 切片工具 .psd】素材文件，使用【切片工具】绘制一个矩形框，如图 4-42 所示。

图 4-42 绘制矩形框

02 释放鼠标左键以后就可以创建一个用户切片，而用户切片以外的部分将生成自动切片，如图 4-43 所示。

图 4-43　创建切片框

4.1.4　切片选择工具

继续上面的操作，在工具箱中选择【切片选择工具】，在工作区中单击即可选中切片，如图 4-44 所示。

图 4-44　使用切片选择工具

如果想同时选中多个切片，可在按住 Shift 键的同时单击其他切片，如图 4-45 所示。

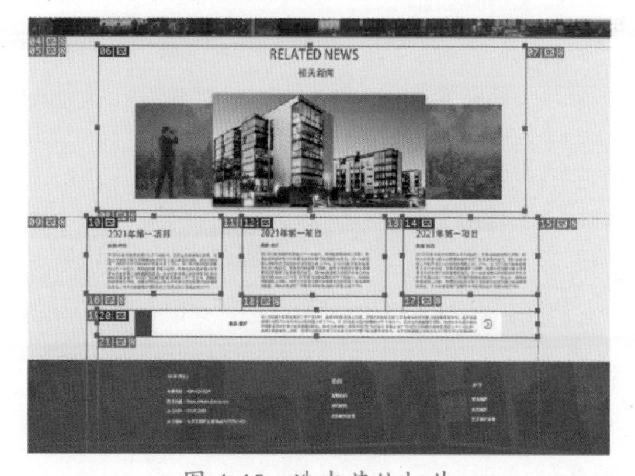

图 4-45　选中其他切片

如果要移动切片，使用【切片选择工具】选择切片，然后按住鼠标左键并拖曳鼠标即可，如图 4-46 和图 4-47 所示。

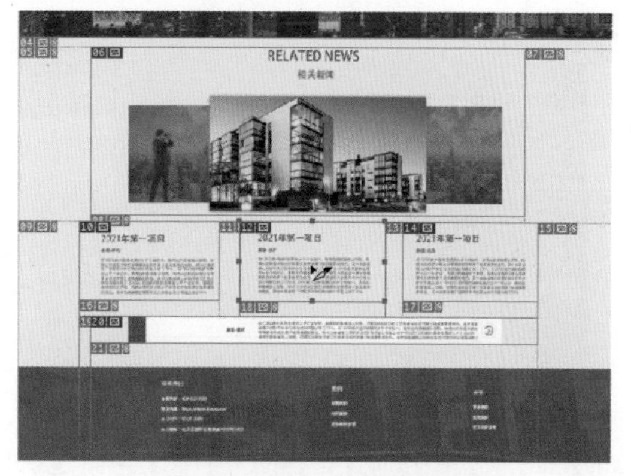

图 4-46　选中切片并移动

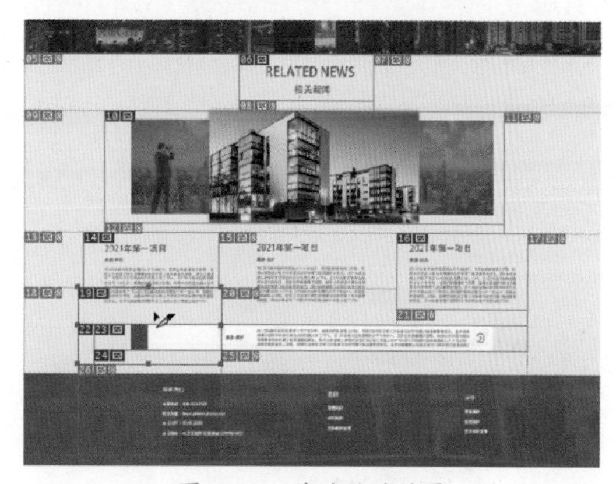

图 4-47　移动后的效果

4.2　图章工具组的应用

图章工具是 Photoshop 中使用率较高的工具之一，它是一个工具组，其中包含了仿制图章工具和图案图章工具。例如我们把素材图定义成图案，再对素材进行调色处理，在不使用蒙版的情况下，可以使用图案图章工具轻松地还原照片的局部或整体。

4.2.1　仿制图章工具

使用【仿制图章工具】可以从图像中复制信息，然后应用到其他区域或者其他图像中。该工具常用于复制对象或去除图像中的缺陷。下面将通过实际的操作来介绍该工具的使用方法。

01 打开【素材\Cha04\仿制图章工具.jpg】素材文件，如图4-48所示。

图4-48　打开的素材文件

02 在工具箱中单击【仿制图章工具】按钮，在工具选项栏中选择一个画笔，如图4-49所示。

图4-49　选择画笔

03 按住Alt键在右上角单击进行取样，则该位置成功设置为复制的取样点。

04 在工具选项栏中单击【切换仿制源面板】按钮，在展开的【仿制源】面板中，单击【水平翻转】按钮，如图4-50所示，在左上角单击鼠标并进行拖动，即可复制出对称的图像，如图4-51示。

图4-50　单击【水平翻转】按钮

图4-51　仿制后的效果

4.2.2　图案图章工具

【图案图章工具】可以使我们方便地制作出各种不同的材质效果。使用图案图章工具可以利用图案进行绘画，可以从图案库中选择图案或者自己创建图案。

01 打开【素材\Cha04\图案图章工具.jpg】素材文件，如图4-52所示。

图4-52　打开的素材文件

02 在菜单栏中选择【图像】|【图像大小】命令，设置一个合适的尺寸，单击【确定】按钮，如图4-53所示。

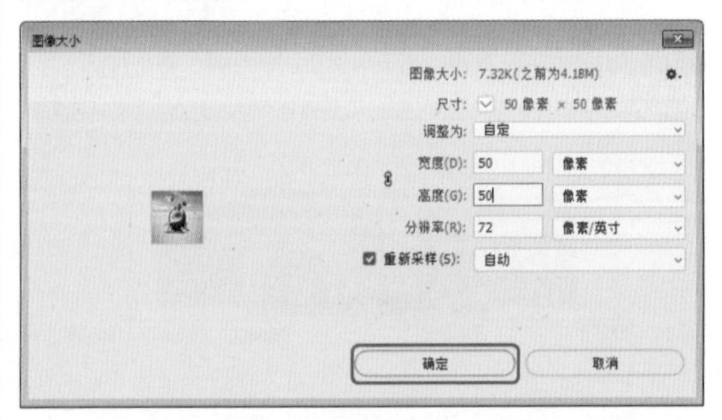

图4-53　设置图像大小参数

03 在菜单栏中选择【编辑】|【定义图案】命令，给图案取个简单的名称，单击【确定】按钮，图案就添加好了，如图4-54所示。

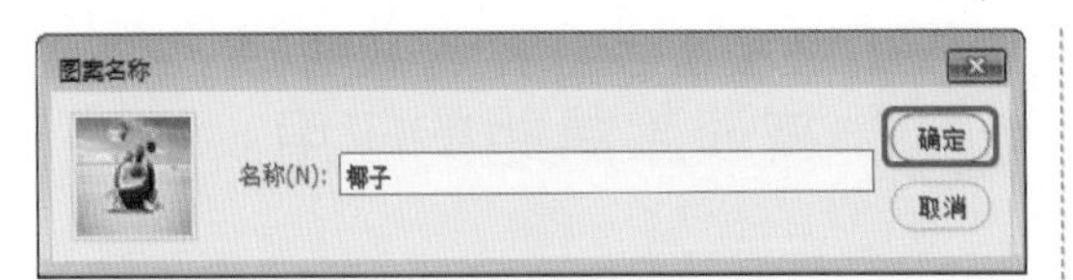

图 4-54　更改图案名称

04 新建一个文档，在工具箱中选择【图案图章工具】，如图 4-55 所示。

图 4-55　选择【图案图章工具】

05 单击【图案】右侧的按钮，打开【图案】拾色器后，选中刚添加的图案，如图 4-56 所示。

图 4-56　选择添加的图案

06 在新建的文档中涂抹，效果如图 4-57 所示。

图 4-57　涂抹后的效果

4.2.3　内容感知移动工具

使用【内容感知移动工具】可以实现将图片中多余部分物体去除，同时会自动计算和修复移除部分，从而实现更加完美的图片合成效果。它可以将物体移动至图像其他区域，并且重新混合组色，以便产生新的位置视觉效果。

01 打开【素材\Cha04\内容感知移动工具.jpg】素材文件，如图 4-58 所示。

图 4-58　打开的素材文件

02 在工具箱中单击【内容感知移动工具】按钮，此时在工作区中画出一个区域，利用鼠标框选蝴蝶内容，如图 4-59 所示。

图 4-59　框选内容

03 在菜单栏中选择【编辑】|【填充】命令，在弹出的【填充】对话框中，默认界面设置，单击【确定】按钮，如图 4-60 所示。

04 这时所选区域被去除，同时被移除部分已得到修复，且与背景融合在一起，如图 4-61 所示。

05 在内容感知移动工具选项栏【模式】选项里有【移动】和【扩展】两种方式。首先将【模式】设置为【移动】，此时在工作区中画出一个区域，拖曳鼠标可以拉动识别感知内容，通过调节【属性】面板中的【结构】和【颜色】可以达到完美的效果，如图 4-62 所示。

图 4-60 【填充】对话框

图 4-61 填充后的效果

图 4-62 移动选区内容

06 将【模式】设置为【扩展】，就可以实现局域物体的复制及移动操作，如图 4-63 所示。

图 4-63 复制并移动后的效果

4.3 减淡工具组的应用

【减淡工具】和【加深工具】是用于修饰图像的工具，它们基于调节照片特定区域曝光度的传统摄影技术来改变图像的曝光度，使图像变亮或变暗。选择这两个工具后，在画面涂抹即可进行加深和减淡的处理，在某个区域上方涂抹的次数越多，该区域就会变得更亮或更暗。下面通过实际的操作来对比这两个工具的不同。

4.3.1 减淡工具

使用【减淡工具】可以把图片中需要变亮或增强质感的部分颜色加亮，下面将通过实际的操作来介绍该工具的使用方法。

01 打开素材文件，如图 4-64 所示。

图 4-64 打开的素材文件

02 在工具箱中单击【减淡工具】，在工具选项栏中将【大小】设置为 500 像素，将【硬度】设置为 0%，将曝光度设置为 50%，按 Enter 键确认，在工作区中对素材文件进行涂抹。完成后的效果如图 4-65 所示。

图 4-65 使用减淡工具后的效果

4.3.2 加深工具

使用【加深工具】可以将图片修改的区域变暗，颜色加深。下面将通过实际的操作来介绍该工具的使用方法。

01 继续上面的操作，在工具箱中选择【加深工具】，如图 4-66 所示。

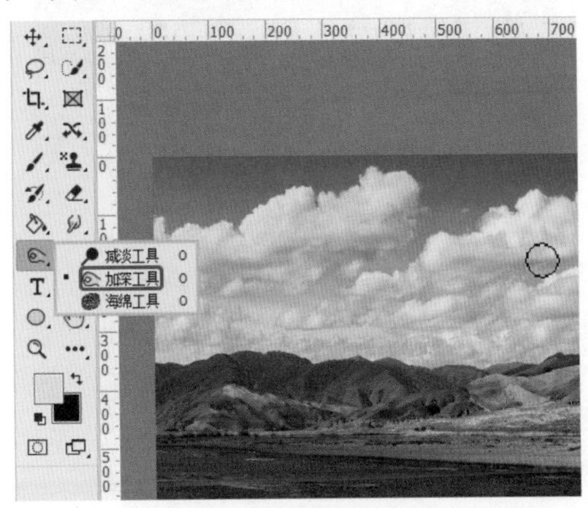

图 4-66 选择加深工具

02 切换到加深工具的选项设置，根据素材大小设置需要加深的图片位置区域大小，调整画笔直径大小及硬度大小，硬度通常使用默认值即可，如图 4-67 所示。

图 4-67 更改画笔大小参数

03 选择范围值设置为默认中间调即可，如有需求可以修改另外的阴影或高光值，如图 4-68 所示。

04 将鼠标指针移动到需修改的区域上，按住鼠标左键拖曳涂抹，或者多次单击鼠标进行涂抹。效果如图 4-69 所示。

图 4-68 更改范围参数

图 4-69 涂抹后的效果

4.3.3 海绵工具

【海绵工具】可用来吸去颜色，使用此工具可以将有颜色的部分变为黑白。它与减淡工具不同，减淡工具在减淡时同时将所有颜色，包括黑色都减淡，到最后就成一片白色；而海绵工具只吸去除黑白以外的颜色。

01 打开【素材 \Cha04\ 海绵工具 .jpg】素材文件，如图 4-70 所示。

图 4-70 打开的素材文件

02 在工具箱中单击【海绵工具】按钮，

切换到海绵工具设置选项，根据素材尺寸及需要调整工具画笔的直径大小及硬度参数，如图 4-71 所示。

图 4-71　调整到合适的数值

03 将【模式】设置为【加色】，将鼠标指针移动至需要调整的区域，按住鼠标进行拖动，或多次连续单击预览观察效果，如图 4-72 所示。

图 4-72　更改范围参数

4.4 模糊工具组的应用

在 Photoshop 中，软件工具也叫柔化工具，用来对图像进行柔化。模糊工具组用于将涂抹的区域变得模糊。模糊有时候是一种表现手法，将画面中其余部分作模糊处理，就可以凸显主体。其中包括【模糊工具】【锐化工具】【涂抹工具】等。下面将简单介绍其使用方法。

4.4.1 模糊工具

使用【模糊工具】可以使图像变得柔化模糊，减少图像中的细节，降低图像的对比度。下面通过实例来介绍该工具的使用方法。

01 打开【素材 \Cha04\ 模糊工具 .jpg】素材文件，如图 4-73 所示。

图 4-73　打开的素材文件

02 在工具箱中单击【模糊工具】按钮，在工具选项栏中将【大小】设置为 500 像素，将【硬度】设置为 0%，按 Enter 键确认，如图 4-74 所示。

图 4-74　设置画笔大小

03 设置完成后，在素材文件中进行涂抹。完成后的效果如图 4-75 所示。

图 4-75　完成后的效果

4.4.2 锐化工具

使用锐化工具可以将图像变清晰，其主

要的原理在于可以将图像的轮廓颜色加深。

01 打开【素材\Cha04\锐化工具.jpg】素材文件，如图 4-76 所示。

图 4-76　打开的素材文件

02 在工具箱中单击【锐化工具】，根据素材尺寸及需要调整工具画笔的直径大小及硬度参数，如图 4-77 所示。

图 4-77　设置画笔大小

03 设置完成后，在素材文件中进行涂抹，涂抹的地方图像变得更加清晰和尖锐，如图 4-78 所示。

图 4-78　完成后的效果

4.4.3　涂抹工具

使用【涂抹工具】可以模拟手指拖过湿油漆时呈现的效果。在工具选项栏中除【手指绘画】选项外，其他选项都与模糊和锐化工具相同，下面介绍该工具的使用方法。

01 打开【素材\Cha04\涂抹工具.jpg】素材文件，如图 4-79 所示。

图 4-79　打开的素材文件

02 单击【涂抹工具】，在工具选项栏中选择一种画笔笔触，按 Enter 键确认，在素材文件中对除人物外的其他对象进行涂抹。完成后的效果如图 4-80 所示。

图 4-80　完成后的效果

4.5　污点修复工具组的应用

图像修复工具主要是用于对图片中不协调的部分进行修复，在 Photoshop 中，可以使用多种图像修复工具对图像进行修复，其中包括【污点修复画笔工具】【修复画笔工具】

【修补工具】等。本节将简单介绍修复工具的使用方法。

■ 4.5.1　污点修复画笔工具

使用【污点修复画笔工具】可以快速移去照片中的污点和其他不理想的部分。污点修复画笔的工作方式与修复画笔类似：它使用图像或图案中的样本像素进行绘画，污点修复画笔不要求用户指定样本点，它将自动从所修饰区域的周围取样。下面介绍该工具的使用方法。

01 打开【素材\Cha04\污点修复画笔工具.jpg】素材文件，如图 4-81 所示。

图 4-81　打开的素材文件

02 在工具箱中单击【污点修复画笔工具】，在工作区中对左上角的文字部分进行涂抹，如图 4-82 所示。

图 4-82　涂抹要移除的部分

03 在释放鼠标后，文字会自动清除。修复后的效果如图 4-83 所示。

图 4-83　将文字清除

04 在工具选项栏中将【画笔大小】设置为 300 像素，在图像中对中间的花朵单击，然后按住 Shift 键同时在左侧的花瓣上单击，单击的花瓣会自动清除。效果如图 4-84 所示。

图 4-84　修复后的效果

【实战】修复照片中的污点

素材：	素材\Cha04\修复照片中的污点.jpg
场景：	场景\Cha04\修复照片中的污点.psd
视频：	视频教学\Cha04\修复照片中的污点.mp4

01 打开【素材\Cha04\修复照片中的污点.jpg】素材文件，如图 4-85 所示。

02 在工具箱中选择【污点修复画笔工具】，在工具选项栏中将【画笔大小】设置为 24 像素，将【硬度】设置为 100%，将【间距】设置为 25%，如图 4-86 所示。

图 4-85　打开的素材文件

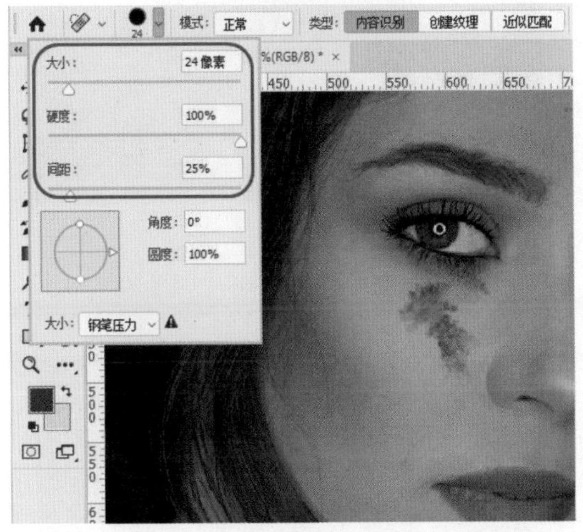

图 4-86　设置污点修复画笔工具

03 在工作区中选择【放大工具】，单击鼠标左键放大至合适的位置，如图 4-87 所示。

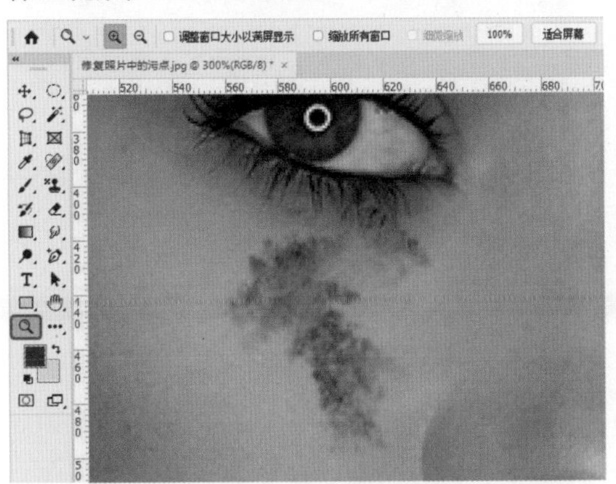

图 4-87　对皮肤进行取样

04 按住鼠标对要进行修复的位置进行涂抹，释放鼠标后，即可完成修复。修复后的效果如图 4-88 所示。

图 4-88　修复后的效果

4.5.2　修复画笔工具

【修复画笔工具】可用于校正瑕疵，使它们消失在周围的图像环境中。与仿制图章工具一样，修复画笔工具可以利用图像或图案中的样本像素来绘画。修复画笔工具可将样本像素的纹理、光照、透明度和阴影等与源像素进行匹配，从而使修复后的像素很好地融入图像的其余部分。

下面通过实例来介绍该工具的使用方法。

01 打开【素材 \Cha04\ 修复画笔工具 .jpg】素材文件，如图 4-89 所示。

图 4-89　打开的素材文件

02 在工具箱中选择【修复画笔工具】，在工具选项栏中将【画笔大小】设置为 19，将【源】设置为【取样】，如图 4-90 所示。

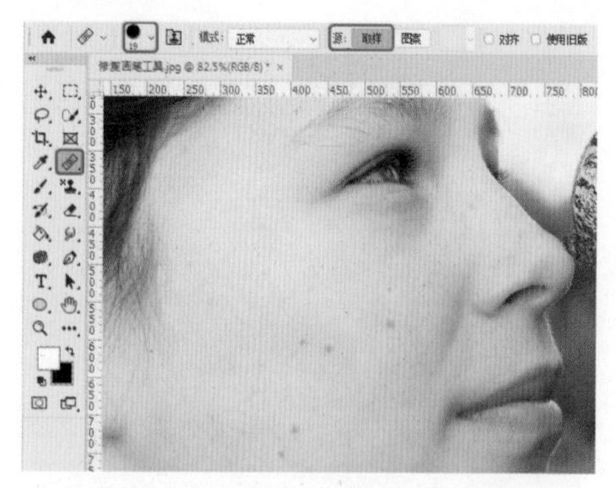

图 4-90　设置修复画笔工具

03 在工作区中按住 Alt 键在皮肤上进行取样，如图 4-91 所示。

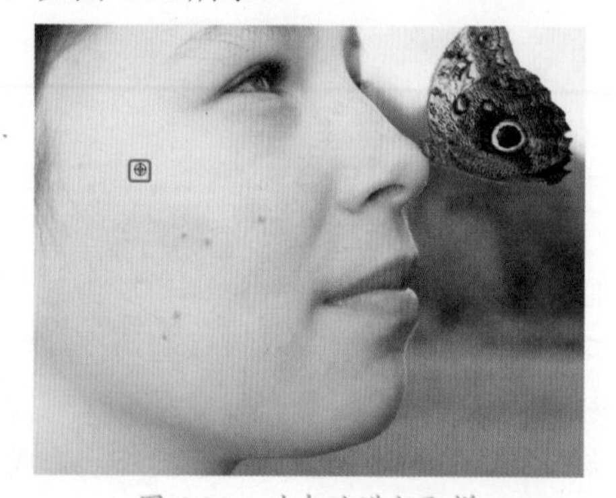

图 4-91　对皮肤进行取样

04 按住鼠标对要进行修复的位置进行涂抹，释放鼠标后，即可完成修复。修复后的效果如图 4-92 所示。

图 4-92　修复后的效果

4.5.3　修补工具

修补工具可以说是对修复画笔工具的一个补充。修复画笔工具是使用画笔来进行图像的修复，而修补工具则是通过选区来进行图像修复。像修复画笔工具一样，修补工具会将样本像素的纹理、光照和阴影等与源像素进行匹配。

下来通过实际的操作步骤来介绍该工具的使用方法。

01 打开【素材 \Cha04\ 修补工具 .jpg】素材文件，如图 4-93 所示。

图 4-93　打开的素材文件

02 在工具箱中单击【修补工具】按钮，在素材图片中对文身进行选取，如图 4-94 所示。

图 4-94　对文身进行选取

03 按住鼠标将选中的文身拖曳至合适的位置，释放鼠标，即可完成对图像的修补，如图 4-95 所示。

图 4-95　修补后的效果

4.5.4 红眼工具

使用【红眼工具】可移去用闪光灯拍摄的人物照片中的红眼，也可以移去用闪光灯拍摄的动物照片中的白色或绿色反光。红眼是由于相机闪光灯在主体视网膜上反光引起的。在光线暗淡的房间里照相时，由于主体的虹膜张开得很宽，因此将会更加频繁地看到红眼。为了避免红眼，应使用相机的红眼消除功能，或者最好使用可安装在相机上远离相机镜头位置的独立闪光装置，除此之外，还可以通过 Photoshop 中的红眼工具对照片中的红眼进行修复。本案例将介绍如何去除红眼，完成后的效果如图 4-96 所示。

图 4-96　去除红眼后的效果

01 打开【素材 \Cha04\ 红眼工具 .jpg】素材文件，如图 4-97 所示。

图 4-97　打开的素材文件

02 在工具箱中单击【缩放工具】按钮，将人物的眼部区域放大，如图 4-98 所示。

图 4-98　放大眼部区域

03 在工具箱中选择【红眼工具】，在工具选项栏中，将【瞳孔大小】设置为 50%，将【变暗量】设置为 20%，在场景文件中的红眼处单击，如图 4-99 所示。

图 4-99　消除一只红眼

04 再次使用【红眼工具】，将另一只眼的红眼也去掉，如图 4-100 所示。

图 4-100　去除红眼后的效果

课后项目练习

火锅店宣传折页正面

某火锅店需要火锅店宣传折页正面对外进行宣传与推广，以更好地吸引对美食无法抗拒的吃客，不仅为吃客提供更多的优惠，还可以使吃客品尝到各地的美味食物，如图4-101所示。

图 4-101　火锅店宣传折页正面

课后项目练习过程概要：

（1）使用【矩形工具】绘制背景效果，然后置入素材文件。

（2）创建剪贴蒙版美化折页，然后使用【横排文字工具】输入文字内容，实现火锅店宣传折页正面效果。

素材：	素材 \Cha04\ 火锅素材 01.jpg、火锅素材 02.png、火锅素材 03.jpg、火锅素材 04.png、火锅素材 05.jpg
场景：	场景 \Cha04\ 火锅店宣传折页正面 .psd
视频：	视频教学 \Cha04\ 火锅店宣传折页正面 .mp4

01 按 Ctrl+N 组合键，弹出【新建文档】对话框，将【宽度】【高度】设置为 1500 像素、1060 像素，【分辨率】设置为 300 像素 / 英寸，【颜色模式】设置为 RGB 颜色 /8 位，【背景颜色】设置为白色，单击【创建】按钮，使用【矩形工具】绘制图形，将【填充】的 RGB 值设置为 146、42、70，【描边】设置为无，如图 4-102 所示。

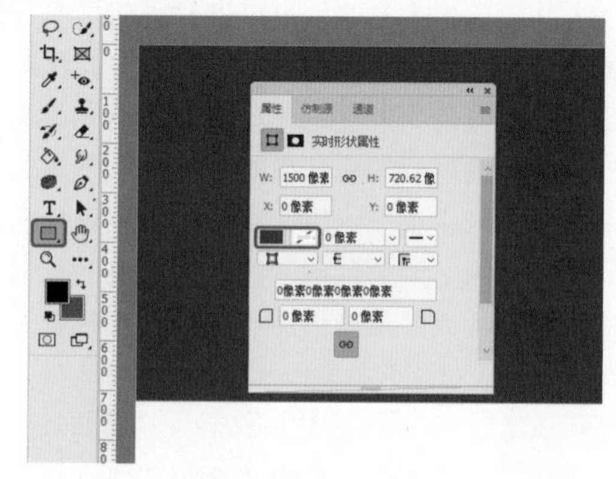

图 4-102　新建文档

02 使用【矩形工具】绘制图形，在【属性】面板中将 W、H 分别设置为 504 像素、721 像素，将 X、Y 分别设置为 498 像素、0 像素，将【填充】设置为白色，【描边】设置为无，如图 4-103 所示。

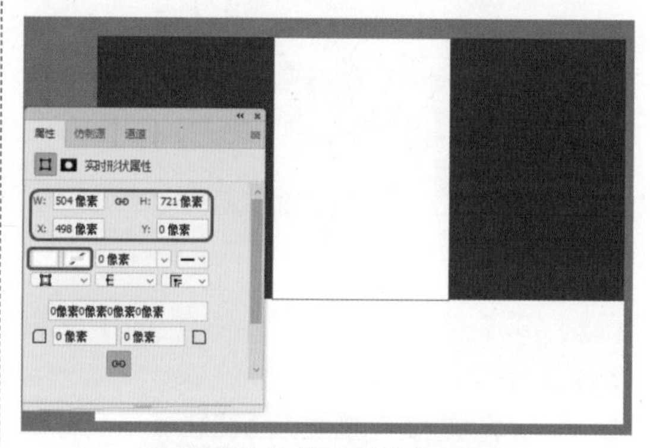

图 4-103　绘制图形并进行设置

03 使用同样的方法绘制一个【填充】为白色、【描边】为无的矩形，置入【火锅素材 01.jpg】素材文件，适当调整素材，在【火锅素材 01.jpg】图层上单击鼠标右键，在弹出的快捷菜单中选择【创建剪贴蒙版】命令。创建剪贴蒙版后的效果如图 4-104 所示。

04 在工具箱中单击【横排文字工具】 T，输入文字【重庆川味火锅】，在【字符】面板中将【字体】设置为【Adobe 黑体 Std】，将【字体大小】设置为 6 点，将【颜色】设置为白色，使用同样的方法输入文字 Chongqing Sichuan

hot pot，将【字体】设置为 5 点，如图 4-105 所示。

图 4-104　创建剪贴蒙版后的效果

图 4-105　输入文字

05 使用【横排文字工具】输入文字，在【字符】面板中将【字体】设置为【Adobe 黑体 Std】，将【字体大小】设置为 3.4 点，将【颜色】设置为白色，如图 4-106 所示。

图 4-106　输入文字并进行设置

06 在菜单栏中选择【文件】|【置入嵌入对象】命令，弹出【置入嵌入的对象】对话框，选择【素材 \Cha04\ 火锅素材 02.png】素材文件，单击【置入】按钮，拖曳鼠标绘制素材，如图 4-107 所示。

图 4-107　置入素材文件

07 在工具箱中单击【横排文字工具】T，输入文字【全场 6 折起 美味享不停】，在【字符】面板中将【字体】设置为【微软雅黑】，将【字体样式】设置为 Bold，将【字体大小】设置为 8 点，将【颜色】设置为 63、41、34。选中文字 6，将【字体大小】设置为 13 点，【颜色】设置为 227、25、34，如图 4-108 所示。

图 4-108　设置文字参数

08 在工具箱中单击【椭圆工具】按钮，将 W、H 都设置为 439 像素，将 X、Y 设置为 1035 像素、195 像素，将【填色】的 RGB 值设置为 35、29、25，将【描边】设置为无，如图 4-109 所示。

09 置入【火锅素材 03.jpg】素材文件，适当调整素材，在【火锅素材 03.jpg】图层上单击鼠标右键，在弹出的快捷菜单中选择【创建剪贴蒙版】命令。创建剪贴蒙版后的效果如图 4-110 所示。

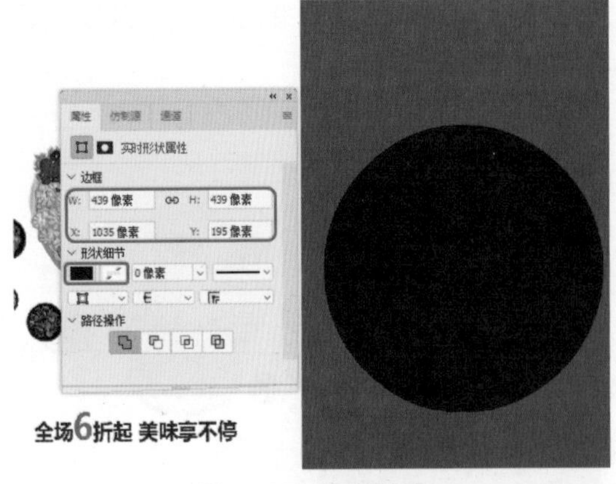

图 4-109　绘制椭圆

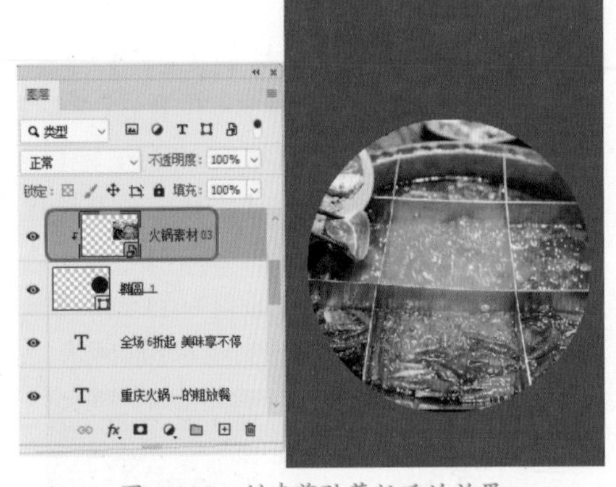

图 4-110　创建剪贴蒙版后的效果

10 使用【矩形工具】绘制图形，将 W、H 都设置为 498 像素、144 像素，将 X、Y 分别设置为 1005 像素、336 像素，【填色】的 RGB 值设置为 146、42、70，【描边】设置为无，如图 4-111 所示。

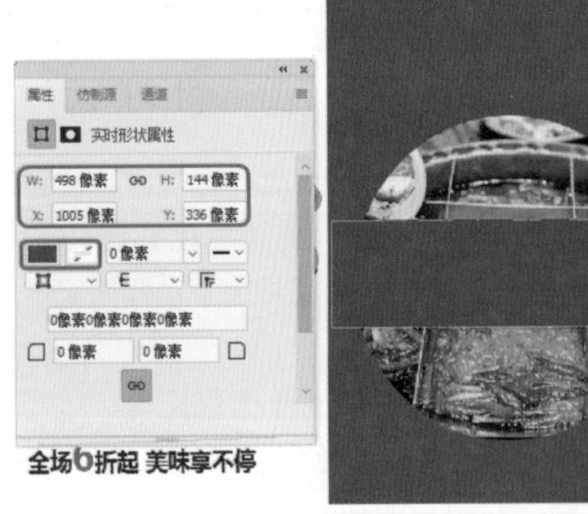

图 4-111　绘制图形并进行设置

11 在工具箱中单击【横排文字工具】T，输入文字 Chafing Dish，在【字符】面板中将【字体】设置为【Adobe 黑体 Std】，将【字体大小】设置为 13 点，将【颜色】设置为白色，如图 4-112 所示。

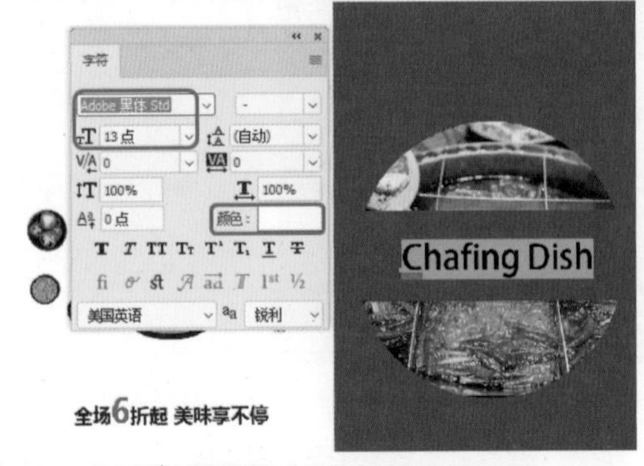

图 4-112　输入文字并进行设置

12 使用同样的方法输入文字，将【字体】设置为【標楷體】，将【字体大小】设置为 9 点，将【行距】设置为 12 点，将【字符间距】设置为 20，将【颜色】的 RGB 值设置为 1、1、1，如图 4-113 所示。

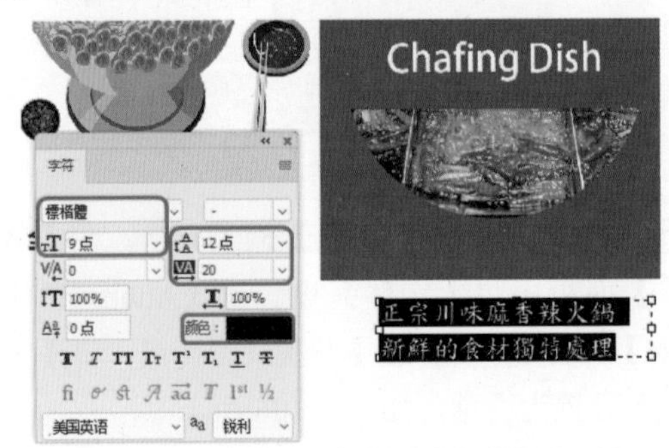

图 4-113　输入文字并设置参数

13 根据前面介绍的方法绘制其他图形，并在【属性】面板中进行设置，使用【横排文字工具】输入文字，将【字体】设置为【Adobe 黑体 Std】，将【字体大小】设置为 5 点，将【颜色】设置为 34、24、21，如图 4-114 所示。

14 在菜单栏中选择【文件】|【置入嵌入对象】命令，弹出【置入嵌入的对象】对话框，选择【素材\Cha04\火锅素材 04.png】素材文件，单击【置入】按钮，拖曳鼠标绘制素材，使用【横排文字工具】输入文字，参考图 4-115 进行设置。

图 4-114　绘制其他图形并输入文字

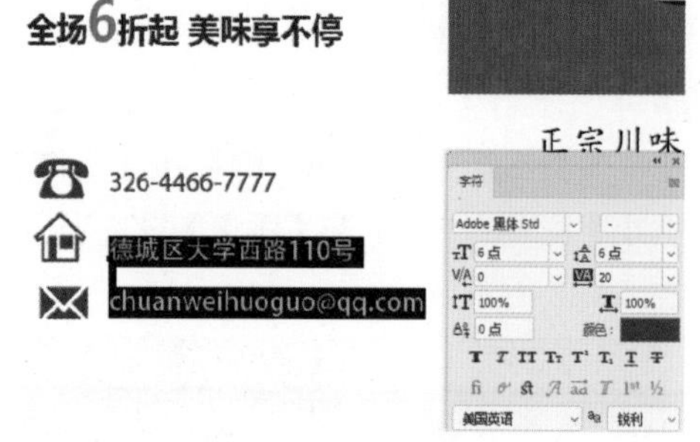

图 4-115　置入素材并输入文字

15 使用【矩形工具】绘制图形，在【属性】面板中将 W、H 分别设置为 499 像素、65 像素，X、Y 分别设置为 0 像素、995 像素，将【填充】设置为 35、29、25，将【描边】设置为无，选中绘制的图形并进行复制，调整复制图形的位置，如图 4-116 所示。

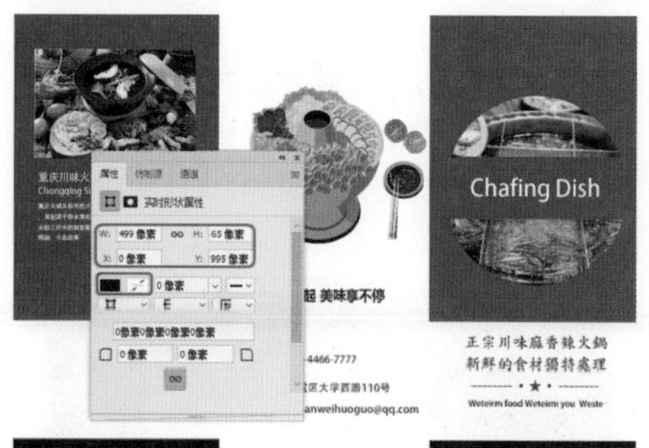

图 4-116　绘制图形并复制

16 置入【火锅素材 05.jpg】素材文件，单击【置入】按钮，拖曳鼠标绘制素材，使用【横排文字工具】输入文字，将【字体】设置为【微软雅黑】，将【字体样式】设置为 Bold，将【字体大小】设置 8 点，将【颜色】设置为 63、41、34，如图 4-117 所示。

图 4-117　最终效果

火锅店宣传折页反面

某火锅店需要火锅店宣传折页反面去影响吃客的味觉，食谱不仅能吸引吃客对火锅的食欲，还能对外进行推广，如图 4-118 所示。

图 4-118　火锅店宣传折页反面

课后项目练习过程概要：

（1）将素材文件导入工作界面，然后添加图层蒙版来制作菜谱部分。

（2）使用【横排文字工具】输入文字，制作出火锅折页反面效果。

素材：	素材 \Cha04\ 火锅素材 06.jpg、火锅素材 07.jpg、火锅素材 08.jpg
场景：	场景 \Cha04\ 火锅店宣传折页反面 .psd
视频：	视频教学 \Cha04\ 火锅店宣传折页反面 .mp4

01 按 Ctrl+N 组合键，弹出【新建文档】对话框，将【宽度】【高度】设置为 1739 像素、

1229 像素，【分辨率】设置为 300 像素 / 英寸，【颜色模式】设置为 RGB 颜色 /8 位，【背景颜色】设置为白色，单击【创建】按钮，使用【矩形工具】绘制图形，将 W、H 分别设置为 1739 像素、836 像素，将【填充】的 RGB 值设置为 146、42、70，将【描边】设置为无，如图 4-119 所示。

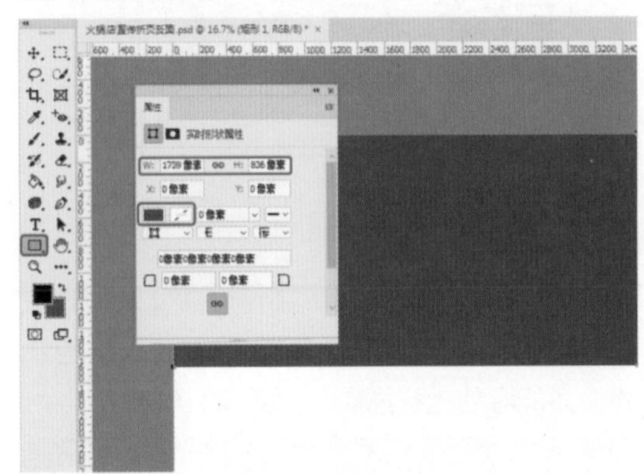

图 4-119　新建文档

02 使用同样的方法绘制一个矩形，将【填充】的 RGB 值设置为 35、29、25，将【描边】设置为无，置入【火锅素材 06.jpg】素材文件，适当调整素材，在【火锅素材 06.jpg】图层上单击鼠标右键，在弹出的快捷菜单中选择【创建剪贴蒙版】命令。创建剪贴蒙版后的效果如图 4-120 所示。

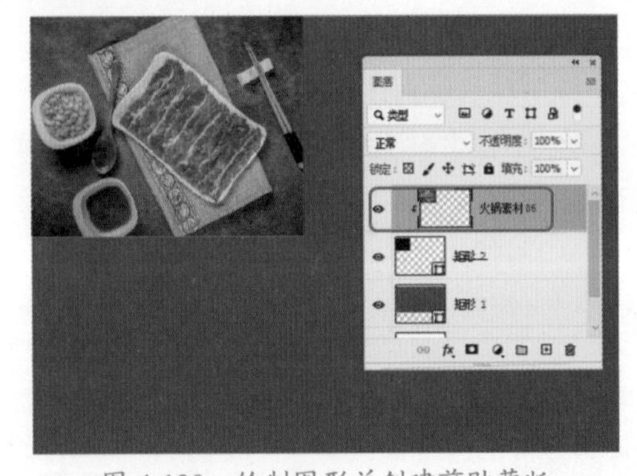

图 4-120　绘制图形并创建剪贴蒙版

03 在工具箱中单击【横排文字工具】按钮，在工作区输入文字，在【字符】面板中将【字体】设置为【Adobe 黑体 Std】，将【字体大小】设置为 8 点，将【颜色】设置为 245、141、23，如图 4-121 所示。

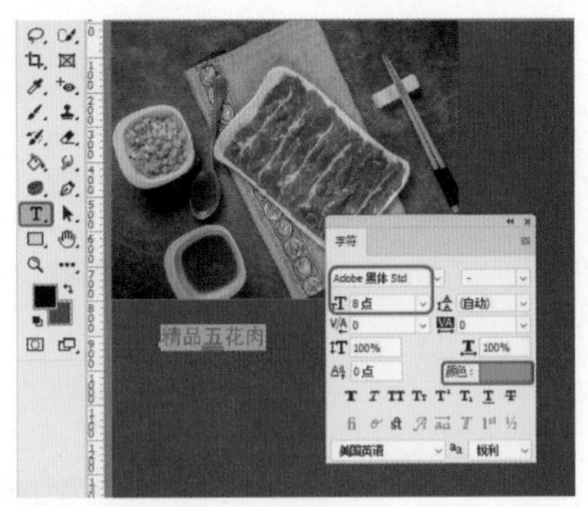

图 4-121　设置文字样式 1

04 再次使用【横排文字工具】输入文字，将【字体】设置为【Adobe 黑体 Std】，将【字体大小】设置为 6 点，将【颜色】设置为白色，如图 4-122 所示。

图 4-122　设置文字样式 2

05 使用同样的方法输入文字，将【字体】设置为【Adobe 黑体 Std】，将【字体大小】设置为 4 点，将【颜色】设置为白色，如图 4-123 所示。

图 4-123　设置文字样式 3

06 使用【横排文字工具】输入文字￥，将【字体】设置为【微软雅黑】，将【字体大小】设置为 11 点，将【颜色】的 RGB 值设置为 207、169、114，如图 4-124 所示。

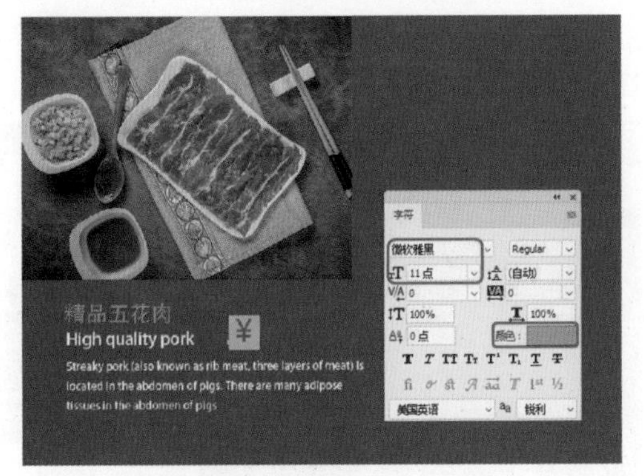

图 4-124 设置文字样式 4

07 使用【横排文字工具】输入文字 35，将【字体】设置为【幼圆】，将【字体大小】设置为 16 点，将【颜色】的 RGB 值设置为 207、169、114，如图 4-125 所示。

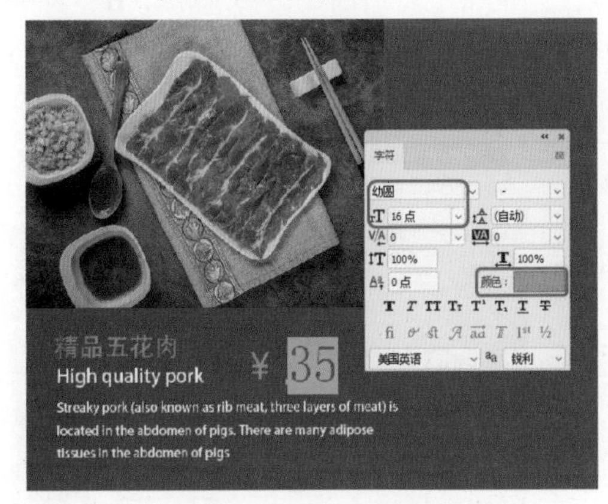

图 4-125 设置文字样式 5

08 使用同样的方法输入其他文字并进行相应的设置，如图 4-126 所示。

09 在工具箱中单击【矩形工具】，在工作区中绘制图形，在【属性】面板中将 W、H 分别设置为 499 像素、444 像素，将 X、Y 分别设置为 1208 像素、75 像素，将【填充】设置为 125、0、34，将【描边】设置为无，如图 4-127 所示。

10 置入【火锅素材 07.jpg】素材文件，适当调整素材，在【火锅素材 07.jpg】图层上单击鼠标右键，在弹出的快捷菜单中选择【创建剪贴蒙版】命令。创建剪贴蒙版后的效果如图 4-128 所示。

图 4-126 输入其他文字

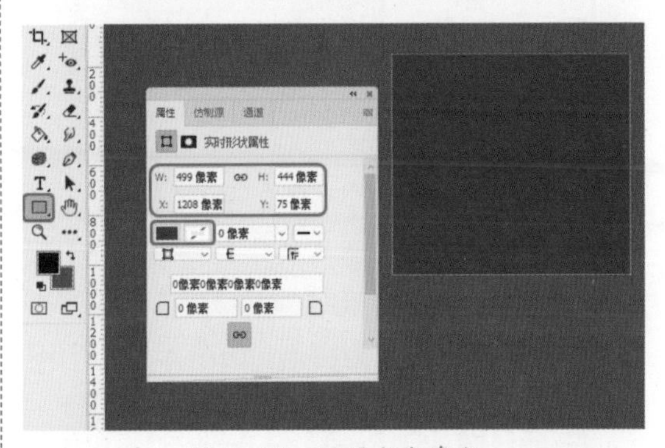

图 4-127 设置文本参数

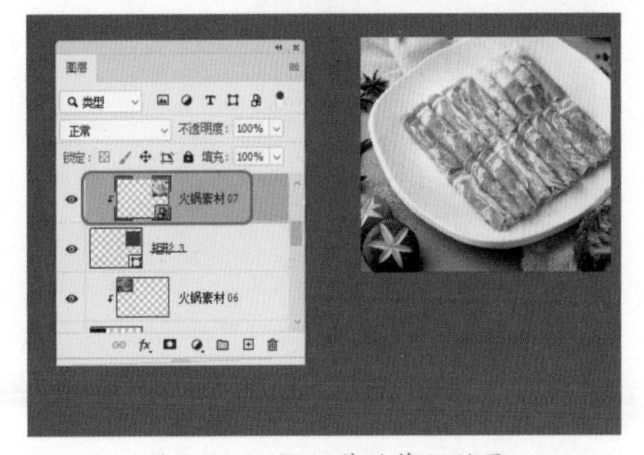

图 4-128 添加剪贴蒙版效果

11 在工具箱中单击【横排文字工具】按钮，在【字符】面板中将【字体】设置为【Adobe 黑体 Std】，将【字体大小】设置为 14 点，将【颜色】设置为白色，如图 4-129 所示。

12 再次使用【横排文字工具】输入文字，将【字体】设置为【Adobe 黑体 Std】，将【字体大小】设置为 6 点，将【颜色】设置为白色，如图 4-130 所示。

图 4-129　输入文字并设置参数

图 4-130　输入文字并进行设置

13 使用同样的方法输入文字，将【字体】设置为【微软雅黑】，将【字体大小】设置为 7 点，将【颜色】设置为白色，如图 4-131 所示。

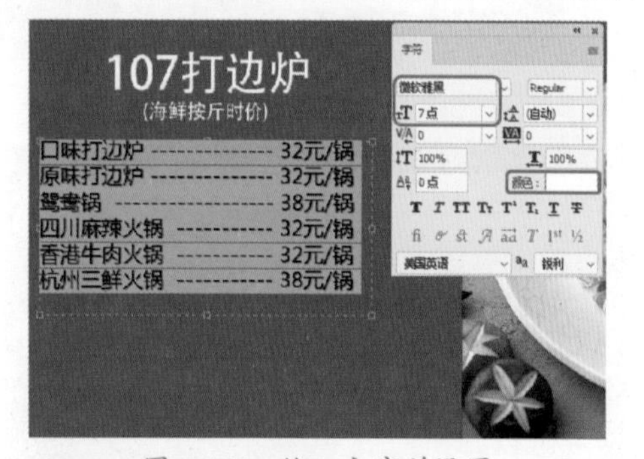

图 4-131　输入文字并设置

14 根据前面介绍的方法输入其他文字，并进行相应的设置，如图 4-132 所示。

图 4-132　输入其他文字

15 在菜单栏中选择【文件】|【置入嵌入对象】命令，弹出【置入嵌入的对象】对话框，选择【素材 \Cha04\ 火锅素材 08.jpg】素材文件，单击【置入】按钮，拖曳鼠标绘制素材，打开【图层】面板，将置入的素材拖曳至【背景】图层上方，如图 4-133 所示。

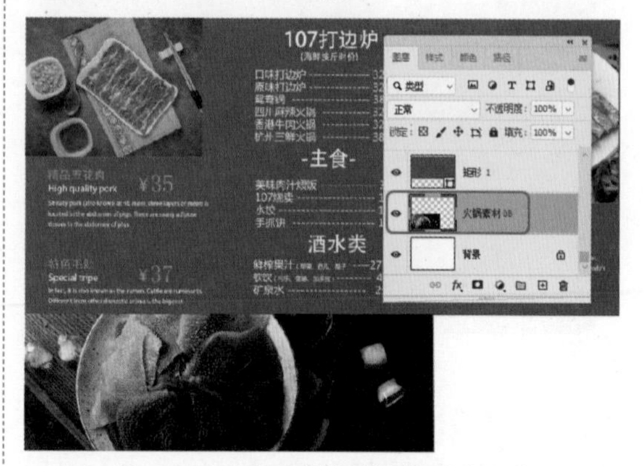

图 4-133　置入素材并调整图层位置

16 在【图层】面板中选择【火锅素材 08.jpg】图层，单击【添加图层蒙版】按钮，在工具箱中单击【渐变工具】按钮，在工具选项栏中单击【编辑渐变】，如图 4-134 所示。

图 4-134　选择图层并添加图层蒙版

17 弹出【渐变编辑器】对话框，将左侧颜色色标的位置设置为 16%，颜色的 RGB 值设置为黑色，在 76% 位置处添加一个色标，将颜色的 RGB 值设置为白色，将 100% 位置处的色标颜色设置为黑色，如图 4-135 所示。

18 单击【确定】按钮，从左侧至右侧拖曳鼠标，效果如图 4-136 所示。

图 4-135 设置渐变参数

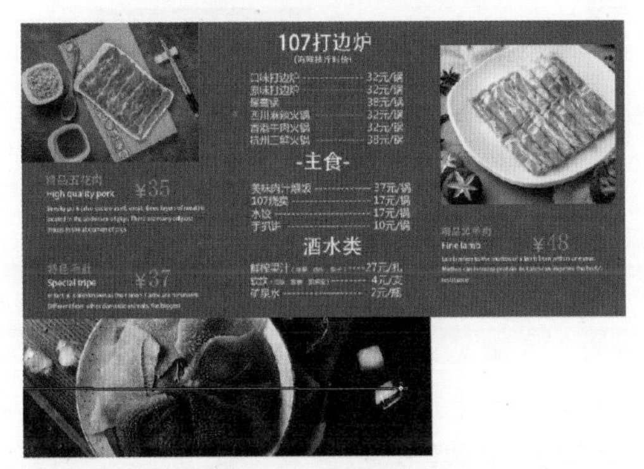

图 4-136 设置渐变位置

19 打开【图层】面板，选中【火锅素材 08.jpg】图层右侧的图层蒙版缩略图，单击工具箱中的【画笔工具】按钮，将【画笔大小】设置为 61，将【不透明度】设置为 34%，将【流量】设置为 90%，效果如图 4-137 所示。

图 4-137 设置画笔参数

20 设置完成后对素材文件进行涂抹，效果如图 4-138 所示。

图 4-138 对素材进行涂抹

21 选择【火锅素材 08.jpg】图层，按 Ctrl+M 组合键，在弹出的对话框中添加一个编辑点，将【输出】【输入】分别设置为 136、155，单击【确定】按钮，如图 4-139 所示。

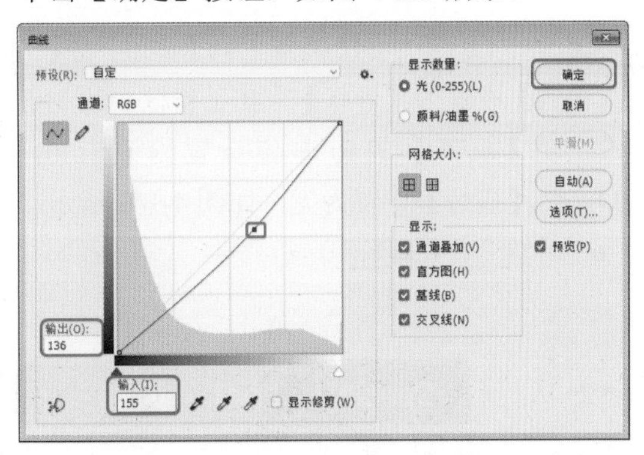

图 4-139 设置曲线参数

22 单击工具箱中的【矩形工具】按钮，在工作区中绘制一个矩形，将 W、H 分别设置为 521 像素、73 像素，X、Y 分别设置为 1218 像素、880 像素，将【填充】设置为 35、29、25，将【描边】设置为无，如图 4-140 所示。

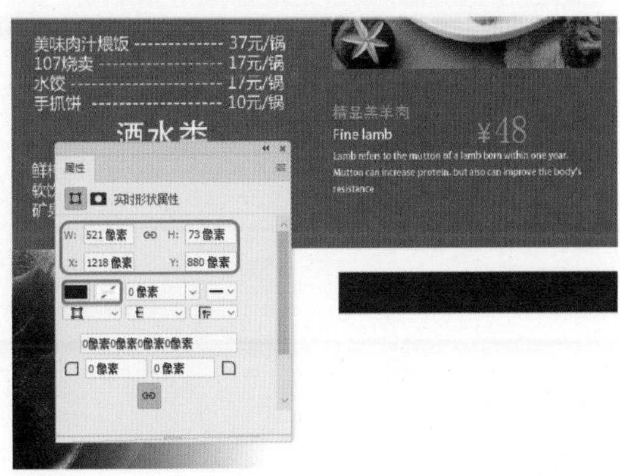

图 4-140 绘制矩形并设置参数

23 在工具箱中单击【横排文字工具】按钮，在工作区输入文字，在【字符】面板中将【字体】设置为【Adobe 黑体 Std】，将【字体大小】设置为9点，将【颜色】设置为白色，如图4-141所示。

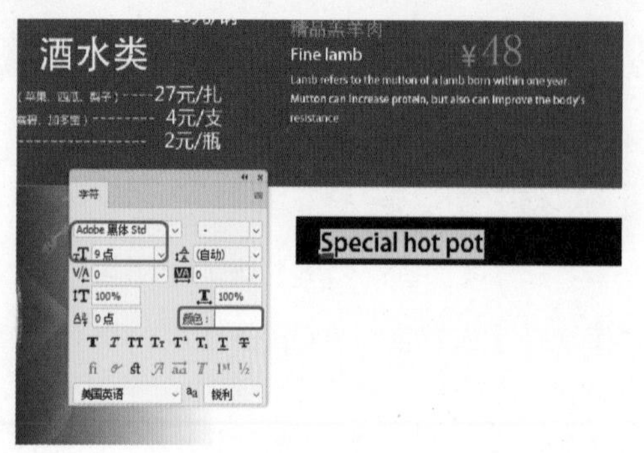

图 4-141 输入文字并设置

24 单击工具箱中的【椭圆工具】按钮，将【工具模式】设置为【形状】，在工作区中绘制椭圆，将【填充】的 RGB 值设置为 125、0、34，将【描边】设置为无，如图 4-142 所示。

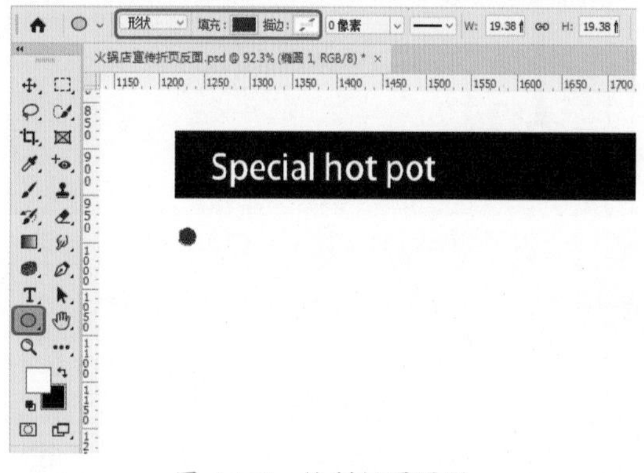

图 4-142 绘制椭圆图形

25 使用【横排文字工具】在工作区输入文字，在【字符】面板中将【字体】设置为【Adobe 黑体 Std】，将【字体大小】设置为8点，将【颜色】的 RGB 值设置为 146、42、70，如图 4-143 所示。

图 4-143 制作完成后的效果

26 选中绘制的椭圆图形，按住 Alt 键拖曳鼠标复制多个图形，并调整位置。根据前面介绍的方法输入其他文字，并进行相应的设置，如图 4-144 所示。

图 4-144 绘制两个圆角矩形

第 05 章

榴莲饼包装设计——图层的应用与编辑

本章主要介绍如何使用工具对图层进行编辑。在使用 Photoshop 对图片和文字进行编辑时，图层是必不可少的知识点。通过本章的学习，可以学习并掌握图层的应用与编辑。

本章导读

基础知识	认识图层　图层组
重点知识	图层样式　合并图层
提高知识	管理图层　拼合图层

案例精讲
榴莲饼包装设计

为了更好地完成本设计案例，现对制作要求及设计内容做如下规划，效果如图 5-1 所示。

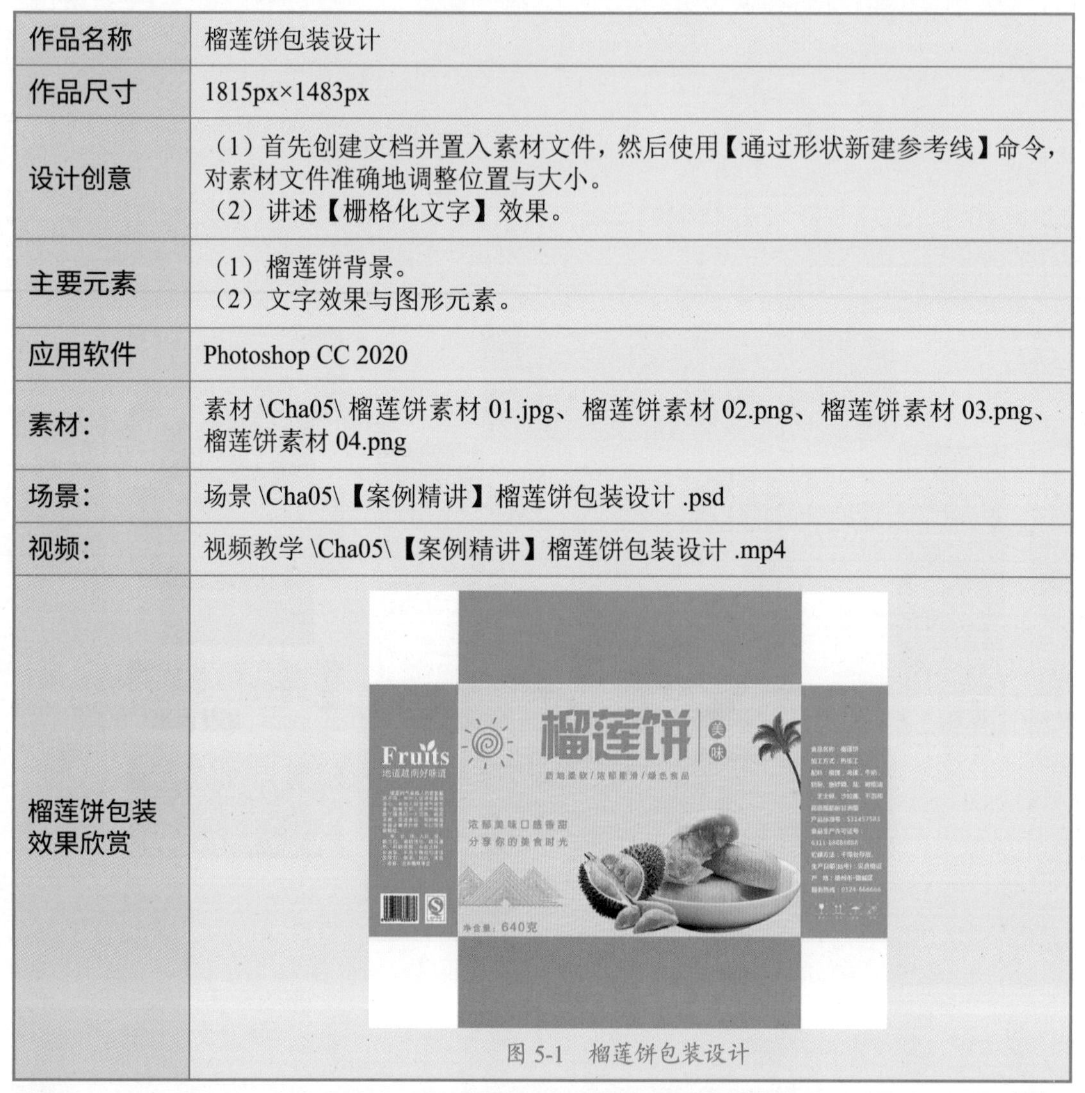

作品名称	榴莲饼包装设计
作品尺寸	1815px×1483px
设计创意	（1）首先创建文档并置入素材文件，然后使用【通过形状新建参考线】命令，对素材文件准确地调整位置与大小。 （2）讲述【栅格化文字】效果。
主要元素	（1）榴莲饼背景。 （2）文字效果与图形元素。
应用软件	Photoshop CC 2020
素材：	素材 \Cha05\ 榴莲饼素材 01.jpg、榴莲饼素材 02.png、榴莲饼素材 03.png、榴莲饼素材 04.png
场景：	场景 \Cha05\【案例精讲】榴莲饼包装设计 .psd
视频：	视频教学 \Cha05\【案例精讲】榴莲饼包装设计 .mp4
榴莲饼包装效果欣赏	图 5-1　榴莲饼包装设计

01 按 Ctrl+N 组合键，在弹出的对话框中将【宽度】【高度】分别设置为 1815 像素、1483 像素，将【分辨率】设置为 300 像素 / 英寸，将【颜色模式】设置为 RGB 颜色，单击【创建】按钮，在菜单栏中选择【文件】|【置入嵌入对象】命令，在弹出的对话框中选择【素材 \Cha05\ 榴莲饼素材 01.jpg】素材文件，单击【置入】按钮，在【属性】面板中将置入素材的 X、Y 设置为 317 像素、319 像素，如图 5-2 所示。

02 在菜单栏中选择【视图】|【通过形状新建参考线】命令，然后使用前面所介绍的方法置入【榴莲饼素材 02.png】素材文件，单击【置入】按钮，调整素材位置与大小，如图 5-3 所示。

图 5-2　新建文档并置入素材

图 5-3　置入素材并调整

03 在工具箱中单击【横排文字工具】按钮 T，在工作区中单击鼠标，输入文字【榴莲饼】，选中输入的文字，在【字符】面板中将【字体】设置为【汉仪菱心体简】，将【字体大小】设置为 45 点，将【字符间距】设置为 -55，将【颜色】的 RGB 值设置为 235、170、35，如图 5-4 所示。

图 5-4　输入文字并设置参数

04 在工具箱中单击【矩形工具】按钮 □，在工作区中绘制图形，在【属性】面板中将 W、H 分别设置为 4 像素、187 像素，将 X、Y 分别设置为 1152 像素、400 像素，将【填充】设置为 235、170、35，将【描边】设置为无，如图 5-5 所示。

图 5-5　绘制图形并设置填充

05 在工具箱中单击【椭圆工具】按钮 ○，在工作区中绘制两个椭圆图形，将【填充】设置为 245、166、24，使用【横排文字工具】，在工作区中输入文字【美味】，在【字符】面板中将【字体】设置为【Adobe 黑体 Std】，将【字体大小】设置为 12 点，将【字符间距】设置为 600，将【颜色】设置为白色，如图 5-6 所示。

图 5-6　输入并设置文字

06 在工具箱中单击【横排文字工具】按钮 T，在工作区中输入文字，在【字符】面板中将【字体】设置为【长城粗圆体】，将【字体大小】设置为 7 点，将【字符间距】设置为 300，将【颜色】的 RGB 值设置为 245、175、24，单击【仿粗体】按钮，如图 5-7 所示。

图 5-7　输入文字并设置参数

07 使用同样的方法输入其他文字并进行相应的设置，将【字体大小】设置为 8 点，如图 5-8 所示。

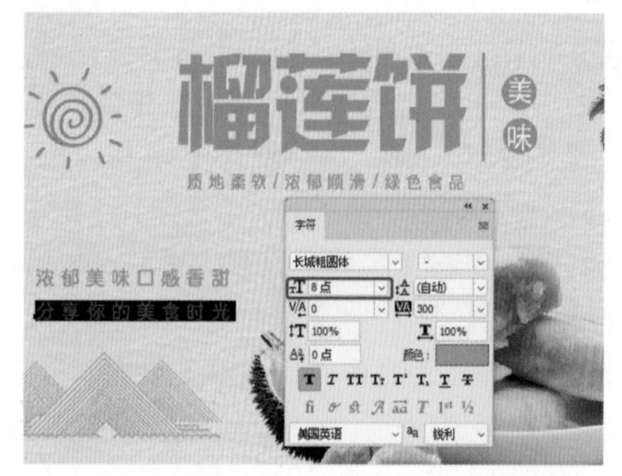

图 5-8　输入其他文字并设置参数

08 在工具箱中单击【横排文字工具】，在工作区中输入文字【净含量：640 克】，在【字符】面板中将【字体】设置为【方正黑体简体】，将【字体大小】设置为 7 点，将【字符间距】设置为 100，单击【仿粗体】按钮，将【颜色】的 RGB 值设置为 245、175、24，选中【640 克】文字，将【字体大小】设置为 10 点，如图 5-9 所示。

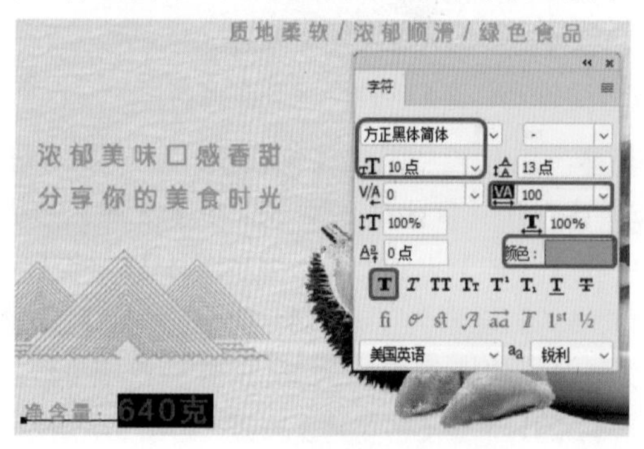

图 5-9　再次设置文字参数

09 在工具箱中单击【矩形工具】，在工作区中绘制一个矩形，选中绘制的矩形，在【属性】面板中将 W、H 分别设置为 315 像素、852 像素，将【填充】的 RGB 值设置为 245、174、24，将【描边】设置为无，并在工作区中调整矩形的位置，如图 5-10 所示。

图 5-10　绘制矩形并进行调整

10 在工具箱中单击【横排文字工具】按钮，在工作区中单击鼠标，输入文字，选中输入的文字，在【字符】面板中将【字体】设置为【创艺简老宋】，将【字体大小】设置为 22 点，将【颜色】设置为白色，如图 5-11 所示。

图 5-11　输入文字并进行设置

11 在【图层】面板中选择 Fruits 图层，右击鼠标，在弹出的快捷菜单中选择【栅格化文字】命令，如图 5-12 所示。

12 继续选择栅格化的图层，在工具箱中单击【矩形选框工具】按钮，在工作区中绘制一个矩形选框，如图 5-13 所示。

图 5-12　选择【栅格化文字】命令

图 5-13　绘制矩形选框

13 按 Delete 键将选框中的图像删除，按 Ctrl+D 组合键取消选区的选择，在工具箱中单击【钢笔工具】按钮，在工具选项栏中将【工具模式】设置为【形状】，将【填充】设置为白色，将【描边】设置为无，绘制图形并调整其位置，效果如图 5-14 所示。

图 5-14　绘制图形并进行设置

14 根据前面所介绍的方法输入其他文字并进行设置，效果如图 5-15 所示。

图 5-15　输入其他文字后的效果

15 根据前面所介绍的方法将【榴莲饼素材 03.png】素材文件添加至文档中，并调整其大小与位置，效果如图 5-16 所示。

图 5-16　置入素材文件

16 在工作区中选择前面绘制的矩形，按住 Alt 键向右进行拖动，对其进行复制，并调整其位置，使用【矩形工具】在工作区中绘制上下两个矩形，调整矩形位置并设置大小，将【填充】的 RGB 值设置为 245、175、24，如图 5-17 所示。

图 5-17　复制矩形并进行调整

17 在工具箱中单击【横排文字工具】T，在工作区中绘制一个文本框，输入文字，选中输入的文字，在【字符】面板中将【字体】设置为【微软雅黑】，将【字体样式】设置为 Bold，将【字体大小】设置为 5 点，将【行距】设置为 9.5 点，将【颜色】设置为白色，如图 5-18 所示。

图 5-18　输入文字并设置参数

18 在菜单栏中选择【文件】|【置入嵌入对象】命令，在弹出的对话框中选择【素材\Cha05\榴莲饼素材 04.png】素材文件，单击【置入】按钮，并调整其位置与大小，如图 5-19 所示。

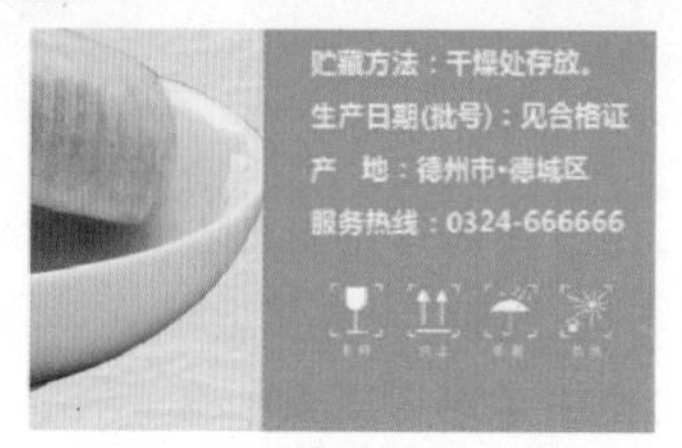

图 5-19　置入素材并调整

5.1 认识图层

图层就像是含有文字或图像等元素的胶片，一张张按顺序叠放在一起，组合起来形成页面的最终效果。通过简单地调整各个图层之间的关系，能够实现更加丰富和复杂的视觉效果。

在 Photoshop 中图层是最重要的功能之一，承载着图像和各种蒙版，控制着对象的不透明度和混合模式。另外，通过图层还可以管理复杂的对象，提高工作效率。

图层就好像是一张张堆叠在一起的透明画纸，用户要做的就是在几张透明纸上分别作画，再将这些纸按一定次序叠放在一起，使它们共同组成一幅完整的图像，如图 5-20 所示。

图 5-20　图层示例

图层的出现使平面设计进入了另一个世界，那些复杂的图像一下子变得简单清晰起来。通常认为 Photoshop 中的图层有 3 种特性：透明性、独立性和叠加性。

【图层】面板是用来管理图层的。在【图层】面板中，图层是按照创建的先后顺序堆叠排列的，上面的图层会覆盖下面的图层，因此，调整图层的堆叠顺序会影响图像的显示效果。

5.1.1　图层原理

在【图层】面板中，图层名称的左侧是该图层的缩略图，它显示了图层中包含的图像内容。仔细观察缩略图可以发现，有些缩略图带有灰白相间的棋盘格，它代表了图层的透明区域，如图 5-21 所示。隐藏【背景】图层后，可见图层的透明区域在图像窗口中也会显示为棋盘格状，如图 5-22 所示。如果隐藏所有的图层，则整个图像都会显示为棋盘格状。

当要编辑某一图层中的图像时，可以在【图层】面板中单击该图层，将它选择，选择一个图层后，即可将它设置为当前操作的图层（称为当前图层），该图层的名称会出现在文档窗口的标题栏中，如图 5-23 所示。在进行编辑时，只处理当前图层中的图像，不会对其他图层的图像产生影响。

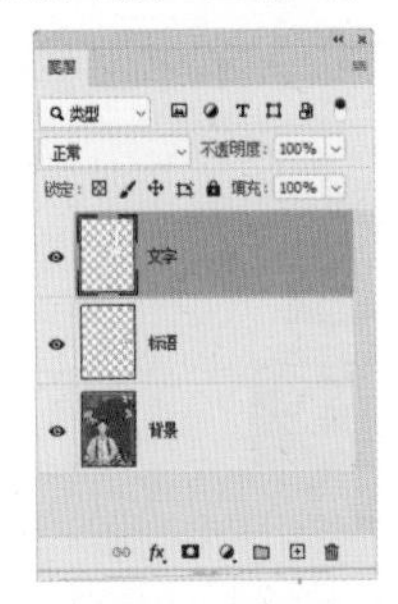

图 5-21　选择图层

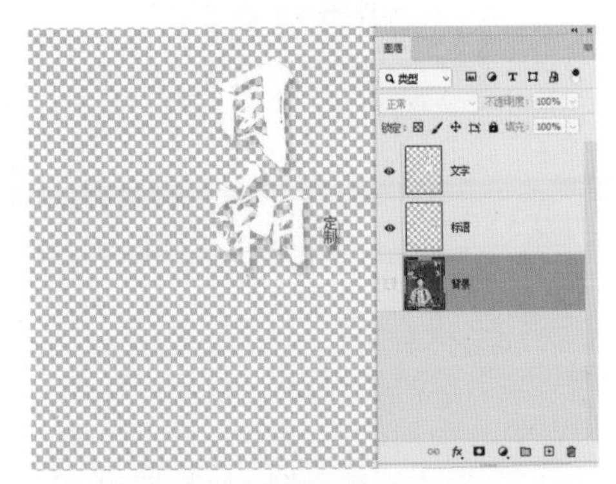

图 5-22　隐藏【背景】图层

图 5-23　在文档窗口标题栏中显示该选择的图层

5.1.2 【图层】面板

【图层】面板用来创建、编辑和管理图层，以及为图层添加样式、设置图层的不透明度和混合模式。

在菜单栏中选择【窗口】|【图层】命令，可以打开【图层】面板，面板中显示了图层的堆叠顺序、图层的名称和图层内容的缩略图，如图 5-24 所示。

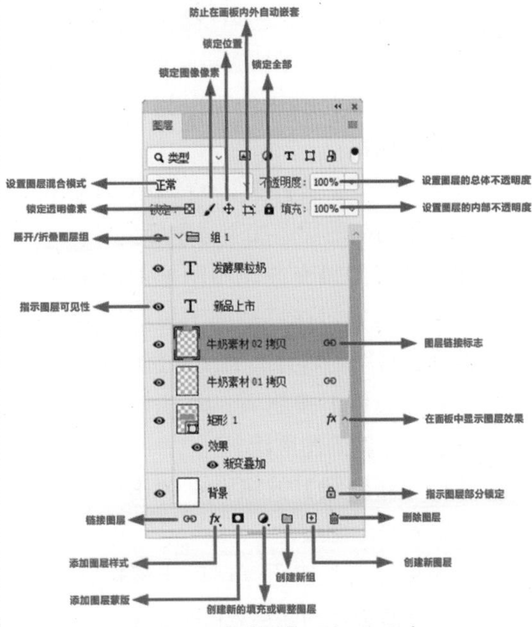

图 5-24　【图层】面板的用途

◎　【设置图层混合模式】正常：用来设置当前图层中的图像与下面图层混合时使用的混合模式。

◎　【设置图层的总体不透明度】不透明度：100%：用来设置当前图层的不透明度。

◎　【设置图层的内部不透明度】填充：100%：用来设置当前图层的填充百分比。

◎　【指示图层部分锁定】按钮：锁定按钮用于锁定图层的透明区域、图像像素和位置，以免其被编辑。处于锁定状态的图层会显示图层锁定标志。

◎　【指示图层可见性】标志：当图层前显示该标志时，表示该图层为可见图层。单击它可以取消显示，从而隐藏图层。

◎　【链接图层 / 图层链接标志】：【链接图层】按钮用于链接当前选择的多个网层，被链接的图层会显示图层链接标志，它们可以一同移动或进行变换。

◎　【展开 / 折叠图层组】标志：单击该标

志可以展开图层组，显示图层组中包含的图层。再次单击可以折叠图层组。

◎ 【在面板中显示图层效果】 ：单击该标志可以展开图层效果，显示当前图层添加的效果。再次单击可折叠图层效果。

◎ 【添加图层样式】按钮 fx：单击该按钮，在打开的下拉列表中可以为当前图层添加图层样式。

◎ 【添加图层蒙版】按钮 ：单击该按钮，可以为当前图层添加图层蒙版。

◎ 【创建新的填充或调整图层】按钮 ：单击该按钮，在打开的下拉列表中可以选择创建新的填充图层或调整图层。

◎ 【创建新组】按钮 ：单击该按钮可以创建一个新的图层组。

◎ 【创建新图层】按钮 ：单击该按钮可以新建一个图层。

◎ 【删除图层】按钮 ：单击该按钮可以删除当前选择的图层或图层组。

5.1.3 图层菜单

下面介绍图层菜单。

在【图层】面板中单击右侧的 按钮，可以弹出下拉菜单，如图 5-25 所示，从中可以选择如下命令：新建图层、复制图层、删除图层、删除隐藏图层等。

图 5-25 图层菜单

在【图层】面板中单击右侧的 按钮，在弹出的下拉菜单中选择【面板选项】命令，打开【图层面板选项】对话框，如图 5-26 所示，从中可以设置图层缩略图的大小，如图 5-27 所示。

图 5-26 【图层面板选项】对话框

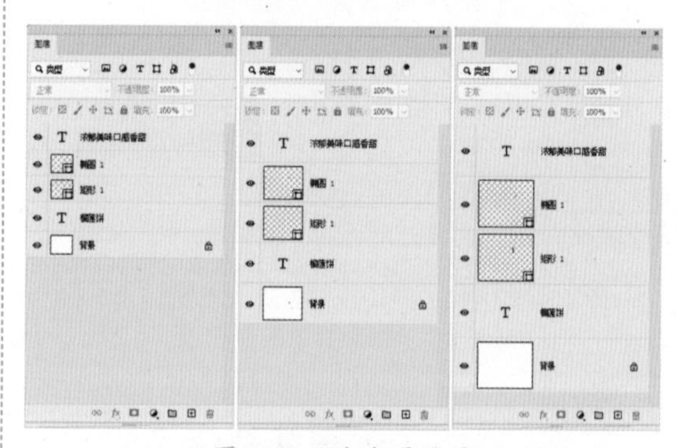

图 5-27 缩略图效果

在【图层】面板中图层下方的空白处右击，通过弹出的快捷菜单也可以设置缩略图的效果，如图 5-28 所示。

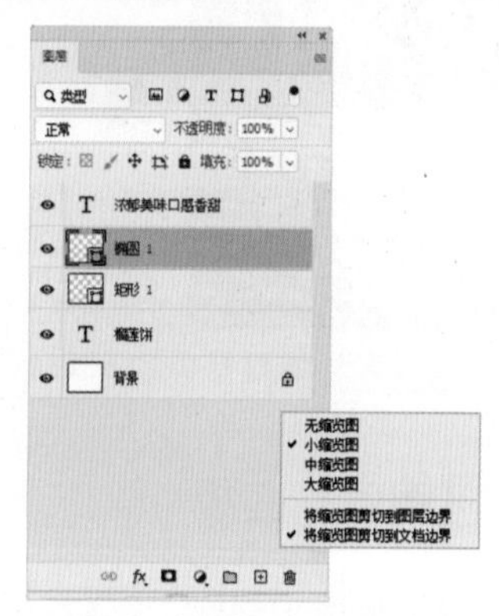

图 5-28 缩略图快捷菜单

5.2 管理图层

每一个图层都是由许多像素组成的，而图层又通过上下叠加的方式来组成整个图像。下面通过实例来介绍图层的使用方法。

5.2.1 新建图层

新建图层的方法很多，可以通过【图层】面板创建，也可以通过各种命令进行创建。

1. 通过按钮创建图层

在【图层】面板中单击【创建新图层】按钮 ，即可创建一个新的图层，如图 5-29 所示。

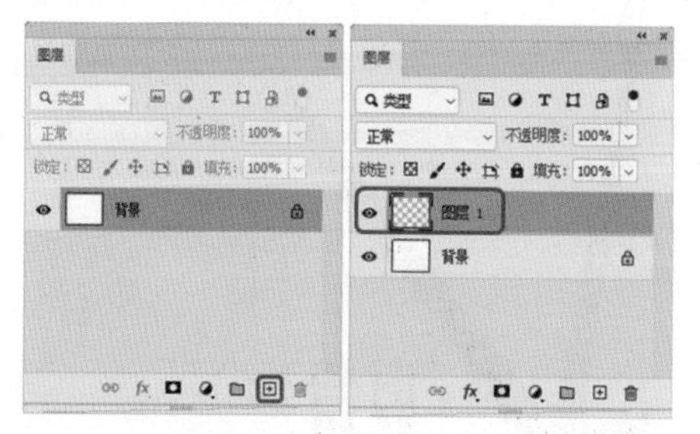

图 5-29 新建图层

提示：如果需要在某个图层下方创建新图层（背景层除外），则按住 Ctrl 键的同时单击【新建图层】即可。

2. 通过【新建】命令创建图层

在菜单栏中选择【图层】|【新建】|【图层】命令，或者按住 Alt 键的同时单击【创建新图层】按钮 ，即可弹出【新建图层】对话框，如图 5-30 所示，从中可以对图层的名称、颜色和模式等属性进行设置。

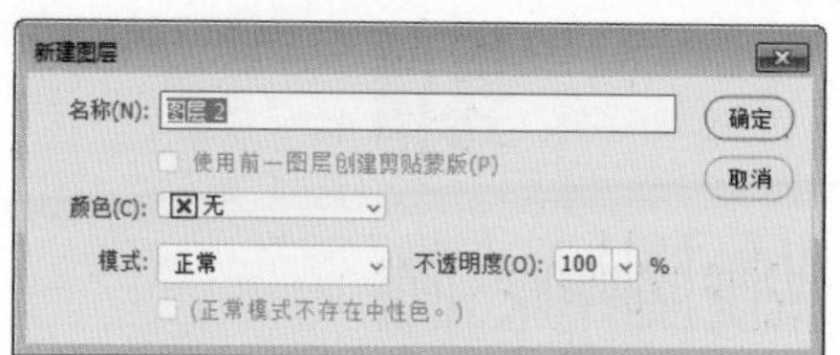

图 5-30 【新建图层】对话框

3. 使用【通过拷贝的图层】命令创建图层

在菜单栏中选择【图层】|【新建】|【通过拷贝的图层】命令，或者使用 Ctrl+J 组合键，可以快速复制当前图层。

如果在当前图层中创建了选区，然后在菜单栏中选择上面所述的命令，会将选区中的内容复制到新建图层中，并且原图像不会受到破坏，如图 5-31 所示。

图 5-31 在【背景】图层上创建选区并新建图层

4. 使用【通过剪切的图层】命令创建图层

在菜单栏中选择【图层】|【新建】|【通过剪切的图层】命令，或者使用 Ctrl+ Shift+J 组合键，可以快速将当前图层中选区内的图像通过剪切后复制到新图层中，此时原图像没有被破坏，在【图层】面板中将【图层 1】隐藏后，可以看到剪切的区域将填充为背景色，在【图层】面板中将【背景】图层隐藏后，可以看到只显示剪切区域，如图 5-32 所示。

图 5-32 新建图层

■ 5.2.2　复制图层

在复制图层时，可根据实际需要采用以下方法来操作。打开【素材\Cha05\时间素材.psd】素材文件。

◎ 通过【图层】面板复制：将需要复制的图层拖至【图层】面板中的【创建新图层】按钮 ⊞ 上，即可复制该图层。

◎ 移动复制：使用【移动工具】 ✥，按住 Alt 键拖动图像可以复制图像，Photoshop 会自动创建一个图层来承载复制后的图像，如图 5-33 所示。如果在图像中创建了选区，则将光标放在选区内，按住 Alt 键拖动可复制选区内的图像，但不会创建新图层，如图 5-34 所示。

◎ 在图像间拖动复制：使用【移动工具】 ✥ 在不同的文档间拖动图层，可以将图层复制到目标文档。采用这种方式复制图层时不会占用剪贴板，因此，可以节省内存。

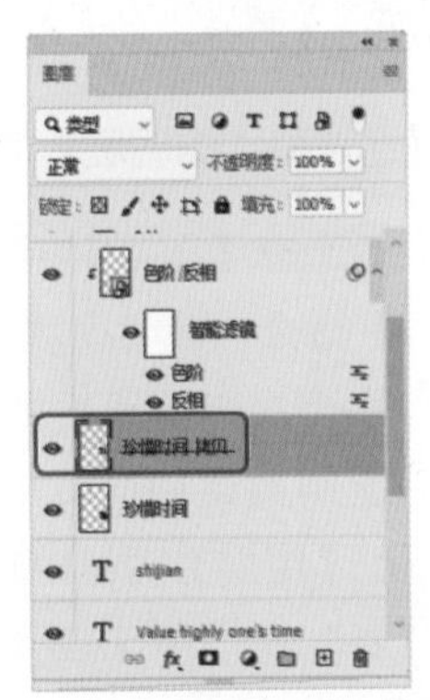

图 5-33　在图层的选区中移动复制

图 5-34　按住 Alt 键进行移动复制

提示：选择图层，在菜单栏中选择【图层】|【复制图层】命令，可以打开【复制图层】对话框，在该对话框中可以为复制的图层进行重命名，还可以在【文档】下拉列表中选择某个文件，将其复制到选择的文件中。

■ 5.2.3　隐藏与显示图层

下面介绍图层的隐藏与显示。

在【图层】面板中，每一个图层的左侧都有一个【指示图层的可见性】图标 👁，它用来控制图层的可视性，显示该图标的图层为可见的图层，如图 5-35 所示。

图 5-35　显示图层

无该图标的图层为隐藏的图层，如图 5-36 所示。被隐藏的图层不能进行编辑和处理，也不能被打印。

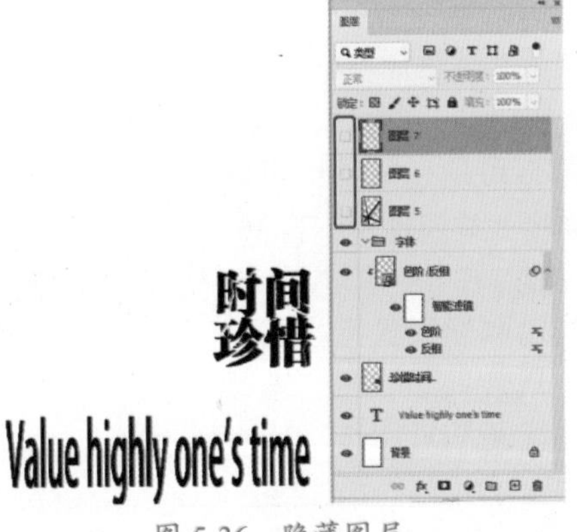

图 5-36　隐藏图层

5.2.4 调节图层透明度

下面通过实例来介绍如何调整图层不透明度。

01 打开【素材 \Cha05\ 时间素材 .psd】素材文件，如图 5-37 所示。

图 5-37 打开素材

02 在【图层】面板中单击【不透明度】右侧的按钮，会弹出数值滑块栏，拖动滑块就可以调整图层的不透明度，如图 5-38 所示。

图 5-38 调整不透明度

提示：输入数值或拖动滑块都可以设置图层的不透明度。

5.2.5 调整图层顺序

在【图层】面板中，将一个图层的名称拖至另外一个图层的上面或下面，当突出显示的线条出现在要放置图层的位置，如图 5-39 所示，放开鼠标即可调整图层的堆叠顺序，如图 5-40 所示。

图 5-39 拖动需要调整的图层

图 5-40 调整图层顺序

5.2.6 链接图层

在编辑图像时，如果要经常同时移动或者变换几个图层，则可以将它们链接。链接图层的优点在于，只需选择其中的一个图层进行移动或变换，其他所有与之链接的图层都会发生相同的变换。

如果要链接多个图层，可以选择它们，然后在【图层】面板中单击【链接图层】按钮，被链接的图层右侧会出现一个符号，如图 5-41 所示。

如果要临时禁用链接，可以按住 Shift 键单击链接图标，图标上会出现一个红色的 ×，如图 5-42 所示。按住 Shift 键再次单击【链接图层】按钮，可以重新启用链接功能。

如果要取消链接，则可以选择一个链接的图层，然后单击面板中的【链接图层】

按钮 。

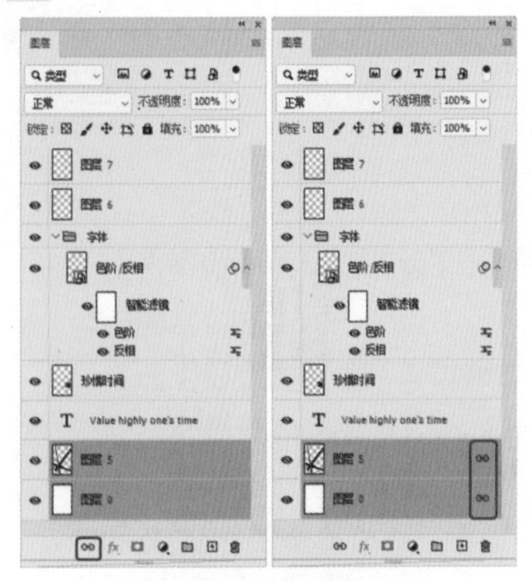

图 5-41 链接图层

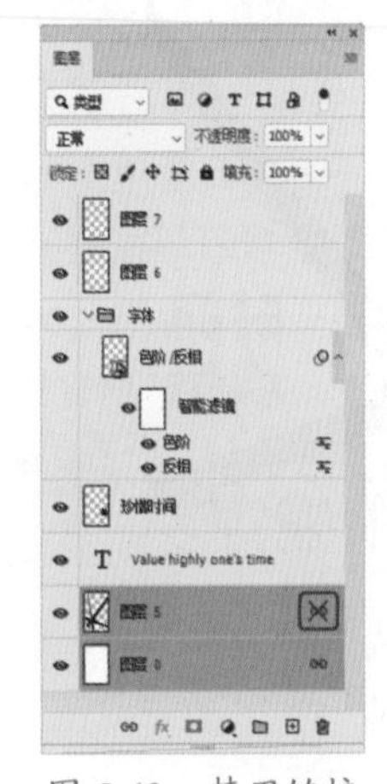

图 5-42 禁用链接

提示：链接的图层可以同时应用变换或创建为剪贴蒙版，却不能同时应用滤镜、调整混合模式、进行填充或绘画，因为这些操作只能作用于当前选择的一个图层。

【实战】大米包装设计

本例简单地讲解如何使用【椭圆工具】【横排文字工具】绘制图层与输入文字，再为图形与文字进行颜色上的填充，然后置入素材文件并调整其位置。最终制作出的大米包装设计效果如图 5-43 所示。

图 5-43 大米包装设计

素材：	素材 \Cha05\ 大米素材 01.jpg、大米素材 02.jpg、大米素材 03.png
场景：	场景 \Cha05\【实战】大米包装设计 .psd
视频：	视频教学 \Cha05\【实战】大米包装设计 .mp4

01 按 Ctrl+N 组合键，在弹出的对话框中将【宽度】【高度】分别设置为 1500 像素、1315 像素，将【分辨率】设置为 300 像素 / 英寸，将【颜色模式】设置为 RGB 颜色，单击【创建】按钮，在菜单栏中选择【文件】|【置入嵌入对象】命令，在弹出的对话框中选择【素材 \Cha05\ 大米素材 01.jpg】素材文件，单击【置入】按钮，置入素材后调整大小与位置，如图 5-44 所示。

图 5-44 新建文档并置入素材

02 在工具箱中单击【椭圆工具】按钮 ，在工作区中绘制图形，在【属性】面板中将 W、H 都设置为 169 像素，将 X、Y 分别设置为 62 像素、187 像素，将【填充】设置为 114、0、0，将【描边】设置为无，如图 5-45 所示。

图 5-45　绘制图形并调整位置

03 再次使用【椭圆工具】绘制一个图形，在【属性】面板中将 W、H 都设置为 137 像素，将 X、Y 分别设置为 78 像素、203 像素，将【填充】设置为无，将【描边】的 RGB 值设置为 255、247、234，将【描边宽度】设置为 2 像素，如图 5-46 所示。

图 5-46　绘制椭圆图形并进行设置

04 在【图层】面板中单击【创建新组】按钮，将【组 1】名称设置为【文字效果】，使用【横排文字工具】在工作区中输入文字【粮】，在【字符】面板中将【字体】设置为【Adobe 黑体 Std】，将【字体大小】设置为 21 点，单击【仿粗体】按钮，将【颜色】设置为白色，如图 5-47 所示。

图 5-47　输入文字并设置样式

05 再次使用【横排文字工具】在工作区中绘制一个文本框，输入文字，在【字符】面板中将【字体】设置为【Adobe 黑体 Std】，将【字体大小】设置为 6 点，将【颜色】的 RGB 值设置为 66、33、14，如图 5-48 所示。

图 5-48　输入文字并设置参数

06 使用同样的方法输入文字并对其进行相应的设置，如图 5-49 所示。

图 5-49　输入其他文字并进行设置

07 使用【横排文字工具】在工作区中输入文字【稻花香米】，在【字符】面板中将【字体】设置为【方正粗倩简体】，将【字体大小】设置为 38 点，将【颜色】的 RGB 值设置为 66、33、14，如图 5-50 所示。

图 5-50　设置文字的参数与颜色

08 使用同样的方法输入文字，在【字符】面板中将【字体】设置为【Adobe 楷体 Std】，将【字体大小】设置为9.5点，将【颜色】的RGB值设置为66、33、14，如图5-51所示。

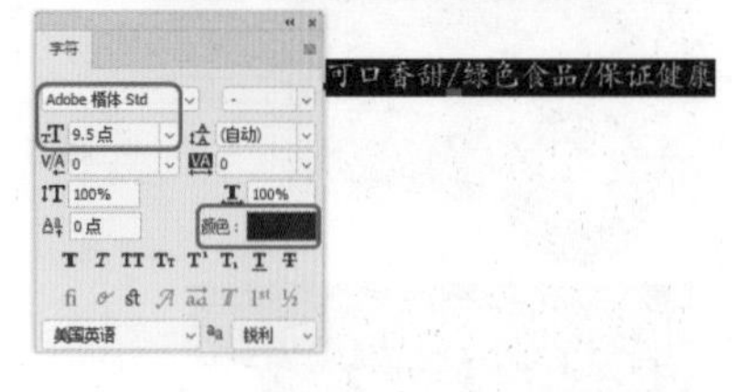

图 5-51　再次输入文字并设置参数

09 在菜单栏中选择【文件】|【置入嵌入对象】命令，在弹出的对话框中选择【素材\Cha05\大米素材02.jpg】素材文件，单击【置入】按钮，置入素材后调整大小与位置，如图5-52所示。

图 5-52　置入素材并调整位置与大小

10 根据前面介绍的方法输入其他文字并进行设置，使用同样的方法置入【大米素材03.png】素材文件，置入素材后调整大小与位置，将【颜色】设置为白色，如图5-53所示。

图 5-53　置入素材并输入其他文字

■ 5.2.7　锁定图层

在【图层】面板中，Photoshop提供了用于保护图层透明区域、图像像素和位置的锁定功能，可以根据需要锁定图层的属性，以免编辑图像时对图层内容造成修改。当一个图层被锁定后，该图层名称的右侧会出现一个锁状图标；若要取消锁定，可以重新单击相应的锁定按钮，锁状图标也会消失。

在【图层】面板中有5项锁定功能，下面分别进行介绍。

◎ 【锁定透明像素】按钮：按下该按钮后，编辑范围将被限定在图层的不透明区域，图层的透明区域会受到保护。例如，使用【画笔工具】涂抹图像时，透明区域不会受到任何影响，如图5-54所示。如果在菜单栏中选择模糊类的滤镜时，想要保持图像边界的清晰，就可以启用该功能。

◎ 【锁定图像像素】按钮：按下该按钮后，只能对图层进行移动和变换操作，不能使用绘画工具修改图层中的像素，例如，不能在图层上进行绘画、擦除或应用滤镜。如图5-55所示为锁定图像像素。

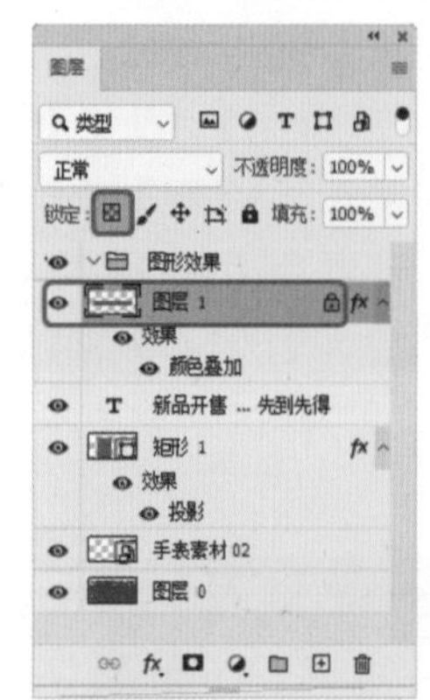

图 5-54　锁定透明像素　图 5-55　锁定图像像素

◎ 【锁定位置】按钮：按下该按钮后，图层将不能被移动，如图5-56所示。

◎ 【防止在画板内外自动嵌套】：此处的画板和AI的画板最大区别在于画板层级关系。即PS中的画板是一个大文件夹，它包裹着图层及组。所以当图层或组移出画板边缘时，图层或组会在组层视图中移除画板。为了防止这种事情发生，可以在图层视图中开启【防止在画板内外自动嵌套】，如图 5-57 所示。

◎ 【锁定全部】按钮 ：按下该按钮后，可以锁定以上的全部选项，如图 5-58 所示。

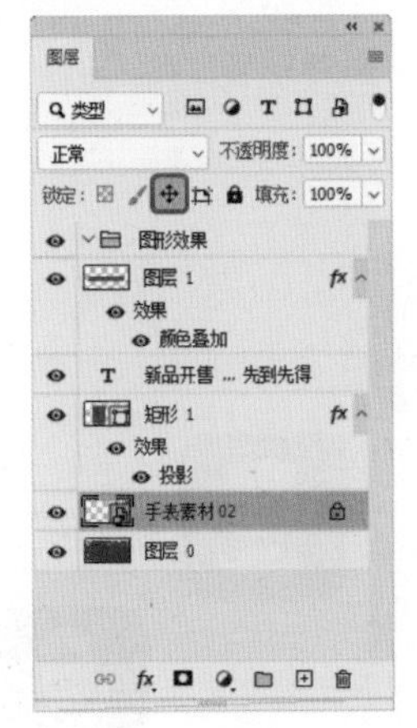

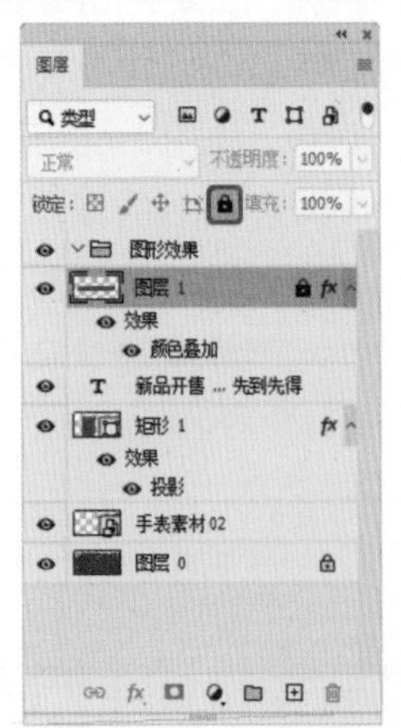

图 5-56 部分锁定图层　图 5-57 防止在画板内外自动嵌套　图 5-58 完全锁定图层

■ 5.2.8 删除图层

下面介绍如何删除图层。

在【图层】面板中，将一个图层拖至【删除图层】按钮 上，即可删除该图层。如果按住 Alt 键单击【删除图层】按钮 ，则可以将当时选择的图层删除。也可以在菜单栏中选择【图层】|【删除】|【图层】命令，将选择的图层删除。在图层数量较多的情况下，如果要删除所有隐藏的图层，可以在菜单栏中选择【图层】|【删除】|【隐藏图层】命令。如果要删除所有链接的图层，可以在菜单栏中选择【图层】|【选择链接图层】命令，选择链接的图层，然后再将它们删除。

5.3 合并图层

合并图层是指将所有选中的图层合并成一个图层，合并到最下一个图层。

1. 向下合并图层

如果要将一个图层与它下面的图层合并，可以选择该图层，然后在菜单栏中选择【图层】|【向下合并】命令，或按 Ctrl+E 组合键。合并后的图层将使用合并前，位于下面的图层的名称，如图 5-59 所示。也可以在图层名称右侧空白处单击鼠标右键，在弹出的快捷菜单中选择【向下合并】命令。

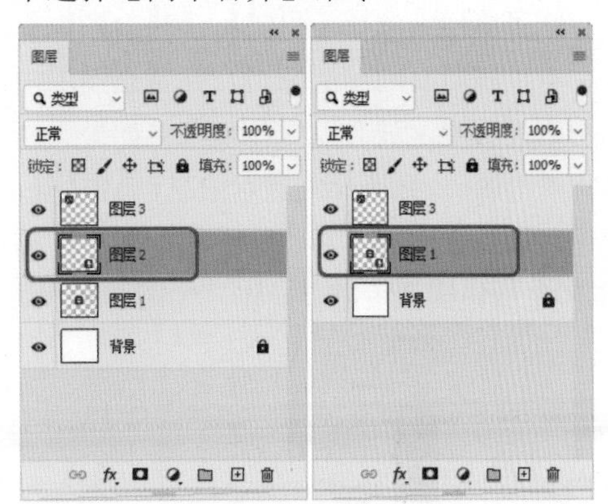

图 5-59 向下合并图层

提示：使用【合并图层】命令可以合并相邻的图层，也可以合并不相邻的多个图层；而【向下合并】命令只能合并两个相邻的图层。

2. 合并可见图层

如果要合并【图层】面板中所有的可见图层，可在菜单栏中选择【图层】|【合并可见图层】命令，或按 Shift+Ctrl+E 组合键。如果背景图层为显示状态，则这些图层将合并到背景图层中，如图 5-60 所示；如果背景图层被隐藏，则合并后的图层将使用合并前被选择的图层的名称。也可以在图层名称右侧空白处右击，在弹出的快捷菜单中选择【合并可见图层】命令。

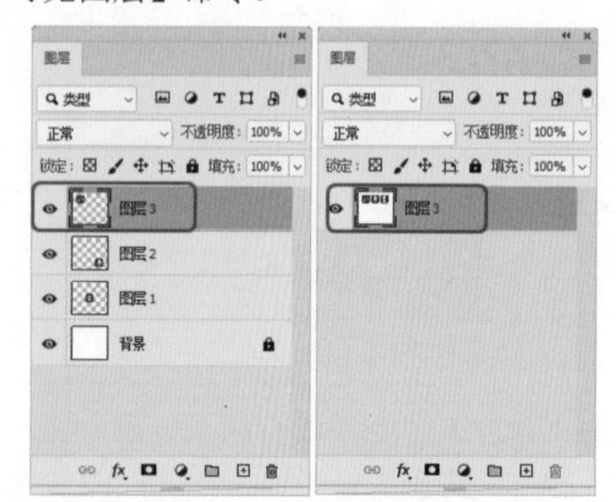

图 5-60　合并可见图层

3. 拼合图像

在菜单栏中选择【图层】|【拼合图像】命令，可以将所有的图层都拼合到背景图层中，图层中的透明区域会以白色填充。如果文档中有隐藏的图层，则会弹出提示信息，单击【确定】按钮可以拼合图层，并删除隐藏的图层，单击【取消】按钮则取消拼合操作，如图 5-61 所示。

图 5-61　拼合图像

5.3.1　对齐图层对象

在【图层】面板中选择多个图层后，可以使用【图层】|【对齐】下拉菜单中的命令将它们对齐，如图 5-62、图 5-63 所示。如果当前选择的图层与其他图层链接，则可以对齐与之链接的所有图层。

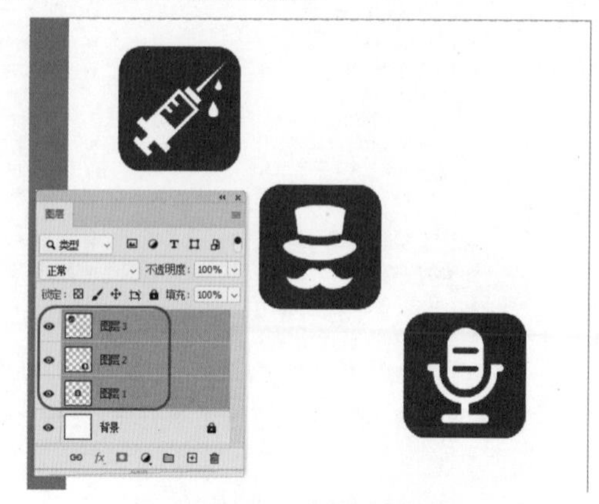

图 5-62　选择图层

图 5-63　【对齐】子菜单

◎　【顶边】：可基于所选图层中最顶端的像素对齐其他图层，如图 5-64 所示。

图 5-64　对齐顶边

◎　【垂直居中】：可基于所选图层中垂直中心的像素对齐其他图层，如图 5-65 所示。

图 5-65　垂直居中

◎　【底边】：可基于所选图层中最底端的像素对齐其他图层，如图 5-66 所示。

图 5-66　对齐底边

◎　【左边】：可基于所选图层中最左侧的像素对齐其他图层。

◎　【水平居中】：可基于所选图层中水平中心的像素对齐其他图层，如图 5-67 所示。

图 5-67　水平居中

◎　【右边】：可基于所选图层中最右侧的像素对齐其他图层。

5.3.2　分布图层对象

【图层】|【分布】子菜单中的命令用于均匀分布所选图层，在选择了三个或更多的图层时，我们才能使用这些命令，如图 5-68、图 5-69 所示。

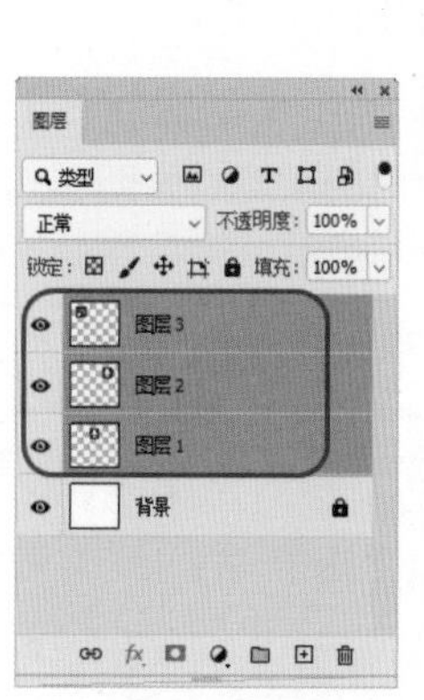

图 5-68　选择图层

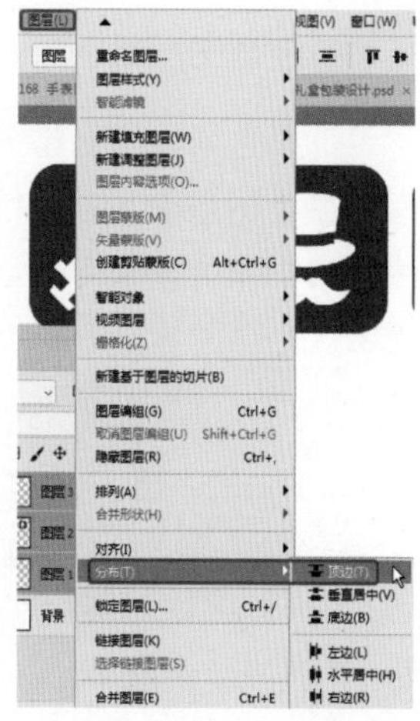

图 5-69　【分布】子菜单

◎　【顶边】：可以从每个图层的顶端像素开始，间隔均匀地分布图层。

◎　【垂直居中】：可以从每个图层的垂直中心像素开始，间隔均匀地分布图层。

◎　【底边】：可以从每个图层的底端像素开始，间隔均匀地分布图层。

◎　【左边】：可以从每个图层的左端像素开始，间隔均匀地分布图层。

◎　【水平居中】：可以从每个图层的水平中心开始，间隔均匀地分布图层。

◎　【右边】：可以从每个图层的右端像素开始，间隔均匀地分布图层。

> 提示：由于分布操作不像对齐操作那样很容易地观察出每种选项的结果，读者可以在每一个分布结果后面绘制辅助线，以查看效果。

5.4　图层组

在 Photoshop 中，一个复杂的图像会包含几十，甚至几百个图层，如此多的图层，在操作时是一件非常麻烦的事。如果使用图层组来组织和管理图层，就可以使【图层】面板中的图层结构更加清晰、合理。

1. 创建图层组

下面介绍如何创建图层组。

在【图层】面板中，单击【创建新组】按钮，即可创建一个空的图层组，如图 5-70 所示。

图 5-70　新建图层组

在菜单栏中选择【图层】|【新建】|【组】命令，则可以打开【新建组】对话框，在该对话框中输入图层组的名称，也可以为它选择颜色，然后单击【确定】按钮，即可按照设置的选项创建一个图层组，如图 5-71 所示。

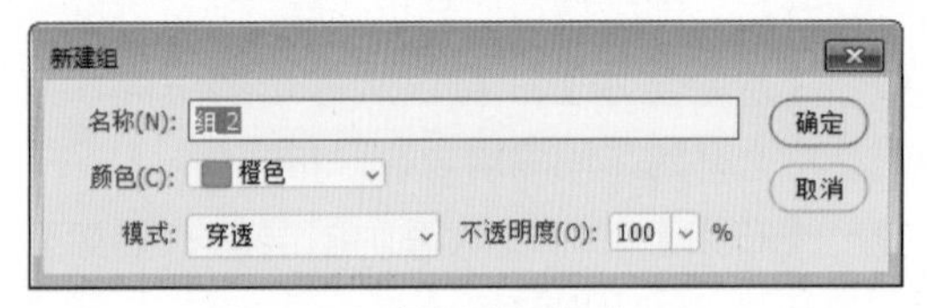

图 5-71　【新建组】对话框

提示：在默认情况下，图层组为【穿透】模式，它表示图层组不具备混合属性。如果选择其他模式，则组中的图层将与该组的混合模式下面的图层产生混合。

2. 命名图层组

对于图层组的命名与对图层的重新命名方法一致。对图层组进行双击，或者按住 Alt 键在【图层】面板中单击【创建新组】按钮，在弹出的【新建组】对话框中进行设置，如图 5-72 所示。

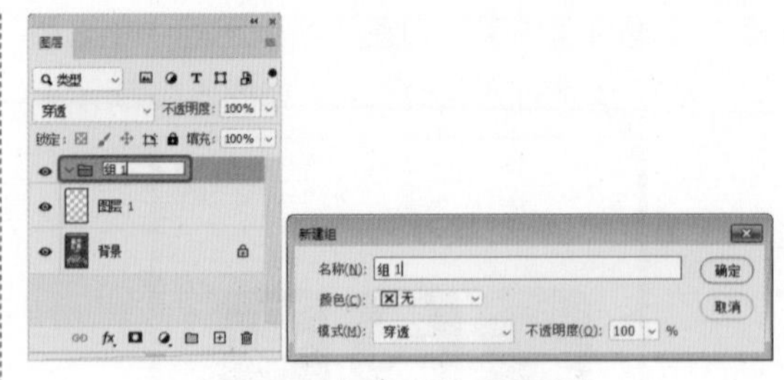

图 5-72　组命名的两种方法

3. 删除图层组

在【图层】面板中将图层组拖至【删除图层】按钮上，可以删除该图层组及组中的所有图层。如果想要删除图层组，但保留组内的图层，可以选择图层组，然后单击【删除图层】按钮，在弹出的提示对话框中单击【仅组】按钮即可，如图 5-73 所示。

图 5-73　仅删除组

如果单击【组和内容】按钮，则会删除图层组以及组中所有的图层，如图 5-74 所示。

图 5-74　删除组和内容后的效果

5.5 图层样式

图层样式是指 Photoshop 中的一项图层处理功能，其是指能够简单快捷地制作出各种立体投影。各种质感以及光景效果的图像特效，可以为包括普通图层、文本图层和形状图层在内的任何种类的图层应用图层样式。

5.5.1 应用图层样式

下面通过操作介绍如何为图层添加图层样式。

01 打开【素材 \Cha05\ 图层样式 .psd】素材文件，按 F7 键将【图层】面板打开。选择【美味坚果】文本图层，如图 5-75 所示。

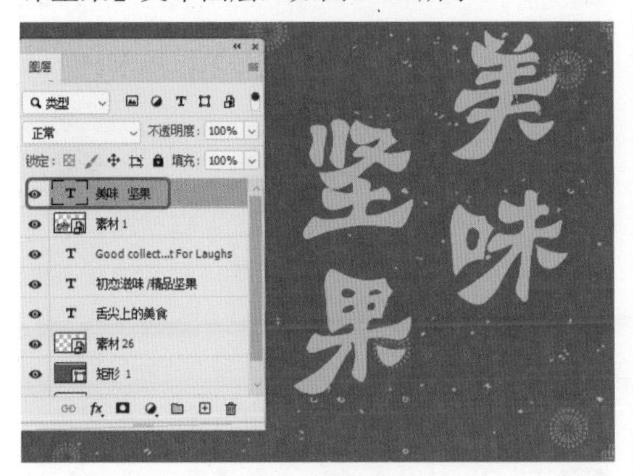

图 5-75 选择文本

02 在【图层】面板下方单击【添加图层样式】按钮 fx，在打开的下拉列表中选择一个效果命令，即可打开【图层样式】对话框并进入相应效果的设置面板，或者双击文本图层名称右侧的空白区域。在弹出的【图层样式】对话框中，选中【投影】和【描边】复选框，设置数值，完成后进行确定，如图 5-76 所示。

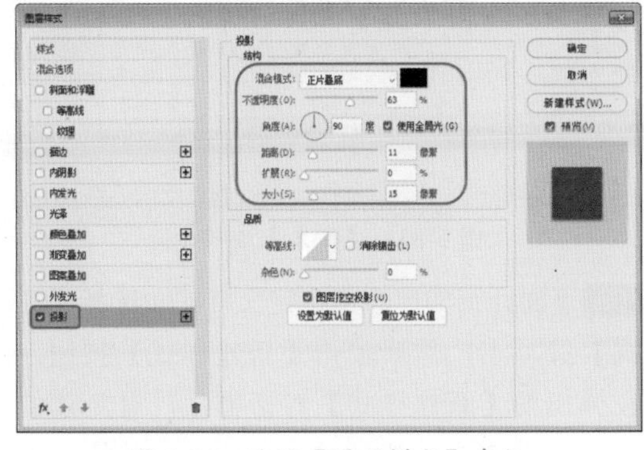

图 5-76 设置【图层样式】参数

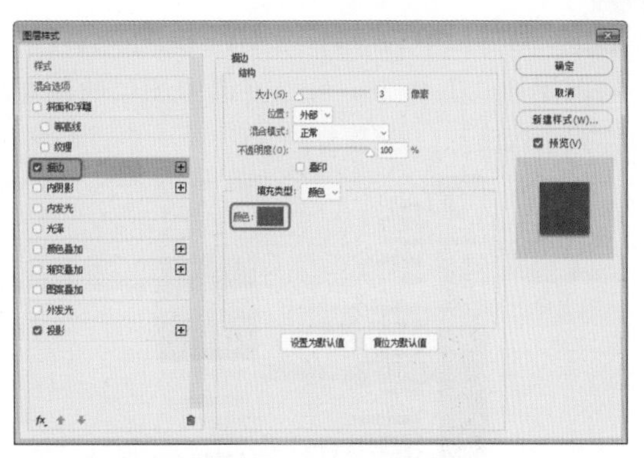

图 5-76 设置【图层样式】参数（续）

03 至此，就完成了对文本图层添加图层样式，效果如图 5-77 所示。

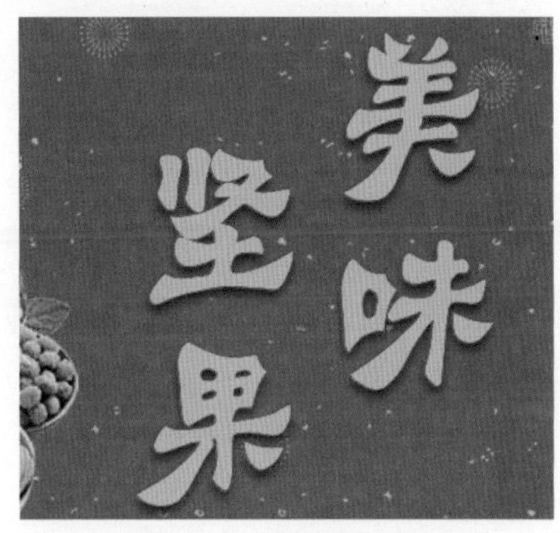

图 5-77 完成后的效果

5.5.2 清除图层样式

清除图层样式常用于清除多余图层样式，下面介绍如何清除图层样式。

01 继续上面的操作，在【图层】面板中可看到创建好的图层样式，如图 5-78 所示。

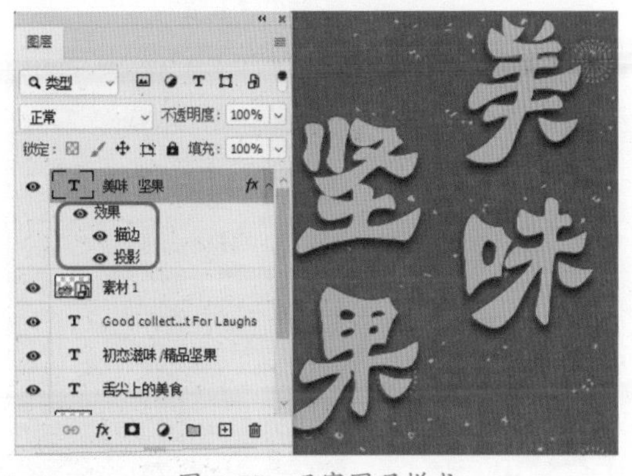

图 5-78 观察图层样式

02 在菜单栏中选择【图层】|【图层样式】|【清除图层样式】命令，可以将选中图层的图层样式全部清除，如图 5-79 所示。

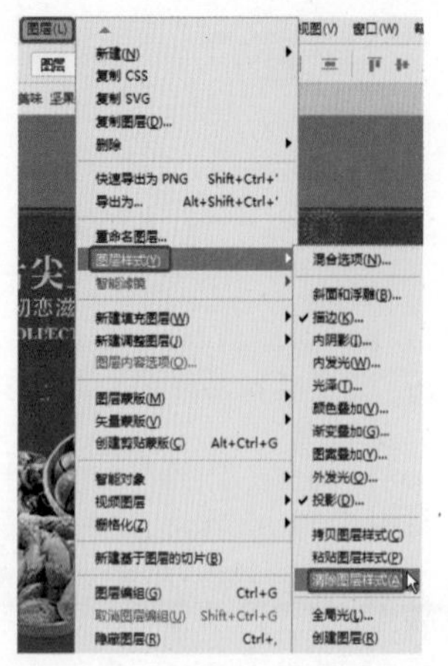

图 5-79 选择【清除图层样式】命令

03 还可以在【图层】面板中选择图层样式，将其直接拖曳到【删除图层】按钮上，即可将图层中的此样式删除，如图 5-80、图 5-81 所示。

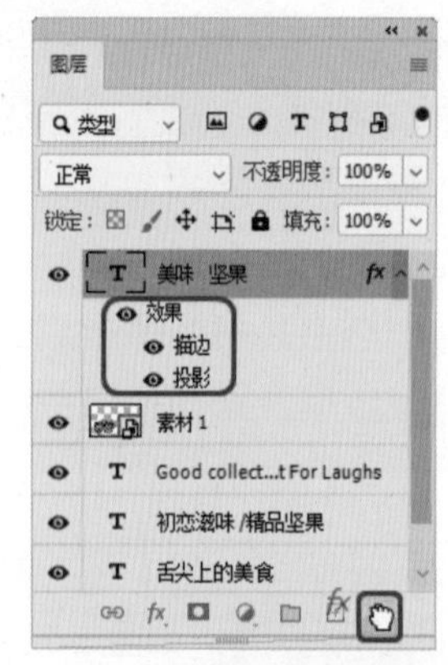

图 5-80 选择图层样式

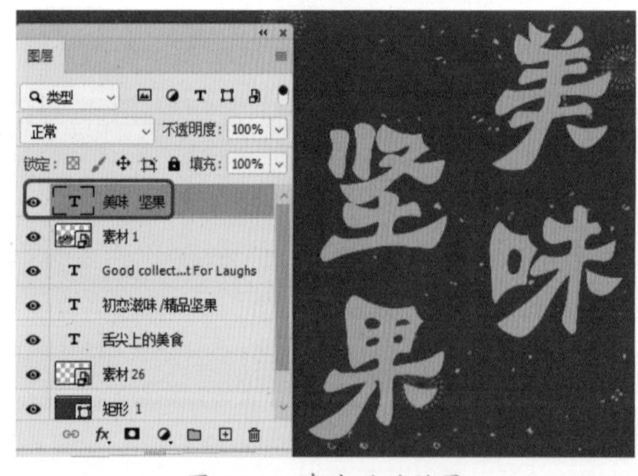

图 5-81 清除后的效果

5.5.3 添加并创建图层样式

下面介绍如何创建图层样式。

01 新建一个空白文件，在【图层】面板中，双击【背景】图层将其解锁。确定在选中的情况下，在菜单栏中选择【图层】|【图层样式】命令或在图层名称右侧空白处双击鼠标，在弹出的【图层样式】对话框中编辑所要为图层添加的图层样式效果，如图 5-82 所示。

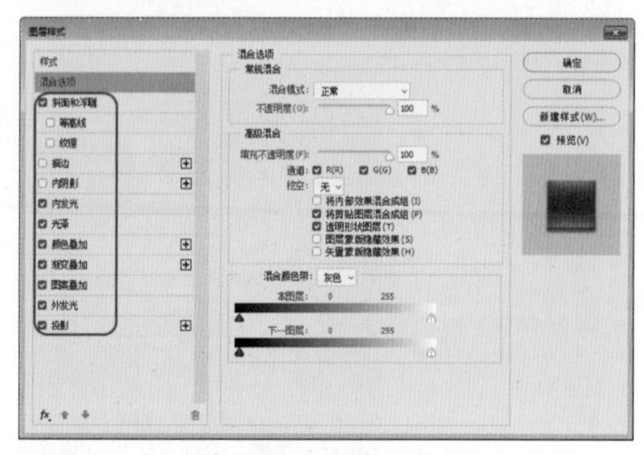

图 5-82 设置图层样式

02 添加完图层样式后，在【图层样式】对话框中选择【样式】选项卡，在【样式】选项组中显示出四种样式，用户可以根据需要为图层添加样式类型，如图 5-83 所示。

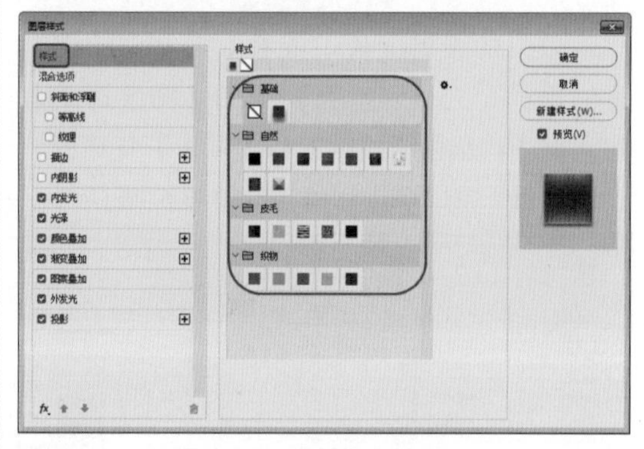

图 5-83 【样式】选项卡

03 下面介绍如何添加自定义样式。选择【样式】选项卡，然后单击【新建样式】按钮，在弹出的【新建样式】对话框中，对新建的样式进行命名，然后单击【确定】按钮，如图 5-84 所示。

04 单击【确定】按钮后，即可在【图层样式】对话框的【样式】选项卡中，看到刚才添加的图层样式，如图 5-85 所示。

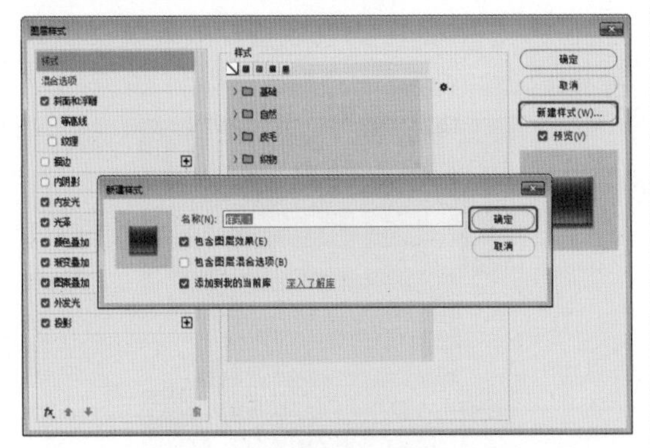

图 5-84 【新建样式】对话框

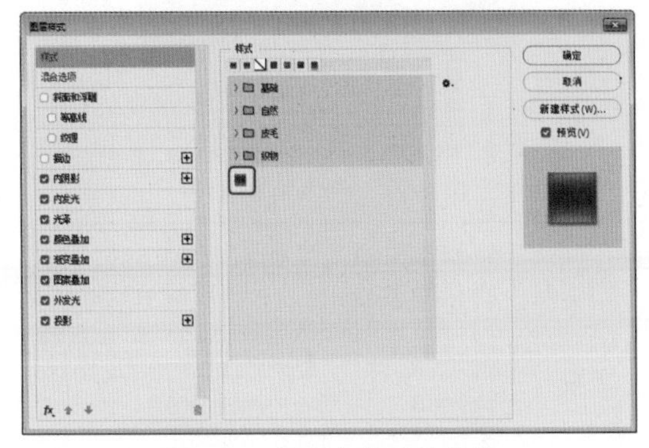

图 5-85 添加完成后的效果

■ 5.5.4 管理图层样式

下面介绍如何管理图层样式。

01 新建一个空白文档，在工具箱中选择【自定形状工具】，在工具选项栏中设置【填充】以及【描边】，并选择一种图形，然后在文件中进行绘制，如图 5-86 所示。

图 5-86 绘制图形

02 在菜单栏中选择【窗口】|【样式】命令，打开【样式】面板，在确定绘制的形状图层处于编辑的状态下，在【样式】面板中选择一种样式，进行应用，如图 5-87 所示。

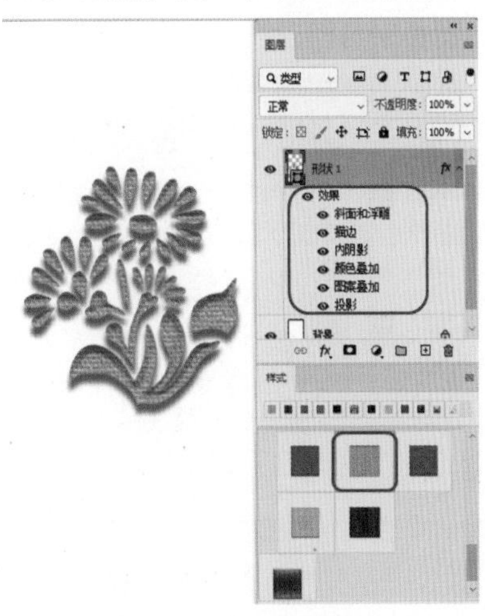

图 5-87 应用样式效果

03 如果所选样式不符合需要，可在【样式】面板中重新进行样式的选择，这样就可替换原有的样式，如图 5-88 所示。

图 5-88 替换原样式后的效果

■ 5.5.5 删除【样式】面板中的样式

下面介绍删除【样式】面板中样式的两种方法。

◎ 在菜单栏中选择【窗口】|【样式】命令，打开【样式】面板，选择想要删除的图层样式，右击鼠标，在弹出的快捷菜单中选择【删除样式】命令，即可将该图层样式删除，如图 5-89 所示。

◎ 打开【图层样式】对话框，选择【样式】选项卡，从中选择想要删除的图层样式，对其右击，在弹出的快捷菜单中选择【删除样式】命令，即可删除该图层样式，如图 5-90 所示。

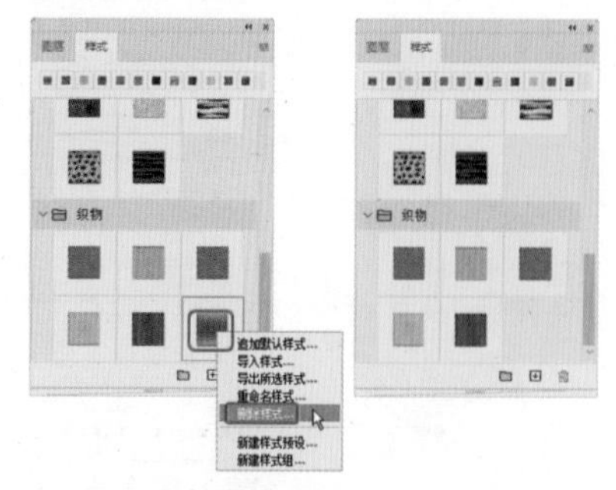

图 5-89　在【样式】面板中删除样式

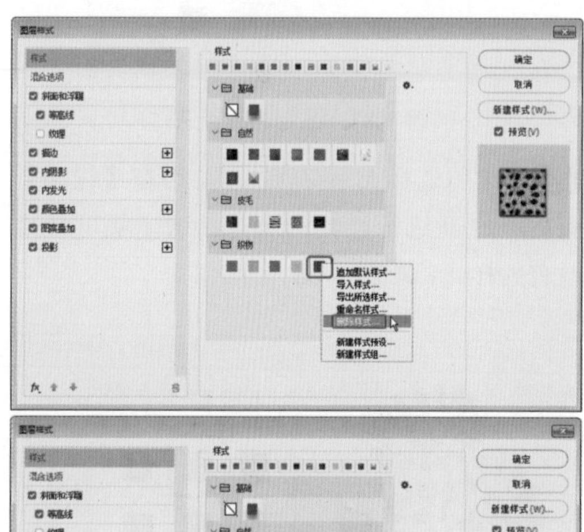

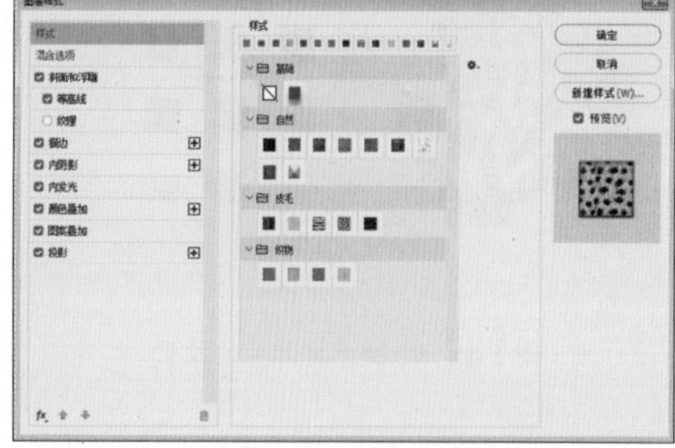

图 5-90　在【图层样式】对话框中删除样式

提示：除以上两种方法外，在【样式】面板中选择一个图层样式并将其拖动至 🗑 按钮上可直接删除样式。

【实战】牛奶包装设计

本例首先是创建文档，使用【矩形工具】绘制背景图形并填充颜色，然后介绍如何为图层添加渐变效果，输入文字并置入素材文件。制作的牛奶包装设计效果如图 5-91 所示。

图 5-91　牛奶包装设计

素材:	素材 \Cha05\ 牛奶素材 01.png、牛奶素材 02.png、牛奶素材 03.png
场景	场景 \Cha05\【实战】牛奶包装设计 .psd
视频:	视频教学 \Cha05\【实战】牛奶包装设计 .mp4

01 按 Ctrl+N 组合键，在弹出的对话框中将【宽度】【高度】分别设置为 1399 像素、1944 像素，将【分辨率】设置为 300 像素 / 英寸，将【颜色模式】设置为 RGB 颜色，单击【创建】按钮，使用【矩形工具】绘制图形，在【属性】面板中将 X、Y 分别设置为 205 像素、973 像素，将【填充】的 RGB 值设置为 91、151、200，将【描边】设置为无，如图 5-92 所示。

图 5-92　新建文档并绘制矩形

02 在菜单栏中选择【文件】|【置入嵌入对象】命令，在弹出的对话框中选择【素材\Cha05\牛奶素材01.png】素材文件，单击【置入】按钮，置入素材后调整大小与位置，如图5-93所示。

图 5-93　置入素材并进行调整

03 在工具箱中单击【横排文字工具】按钮 T，在工作区中单击鼠标，输入文字【发酵果粒奶】，选中输入的文字，在【字符】面板中将【字体】设置为【汉仪菱心体简】，将【字体大小】设置为20点，将【颜色】设置为白色，如图5-94所示。

图 5-94　输入文字并设置参数

04 在工具箱中单击【圆角矩形工具】按钮，在工作区中绘制图形，在【属性】面板中将W、H分别设置为248像素、69像素，将X、Y分别设置为819像素、1016像素，将【填充】设置为255、0、32，将【描边】设置为无，单击【角半径值链接到一起】按钮，将【右上角半径】【左下角半径】设置为20像素，如图5-95所示。

05 打开【图层】面板，单击【图层】面板下方的【添加图层样式】按钮 fx，在打开的下拉列表中选择【渐变叠加】命令，弹出【图层样式】对话框，单击渐变右边的【点按可编辑渐变】，弹出【渐变编辑器】对话框，将左侧颜色色标的RGB值设置为197、0、31，在35%位置处添加一个色标，将颜色的RGB值设置为160、0、22，将100%位置处的色标颜色设置为223、0、36，单击两次【确定】按钮，如图5-96所示。

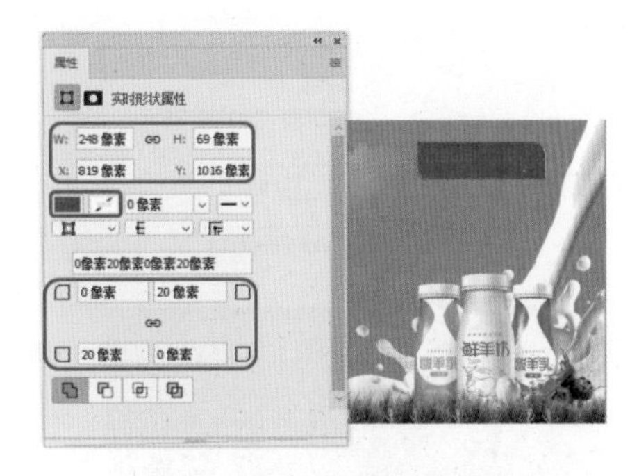

图 5-95　绘制图形并设置填充

图 5-96　设置渐变叠加效果

06 在工具箱中单击【横排文字工具】按钮，在工作区中单击鼠标，输入文字【新品上市】，选中输入的文字，在【字符】面板中将【字体】设置为【Adobe 黑体 Std】，将【字体大小】设置为8点，将【字符间距】设置为50，将【颜色】设置为白色，如图5-97所示。

图 5-97　输入文字并进行设置

07 在工具箱中单击【矩形工具】按钮，在工作区中绘制图形，在【属性】面板中将W、H分别设置为986像素、406像素，将X、Y分别设置为205像素、1539像素，将【填充】的RGB值设置为90、177、48，将【描边】设置为无，如图5-98所示。

图 5-98　绘制图形并进行设置

08 打开【图层】面板，双击【矩形2】图层，弹出【图层样式】对话框，选中【渐变叠加】复选框，将【样式】设置为【径向】，单击渐变右边的【点按可编辑渐变】，弹出【渐变编辑器】对话框，将左侧颜色色标的RGB值设置为78、130、193，将100%位置处的色标颜色设置为65、85、161，单击两次【确定】按钮，如图5-99所示。

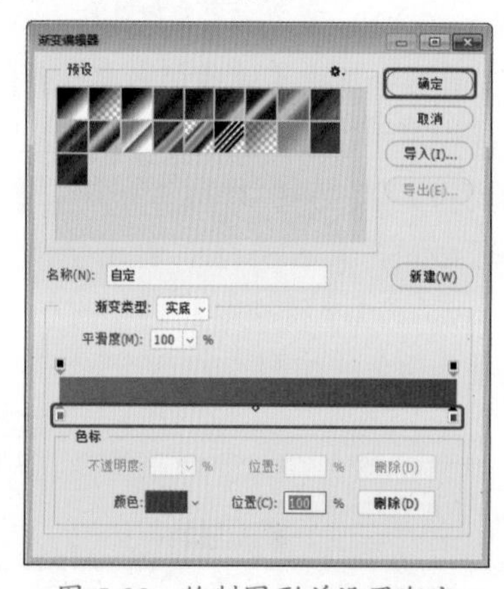

图 5-99　绘制图形并设置渐变

09 使用【横排文字工具】输入文字，在【字符】面板中将【字体】设置为【Adobe 黑体 Std】，将【字体大小】设置为10点，将【字符间距】设置为500，将【颜色】设置为白色，如图5-100所示。

图 5-100　输入文字并设置参数

10 选中绘制的矩形进行复制，并调整其位置与大小，使用【圆角矩形工具】绘制图形，在【属性】面板中将W、H分别设置为79像素、232像素，将X、Y分别设置为20像素、991像素，将【填充】设置为无，将【描边】设置为白色，将【描边宽度】设置为1.5像素，将【角半径】都设置为10像素，如图5-101所示。

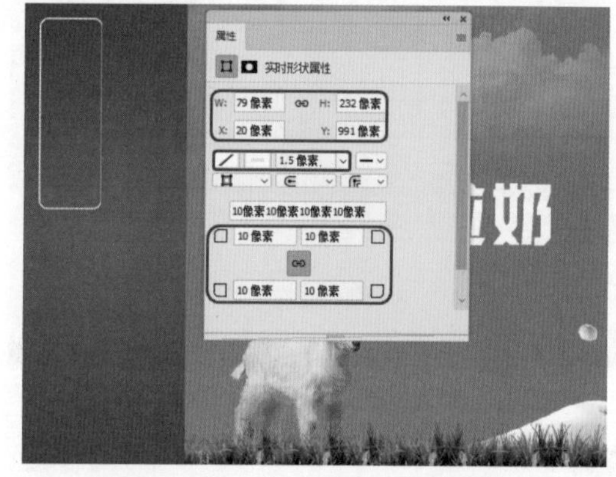

图 5-101　绘制图形并设置填充

11 使用【横排文字工具】在工作区中绘制一个文本框，在【字符】面板中将【字体】设置为【方正黑体简体】，将【字体大小】设置为2点，将【行距】设置为3点，将【水平缩放】设置为90%，将【颜色】设置为白色，如图5-102所示。

12 在菜单栏中选择【文件】|【置入嵌入对象】命令，在弹出的对话框中选择【素材\Cha05\牛奶素材02.png】素材文件，单击【置入】按钮，置入素材后调整大小与位置，如图5-103所示。

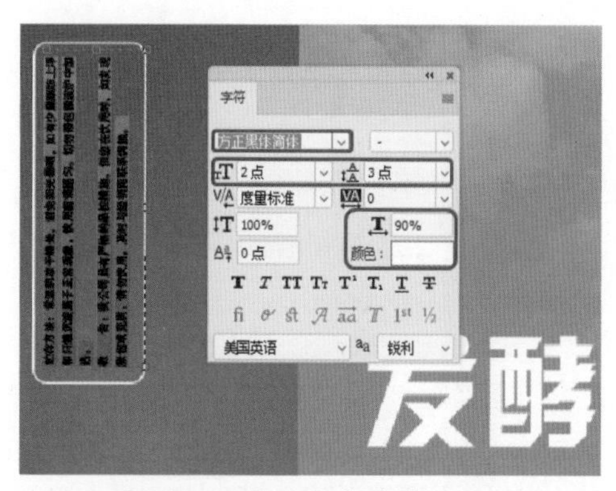

图 5-102　输入文字并进行设置

图 5-103　置入素材并调整位置

13 选中绘制的圆角矩形进行复制，并调整复制图形的位置与大小，使用【横排文字工具】在工作区中绘制一个文本框，在【字符】面板中将【字体】设置为【方正黑体简体】，将【字体大小】设置为 2 点，将【行距】设置为 3 点，将【水平缩放】设置为 90%，将【颜色】设置为白色，如图 5-104 所示。

图 5-104　复制图形并输入文字

14 再次使用【横排文字工具】输入文字，在【字符】面板中将【字体】设置为【方正大黑简体】，将【字体大小】设置为 3 点，将【字符间距】设置为 200，将【水平缩放】设置为 90%，将【颜色】设置为白色，如图 5-105 所示。

图 5-105　输入文字并设置参数

15 根据前面介绍的方法置入【牛奶素材 03.png】素材文件，并调整其大小和位置，输入其他文字并进行设置，如图 5-106 所示。

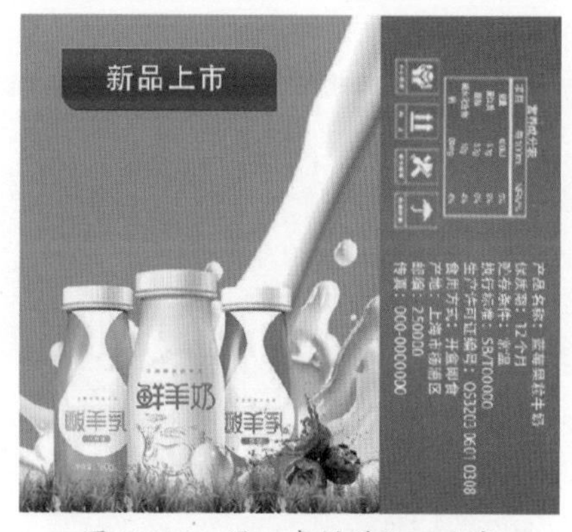

图 5-106　置入素材并输入文字

16 将【矩形 2】图层进行复制并调整对象的位置，效果如图 5-107 所示。

图 5-107　复制【矩形 2】图层

17 使用【横排文字工具】在工作区中绘制一个文本框，在【字符】面板中将【字体】设置为【Adobe 黑体 Std】，将【字体大小】设置为7点，将【颜色】设置为白色，如图5-108所示。将【旋转】设置为180度。

图 5-108 输入文字并设置参数

18 选中前面置入的素材文件和绘制的图形与文字，调整大小与旋转角度，如图5-109所示。

图 5-109 设置图形旋转角度与大小

5.5.6 使用图层样式

在 Photoshop 中，对图层样式进行管理是通过【图层样式】对话框来完成的，还可以通过【图层】|【图层样式】子菜单添加各种样式，如图5-110所示。

也可以单击【图层】面板下方的【添加图层样式】按钮 fx 来完成，如图5-111所示，双击图层名称右侧空白处，也可以打开【图层样式】对话框。

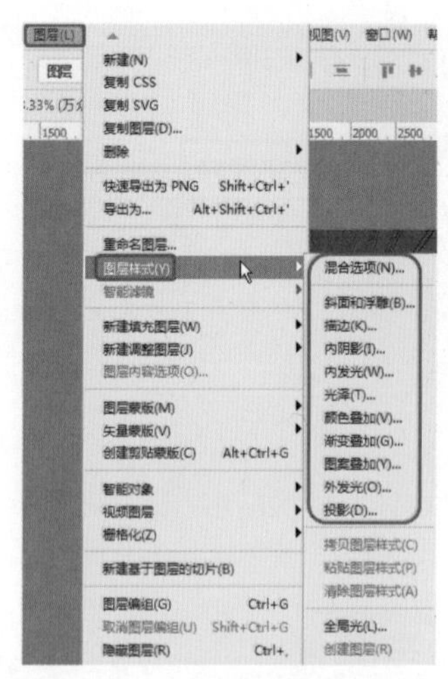

图 5-110 【图层样式】子菜单

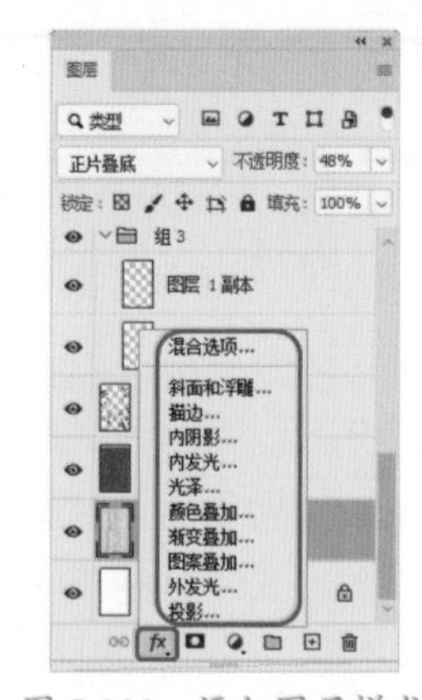

图 5-111 添加图层样式

在【图层样式】对话框的左侧列出了10种效果，如图5-112所示。

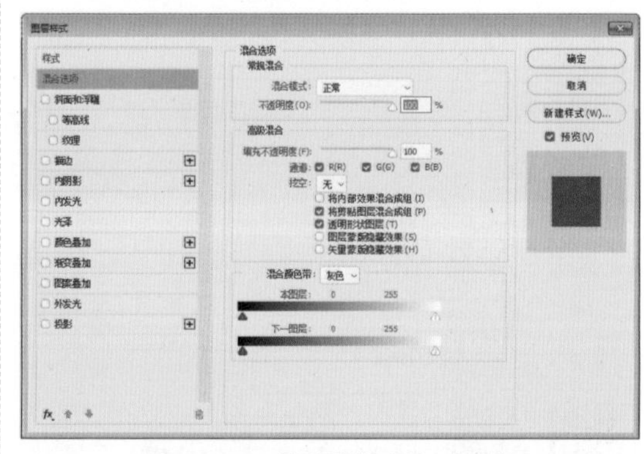

图 5-112 【图层样式】对话框

在该对话框中选择任意效果选项后，即在该选项名称前面的复选框有√标记，表示在图层中添加了该效果。单击一个效果的名称，可以选中该效果，对话框的右侧会显示与之对应的设置选项，如图 5-113 所示。

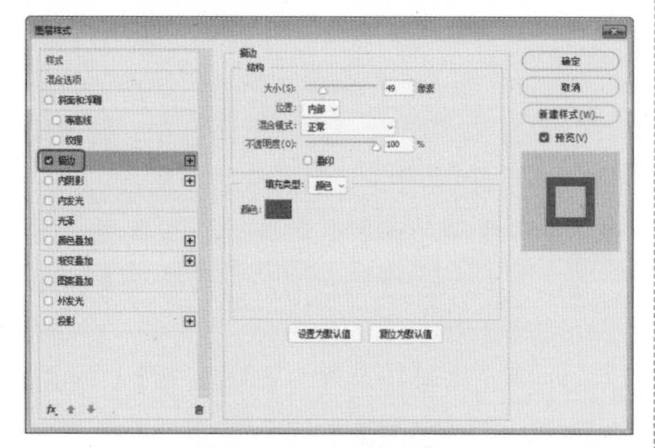

图 5-113　选择效果

如果只单击效果名称前面的复选框，则可以应用该效果，但不会显示效果的选项，如图 5-114 所示。

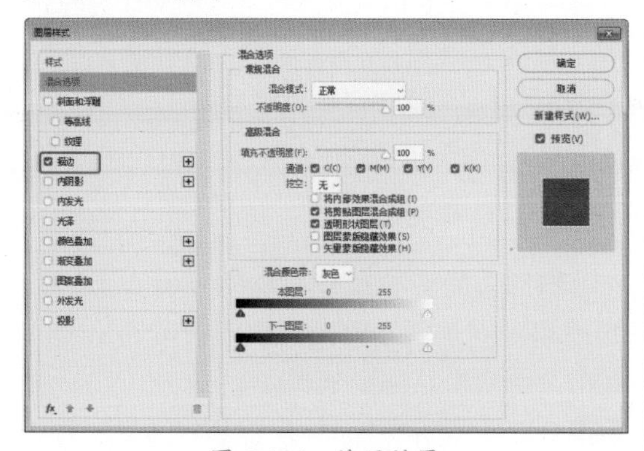

图 5-114　使用效果

逐一尝试各个选项的功能后会发现，所有样式的选项参数窗口有许多相似之处。

◎　【混合模式】：在介绍图层【混合模式】时已经介绍过了，此处不再赘述。

◎　【不透明度】：可以输入数值或拖动滑块设置图层的不透明度。

◎　【通道】：在 3 个复选框中，可以选择参加高级混合的 R、G、B 通道中的任何一个或者多个，也可以一个都不选，但是一般得不到理想的效果。至于通道的详细概念，会在以后的【通道】面板中加以阐述。

◎　【挖空】：控制投影在半透明图层中的可视性或闭合。应用这个选项可以控制图层色调的深浅，如图 5-115 所示。单击下三角按钮可以弹出下拉列表，它们的效果各不相同。将【挖空】设置为【深】，将【填充不透明度】数值设定为 0%，如图 5-116 所示，挖空到背景图层的效果如图 5-117 所示。

◆　【将内部效果混合成组】：选中这个复选框，可将本次操作作用到图层的内部效果，然后合并到一个组中。这样在下次使用的时候，出现在窗口的默认参数即为现在的参数。

图 5-115　调整色调

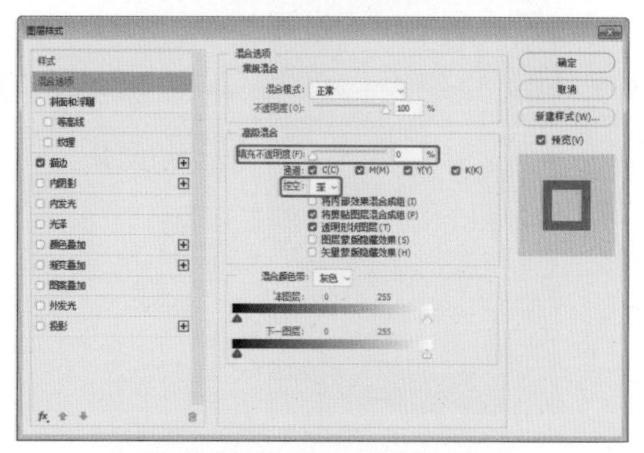

图 5-116　设置【挖空】

图 5-117　挖空到背景图层的效果

提示：当使用【挖空】的时候，在默认的情况下会从该图层挖到背景图层。如果没有背景图层，则以透明的形式显示。

- ◆ 【将剪贴图层混合成组】：将剪贴的图层合并到同一个组中。
- ◆ 【透明形状图层】：可以限制样式或挖空效果的范围。
- ◆ 【图层蒙版隐藏效果】：用来定义图层效果在图层蒙版中的应用范围。如果在添加了图层蒙版的图层上没有选中【图层蒙版隐藏效果】复选框，则效果会在蒙版区域内显示，如图 5-118 所示；如果选中了【图层蒙版隐藏效果】复选框，则图层蒙版中的效果不会显示，如图 5-119 所示。

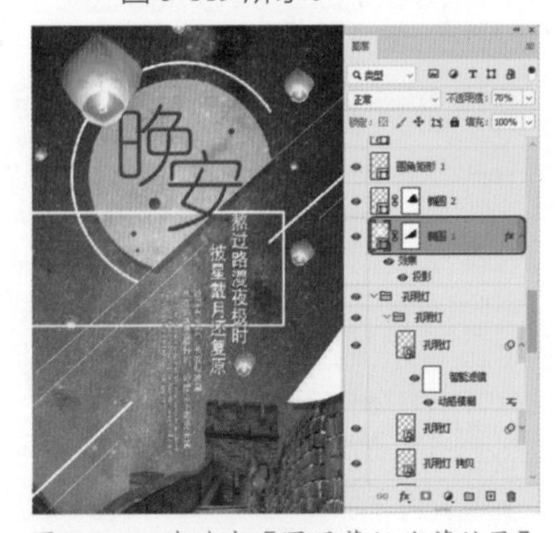

图 5-118　未选中【图层蒙版隐藏效果】

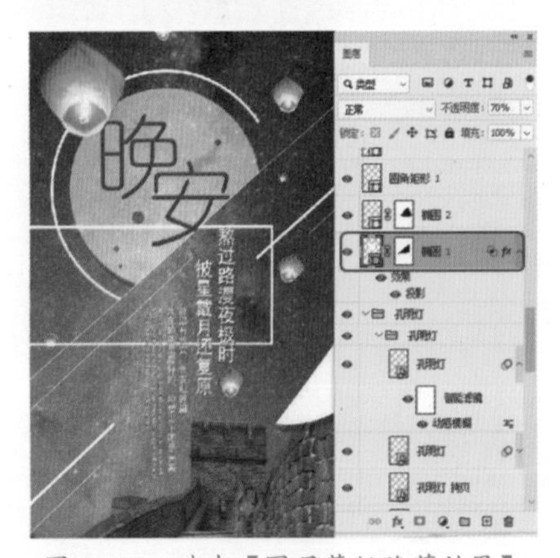

图 5-119　选中【图层蒙版隐藏效果】

- ◆ 【矢量蒙版隐藏效果】：用来定义图层效果在矢量蒙版中的应用范围。选中该复选框，矢量蒙版中的效果不会显示；取消选中，则效果也会在矢量蒙版区域内显示。

◎ 【混合颜色带】：用来控制当前图层与它下面的图层混合时，在混合结果中显示哪些像素。

在该对话框中的【混合颜色带】下方可以发现，【本图层】和【下一图层】的颜色条两端都有小三角形，它们是用来调整图层色彩深浅的。如果直接用鼠标拖动的话，只能将整个三角形拖动，没有办法缓慢改变图层的颜色；如果按住 Alt 键拖动鼠标，则可拖动右侧的小三角，从而达到缓慢改变图层颜色的目的。使用同样的方法可以对其他的三角形进行调整。

1. 斜面和浮雕

使用【斜面和浮雕】选项可以为图层内容添加暗调和高光效果，使图层内容呈现凸起的浮雕效果。

01 打开【素材 \Cha05\ 特效素材 .psd】素材文件，如图 5-120 所示。

图 5-120　素材文件

02 选择文字图层，打开【图层样式】对话框，从中设置【斜面和浮雕】参数，将【样式】设置为【外斜面】，将【深度】设置为

334%，将【大小】设置为 29 像素，将【软化】设置为 4 像素，如图 5-121 所示。

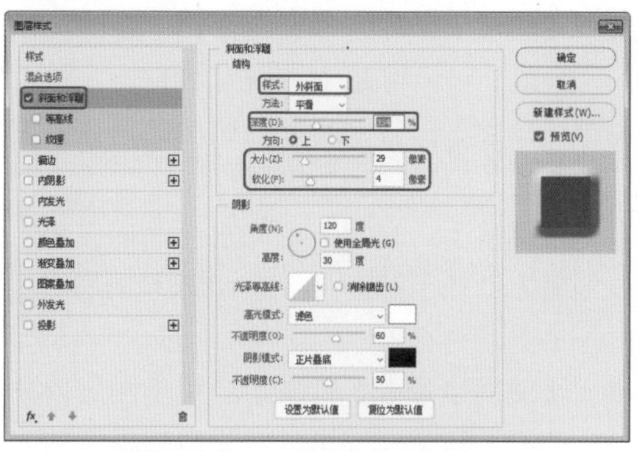

图 5-121　设置斜面和浮雕

03 设置完成后单击【确定】按钮，效果如图 5-122 所示。

图 5-122　添加【斜面和浮雕】滤镜后的效果

下面介绍图 5-121 中的相关选项。

◎ 【样式】：在此下拉列表框中共有 5 个模式，分别是【外斜面】【内斜面】【浮雕效果】【枕状浮雕】和【描边浮雕】。

◎ 【方法】：在此下拉列表框中有 3 个选项，分别是【平滑】【雕刻清晰】和【雕刻柔和】。

◆ 【平滑】：选择这个选项可以得到边缘过渡比较柔和的图层效果，也就是得到的阴影边缘变化不尖锐，如图 5-123 所示。

◆ 【雕刻清晰】：选择这个选项将产生边缘变化明显的效果。比起【平滑】选项来，此选项产生的效果立体感特别强，如图 5-124 所示。

图 5-123　平滑效果

图 5-124　雕刻清晰

◆ 【雕刻柔和】：与【雕刻清晰】类似，但是它的边缘的色彩变化要稍微柔和一点，如图 5-125 所示。

◎ 【深度】：控制效果的颜色深度。数值越大，得到的阴影颜色越深；数值越小，得到的阴影颜色越浅。

◎ 【方向】：包括【上】【下】两个选项，用来切换亮部和阴影的方向。选中【上】单选按钮，是亮部在上面，如图 5-126 所示；选中【下】单选按钮，则是亮部在下面，如图 5-127 所示。

图 5-125　雕刻柔和

图 5-126　【上】效果

图 5-127　【下】效果

◎　【大小】：用来设置斜面和浮雕中阴影面积的大小。

◎　【软化】：用来设置斜面和浮雕的柔和程度。该值越高，效果越柔和。

◎　【角度】：控制灯光在圆中的角度。圆中的圆圈符号可以用鼠标移动。

◎　【高度】：是指光源与水平面的夹角。值为 0 表示底边；值为 90 表示图层的正上方。

◎　【使用全局光】：决定应用于图层效果的光照角度。既可以定义全部图层的光照效果，也可以将光照应用到单个图层中，可以制造出一种连续光源照在图像上的效果。

◎　【光泽等高线】：此选项的使用方法和前面提到的等高线的使用方法是一样的。

◎　【消除锯齿】：选中该复选项，可以使混合等高线或光泽等高线的边缘像素变化的效果不至于显得很突然，使效果过渡变得柔和。此选项在具有复杂等高线的小阴影上最有用。

◎　【高光模式】：指定斜面或浮雕高光的混合模式。这相当于在图层的上方有一个带色光源，光源的颜色可以通过右边的颜色方块来调整，它会使图层产生许多种不同的效果。

◎　【阴影模式】：指定斜面或浮雕阴影的混合模式，可以调整阴影的颜色和模式。通过右边的颜色方块可以改变阴影的颜色，在下拉列表中可以选择阴影的模式。

在对话框的左侧选择【等高线】选项，可以切换到【等高线】设置面板，如图 5-128 所示。使用【等高线】可以勾画在浮雕处理中被遮住的起伏、凹陷、凸起，如图 5-129 所示。

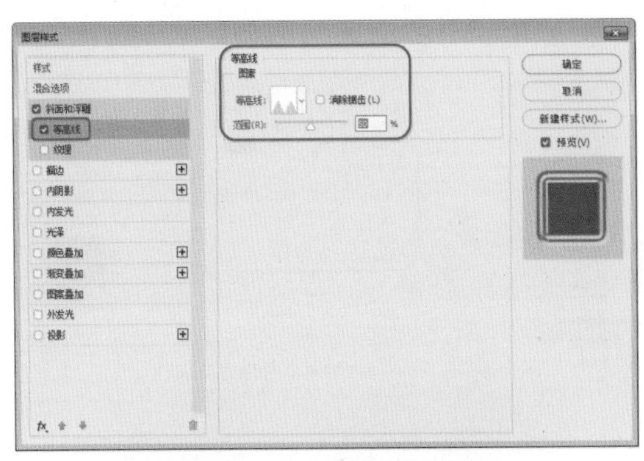

图 5-128　设置等高线

图 5-129　设置后的效果

【图层样式】对话框的【纹理】参数设置如图 5-130 所示。

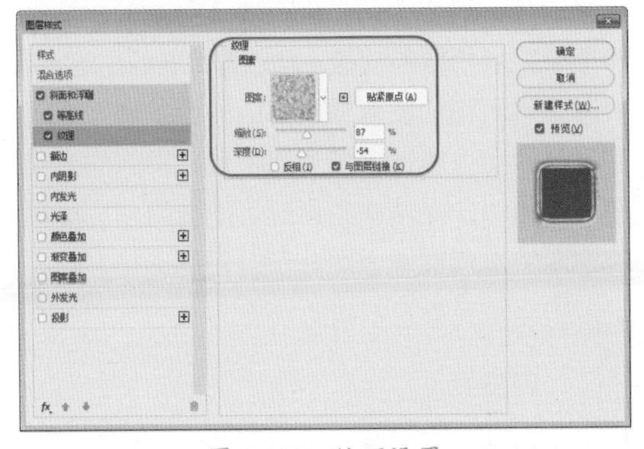

图 5-130　纹理设置

◎　【图案】：在这个选项组中可以选择合适的图案。【斜面和浮雕】的浮雕效果就是按照图案的颜色或者它的浮雕模式进行的，如图 5-131 所示。在预览图上可以看出待处理的图像的浮雕模式和所选图案的关系。

图 5-131　两种图案浮雕模式

◎　【贴紧原点】：单击此按钮可使图案的浮雕效果从图像或者文档的角落开始。

◎　【缩放】：拖动滑块或输入数值可以调整图案的大小。

◎　【深度】：用来设置图案的纹理应用程度。

◎　【反相】：可反转图案纹理的凹凸方向。

◎　【与图层链接】：选中该复选框可以将图案链接到图层，此时对图层进行变换操作时，图案也会一同变换。在该复选框处于选中状态时，单击【贴紧原点】按钮，可以将图案的原点对齐到文档的原点。如果取消选中该复选框，则单击【贴紧原点】按钮，可以将原点放在图层的左上角。

2. 描边

【描边】选项可以使用颜色、渐变或图案来描绘对象的轮廓。

01 打开【素材 \Cha05\ 特效素材 02.psd】素材文件，为其添加【描边】效果，然后对其参数进行设置，将【大小】设置为 13 像素，将【不透明度】设置为 100%，将【颜色】设置为 #d75b6a，如图 5-132 所示。

02 设置完成后单击【确定】按钮，效果如图 5-133 所示。

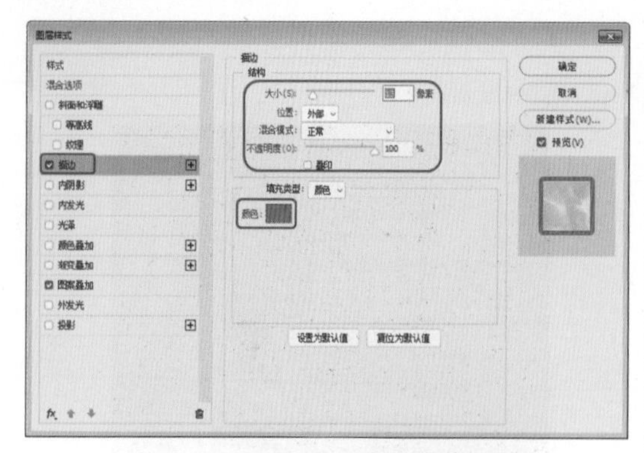

图 5-132　设置【描边】参数

图 5-133　设置后的效果

3. 内阴影

应用【内阴影】选项可以围绕图层内容的边缘添加内阴影效果，使图层呈凹陷的外观效果。

01 打开【素材 \Cha05\ 特效素材 .psd】素材文件，在【盛大开盘】文本图层上双击，打开【图层样式】对话框，选中【内阴影】复选框，将【混合模式】设置为【正片叠底】，设置【填充颜色】为 #751b00，将【不透明度】设置为 35%，将【角度】设置为 120 度，将【距离】设置为 37 像素，将【阻塞】设置为 10%，将【大小】设置为 5 像素，如图 5-134 所示。

02 设置完成后单击【确定】按钮，添加内阴影后的效果如图 5-135 所示。

与【投影】相比，【内阴影】下半部分参数的设置在【投影】中都涉及了。而上半部分则稍有不同。

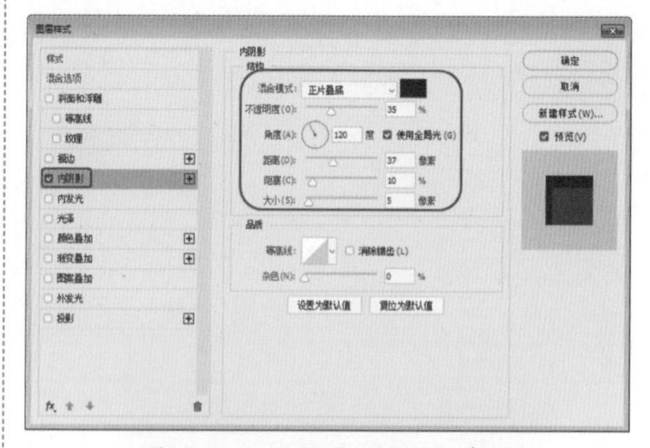

图 5-134　设置【内阴影】参数

图 5-135　设置后的效果

从图 5-134 中可以看出，这个部分只是将原来的【扩展】改为了现在的【阻塞】，这是一个和扩展相似的功能，但它是扩展的逆运算。扩展是将阴影向图像或选区的外面扩展，而阻塞则是向图像或选区的里边扩展，得到的效果图极为相似，在精确制作时可能会用到。如果将这两个选项都选中并分别对它们进行参数设定，则会得到意想不到的效果。

4. 内发光

使用【内发光】选项可以围绕图层内容的边缘创建内部发光效果。

01 打开【素材 \Cha05\ 特效素材 03.psd】素材文件，选择【文字】图层，打开【图层样式】对话框，在打开的对话框中设置【内发光】参数，将【混合模式】设置为【线性光】，将【不透明度】设置为 20%，将【杂色】设置为 29%，选中颜色色块左侧的单选按钮，并将颜色设置为 #9af991，将【方法】设置为【柔和】，将【阻塞】设置为 10%，将【大小】设置为 0 像素，如图 5-136 所示。

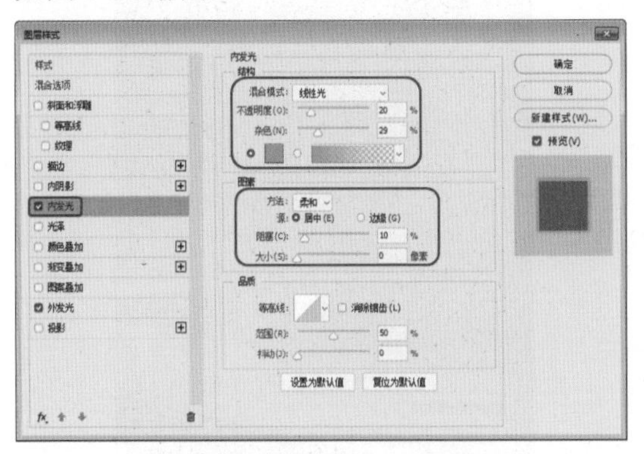

图 5-136　设置【内发光】参数

02 设置完成后单击【确定】按钮，效果如图 5-137 所示。

图 5-137　设置后的效果

提示：在印刷的过程中，关于样式的应用要尽量少用。

【内发光】的选项设置界面和【外发光】的选项设置界面几乎一样，只是【外发光】选项设置界面中的【扩展】选项变成了【内发光】中的【阻塞】。【外发光】得到的阴影是在图层的边缘，在图层之间看不到效果的影响；而【内发光】得到的效果只在图层内部，即得到的阴影只出现在图层的不透明区域。

5. 光泽

使用【光泽】选项可以根据图层内容的形状在内部应用阴影，创建光滑的打磨效果。

01 打开【素材 \Cha05\ 特效素材 .psd】素材文件，打开【图层样式】对话框，设置【光泽】选项的参数，将【混合模式】设置为【正片叠底】，【填充颜色】设置为 #950505，将【不透明度】设置为 56%，将【角度】设置为 120 度，将【距离】设置为 11 像素，将【大小】设置为 38 像素，将【等高线】设置为【线性】，选中【反相】复选框，如图 5-138 所示。

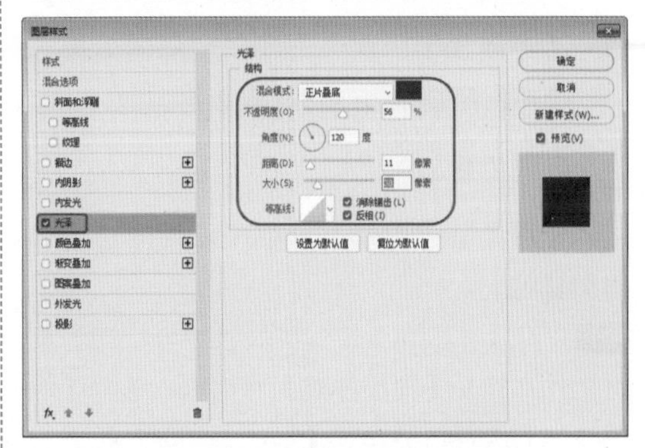

图 5-138　设置【光泽】参数

02 设置完成后单击【确定】按钮，效果如图 5-139 所示。

图 5-139　设置后的效果

下面介绍图 5-138 中的相关选项。

◎ 【混合模式】：它以图像和黑色为编辑对象，其模式与图层的【混合模式】一样，只是在这里，Photoshop 将黑色当作一个图层来处理。

◎ 【不透明度】：调整【混合模式】中颜色图层的不透明度。

◎ 【角度】：光照射的角度，它控制着阴影所在的方向。

◎ 【距离】：指定阴影或光泽效果的偏移距离。可以在文档窗口中拖动以调整偏移距离。数值越小，图像上被效果覆盖的区域越大。此距离值控制着阴影的距离。

◎ 【大小】：光照的大小，它控制着阴影的大小。

◎ 【等高线】：这个选项在前面的效果选项中已经提到过了，这里不再重复。

6. 颜色叠加

使用【颜色叠加】选项可以为图层内容添加颜色。

01 打开【素材 \Cha05\ 特效素材 04.psd】素材文件，打开【图层样式】对话框，选择【颜色叠加】选项，并设置【颜色叠加】参数，将【混合模式】设置为【正常】，将其颜色设置为 #ffa311，将【不透明度】设置为 100%，如图 5-140 所示。

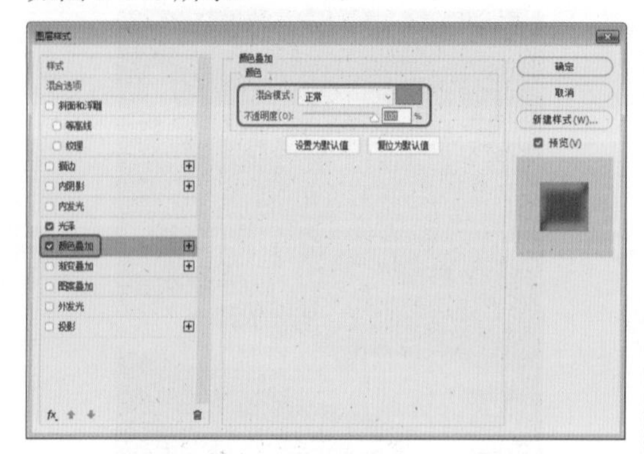

图 5-140　设置【颜色叠加】参数

02 设置完成后单击【确定】按钮，效果如图 5-141 所示。颜色叠加是将颜色当作一个图层，然后再对这个图层施加一些效果或者混合模式。

图 5-141　设置后的效果

7. 渐变叠加

使用【渐变叠加】选项可以为图层内容添加渐变颜色。

01 打开【素材 \Cha05\ 特效素材 .psd】素材文件，打开【图层样式】对话框，在该对话框中选择【渐变叠加】选项，并设置【渐变叠加】参数，将【混合模式】设置为【正常】，将【不透明度】设置为 100%，选择一种渐变样式进行设置，将【样式】设置为【线性】，将【角度】设置为 90 度，将【缩放】设置为 100%，如图 5-142 所示。

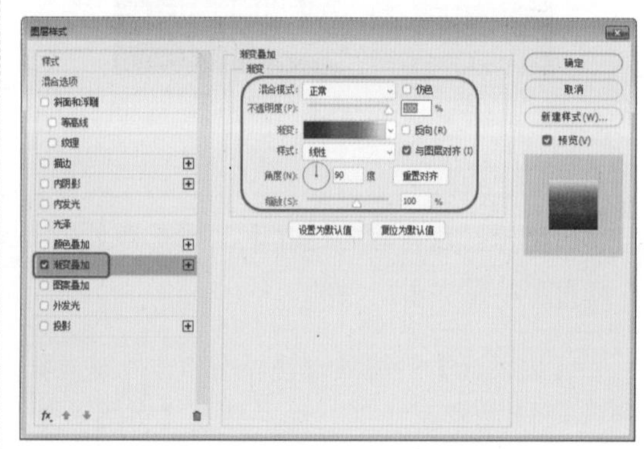

图 5-142　设置【渐变叠加】参数

02 设置完成后单击【确定】按钮，效果如图 5-143 所示。

图 5-143　设置后的效果

该选项与【颜色叠加】选项一样，都可以将原有的颜色进行叠加改变，然后通过调整混合模式与不透明度控制渐变颜色的不同效果。

◎　【混合模式】：它以图像和黑白渐变为编辑对象，其模式与图层的【混合模式】一样，用于设置使用渐变叠加时色彩混合的模式。

◎　【不透明度】：用于设置对图像进行渐变叠加时色彩的不透明程度。

◎　【渐变】：设置使用的渐变色。

◎　【样式】：用于设置渐变类型。

8. 图案叠加

使用【图案叠加】选项可以选择一种图案叠加到原有图像上。

01 打开【素材 \Cha05\ 特效素材 .psd】素材文件，打开【图层样式】对话框，选择【图案叠加】选项，并设置【图案叠加】参数，将【混合模式】设置为【线性光】，将【不透明度】设置为 54%，选择一种图案，将【缩放】设置为 347%，如图 5-144 所示。

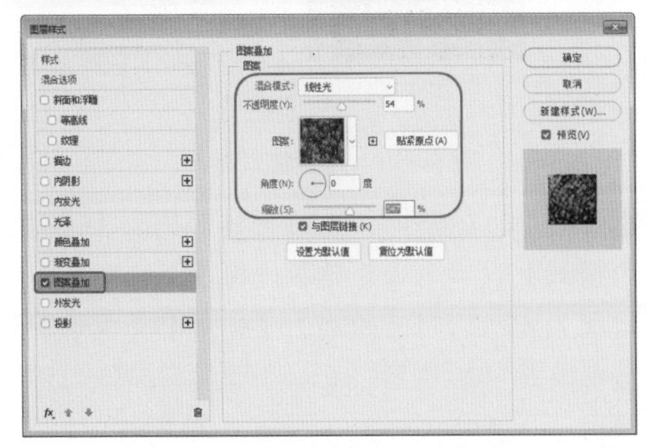

图 5-144　设置【图案叠加】参数

02 设置完成后单击【确定】按钮，如图 5-145 所示。

图 5-145　设置后的效果

9. 外发光

使用【外发光】选项可以围绕图层内容的边缘创建外部发光效果。

01 打开【素材 \Cha05\ 特效素材 .psd】素材文件，如图 5-146 所示。

图 5-146　素材文件

02 选择【文字】图层，然后打开【图层样式】对话框，选中【外发光】复选框，将【混合模式】设置为【滤色】，将【不透明度】设置为 64%，将【杂色】设置为 0%，选择渐变颜色并进行设置，将【方法】设置为【柔和】，将【扩展】设置为 50%，将【大小】设置为 29 像素，将【范围】设置为 50%，如图 5-147 所示。

03 设置完成后单击【确定】按钮，设置后的效果如图 5-148 所示。

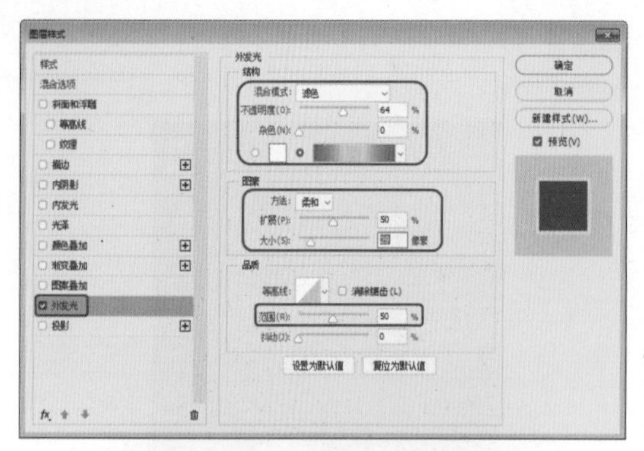

图 5-147　设置外发光参数

图 5-148　设置后的效果

【外发光】面板各参数的含义如下。

◎　【可选颜色】：选中色块单选按钮，然后单击色块，在弹出的【拾色器】对话框中可以选择一种颜色作为外发光的颜色；选中右侧的渐变单选按钮，然后单击渐变条，可在弹出的【渐变编辑器】对话框中设置渐变颜色作为外发光颜色。

◎　【方法】：包括【柔和】和【精确】两个选项，用于设置光线的发散效果。

◎　【扩展】和【大小】：用于设置外发光的模糊程度和亮度。

◎　【范围】：该选项用于设置颜色不透明度的过渡范围。

◎　【抖动】：用于改变渐变的颜色和不透明度的应用。

10. 投影

使用【投影】选项可以为图层内容添加投影，使其产生立体感。

01 打开【素材 \Cha05\ 特效素材 .pad】素材文件，如图 5-149 所示。

图 5-149　打开素材文件

02 双击【盛大开盘】文本图层的右侧，打开【图层样式】对话框，选中【投影】复选框，单击【混合模式】右侧的【设置阴影颜色】色块，弹出【拾色器（投影颜色）】对话框，将颜色设置为 #b7881e，单击【确定】按钮，如图 5-150 所示。

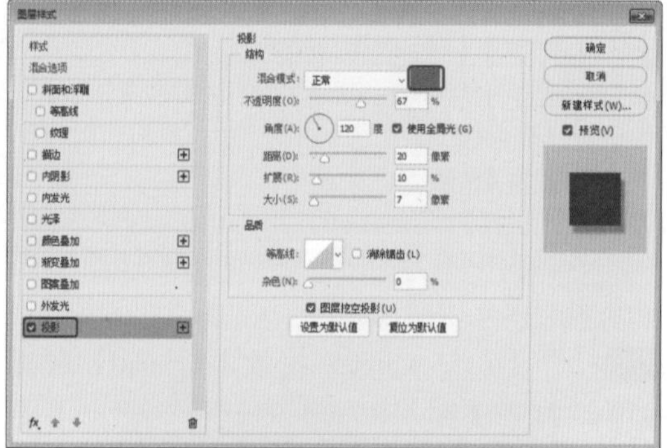

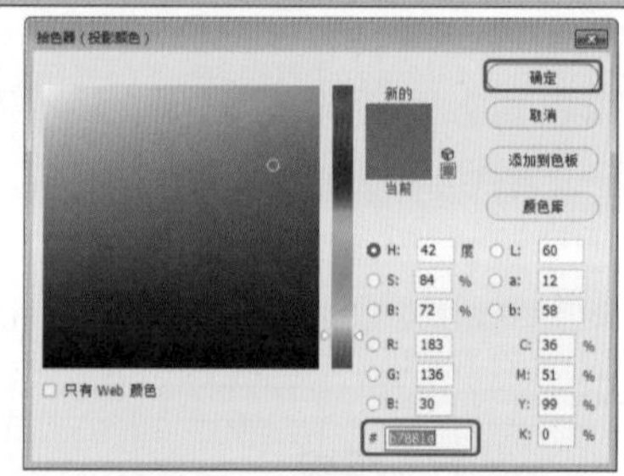

图 5-150　设置投影颜色

03 执行以上操作后单击【确定】按钮，将【混合模式】设置为【正常】，将【不透明度】设置为 67%，将【距离】【扩展】【大小】分别设置为 20 像素、10%、7 像素，如图 5-151 所示。

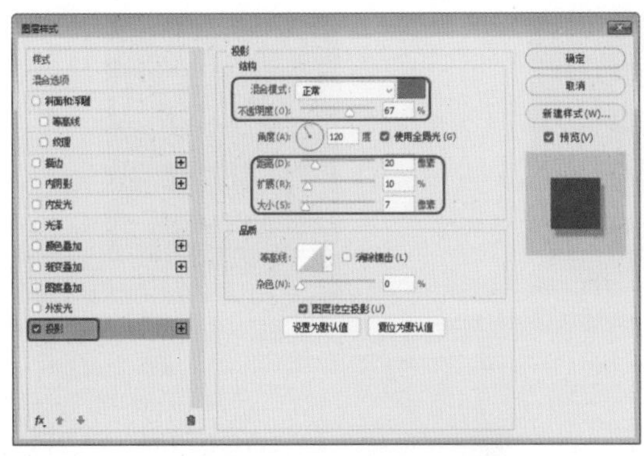
图 5-151 设置【投影】参数

04 单击【确定】按钮，设置投影后的效果如图 5-152 所示。

图 5-152 设置投影后的效果

◎ 【混合模式】：用来设置投影与下面图层的混合模式，该选项默认为【正片叠底】。

◎ 【投影颜色】：单击【混合模式】右侧的色块，可以在打开的对话框中设置投影的颜色。

◎ 【不透明度】：拖动滑块或输入数值可以设置投影的不透明度。该值越大，投影越深，该值越小，投影越浅，如图 5-153 所示。

图 5-153 设置不透明度

◎ 【角度】：确定效果应用于图层时所采用的光照角度。可以在文本框中输入数值，也可以拖动圆形的指针来进行调整，指针的方向为光源的方向，如图 5-154 所示。

图 5-154 设置角度

◎ 【使用全局光】：选中该复选框，所产生的光源作用于同一个图像中的所有图层；取消选中该复选框，产生的光源只作用于当前编辑的图层。

◎ 【距离】：控制阴影离图层中图像的距离，值越大，投影越远。也可以将鼠标指针放在场景文件的投影上，当指针变为 形状时，单击并拖动鼠标，可以直接调整摄影的距离和角度，如图 5-155 所示。

图 5-155 拖动投影的距离

◎ 【扩展】：用来设置投影的扩展范围，受后面【大小】选项的影响。

◎ 【大小】：用来设置投影的模糊范围，值越大，模糊范围越广；值越小，投影越清晰。如图 5-156 所示为相同【大小】值不同【扩展】值的投影效果。

图 5-156　相同【大小】值不同【扩展】值的效果

◎　【等高线】：使用这个选项可以使图像产生立体的效果。单击其下拉按钮会弹出【等高线“拾色器”】窗口，从中可以根据图像选择适当的模式，如图 5-157 所示。

图 5-157　12 种等高线模式

◎　【消除锯齿】：选中该复选框，在用固定的选区做一些变化时，可以使变化的效果不至于显得很突然，使效果过渡变得柔和。

◎　【杂色】：用来在投影中添加杂色。该值较高时，投影将显示为点状，如图 5-158 所示。

◎　【图层挖空投影】：用来控制半透明图层中投影的可见性。选中该复选框后，如果当前

【混合模式】中的填充【不透明度】小于 100%，则半透明图层中的投影不可见，如图 5-159 所示；图 5-160 所示为取消选中该复选框的效果。

图 5-158　添加杂色后的效果

图 5-159　选中【图层挖空投影】

图 5-160　未选中【图层挖空投影】

如果觉得这里的模式太少，可以通过打开【等高线“拾色器”】窗口后，单击右上角的⚙按钮，打开如图 5-161 所示的菜单。

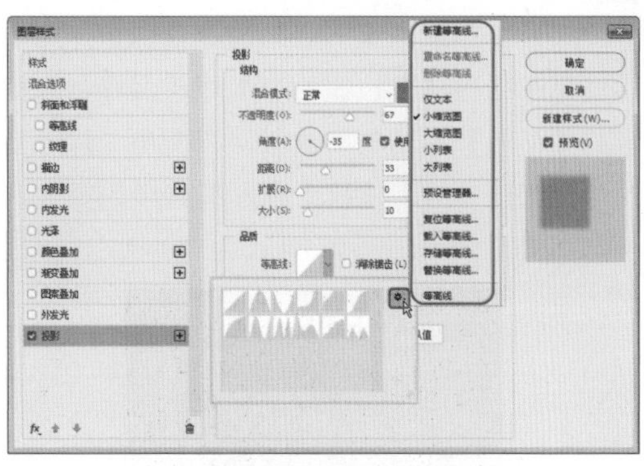

图 5-161　下拉菜单

下面介绍如何新建一个等高线和等高线的一些基本操作。

单击等高线图标可以弹出【等高线编辑器】对话框，如图 5-162 所示。

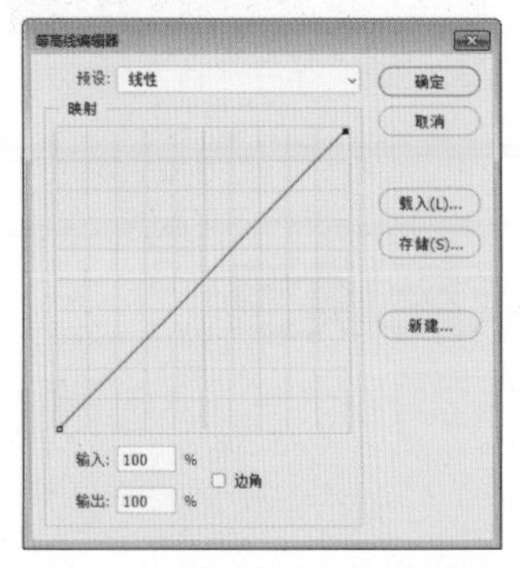

图 5-162　【等高线编辑器】对话框

◎　【预设】：在下拉列表框中可以先选择比较接近用户需要的等高线，然后在【映射】区中的曲线上面单击添加锚点，用鼠标拖动锚点会得到一条曲线，其默认的模式是平滑的曲线。

◎　【输入】和【输出】：【输入】指的是图像在该位置原来的色彩相对数值；【输出】指的是通过这条等高线处理后，得到的图像在该处的色彩相对数值。

◎　【边角】：这个复制项可以确定曲线是圆滑的还是尖锐的。

完成对曲线的制作以后单击【新建】按钮，弹出【等高线名称】对话框，如图 5-163 所示。

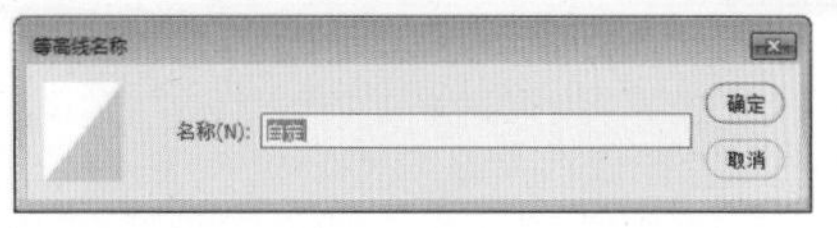

图 5-163　【等高线名称】对话框

如果对当前调整的等高线进行保留，可以通过单击【存储】按钮对等高线进保存，在弹出的【存储】对话框中命名保存即可，保存后的效果如图 5-164 所示。载入等高线的操作和保存类似。

图 5-164　保存后的素材文件

课后项目练习

粽子包装设计

某公司需要制作粽子包装。端午节是中国传统节日，早期的节日文化，反映的是古人自然崇拜、固本思源等人文精神；一系列的祭祀活动，则蕴含着祇敬感德、礼乐文明等深邃的文化内涵。粽子包装设计效果如图 5-165 所示。

图 5-165　粽子包装设计

课后项目练习过程概要：

（1）使用【矩形工具】绘制背景图形并填充颜色。

（2）为图层添加渐变效果，然后输入文字与置入素材文件，最终制作出粽子包装设计效果。

素材：	素材 \Cha05\ 粽子素材 01.jpg、粽子素材 02.png、粽子素材 03.png、粽子素材 04.png
场景：	场景 \Cha05\ 粽子包装设计 .psd
视频：	视频教学 \Cha05\ 粽子包装设计 .mp4

01 按 Ctrl+N 组合键，在弹出的对话框中将【宽度】【高度】分别设置为 1000 像素、820 像素，将【分辨率】设置为 300 像素 / 英寸，将【颜色模式】设置为 RGB 颜色，单击【创建】按钮，在菜单栏中选择【文件】|【置入嵌入对象】命令，在弹出的对话框中选择【素材 \Cha05\ 粽子素材 01.jpg】素材文件，单击【置入】按钮，单击鼠标置入素材，适当地调整对象的位置与大小，如图 5-166 所示。

图 5-166　新建文档并置入素材

02 在菜单栏中选择【视图】|【通过形状新建参考线】命令，如图 5-167 所示。

03 在工具箱中单击【矩形工具】按钮，在工作区中绘制图形，在【属性】面板中将【填充】设置为 244、236、227，将【描边】设置为无，如图 5-168 所示。

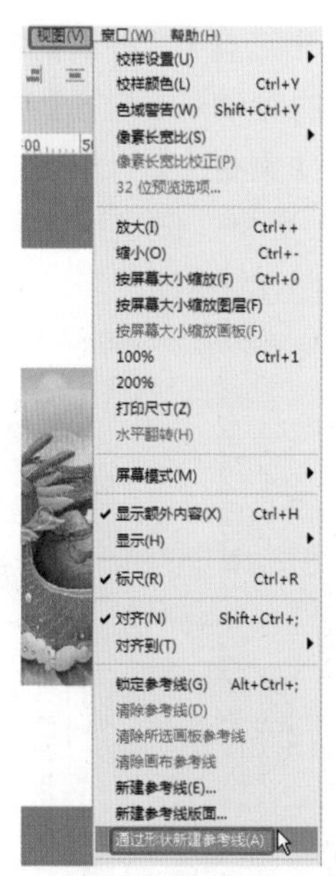

图 5-167　选择【通过形状新建参考线】命令

图 5-168　绘制矩形

04 使用【矩形工具】绘制图形，在【属性】面板中将 W、H 分别设置为 118 像素、451 像素，将 X、Y 分别设置为 594 像素、185 像素，将【填充】设置为无，将【描边】设置为 29、81、42，将【描边宽度】设置为 0.5 点，单击【描边宽度】右侧的按钮，选中【虚线】复选框，将【虚线】【间隙】设置为 4、2，如图 5-169 所示。

05 使用同样的方法在工作区中绘制图形，在【属性】面板中将 X、Y 分别设置为 582 像素、176 像素，将【填充】设置为 29、81、42，将【描边】设置为无，选中绘制的图形并进行复制，调整复制图形后的位置，如图 5-170 所示。

06 在工具箱中单击【直排文字工具】按钮 ↓T，在工作区中单击鼠标，输入文字【端午】，选中输入的文字，在【字符】面板中将【字体】设置为【迷你简启体】，将【字体大小】设置为 26 点，将【字符间距】设置为 120，将【颜色】的 RGB 值设置为 29、80、42，如图 5-171 所示。

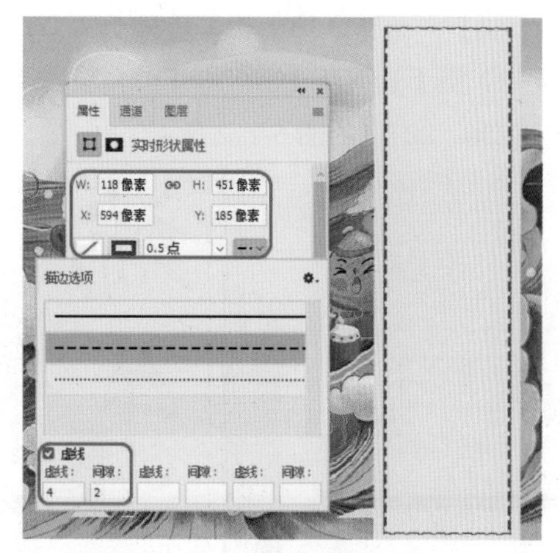

图 5-169　绘制图形并进行设置

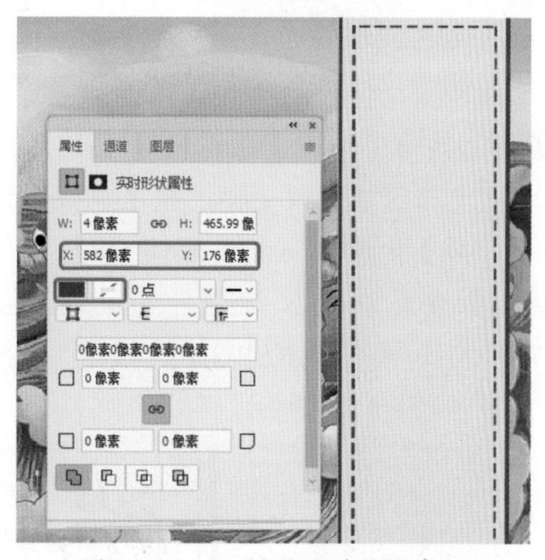

图 5-170　绘制图形并设置参数

图 5-171　输入文字并设置参数

07 在菜单栏中选择【文件】|【置入嵌入对象】命令，在弹出的对话框中选择【素材\Cha05\粽子素材02.png】素材文件，单击【置入】按钮，单击鼠标置入素材，适当地调整对象的位置与大小，使用【直排文字工具】输入文字【美味】，在【字符】面板中将【字体】设置为【Adobe黑体 Std】，将【字体大小】设置为6点，将【字符间距】设置为120，将【颜色】设置为244、236、227，如图5-172所示。

图5-172　置入素材并输入文字

08 在工具箱中单击【直排文字工具】按钮，在工作区中输入文字，在【字符】面板中将【字体】设置为【Adobe黑体 Std】，将【字体大小】设置为3点，将【字符间距】设置为75，将【颜色】的RGB值设置为28、78、42，如图5-173所示。

图5-173　再次输入文字

09 在菜单栏中选择【文件】|【置入嵌入对象】命令，在弹出的对话框中选择【素材\Cha05\粽子素材03.png】素材文件，单击【置入】按钮，单击鼠标置入素材，适当地调整对象的位置与大小，如图5-174所示。

图5-174　置入素材文件并调整对象

10 在工具箱中单击【矩形工具】按钮，在工作区中绘制图形，在【属性】面板中将W、H分别设置为178像素、465像素，将X、Y分别设置为822像素、176像素，将【填充】的RGB值设置为0、74、129，将【描边】设置为无，如图5-175所示。

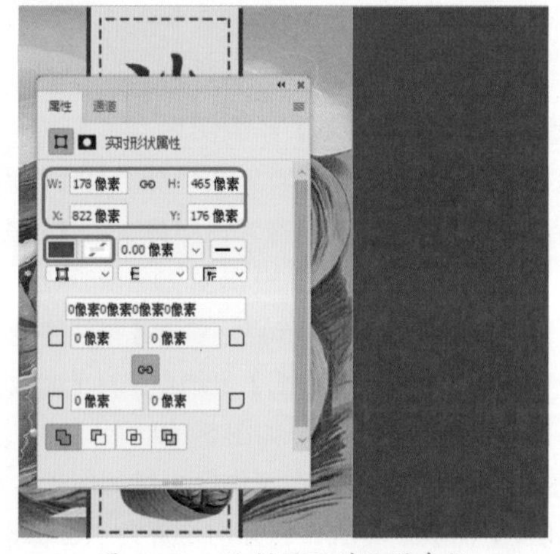

图5-175　绘制图形并设置参数

11 选中绘制的图形，按Alt键拖曳鼠标复制多个图形，并调整复制图形的位置与大小，如图5-176所示。

图 5-176　复制多个图形

12 在工具箱中单击【横排文字工具】按钮 T，输入文字【心意礼粽】，在【字符】面板中将【字体】设置为【Adobe 黑体 Std】，将【字体大小】设置为 7 点，将【字符间距】设置为 50，将【颜色】设置为白色，如图 5-177 所示。

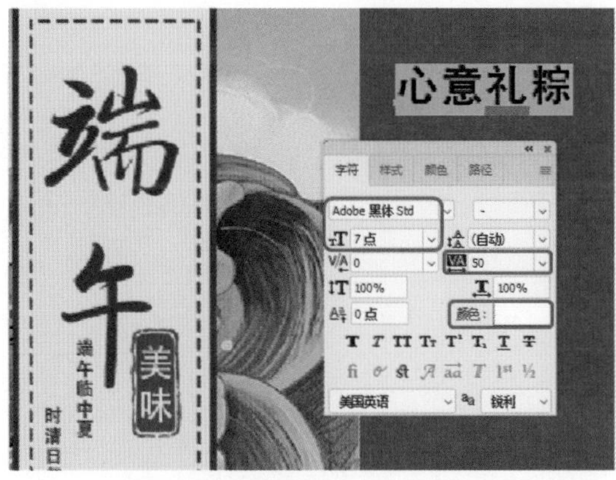

图 5-177　输入文字并设置参数

13 在工具箱中单击【横排文字工具】按钮 T，在工作区中输入文字，在【字符】面板中将【字体】设置为【微软雅黑】，将【字体大小】设置为 2.5 点，将【行距】设置为 4 点，将【字符间距】设置为 80，将【颜色】设置为白色，如图 5-178 所示。

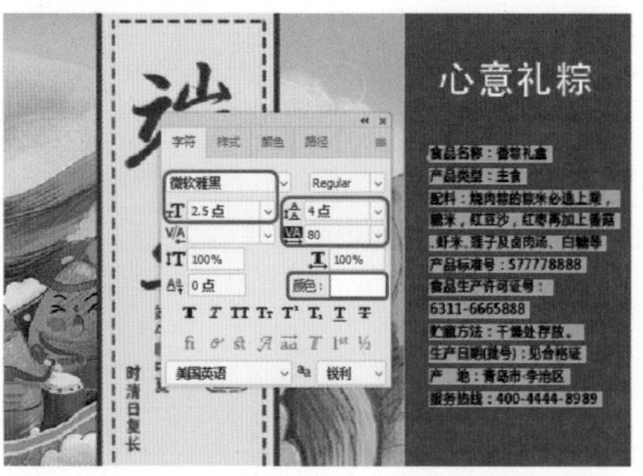

图 5-178　再次输入文字并设置参数

14 在菜单栏中选择【文件】|【置入嵌入对象】命令，在弹出的对话框中选择【素材 \Cha05\ 粽子素材 04.png】素材文件，单击【置入】按钮，单击鼠标置入素材，适当地调整对象的位置与大小，如图 5-179 所示。

图 5-179　置入素材并进行调整

第 06 章

婚礼展架设计——文本的创建与编辑

在平面设计作品中，文字不仅可以传达信息，还能起到美化版面、强化主题的作用。Photoshop 的工具箱中包含 4 种文字工具，可以创建不同类型的文字。本章介绍点文本、段落文本和蒙版文本的创建及对文本的编辑。

本章导读

基础知识	创建文本　设置文本
重点知识	将文字转换为工作路径　变形文字
提高知识	输入水平与垂直文字　输入横排文字蒙版、直排文字蒙版

案例精讲
婚礼展架设计

为了更好地完成本设计案例，现对制作要求及设计内容做如下规划，效果如图 6-1 所示。

作品名称	婚礼展架设计
作品尺寸	1500px×3375 px
设计创意	（1）利用【横排文字工具】输入文字，并将文字转换为形状，将转换形状的文字调整为艺术字效果。 （2）通过为文字添加【投影】效果使文字更加立体化。
主要元素	（1）幻彩背景。 （2）人物婚纱照。 （3）装饰花纹。
应用软件	Photoshop CC 2020
素材：	素材 \Cha06\ 婚礼素材 01.jpg、婚礼素材 02.jpg、婚礼素材 03.png~ 婚礼素材 05.png
场景：	场景 \Cha06\【案例精讲】婚礼展架设计 .psd
视频：	视频教学 \Cha06\【案例精讲】婚礼展架设计 .mp4
婚礼展架设计效果欣赏	图 6-1　婚礼展架设计

01 按 Ctrl+O 组合键，打开【素材 \Cha06\ 婚礼素材 01.jpg】素材文件，如图 6-2 所示。

02 在工具箱中单击【横排文字工具】T，在工作区中单击鼠标，输入文字，选中输入的文字，在【字符】面板中将【字体】设置为【迷你简中倩】，将【字体大小】设置为 235 点，将【颜色】设置为白色，并在工作区中调整文字的位置，如图 6-3 所示。

图 6-2　打开的素材文件

图 6-3　输入文字并进行设置

03 在工作区中使用同样的方法输入其他文字，并对其进行相应的设置与调整，英文文字【字体】设置为【方正报宋简体】，效果如图 6-4 所示。

图 6-4　输入其他文字并调整后的效果

04 在【图层】面板中选择所有的文字图层，右击鼠标，在弹出的快捷菜单中选择【转换为形状】命令，如图 6-5 所示。

图 6-5　选择【转换为形状】命令

05 继续在【图层】面板中选择所有的文字图层，在菜单栏中选择【图层】|【合并形状】|【统一形状】命令，如图 6-6 所示。

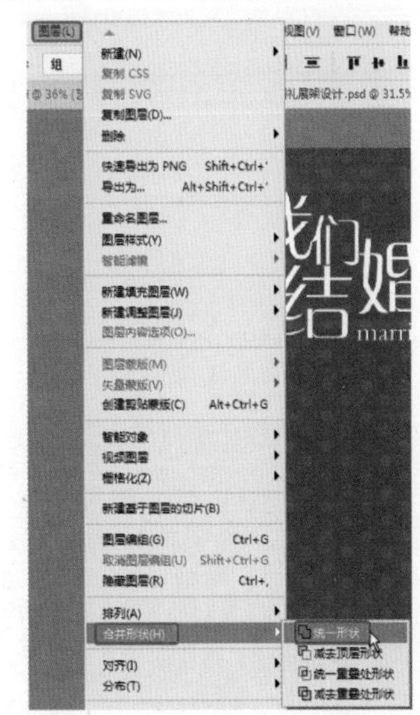

图 6-6　选择【统一形状】命令

06 在工具箱中单击【直接选择工具】，在工作区中选择合并后的形状，对其进行调整，在【图层】面板中选择 married 图层，将其重命名为【艺术字】，效果如图 6-7 所示。

07 双击【艺术字】图层，在弹出的对话框中选择【投影】选项，参数设置如图 6-8 所示。

08 单击【确定】按钮，添加投影后的效果如图 6-9 所示。

图 6-7 调整文字图形后的效果

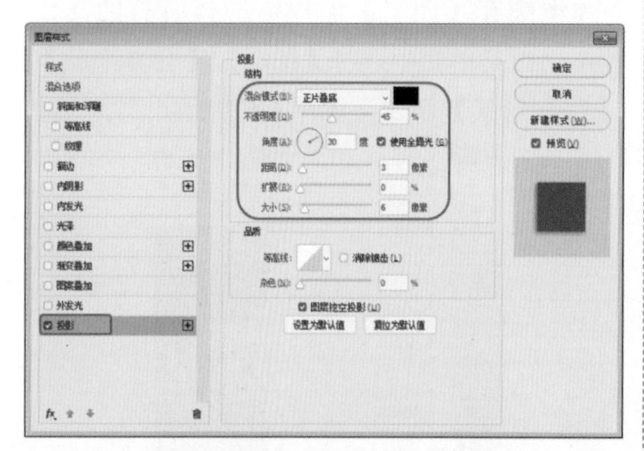

图 6-8 设置【投影】参数

图 6-9 添加投影后的效果

09 在工具箱中单击【矩形工具】按钮，绘制 W、H 为 1017 像素、1485 像素的矩形形状，将【填充】的颜色值设置为 # 9b0a20，将【描边】设置为白色，将【描边宽度】设置为 11 像素，如图 6-10 所示。

10 在菜单栏中选择【文件】|【置入嵌入对象】命令，置入【素材 \Cha06\ 婚礼素材 02.png】素材文件，适当调整对象的大小及位置，右击鼠标，在弹出的快捷菜单中选择【创建剪贴蒙版】命令，如图 6-11 所示。

图 6-10 设置矩形参数

图 6-11 创建剪贴蒙版

11 置入【婚礼素材 03.png】【婚礼素材 04.png】素材文件，适当地调整素材文件，如图 6-12 所示。

图 6-12 置入素材文件

12 在工具箱中单击【横排文字工具】按钮 T，输入段落文本，在【字符】面板中将【字体】设置为【微软雅黑】，将【字体系列】设置为Regular，将【字体大小】设置为23点，将【行距】设置为35点，将【字符间距】设置为0，【颜色】设置为白色，在【段落】面板中单击【居中对齐文本】按钮，如图6-13所示。

图 6-13　设置文本参数

13 在菜单栏中选择【文件】|【置入嵌入对象】命令，置入【素材\Cha06\婚礼素材05.png】素材文件，适当地调整对象的大小及位置，如图6-14所示。

图 6-14　置入素材文件

14 在工具箱中单击【横排文字工具】按钮 T，输入段落文本，在【字符】面板中将【字体】设置为【方正准圆简体】，将【字体大小】设置为93点，将【字符间距】设置为10，【颜色】设置为白色，如图6-15所示。

图 6-15　输入文本并进行设置

15 在工具箱中单击【横排文字工具】按钮 T，输入段落文本，在【字符】面板中将【字体】设置为【方正准圆简体】，将【字体大小】设置为31点，将【字符间距】设置为10，【颜色】设置为白色，如图6-16所示。

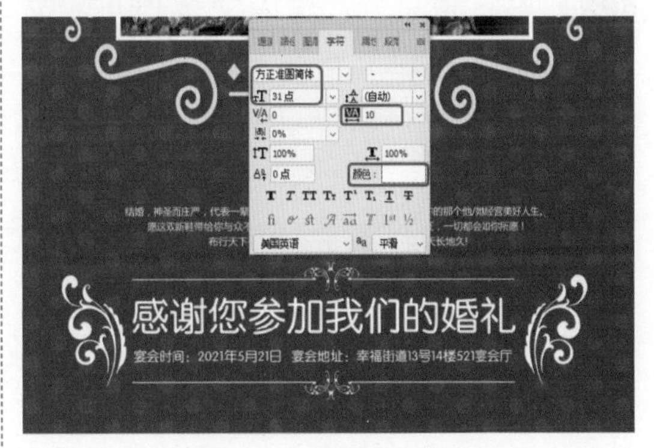

图 6-16　设置文本参数

6.1 创建文本

本节将介绍创建文本的方法，其中包括输入水平与垂直文字，输入段落文字，横排文字蒙版、直排文字蒙版的输入，其次介绍点文本与段落文本之间的转换。

6.1.1　输入水平与垂直文字

下面介绍【横排文字工具】和【直排文字工具】的使用方法。

1. 【横排文字工具】的使用方法

01 打开【素材\Cha06\素材01.jpg】素材文件，在工具箱中选择【横排文字工具】T，在工具选项栏中将【字体】设置为【汉仪雪峰体简】，将【字体大小】设置为130点，将文本颜色的RGB值设置为230、30、84，如图6-17所示。

图 6-17 设置参数

02 此时单击鼠标，输入文本即可，按Ctrl+Enter组合键确认输入，如图6-18所示。

图 6-18 输入文字

提示：当用户在图形上输入文本后，系统将会为输入的文字单独生成一个图层。

2. 【直排文字工具】的使用方法

01 打开【素材\Cha06\素材02.jpg】素材文件，在工具箱中选择【直排文字工具】IT，在工具选项栏中将【字体】设置为【经典繁颜体】，将【字体大小】设置为50点，将文本颜色的RGB值设置为244、11、72，如图6-19所示。

02 在打开的图形上单击鼠标，输入文本即可，按Ctrl+Enter组合键确认输入，如图6-20所示。

图 6-19 设置参数

图 6-20 输入文字

知识链接：如何使用【字符】面板

【字符】面板提供了比工具选项栏更多的选项，如图6-21所示，图6-22所示为面板菜单。字体系列、字体样式、字体大小、文字颜色和消除锯齿等都与工具选项栏中的相应选项相同，下面介绍其他选项。

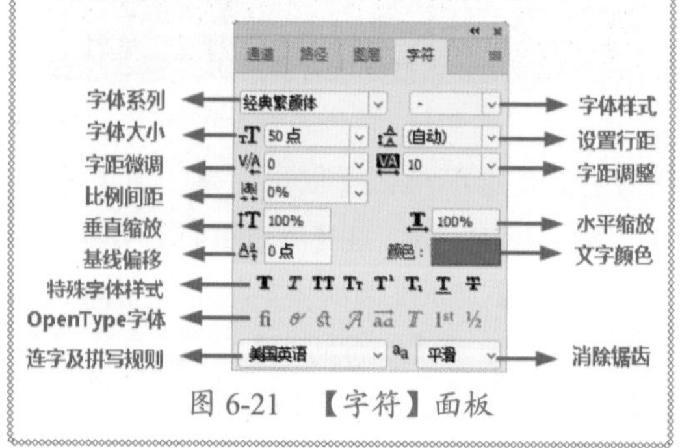

图 6-21 【字符】面板

图 6-22 【字符】面板快捷菜单

◎ 【设置行距】：行距是指文本中各个文字行之间的垂直间距。同一段落的行与行之间可以设置不同的行距，但文字行中的最大行距决定了该行的行距。图 6-23 所示是行距为 72 点的文本，图 6-24 所示是行距调整为 150 点的文本。

图 6-23 行距为 72 点的文字

图 6-24 行距为 100 点的文字

◎ 【字距微调】：用来调整两个字符之间的间距。在操作时首先在要调整的两个字符之间单击，设置插入点，如图 6-25 所示，然后再调整数值。图 6-26 所示为增加数值后的文本，图 6-27 所示为减少数值后的文本。

图 6-25 设置插入点

图 6-26 增加数值后的文本

图 6-27 减少数值后的文本

◎ 【字距调整】：选择了部分字符时，可调整所选字符的间距，如图 6-28 所示；没有选择字符时，可调整所有字符的间距，如图 6-29 所示。

图 6-28 调整所选字符的间距

图 6-29 调整所有字符的间距

◎ 【比例间距】：用来设置所选字符的比例间距。

◎ 【水平缩放】【垂直缩放】：【水平缩放】用于调整字符的宽度，【垂直缩放】用于调整字符的高度。这两个百分比相同时，可进行等比缩放；不同时，可进行不等比缩放。

◎ 【基线偏移】：用来控制文字与基线的距离，它可以升高或降低所选文字，如图 6-30 所示。

◎ 【OpenType 字体】：包含当前 PostScript 和 TrueType 字体不具备的功能，如花饰字和自由连字。

◎ 【连字及拼写规则】：可对所选字符进行有关连字符和拼写规则的语言设置。Photoshop 使用语言词典检查连字符连接。

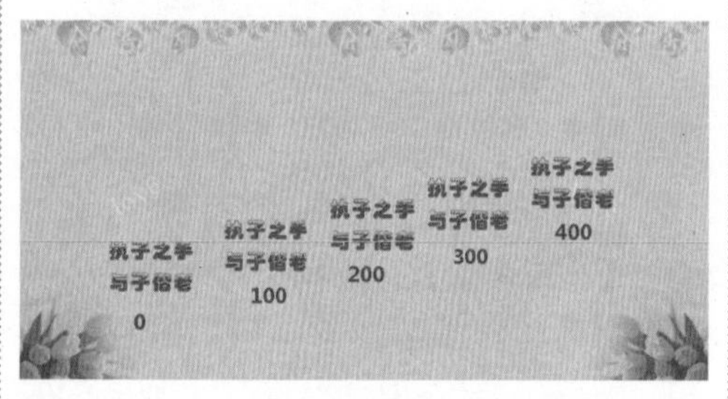

图 6-30 基线偏移

【实战】粉笔字效果

本案例介绍如何制作粉笔字效果，将输入的文本栅格化，通过添加【铜版雕刻】滤镜，制作出的粉笔字效果，如图 6-31 所示。

图 6-31 粉笔字

素材：	素材 \Cha06\ 黑板 .jpg
场景：	场景 \Cha06\【实战】粉笔字效果 .psd
视频：	视频教学 \Cha06\【实战】粉笔字效果 .mp4

01 按 Ctrl+O 组合键，打开【素材 \Cha06\ 黑板 .jpg】素材文件，如图 6-32 所示。

图 6-32 打开素材文件

02 在工具箱中单击【横排文字工具】按钮 T，输入文本，在【字符】面板中将【字体】设置为【汉仪综艺体简】，【字体大小】设置为 182 点，【字符间距】设置为 0，【颜色】设置为白色，如图 6-33 所示。

图 6-33 设置文本参数

03 将【青春不散场】图层按住鼠标拖曳至【创建新图层】按钮 ⊞ 上复制图层，将复制后的图层重命名为【粉笔字】，单击鼠标右键，在弹出的快捷菜单中选择【栅格化文字】命令，取消显示【青春不散场】图层，效果如图 6-34 所示。

图 6-34 栅格化文字

04 按住 Ctrl 键的同时单击【粉笔字】图层左侧的缩略图，载入文字选区，选中【粉笔字】图层，单击【图层】面板底部的【添加矢量蒙版】按钮，在菜单栏中选择【滤镜】|【像素化】|【铜版雕刻】命令，将【类型】设置为【中长描边】，单击【确定】按钮，如图 6-35 所示。

图 6-35 添加【铜版雕刻】滤镜

05 继续在菜单栏中选择【滤镜】|【像素化】|【铜版雕刻】命令，将【类型】设置为【粗网点】，单击【确定】按钮，如图 6-36 所示。

图 6-36 继续添加【铜版雕刻】滤镜

06 按 Ctrl+Alt+F 组合键加深效果，最终效果如图 6-37 所示。

图 6-37 最终效果

6.1.2 输入段落文字

段落文字是在文本框内输入的文字，它具有自动换行、可调整文字区域大小等优势。在处理文字量较大的文本时，可以使用段落文字来完成。下面具体介绍段落文字的创建。

01 打开【段落文字背景.jpg】素材文件，在工具箱中选择【横排文字工具】，在工作区单击并拖动鼠标拖出一个矩形定界框，如图 6-38 所示。

图 6-38 创建矩形定界框

02 释放鼠标，在素材图形中出现一个闪烁的光标后，进行文本的输入，这时当输入的文字到达文本框边界时系统会自动换行，如图 6-39 所示。完成文本的输入后，按 Ctrl+Enter 组合键确定。

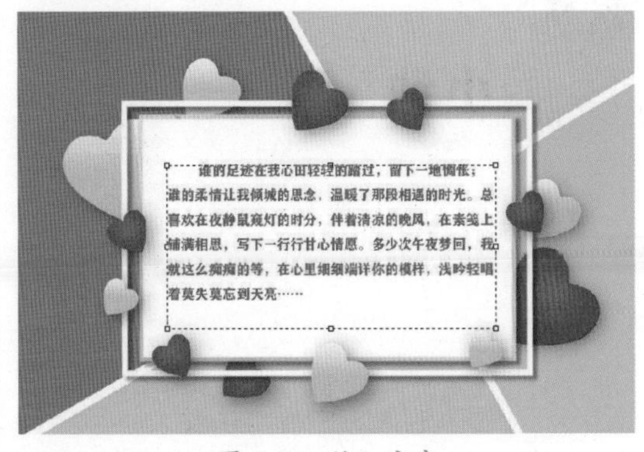

图 6-39 输入文字

03 当文本框内不能显示全部文字时，它右下角的控制点会显示为⊞状，如图 6-40 所示。拖动文本框上的控制点可以调整定界框的大小，字体会在调整后的文本框内进行重新排列。

图 6-40　调节定界框

■ 6.1.3　点文本与段落文本之间的转换

在文本的输入中，点文本与段落文本之间是可以转换的。下面详细介绍点文本和段落文本之间的转换方法。

1. 段落文本转换为点文本

下面介绍段落文本转换为点文本的操作方法。

01 打开【素材 \Cha06\ 素材 03.psd】素材文件，在【图层】面板中的文字图层上右击鼠标，在弹出的快捷菜单中选择【转换为点文本】命令，如图 6-41 所示。

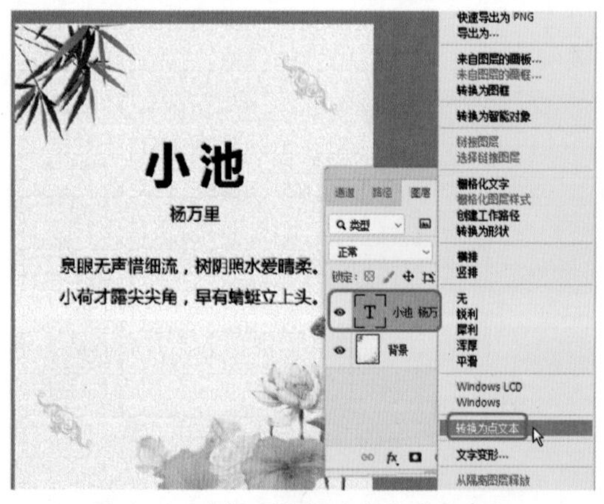

图 6-41　选择【转换为点文本】命令

02 执行操作后，即可将其转换为点文本，效果如图 6-42 所示。也可以通过在菜单栏中选择【文字】|【转换为点文本】命令来转换点文本。

图 6-42　完成后的效果

2. 点文本转换为段落文本

下面介绍如何将点文本转换为段落文本。

01 继续上一个案例的操作，在【图层】面板中右击文字图层，在弹出的快捷菜单中选择【转换为段落文本】命令，如图 6-43 所示。

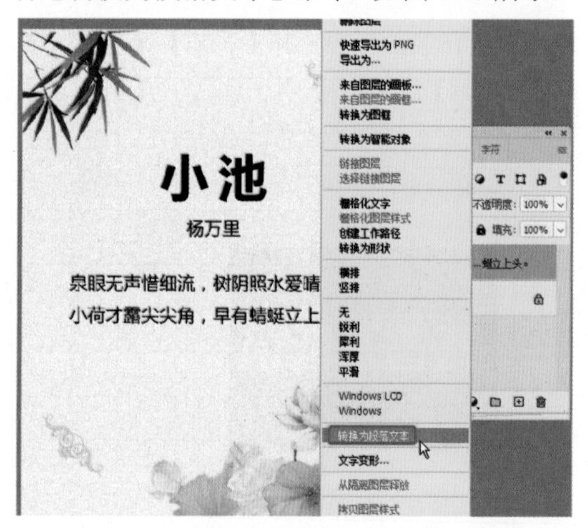

图 6-43　选择【转换为段落文本】命令

02 执行操作后即可将点文本转换为段落文本，完成后的效果如图 6-44 所示。

图 6-44　转换成段落文本

6.1.4 横排文字蒙版的输入

下面介绍横排文字蒙版的输入方法。

01 打开【素材\Cha06\素材 04.jpg】素材文件，在工具箱中单击【横排文字蒙版工具】按钮 ，在工具选项栏中将文字【字体】设置为【方正行楷简体】，将【字体大小】设置为 160 点，如图 6-45 所示。

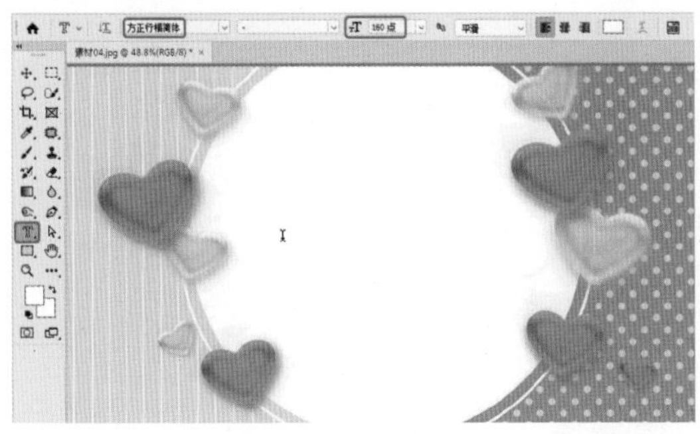

图 6-45 设置文字

02 单击该图片确定文字的输入点，图像会迅速地出现一个红色蒙版，如图 6-46 所示。

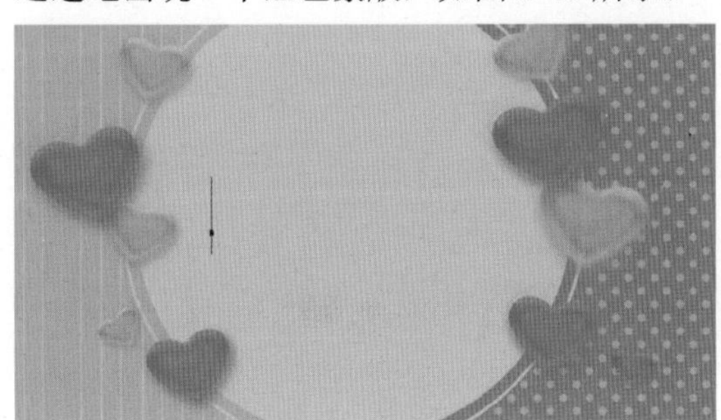

图 6-46 创建蒙版

03 输入文字，并按 Ctrl+Enter 组合键确认，如图 6-47 所示。

图 6-47 输入文字

04 在工具箱中选择【渐变工具】，在工具选项栏的【点按可编辑渐变】中选择渐变色，对文字进行填充，按 Ctrl+D 组合键取消选区，完成后的效果如图 6-48 所示。

图 6-48 完成后的效果

6.1.5 直排文字蒙版的输入

下面介绍直排文字蒙版的输入方法。

01 打开【素材\Cha06\素材 05.jpg】素材文件，在工具箱中单击【直排文字蒙版工具】按钮 ，在工具选项栏中将文字【字体】设置为【方正行楷简体】，将【字体大小】设置为 130 点，如图 6-49 所示。

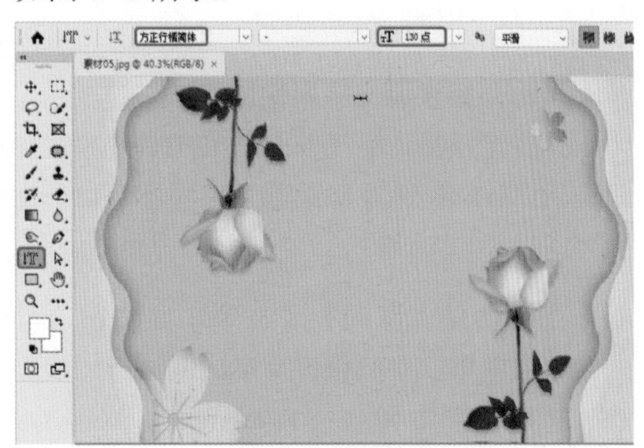

图 6-49 设置文字

02 单击该图片确定文字的输入点，图像会迅速地出现一个红色蒙版，如图 6-50 所示。

图 6-50 创建蒙版

03 输入文字，并按 Ctrl+Enter 组合键确认，如图 6-51 所示。

04 在工具箱中选择【渐变工具】，在工具选项栏的【点按可编辑渐变】中选择渐变色，对文字进行填充，按 Ctrl+D 组合键取消选区，完成后的效果如图 6-52 所示。

图 6-51 输入文字

图 6-52 完成后的效果

6.2 设置文本

本节介绍设置文本的方法，其中包括设置文字属性、设置文字字形、应用文字样式，其次介绍栅格化文字、将文字转换为工作路径、载入文本路径、将文字转换为智能对象的方法。

6.2.1 设置文字属性

下面介绍设置文字属性的方法。

选择【横排文字工具】，其工具选项栏如图 6-53 所示。

图 6-53 文本工具选项栏

◎ 【切换文本取向】：单击此按钮，可以在横排文字和直排文字之间进行切换。

◎ 【字体】下拉列表框：在该下拉列表框中，可以设置字体类型。

◎ 【字体大小】下拉列表框：在该下拉列表框中，可以设置字体大小。

◎ 【消除锯齿】下拉列表框：消除锯齿的方法，包括【无】【锐利】【犀利】【浑厚】和【平滑】等，通常设定为【平滑】。

◎ 【段落格式】设置区：包括【左对齐文本】、【居中对齐文本】和【右对齐文本】。

◎ 【文本颜色】设置项：单击可以弹出拾色器，从中可以设置文本颜色。

6.2.2 设置文字字形

为了增强文字的效果，可以创建变形文本。下面介绍设置文字变形的方法。

01 打开【素材\Cha06\素材 06.psd】素材文件，在工具箱中选择【横排文字工具】，在素材中选择文字，如图 6-54 所示。

02 在工具选项栏中单击【创建变形文字】按钮，在弹出的【变形文字】对话框中单击【样式】右侧的下三角按钮，在弹出的下拉列表中选择【旗帜】选项，参数设置如图 6-55 所示。

图 6-54　选择素材中的文字

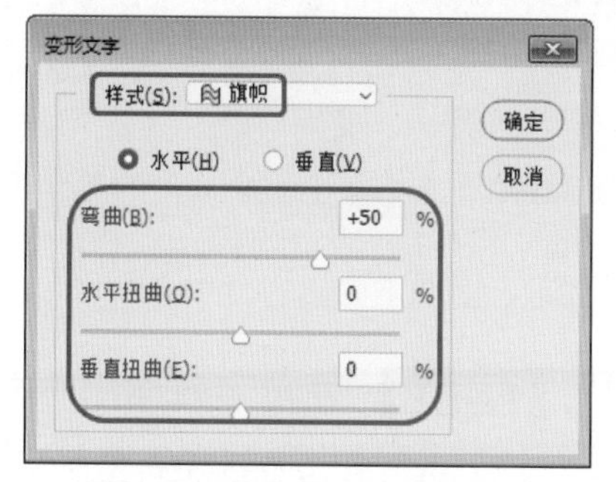

图 6-55　【变形文字】对话框

03 单击【确定】按钮，即可完成对文字的变形，效果如图 6-56 所示。

图 6-56　文字变形后的效果

6.2.3　应用文字样式

下面介绍如何应用文字样式，不同的文字样式会呈现不同的效果。

01 继续上一个案例的操作，在工具箱中选择【横排文字工具】T，在素材图形中选择文字，在工具选项栏中单击【设置字体系列】下三角按钮，在弹出的下拉列表中选择【方正魏碑简体】选项，如图 6-57 所示。

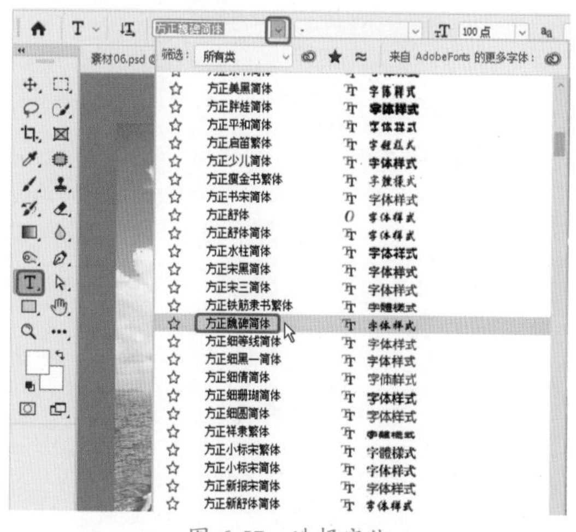

图 6-57　选择字体

02 执行操作后，即可改变字体样式，效果如图 6-58 所示。

图 6-58　完成后的效果

6.2.4　栅格化文字

文字图层是一种特殊的图层。要想对文字进行进一步的处理，可以对文字进行栅格化处理，即先将文字转换成一般的图像再进行处理。

对文字进行栅格化处理的方法如下。

01 继续上一个案例的操作，在【图层】面板中的文字图层上右击鼠标，在弹出的快捷菜单中选择【栅格化文字】命令，如图 6-59 所示。

02 执行操作后，即可将文字进行栅格化，效果如图 6-60 所示。

图 6-59　选择【栅格化文字】命令

图 6-60　完成后的效果

> 提示：选择【文字】|【栅格化文字】命令，可以将当前选择的文字图层栅格化，栅格化后文字会变成图像，可以用画笔等编辑，但不能再修改内容。

6.2.5　将文字转换为工作路径

下面介绍如何将文字转换为工作路径。

01 打开【素材 \Cha06\ 素材 07.psd】素材文件，在【图层】面板中按住 Ctrl 键的同时单击 LOVE 图层左侧的图层缩略图，如图 6-61 所示。

02 打开【路径】图层，单击面板底部的【从选区生成工作路径】按钮，转换为工作路径后，在面板中会创建如图 6-62 所示的工作路径。在工具箱中单击【路径选择工具】按钮，可以移动路径，查看效果。

图 6-61　选择图层缩略图

图 6-62　转换为工作路径后的效果

【实战】豆粒字效果

本例将介绍豆粒字效果的制作，该例主要是在文本路径的基础上添加描边路径，然后通过多种不同的图层样式来表现。制作完成后的效果如图 6-63 所示。

图 6-63　豆粒字效果

素材：	素材 \Cha06\ 五谷杂粮 .jpg、五谷素材 1.jpg、五谷素材 2.png
场景：	场景 \Cha06\【实战】豆粒字效果 .psd
视频：	视频教学 \Cha06\【实战】豆粒字效果 .mp4

01 按 Ctrl+O 组合键，打开【素材 \Cha06\ 五

谷杂粮 .jpg】素材文件，如图 6-64 所示。

图 6-64　打开的素材文件

02 在工具箱中单击【横排文字工具】按钮，输入文本，将【字体】设置为【方正平和简体】，将【字体大小】设置为 412 点，将【文本颜色】设置为 #823135，如图 6-65 所示。

图 6-65　输入文本

03 使用相同的方法在场景中输入其他文字，效果如图 6-66 所示。

04 在【图层】面板中选择四个文字图层，按 Ctrl+E 组合键，将其进行合并，将文本图层重命名为【五谷杂粮】，效果如图 6-67 所示。

05 按住 Ctrl 键的同时单击文本图层合并图层的缩略图，将文字载入选区，如图 6-68 所示。

06 确定选区处于选择状态，在【图层】面板中将该图层进行隐藏，效果如图 6-69 所示。

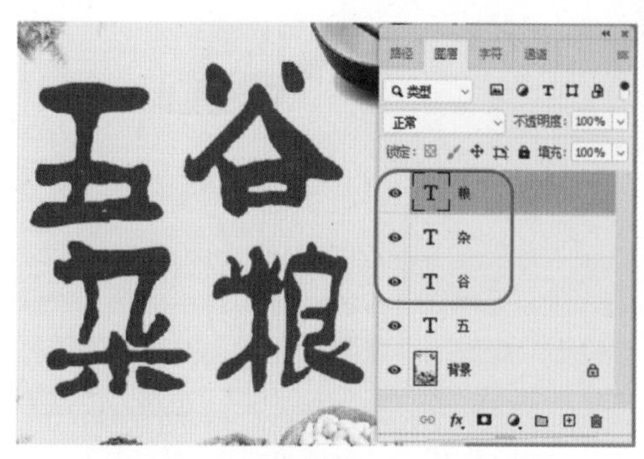

图 6-66　输入其他文字后的效果

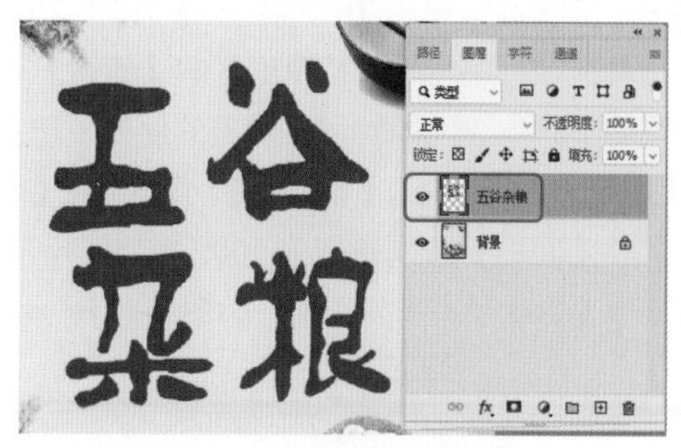

图 6-67　合并后的效果

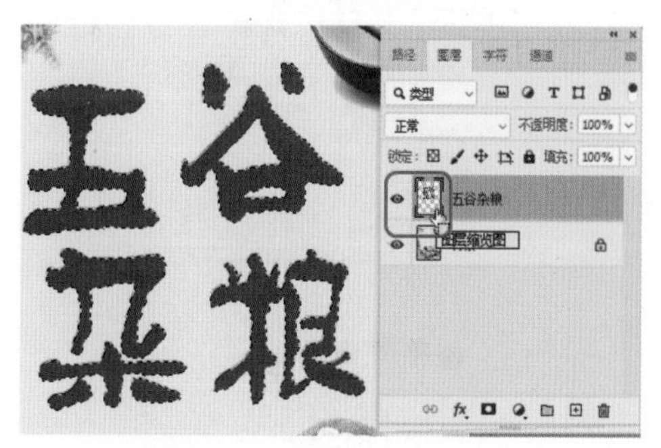

图 6-68　将文字载入选区

图 6-69　隐藏文字图层

07 确定选区处于选择状态，单击【图层】面板上的【创建新图层】按钮，新建图层，进入【路径】面板，单击其下方的【从选区生成工作路径】按钮，将选区转换为路径，如图 6-70 所示。

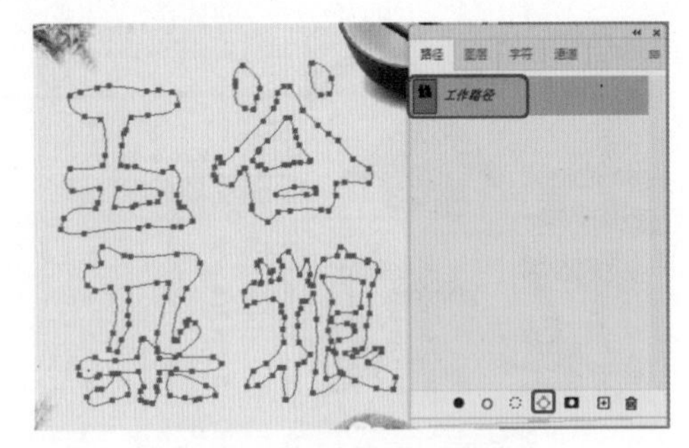

图 6-70　将选区转换为路径

08 在工具箱中单击【画笔工具】按钮，在工具选项栏中将【不透明度】和【流量】都设置为 100%，按 F5 键，在弹出的面板中选择【尖角 50】，将【大小】设置为 27 像素，将【硬度】和【间距】分别设置为 100%、150%，取消选中【形状动态】复选框，如图 6-71 所示。

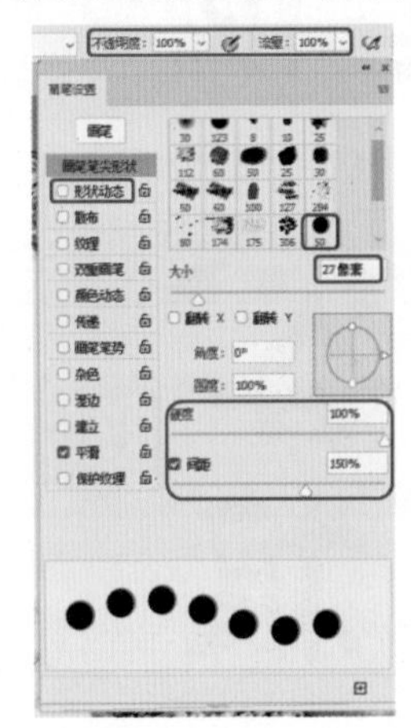

图 6-71　设置画笔

09 确认【前景色】为黑色，在工具箱中单击【钢笔工具】按钮，在路径上单击鼠标右键，在弹出的快捷菜单中选择【描边路径】命令，如图 6-72 所示。

图 6-72　选择【描边路径】命令

10 弹出【描边路径】对话框，将【工具】设置为【画笔】，单击【确定】按钮，描边路径后的效果如图 6-73 所示。

图 6-73　描边路径后的效果

11 在【路径】面板中将路径拖曳至面板底端的【删除当前路径】按钮上，删除路径后的效果如图 6-74 所示。

图 6-74　删除路径

12 在【图层】面板中双击【图层 1】，在弹出的对话框中选中【斜面和浮雕】复选框，将【深度】设置为 100%，【大小】【软化】设置为 10 像素、0 像素，【角度】【高度】设置为 30 度，【高光模式】设置为【滤色】，【颜色】设置为白色，【不透明度】设置为 75%，【阴影模式】设置为【正片叠底】，【颜色】设置为黑色，【不透明度】设置为 75%，如图 6-75 所示。

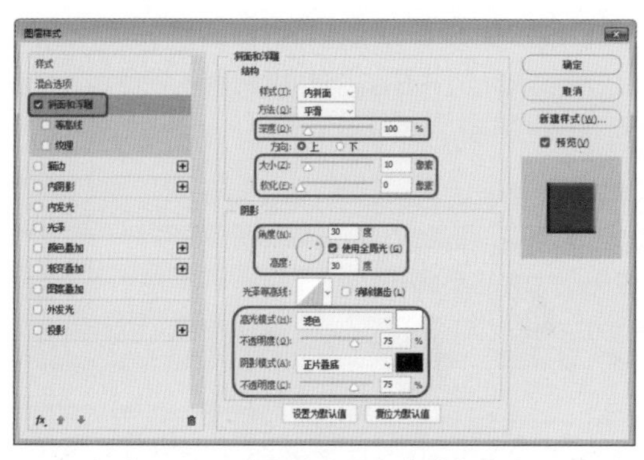

图 6-75　设置【斜面和浮雕】参数

13 在该对话框中选中【描边】复选框，在【结构】选项组中将【大小】设置为 2 像素，将【位置】设置为【外部】，将【描边颜色】设置为 #b89090，如图 6-76 所示。

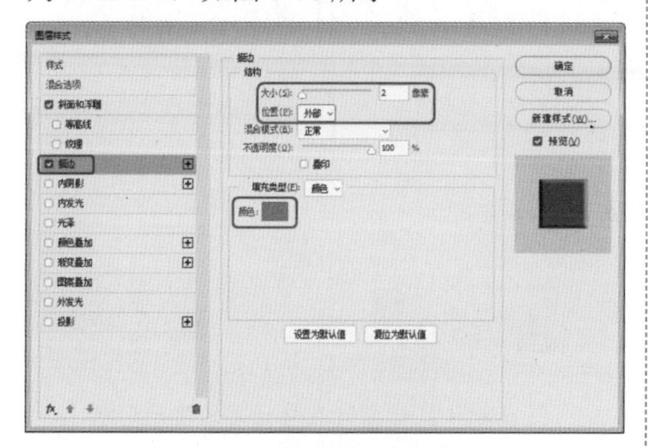

图 6-76　设置【描边】参数

14 选中【渐变叠加】复选框，将渐变颜色设置为【前景色到透明渐变】，将左侧色标的颜色设置为 #823135，将【样式】设置为【线性】，将【角度】设置为 0 度，如图 6-77 所示。

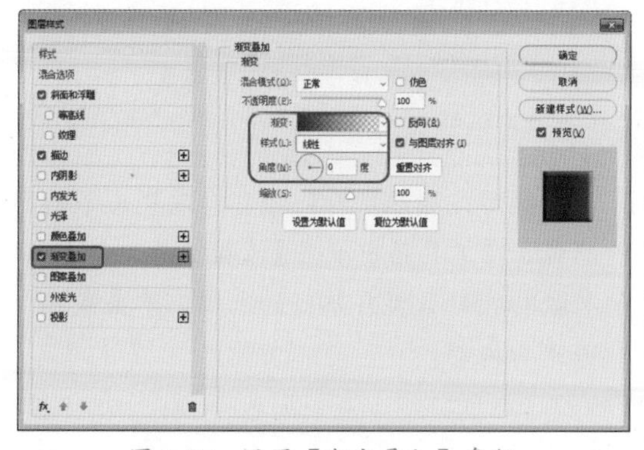

图 6-77　设置【渐变叠加】参数

15 选中【投影】复选框，将【不透明度】设置为 50%，将【角度】设置为 120 度，【距离】【扩展】【大小】设置为 10 像素、0%、10 像素，如图 6-78 所示。

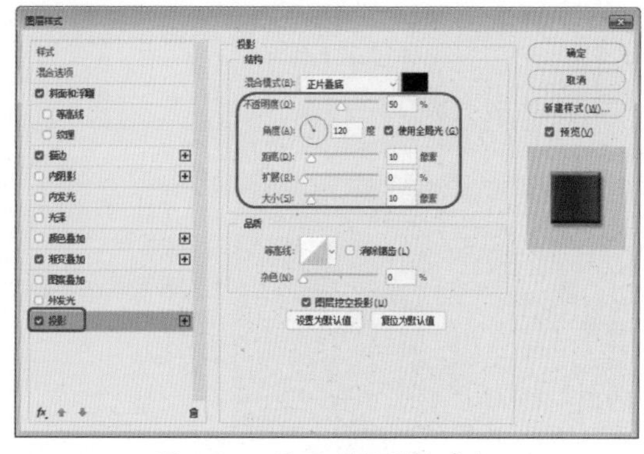

图 6-78　设置【投影】参数

16 单击【确定】按钮，即可完成对豆粒文字的设置，效果如图 6-79 所示。

图 6-79　设置后的效果

17 在菜单栏中选择【文件】|【置入嵌入对象】命令，在弹出的对话框中选择【素材 \Cha06\五谷素材 1.jpg】素材文件，单击【置入】按钮，调整素材文件位置，按 Enter 键完成置入，将该图层调整至【图层 1】的下方，适当调整素材文件的位置，如图 6-80 所示。

图 6-80　调整图层顺序

18 按住 Ctrl 键在隐藏图层的缩略图上单击鼠标，将其载入选区，如图 6-81 所示。

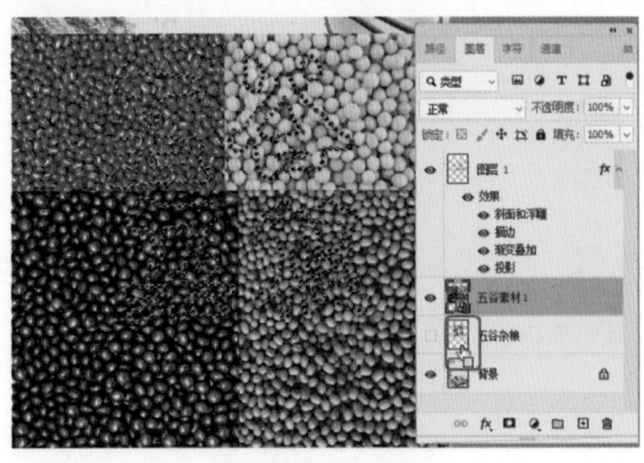

图 6-81　载入选区

19 在【图层】面板中将置入的图层进行栅格化，按 Shift+Ctrl+I 组合键，将选区进行反选，按 Delete 键将选区中的对象删除，按 Ctrl+D 组合键取消选区，在菜单栏中选择【文件】|【置入嵌入对象】命令，弹出【置入嵌入的对象】对话框，从中选择【素材 \Cha06\ 五谷素材 2.png】素材文件，单击【置入】按钮，调整素材的大小及位置，效果如图 6-82 所示，将制作完成后的场景进行保存即可。

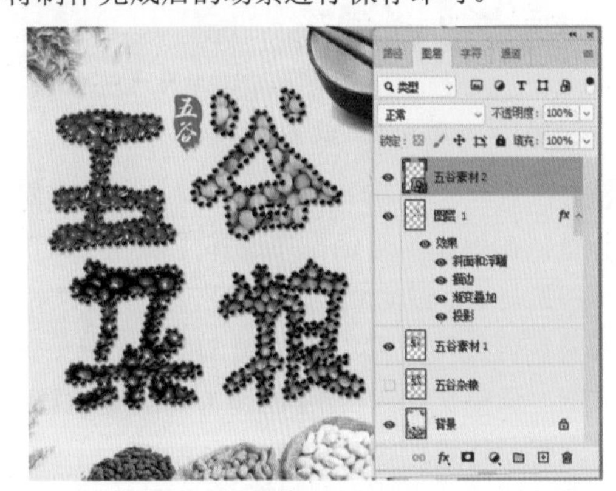

图 6-82　最终效果

6.2.6　载入文本路径

路径文字是创建在路径上的文字，文字会沿路径排列出图形效果。下面介绍如何创建路径文本。

01 打开【素材 \Cha06\ 素材 08.jpg】素材文件，在工具箱中选择【直线工具】，将【工具模式】设置为【形状】，在工作区中绘制一条直线，如图 6-83 所示。

图 6-83　绘制直线

02 在工具箱中选择【横排文字工具】T，将鼠标指针放在路径上，当指针变为 时，如图 6-84 所示，单击鼠标输入文本，在工具选项栏中将【字体】设置为【方正平和简体】，将【字体大小】设置为 130 点，【行距】设置为 50，【字体颜色】设置为 # e40076。完成后的效果如图 6-85 所示。

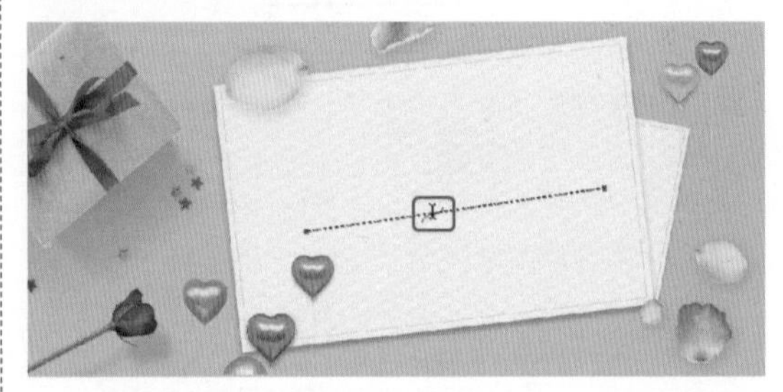

图 6-84　鼠标指针在路径上的显示形状

图 6-85　输入文字后的效果

提示：除此之外，还可以改变文字的路径，在工具箱中单击【直接选择工具】，将鼠标指针放置在路径的末端，单击鼠标并进行拖动。

【实战】变形文字

本案例介绍如何制作变形文字，首先通

过【横排文字工具】输入文本，然后在工具选项栏中单击【创建文字变形】按钮，在弹出的【变形文字】对话框中设置相应的变形参数。变形文字效果如图 6-86 所示。

图 6-86　变形文字

素材：	素材 \Cha06\ 牛排背景 .jpg
场景：	场景 \Cha06\【实战】变形文字 .psd
视频：	视频教学 \Cha06\【实战】变形文字 .mp4

01 按 Ctrl+O 组合键，打开【素材 \Cha06\ 牛排背景 .jpg】素材文件，如图 6-87 所示。

图 6-87　打开素材文件

02 在工具箱中单击【横排文字工具】按钮 T，输入文本，将【字体】设置为【Adobe 黑体 Std】，【字体大小】设置为 43 点，【字符间距】设置为 0，【颜色】设置为黑色，单击【全部大写字母】按钮 TT，如图 6-88 所示。

图 6-88　设置文本参数

03 选中输入的文本对象，在工具选项栏中单击【创建文字变形】按钮，弹出【变形文字】对话框，将【样式】设置为【扇形】，选中【水平】单选按钮，将【弯曲】【水平扭曲】【垂直扭曲】设置为 45%、0%、0%，如图 6-89 所示。

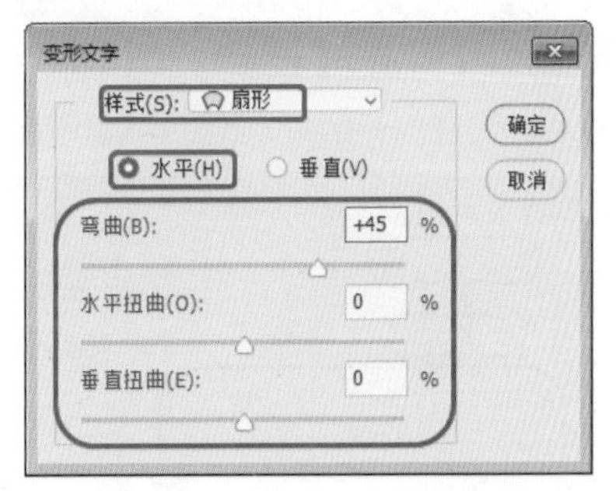

图 6-89　设置文字变形参数

04 单击【确定】按钮，按 Ctrl+T 组合键，适当地对变形文字进行旋转调整角度，效果如图 6-90 所示。

图 6-90　制作完成后的效果

05 在工具箱中单击【横排文字工具】按钮

T，输入文本，将【字体】设置为【Adobe 黑体 Std】，【字体大小】设置为 127 点，【字符间距】设置为 100，【颜色】设置为白色，单击【全部大写字母】按钮TT，如图 6-91 所示。

图 6-91　创建文字变形

06 选中输入的文本对象，在工具选项栏中单击【创建文字变形】按钮，弹出【变形文字】对话框，将【样式】设置为【扇形】，选中【水平】单选按钮，将【弯曲】【水平扭曲】【垂直扭曲】设置为 -50%、0%、0%，如图 6-92 所示。

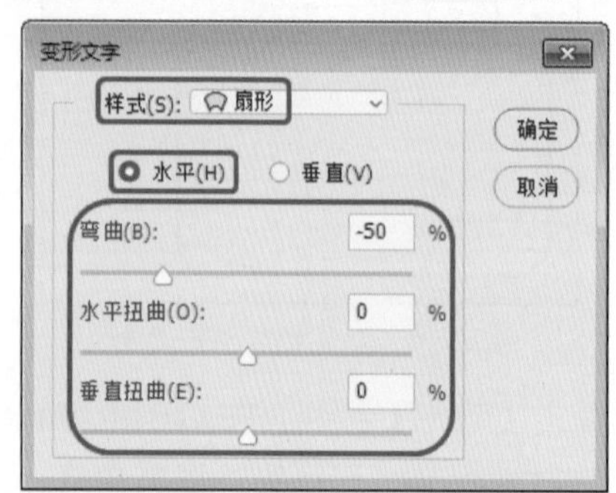

图 6-92　设置文字变形参数

07 单击【确定】按钮，效果如图 6-93 所示。

图 6-93　变形后的效果

■ 6.2.7　将文字转换为智能对象

下面介绍将文字转换为智能对象的方法。

01 选中【图层】面板中的文字图层，单击鼠标右键，在弹出的快捷菜单中选择【转换为智能对象】命令，如图 6-94 所示。

图 6-94　选择【转换为智能对象】命令

02 即可将文字转换为智能对象，如图 6-95 所示。

图 6-95　转换后的图层

课后项目练习

酒店宣传展架设计

某酒店为了进行宣传，需要制作一个宣传展架，要求有酒店效果展示，展架整洁明了、色彩鲜艳、颜色搭配合理，效果如图 6-96 所示。

图 6-96　酒店宣传展架设计

课后项目练习过程概要：

（1）使用【钢笔工具】绘制三角形，置入素材文件并创建剪贴蒙版制作出酒店的背景部分。

（2）通过【横排文字工具】输入文本并设置字符参数，然后置入其他素材文件，通过【圆角矩形工具】【横排文字工具】【钢笔工具】制作【酒店会所简介】等内容。

素材：	素材 \Cha06\ 酒店素材 01.jpg~ 酒店素材 07.jpg
场景：	场景 \Cha06\ 酒店宣传展架设计 .psd
视频：	视频教学 \Cha06\ 酒店宣传展架设计 .mp4

01 按 Ctrl+N 组合键，弹出【新建文档】对话框，将【宽度】和【高度】分别设置为 1500 像素、3375 像素，【分辨率】设置为 72 像素 / 英寸，【颜色模式】设置为 RGB 颜色 /8 位，【背景颜色】设置为白色，单击【创建】按钮，在工具箱中单击【钢笔工具】按钮，将【工具模式】设置为【形状】，【填充】设置为黑色，【描边】设置为无，绘制如图 6-97 所示的图形。

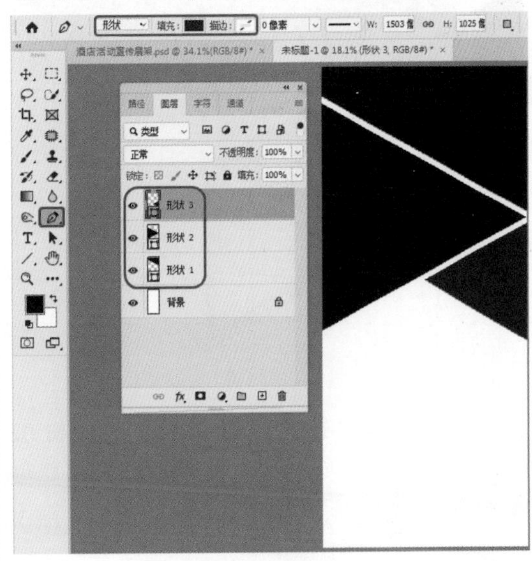

图 6-97　绘制图形

02 在工具箱中单击【钢笔工具】按钮，将【工具模式】设置为【形状】，【填充】设置为 # ffb619，【描边】设置为无，绘制如图 6-98 所示的图形。

图 6-98　绘制图形

03 在菜单栏中选择【文件】|【置入嵌入对象】命令，弹出【置入嵌入的对象】对话框，选择【素材 \Cha06\ 酒店素材 01.jpg】素材文件，单击【置入】按钮，调整素材的大小及位置，将【酒店素材 01】图层调整至【形状 1】图层上方，右击，在弹出的快捷菜

单中选择【创建剪贴蒙版】命令，如图 6-99 所示。

图 6-99　创建剪贴蒙版

04 使用同样的方法，置入【酒店素材 02 .jpg】【酒店素材 03.jpg】文件，调整图层位置并创建剪贴蒙版，如图 6-100 所示。

图 6-100　制作完成后的效果

05 在工具箱中单击【横排文字工具】T，在工作区中单击，输入文字【皇家】，选中输入的文字，在【字符】面板中将【字体】设置为【方正大黑简体】，将【字体大小】设置为 240 点，将【字符间距】设置为 0，将【颜色】设置为 #262626，如图 6-101 所示。

06 在工具箱中单击【横排文字工具】T，在工作区中单击鼠标，分别输入文字【酒】【店】，选中输入的文字，在【字符】面板中将【字体】设置为【叶根友行书繁】，将【酒】的【字体大小】设置为 285 点，将【店】的【字体大小】设置为 350 点，将【颜色】都设置为#262626，设置完成后的效果如图 6-102 所示。

图 6-101　设置文本参数

图 6-102　设置完成后的效果

07 在工具箱中单击【横排文字工具】T，在工作区中单击鼠标，输入文字 HUANGJIA，选中输入的文字，在【字符】面板中将【字体】设置为【汉仪菱心体简】，将【字体大小】设置为 123 点，将【字符间距】设置为 -50，将【颜色】设置为 # ffb619，如图 6-103 所示。

08 在工具箱中单击【直线工具】按钮 ⁄，在工具选项栏中将【工具模式】设置为【形状】，【填充】设置为 #262626，【描边】设置为无，在工作区中绘制直线段，W 设置为 1020 像素，H 设置为 8 像素，如图 6-104 所示。

图 6-103 设置文本参数

图 6-104 绘制直线段

09 使用【横排文字工具】输入文本并进行相应的设置，效果如图 6-105 所示。

图 6-105 输入其他文本

10 在工具箱中单击【椭圆工具】，在工作区中绘制一个正圆，在【属性】面板中将 W、H 都设置为 280 像素，将【填充】设置为 #5f5f5f，将【描边】设置为无，如图 6-106 所示。

图 6-106 绘制正圆

11 在【图层】面板中双击该正圆图层，在弹出的对话框中选择【描边】选项，将【大小】设置为 19 像素，将【位置】设置为【外部】，将【颜色】的 RGB 值设置为 255、255、255，如图 6-107 所示。

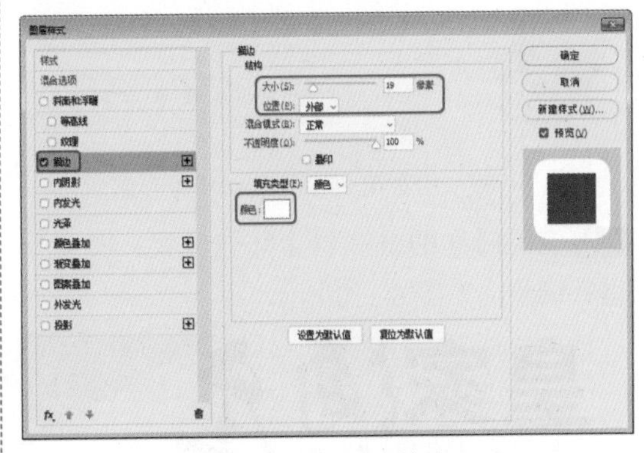

图 6-107 设置描边

12 在该对话框中选择【投影】选项，将【混合模式】设置为【正片叠底】，将【阴影颜色】设置为 #4e4e4e，将【不透明度】设置为 75%，将【角度】设置为 90 度，选中【使用全局光】复选框，将【距离】【扩展】【大小】分别设置为 35 像素、0%、13 像素，如图 6-108 所示。

13 设置完成后，单击【确定】按钮，置入【酒店素材 04 .jpg】素材文件，在工作区中调整其位置，在【图层】面板中选择该素材文件图层，右击，在弹出的快捷菜单中选择【创建剪贴蒙版】命令，创建后的效果如图 6-109 所示。

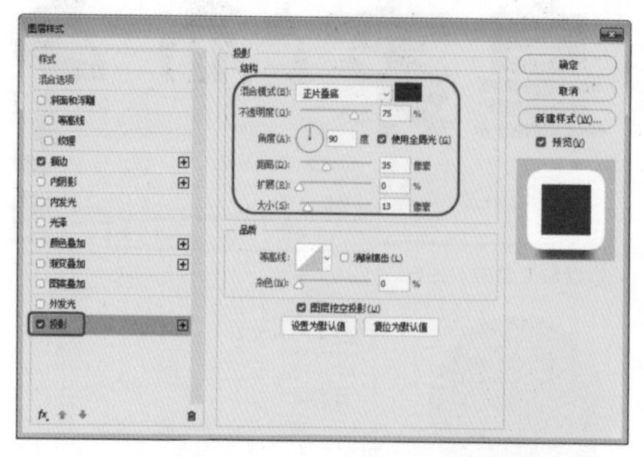

图 6-108　设置投影参数

图 6-109　添加素材文件并创建剪贴蒙版

14 使用同样的方法制作其他效果，并对其进行调整，如图 6-110 所示。

图 6-110　制作其他效果

15 在工具箱中单击【圆角矩形工具】按钮 ，在工具选项栏中将【工具模式】设置为【形状】，绘制 W、H 为 1296 像素、303 像素的圆角矩形，在【属性】面板中将【填充】设置为无，【描边】设置为 #393737，【描边粗细】设置为 4 像素，【左上角半径】【右下角半径】设置为 0 像素，【右上角半径】【左下角半径】设置为 120 像素，如图 6-111 所示。

图 6-111　设置圆角矩形参数

16 使用【圆角矩形工具】，绘制 W、H 为 465 像素、63 像素的圆角矩形，将【填充】设置为 #2f2e2f，【描边】设置为无，【圆角半径】设置为 20 像素，如图 6-112 所示。

图 6-112　绘制圆角矩形

17 使用【横排文字工具】输入文本，将【字体】设置为【经典黑体简】，【字体大小】设置为 42 点，【字符间距】设置为 20，【颜色】设置为白色，如图 6-113 所示。

18 使用【椭圆工具】，绘制正圆，将【颜色】设置为白色，如图 6-114 所示。

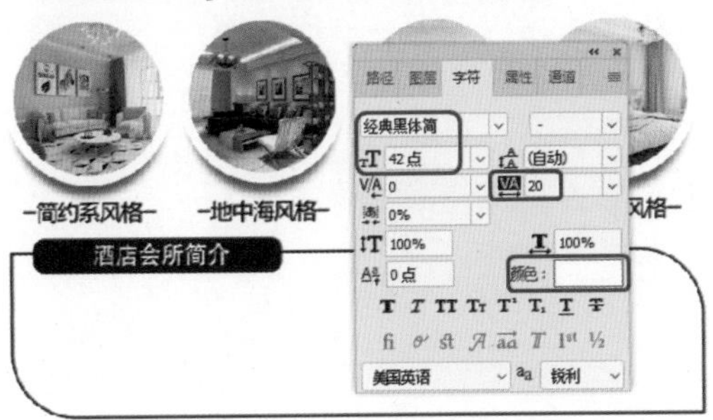

图 6-113　设置文本参数

图 6-114　绘制白色椭圆

19 使用【横排文字工具】输入段落文本，将【字体】设置为【Adobe 黑体 Std】，【字体大小】设置为 30 点，【字符间距】设置为 40，【颜色】设置为黑色，如图 6-115 所示。

20 使用【矩形工具】绘制图形。在【属性】面板中将 W、H 设置为 1500 像素、195 像素，将【填充】设置为 #2f2e2f，【描边】设置为无，如图 6-116 所示。

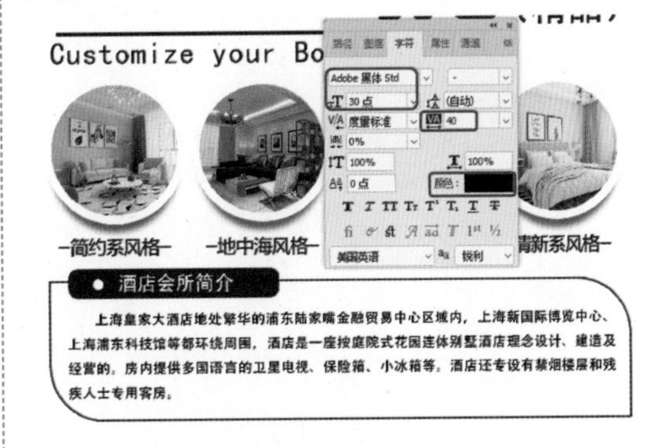

图 6-115　设置文本参数

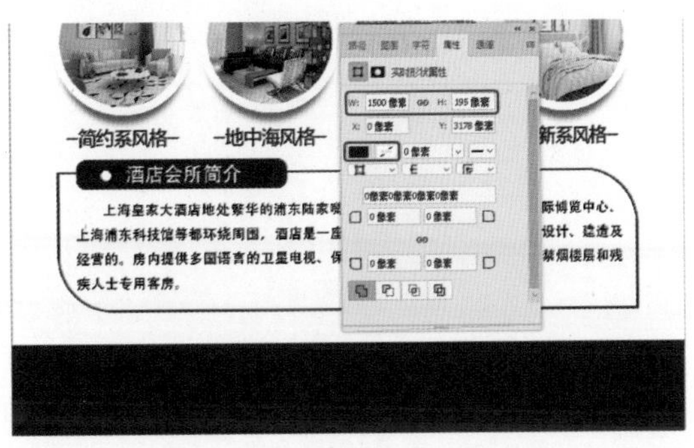

图 6-116　设置矩形填充和描边

21 使用【钢笔工具】，将【工具模式】设置为【形状】，绘制三角形，【填充】设置为 #f5b124，【描边】设置为无，如图 6-117 所示。

图 6-117　绘制三角形

第 07 章

唯美暖色照片效果——图像色彩及处理

本章主要介绍使用工具对图像选区进行创建、编辑，通过创建选区，可以将编辑限定在一定区域内，这样就可以处理局部图像而不影响其他内容了。通过本章的学习，可以学习并掌握选区的创建与编辑。

本章导读

基础知识	色彩平衡　亮度 / 对比度
重点知识	色相 / 饱和度　曲线
提高知识	匹配颜色　渐变映射

案例精讲
唯美暖色照片效果

为了更好地完成本设计案例，现对制作要求及设计内容做如下规划，效果如图 7-1 所示。

作品名称	唯美暖色照片效果
作品尺寸	1200px×801px
设计创意	（1）为灰暗的照片提高亮度。 （2）通过【曲线】【可选颜色】【色彩平衡】使照片变为暖色调，使画面层次丰富。 （3）添加纯色调整图层，并通过为纯色图层添加图层蒙版增强太阳光的亮度，使整个画面变得温馨、明亮。
主要元素	人物照片
应用软件	Photoshop CC 2020
素材：	素材 \Cha07\ 素材 01.jpg
场景：	场景 \Cha07\【案例精讲】唯美暖色照片效果 .psd
视频：	视频教学 \Cha07\【案例精讲】唯美暖色照片效果 .mp4
唯美暖色照片效果欣赏	图 7-1　调整唯美暖色效果

01 打开【素材 \Cha07\ 素材 01.jpg】素材文件，如图 7-2 所示。

02 在菜单栏中选择【图像】|【调整】|【色相 / 饱和度】命令，如图 7-3 所示。

03 在弹出的【色相 / 饱和度】对话框中将当前编辑设置为【全图】，将【色相】【饱和度】【明度】分别设置为 0、-16、+7，如图 7-4 所示。

04 将当前编辑设置为【黄色】，将【色相】【饱和度】【明度】分别设置为 -16、-49、0，如图 7-5 所示。

图 7-2 打开的素材文件

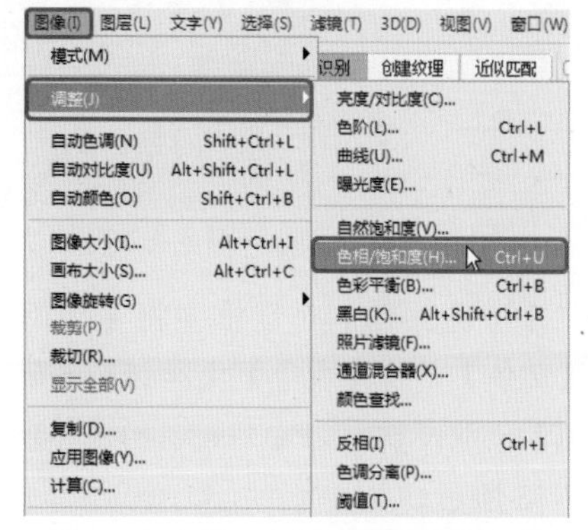

图 7-3 选择【色相 / 饱和度】命令

图 7-4 设置全图的色相 / 饱和度

图 7-5 设置黄色的色相 / 饱和度

05 将当前编辑设置为【绿色】，将【色相】【饱和度】【明度】分别设置为 -34、-48、0，如图 7-6 所示。

图 7-6 设置绿色的色相 / 饱和度

06 设置完成后，单击【确定】按钮，按 Ctrl+M 组合键，打开【曲线】对话框，将【通道】设置为 RGB，添加一个编辑点，将其【输出】【输入】分别设置为 208、189，如图 7-7 所示。

图 7-7 添加编辑点并设置其参数

07 设置完成后，再在该对话框中选中底部的编辑点，将【输出】【输入】分别设置为 34、0，如图 7-8 所示。

图 7-8 设置底部编辑点的输出与输入

08 将【通道】设置为【红】，选中曲线底部的编辑点，将【输出】【输入】分别设置为33、0，如图7-9所示。

图 7-9　设置红色曲线的参数

09 将【通道】设置为【绿】，选中曲线底部的编辑点，将【输出】【输入】分别设置为0、22，如图7-10所示。

图 7-10　设置绿色曲线的参数

10 将【通道】设置为【蓝】，选中曲线底部的编辑点，将【输出】【输入】分别设置为5、0，如图7-11所示。

图 7-11　设置蓝色曲线的参数

11 设置完成后，单击【确定】按钮，在菜单栏中选择【图像】|【调整】|【可选颜色】命令，在弹出的【可选颜色】对话框中将【颜色】设置为【红色】，将【青色】【洋红】【黄色】【黑色】分别设置为-9%、+10%、-7%、-2%，如图7-12所示。

图 7-12　设置红色颜色参数

12 在【可选颜色】对话框中将【颜色】设置为【黄色】，将【青色】【洋红】【黄色】【黑色】分别设置为-5%、+6%、0%、-18%，如图7-13所示。

图 7-13　设置黄色颜色参数

13 在【可选颜色】对话框中将【颜色】设置为【青色】，将【青色】【洋红】【黄色】【黑色】分别设置为-100%、0%、0%、0%，如图7-14所示。

14 在【可选颜色】对话框中将【颜色】设置为【蓝色】，将【青色】【洋红】【黄色】【黑色】分别设置为-64%、0%、0%、0%，如图7-15所示。

15 将【颜色】设置为【白色】，将【青色】【洋红】【黄色】【黑色】分别设置为0%、-2%、+18%、0%，如图7-16所示。

图 7-14 设置青色颜色参数

图 7-15 设置蓝色颜色参数

图 7-16 设置白色颜色参数

16 将【颜色】设置为【黑色】，将【青色】【洋红】【黄色】【黑色】分别设置为 0%、0%、-45%、0%，如图 7-17 所示。

17 设置完成后，单击【确定】按钮，按 Ctrl+B 组合键，打开【色彩平衡】对话框，将【色调平衡】设置为【阴影】，将【色阶】分别设置为 0、-6、10，如图 7-18 所示。

18 将【色调平衡】设置为【高光】，将【色阶】分别设置为 0、+3、0，如图 7-19 所示。

图 7-17 设置黑色颜色参数

图 7-18 设置阴影参数

图 7-19 设置高光参数

19 设置完成后，单击【确定】按钮，按 Ctrl+B 组合键，打开【色彩平衡】对话框，将【色调平衡】设置为【阴影】，将【色阶】分别设置为 0、-6、10，如图 7-20 所示。

20 将【色调平衡】设置为【高光】，将【色阶】分别设置为 0、+3、0，如图 7-21 所示。

21 设置完成后，单击【确定】按钮，在【图层】面板中单击【创建新图层】按钮 ⊞，新建一个图层，将前景色的颜色值设置为 #c1b17f，按 Alt+Delete 组合键填充前景色，如图 7-22 所示。

图 7-20　再次设置阴影参数

图 7-21　设置高光参数

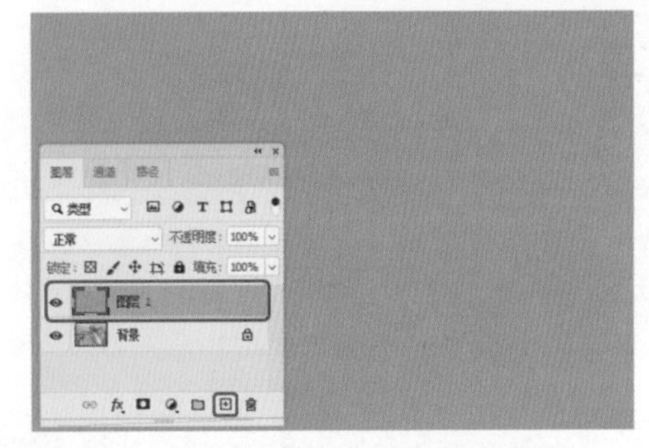

图 7-22　新建图层并填充前景色

22 继续选中新建的【图层 1】，在【图层】面板中单击【添加图层蒙版】按钮 ，单击【渐变工具】 ，在工具选项栏中单击渐变条右侧的下三角按钮，在弹出的列表中选择【基础】|【黑，白渐变】，在工作区中拖动鼠标，填充渐变颜色，选中【图层 1】图层，将其混合模式设置为【滤色】，如图 7-23 所示。

23 按 Ctrl+J 组合键，对【图层 1】进行复制，选中【图层 1 拷贝】图层，并在【图层】面板中将【不透明度】设置为 40%，如图 7-24 所示。

图 7-23　添加图层蒙版并填充渐变

图 7-24　复制图层并设置不透明度

7.1 图像色彩的调整

Photoshop 是一款功能强大的图像处理软件。色彩在图像修饰中是十分重要的，它可以产生对比效果，使图像更加绚丽。本节将介绍图像色彩的调整。

7.1.1　色彩平衡

使用【色彩平衡】选项可以更改图像的总体颜色，常用来进行普通的色彩校正。

在进行调整时，首先应在【色调平衡】选项组中选择要调整的色调范围，包括【阴影】【中间调】和【高光】，然后在【色阶】文本框中输入数值，或者拖动【色彩平衡】选项组内的滑块进行调整。当滑块靠近一种颜色时，将减少另外一种颜色。例如：如果将最上面的滑块移向【青色】，其他参数保持不变，可以在图像中增加青色，减少红色，如图 7-25 所示。如果将滑块移向【红色】，其他参数保持不变，则增加红色，减少青色，如图 7-26 所示。

图 7-25 增加青色，减少红色

图 7-26 增加红色，减少青色

将滑块移向【洋红】后的效果如图 7-27 所示。将滑块移向【绿色】后的效果如图 7-28 所示。

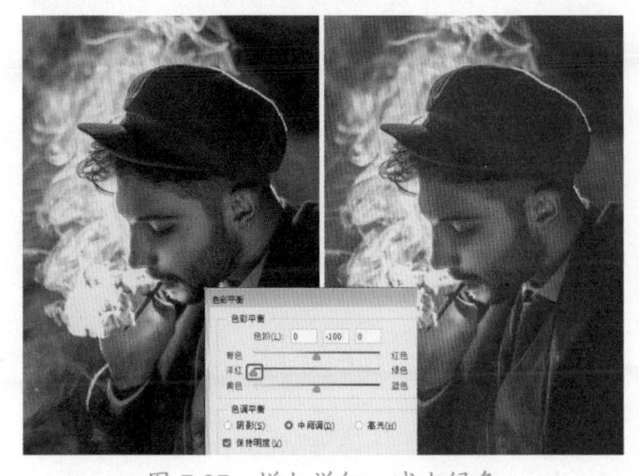

图 7-27 增加洋红，减少绿色

图 7-28 增加绿色，减少洋红

将滑块移向【黄色】后的效果如图 7-29 所示。将滑块移向【蓝色】后的效果如图 7-30 所示。

图 7-29 增加黄色，减少蓝色

图 7-30 增加蓝色，减少黄色

【实战】校正照片色彩

在拍摄过程中，由于光线不足，照片会显得较为灰暗，颜色不够鲜艳。本案例介绍如何将灰暗的照片的颜色调整得更加鲜艳，完成后的效果如图 7-31 所示。

图 7-31　校正照片色彩

素材：	素材 \Cha07\ 素材 02.jpg
场景：	场景 \Cha07\【实战】校正照片色彩 .psd
视频：	视频教学 \Cha07\【实战】校正照片色彩 .mp4

01 打开【素材 \Cha07\ 素材 02.jpg】素材文件，如图 7-32 所示。

图 7-32　打开的素材文件

02 按 Ctrl+B 组合键，在弹出的【色彩平衡】对话框中选中【中间调】单选按钮，将【色阶】设置为 -63、-8、35，效果如图 7-33 所示。

图 7-33　设置色彩平衡参数

03 设置完成后，单击【确定】按钮，即可完成校正照片色彩。

■ 7.1.2　色相 / 饱和度

使用【色相 / 饱和度】命令可以调整图像中特定颜色分量的色相、饱和度和亮度，或者同时调整图像中的所有颜色。该命令尤其适用于微调 CMYK 图像中的颜色，以便它们处在输出设备的色域内。其操作方法如下。

01 打开【素材 \Cha07\ 素材 02.jpg】素材文件，如图 7-34 所示。

图 7-34　打开的素材文件

02 在菜单栏中选择【图像】|【调整】|【色相 / 饱和度】命令，打开【色相 / 饱和度】对话框，在该对话框中将【色相】设置为 +180，将【饱和度】设置为 +26，如图 7-35 所示。

图 7-35　设置【色相 / 饱和度】参数

提示：除了上述操作外，还可以按 Ctrl+U 组合键打开【色相 / 饱和度】对话框。

03 设置完成后单击【确定】按钮，即可完成色相 / 饱和度的调整。

【色相 / 饱和度】对话框中各选项的介绍如下。

◎ 【色相】：默认情况下，在【色相】文本框中输入数值，或者拖动该滑块可以改变整个图像的色相，如图 7-36 所示。也可以在【编辑】下拉列表框中选择一种特定的颜色，然后拖动色相滑块，单独调整该颜色的色相。如图 7-37 所示为单独调整青色色相的效果。

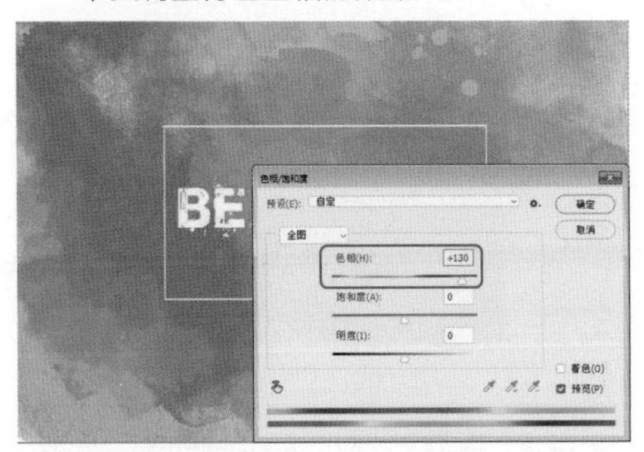

图 7-36 拖动滑块调整图像的色相

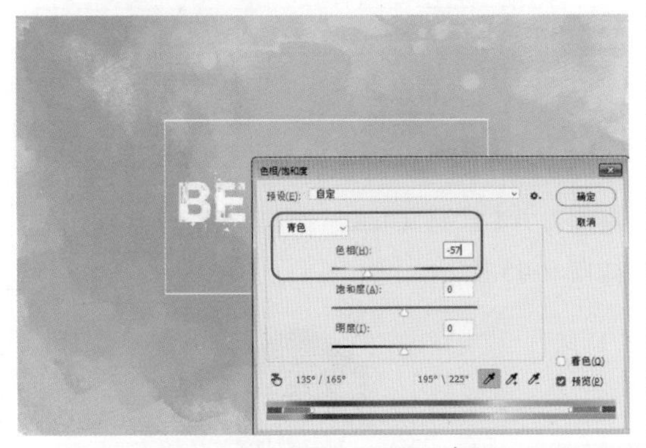

图 7-37 调整青色色相的效果

◎ 【饱和度】：向右侧拖动饱和度滑块可以增加饱和度，向左侧拖动滑块则减少饱和度。同样也可以在【编辑】下拉列表框中选择一种特定的颜色，然后单独调整该颜色的饱和度。如图 7-38 所示为增加整个图像饱和度的调整结果，图 7-39 所示为单独调整青色饱和度的结果。

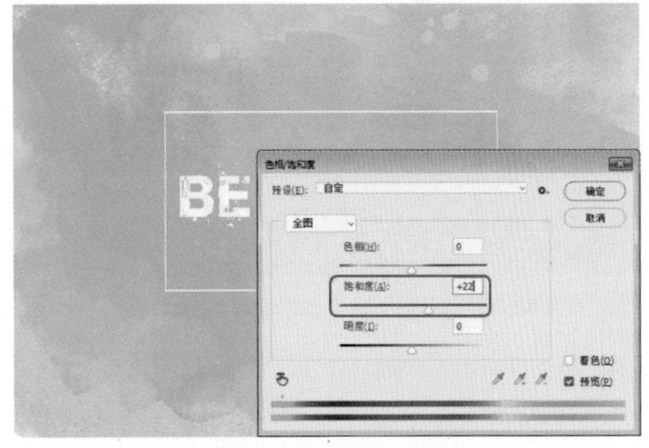

图 7-38 拖动滑块调整图像的饱和度

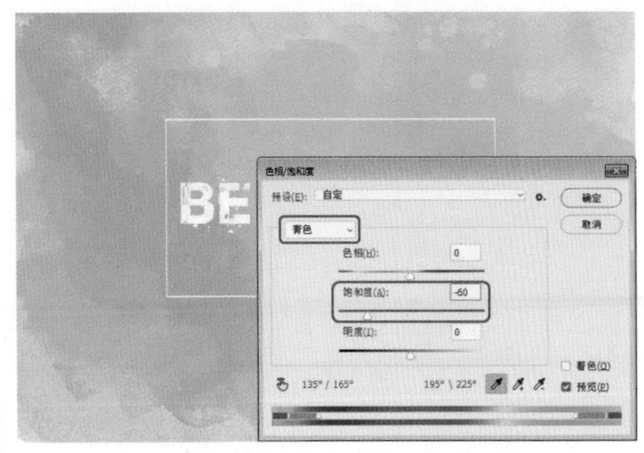

图 7-39 调整青色饱和度的效果

◎ 【明度】：向左侧拖动滑块可以降低亮度，如图 7-40 所示；向右侧拖动滑块可以增加亮度，如图 7-41 所示。可在【编辑】下拉列表框中选择【青色】，调整图像中青色部分的亮度。

◎ 【着色】：选中该复选框，图像将转换为只有一种颜色的单色调图像，如图 7-42 所示。变为单色调图像后，可拖动色相滑块和其他滑块来调整图像的颜色，如图 7-43 所示。

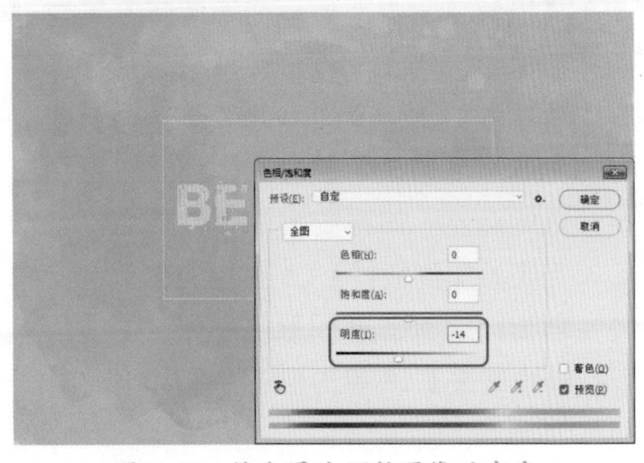

图 7-40 拖曳滑块调整图像的亮度

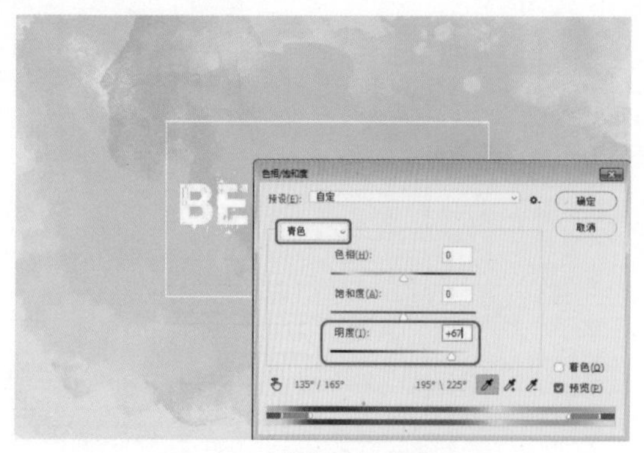

图 7-41　调整青色亮度效果

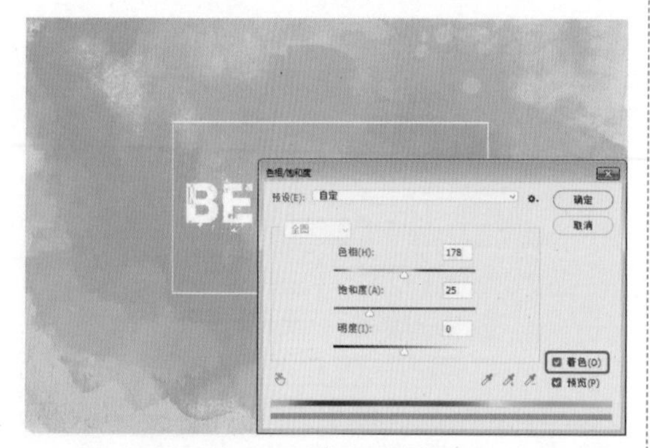

图 7-42　单色调图像

图 7-43　调整其他颜色

◎　【吸管工具】：如果在【编辑】下拉列表框中选择了一种颜色，可以使用【吸管工具】在图像中单击，定位颜色范围，然后对该范围内的颜色进行更加细致的调整。如果要添加其他颜色，可以用【添加到取样】在相应的颜色区域单击；如果要减少颜色，可以用【从取样中减去】单击相应的颜色。

【实战】怀旧老照片

本案例将介绍非常逼真的怀旧老照片的制作方法，该效果主要通过为照片添加一些纹理素材叠加做出图片的纹理及划痕效果，最后再整体调色即可。完成后的效果如图 7-44 所示。

图 7-44　怀旧老照片

素材：	素材 \Cha07\ 素材 04.jpg、素材 05.jpg、素材 06.jpg
场景：	场景 \Cha07\【实战】怀旧老照片 .psd
视频：	视频教学 \Cha07\【实战】怀旧老照片 .mp4

01 打开【素材 \Cha07\ 素材 04.jpg】素材文件，如图 7-45 所示。

图 7-45　打开的素材文件

02 在菜单栏中选择【文件】|【置入嵌入对象】命令，如图 7-46 所示。

图 7-46　选择【置入嵌入对象】命令

03 在弹出的对话框中选择【素材 \Cha07\ 素材 05.jpg】素材文件，单击【置入】按钮，在工作区中调整素材的大小与位置，调整完成后，按 Enter 键完成置入，在【图层】面板中将【素材 05】的【混合模式】设置为【柔光】，将【不透明度】设置为 80%，如图 7-47 所示。

图 7-47　置入素材文件并调整后的效果

04 继续在【图层】面板中选择【素材 05】图层，单击【添加图层蒙版】按钮 ，在工具箱中单击【画笔工具】 ，在工具选项栏中将画笔大小设置为 25，将【不透明度】设置为 50%，将前景色设置为黑色，对人物的面部进行涂抹，效果如图 7-48 所示。

图 7-48　添加图层蒙版并涂抹后的效果

05 使用同样的方法将【素材 06.jpg】素材文件置入文档，并调整其位置与大小，在【图层】面板中选择【素材 06】图层，将【混合模式】设置为【变暗】，如图 7-49 所示。

图 7-49　置入素材文件并设置混合模式

06 按 Ctrl+Shift+Alt+E 组合键盖印图像，选中盖印后的图像，按 Ctrl+U 组合键，打开【色相 / 饱和度】对话框，选中【着色】复选框，将【色相】【饱和度】【明度】分别设置为 +38、+22、0，如图 7-50 所示。

07 设置完成后，单击【确定】按钮，完成怀旧老照片的制作。

图 7-50　设置【色相 / 饱和度】参数

7.1.3　替换颜色

使用【替换颜色】命令可以选择图像中的特定颜色，然后将其替换。该命令的对话框中包含了颜色选择选项和颜色调整选项。颜色的选择方式与【色彩范围】命令基本相同，而颜色的调整方式又与【色相 / 饱和度】命令十分相似，所以，我们暂且将【替换颜色】命令看作这两个命令的集合。

下面介绍使用【替换颜色】命令替换图像颜色的操作方法。

01 打开【素材\Cha07\素材 07.jpg】素材文件，如图 7-51 所示。

图 7-51　打开的素材文件

02 在菜单栏中选择【图像】|【调整】|【替换颜色】命令，打开【替换颜色】对话框，使用【吸管工具】在图像上吸取蓝色背景部分，如图 7-52 所示。

图 7-52　吸取颜色

03 将【颜色容差】设置为 200，将【色相】设置为 +55，将【明度】设置为 -19，如图 7-53 所示。

图 7-53　设置【替换颜色】参数

04 设置完成后单击【确定】按钮，完成后的效果如图 7-54 所示。

图 7-54　替换颜色后的效果

7.1.4 通道混合器

【通道混合器】可以使用图像中现有(源)颜色通道的混合来修改目标(输出)颜色通道，从而控制单个通道的颜色量。利用该命令可以创建高品质的灰度图像、棕褐色调图像或其他色调图像，也可以对图像进行创造性的颜色调整。在菜单栏中选择【图像】|【调整】|【通道混合器】命令，打开【通道混合器】对话框，如图 7-55 所示。

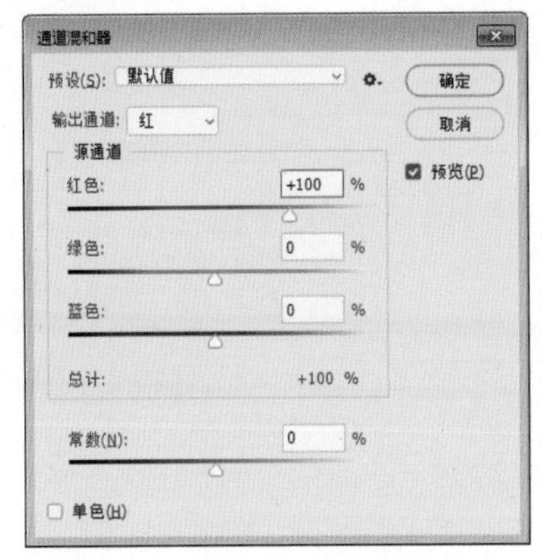

图 7-55 【通道混合器】对话框

【通道混合器】对话框中各个选项的介绍如下。

◎ 【预设】：在该下拉列表中包含了预设的调整文件，可以选择一个文件来自动调整图像，如图 7-56 所示。

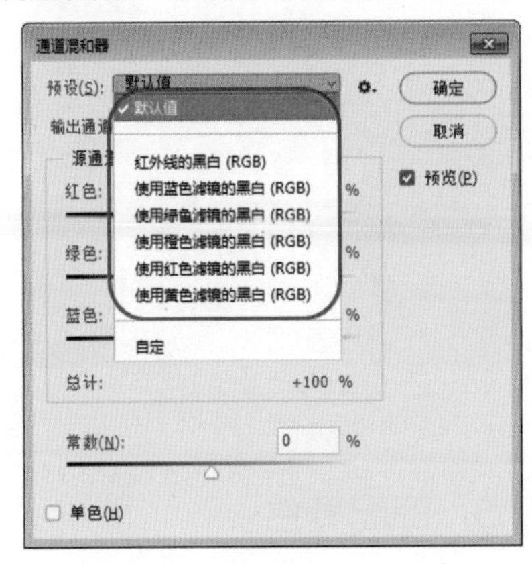

图 7-56 【预设】下拉列表

◎ 【输出通道 / 源通道】：在【输出通道】下拉列表中选择要调整的通道，选择一个通道后，该通道的源滑块会自动设置为 100%，其他通道则设置为 0%。例如，如果选择【绿色】作为输出通道，则会将【源通道】中的绿色滑块设置为 100%，红色和蓝色滑块为 0%，如图 7-57 所示。选择一个通道后，拖动【源通道】选项组中的滑块，即可调整此输出通道中源通道所占的百分比。将一个源通道的滑块向左拖动时，可减小该通道在输出通道中所占的百分比；向右拖动则增加百分比。负值可以使源通道在被添加到输出通道之前反相。调整红色通道的效果如图 7-58 所示，调整绿色通道的效果如图 7-59 所示，调整蓝色通道的效果如图 7-60 所示。

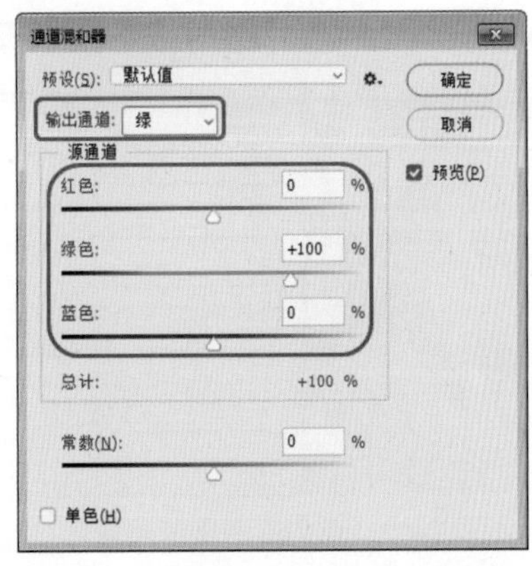

图 7-57 以【绿色】作为输出通道

图 7-58 调整红色通道的效果

图 7-59　调整绿色通道的效果

图 7-60　调整蓝色通道的效果

◎　【总计】：如果源通道的总计值高于100%，则该选项左侧会显示一个警告图标▲，如图 7-61 所示。

图 7-61　显示警告图标

◎　【常数】：该选项用来调整输出通道的灰度值。负值会增加更多的黑色，正值会增加更多的白色。-200% 会使输出通道成为全黑，如图 7-62 所示；+200% 会使输出通道成为全白，如图 7-63 所示。

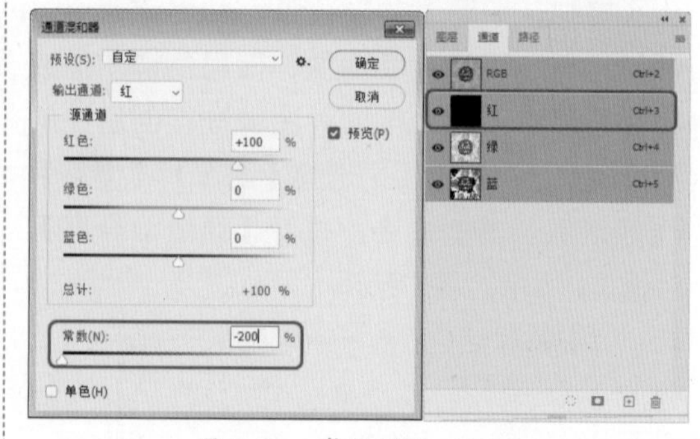

图 7-62　常数值为 -200%

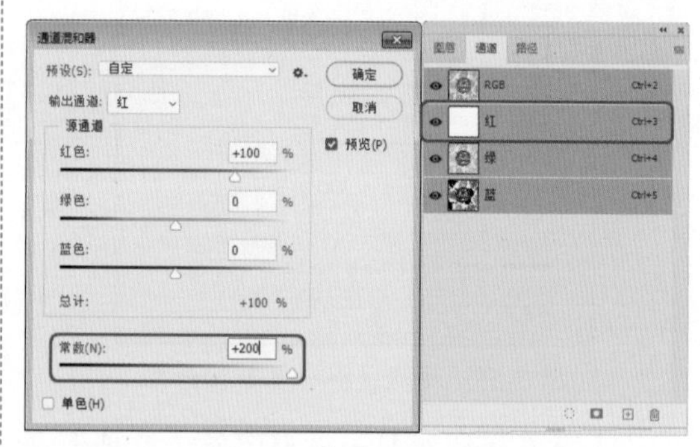

图 7-63　常数值为 +200%

◎　【单色】：选中该复选框，彩色图像将转换为黑白图像，如图 7-64 所示。

图 7-64　单色效果

7.1.5　匹配颜色

使用【匹配颜色】命令可以将一个图像（源图像）的颜色与另一个图像（目标图像）的颜色相匹配。该命令比较适合处理多张图片，以使它们的颜色保持一致。

01 打开【素材 09.jpg】【素材 10.jpg】素材文件，如图 7-65、图 7-66 所示。

图 7-65　素材 1

图 7-66　素材 2

02 将【素材 09.jpg】素材文件置为要修改的图层，然后在菜单栏中选择【图像】|【调整】|【匹配颜色】命令，打开【匹配颜色】对话框，在【源】下拉列表框中选择【素材 10.jpg】文件，选中【中和】复选框，将【明亮度】【颜色强度】、【渐隐】分别设置为 200、95、34，如图 7-67 所示。

图 7-67　设置【匹配颜色】参数

03 设置完成后单击【确定】按钮，完成后的效果如图 7-68 所示。

图 7-68　匹配颜色后的效果

【匹配颜色】对话框中各个选项的讲解如下。

◎　【目标】：显示了被修改的图像的名称和颜色模式等信息。

◎　【应用调整时忽略选区】：如果当前的图像中包含选区，选中该项，可忽略选区，调整将应用于整个图像，如图 7-69 所示；取消选中该项，则仅影响选区内的图像，如图 7-70 所示。

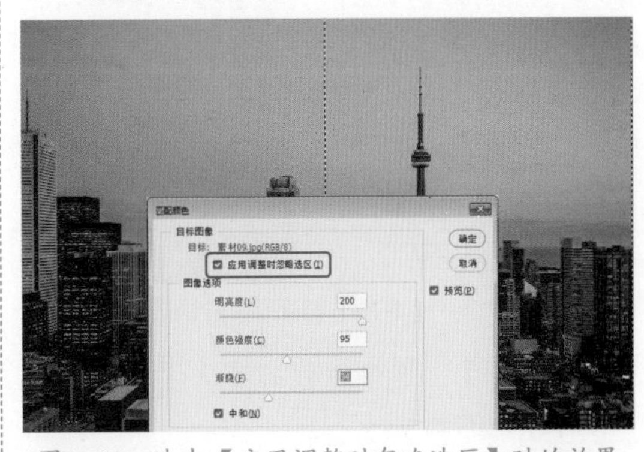

图 7-69　选中【应用调整时忽略选区】时的效果

图 7-70　取消选中【应用调整时忽略选区】时的效果

◎ 【明亮度】：拖动滑块或输入数值，可以增加或减小图像的亮度。

◎ 【颜色强度】：用来调整色彩的饱和度。该值为1时，可生成灰度图像。

◎ 【渐隐】：用来控制应用于图像的调整量。该值越高，调整的强度越弱。如图7-71、图7-72所示为【渐隐】值分别为15、60时的效果。

图 7-71 【渐隐】值为 15 时的效果

图 7-72 【渐隐】值为 60 时的效果

◎ 【中和】：选中该复选框，可消除图像中出现的偏色。

◎ 【使用源选区计算颜色】：如果在源图像中创建了选区，选中该复选框，可使用选区中的图像匹配颜色，如图7-73所示；取消选中该项，则使用整幅图像进行匹配，如图7-74所示。

◎ 【使用目标选区计算调整】：如果在目标图像中创建了选区，选中该项，可使用选区内的图像来计算调整；取消选中该项，则会使用整个图像中的颜色来计算调整。

◎ 【源】：用来选择与目标图像中的颜色进行匹配的源图像。

图 7-73 选中【使用源选区计算颜色】复选框时的效果

图 7-74 未选中【使用源选区计算颜色】复选框时的效果

◎ 【图层】：用来选择需要匹配颜色的图层。如果要将【匹配颜色】命令应用于目标图像中的某一个图层，应在执行命令前选择该图层。

◎ 【存储统计数据/载入统计数据】：单击【存储统计数据】按钮，可将当前的设置保存；单击【裁入统计数据】按钮，可载入已存储的设置。当使用载入的统计数据时，无须在Photoshop中打开源图像，就可以完成匹配目标图像的操作。

提示：【匹配颜色】命令仅适用于RGB模式的图像。

7.2 图像色调的调整

本节将介绍图像色调的调整，其中包括

曲线、色阶、亮度 / 对比度、阴影 / 高光等。

■ 7.2.1　曲线

使用【曲线】命令可以通过调整图像色彩曲线上的任意一个像素点来改变图像的色彩范围。其具体的操作方法如下。

01 打开【素材\Cha07\素材 11.jpg】素材文件，如图 7-75 所示。

图 7-75　打开的素材文件

02 在菜单栏中选择【图像】|【调整】|【曲线】命令，打开【曲线】对话框，添加一个编辑点，将【输出】【输入】分别设置为 162、118，如图 7-76 所示。

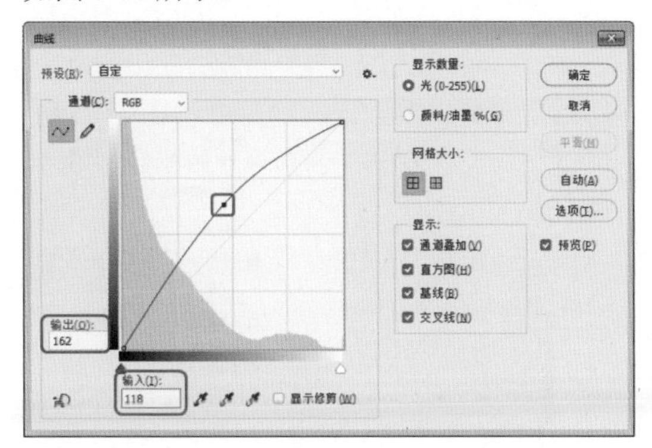

图 7-76　设置 RGB 曲线

03 将【通道】设置为【红】，添加一个编辑点，将【输出】【输入】分别设置为 132、155，如图 7-77 所示。

04 将【通道】设置为【绿】，添加一个编辑点，将【输出】【输入】分别设置为 137、140，如图 7-78 所示。

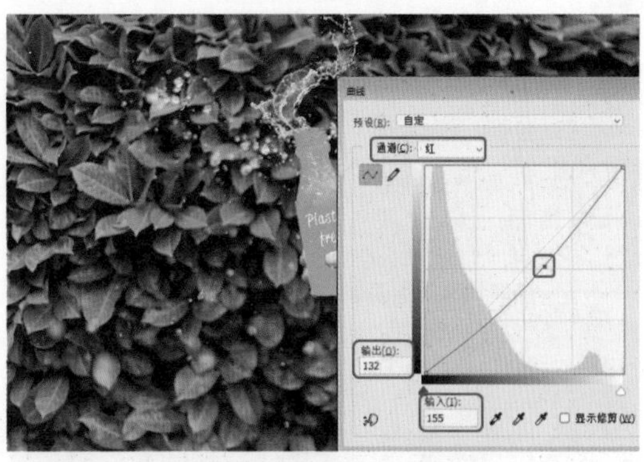
图 7-77　设置红通道曲线

图 7-78　设置绿通道曲线

05 将【通道】设置为【蓝】，添加一个编辑点，将【输出】【输入】分别设置为 121、131，如图 7-79 所示。

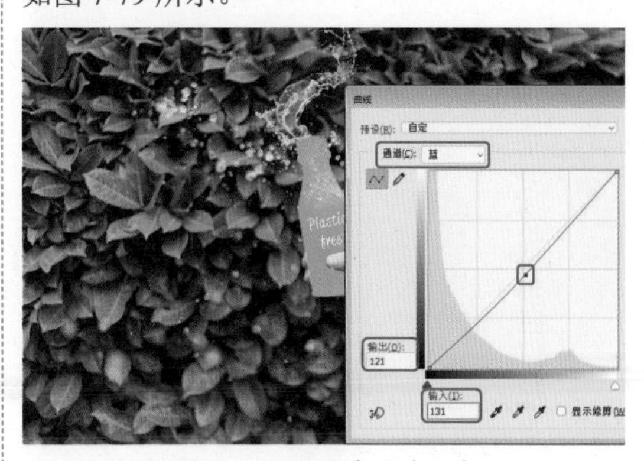
图 7-79　设置蓝通道曲线

06 设置完成后，单击【确定】按钮，即可完成曲线的调整，效果如图 7-80 所示。

【曲线】对话框中各选项的介绍如下。

◎　【预设】：该选项的下拉列表中包含了 Photoshop 提供的预设文件，如图 7-81 所示。当选择【默认值】时，可通过拖动曲线来调整图像；选择其他选项时，则可以使用预设文件调整图像。

图 7-80　调整曲线后的效果

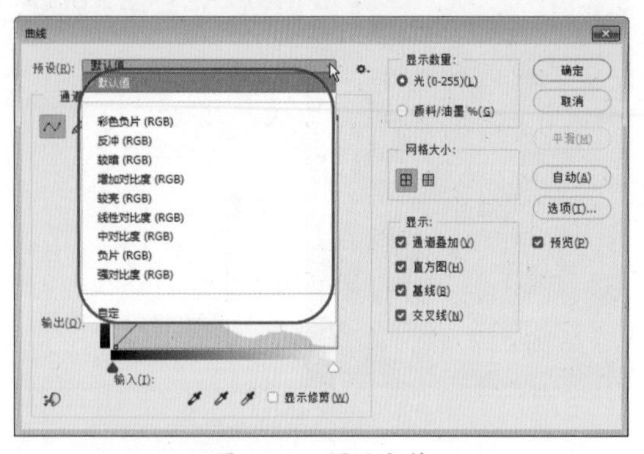

图 7-81　预设文件

◎　【预设选项】：单击该按钮，弹出一个下拉列表，可以在弹出的下拉列表中选择存储或载入预设，如图 7-82 所示。

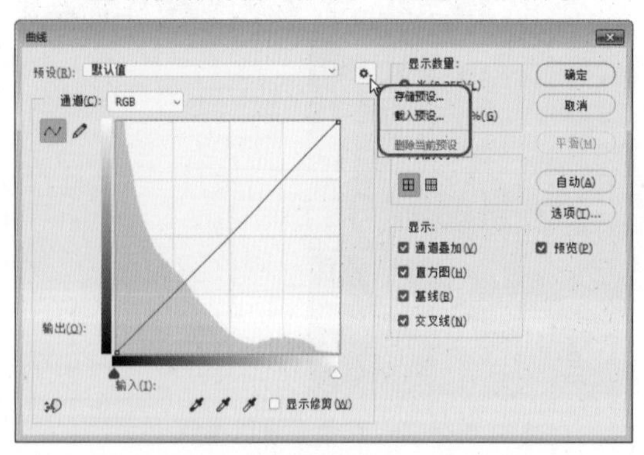

图 7-82　【预设选项】下拉列表

◆　选择【存储预设】命令，可以将当前的调整状态保存为一个预设文件，在对其他图像应用相同的调整时使用。

◆　选择【载入预设】命令，可以使用载入的预设文件自动调整图像。

◆　选择【删除当前预设】命令，则删除存储的预设文件。

◎　【通道】：在该选项的下拉列表中可以选择一个需要调整的通道。

◎　【编辑点以修改曲线】：单击该按钮后，在曲线中单击可添加新的编辑点，拖动编辑点改变曲线形状即可对图像做出调整。

◎　【通过绘制来修改曲线】：单击该按钮，可在对话框内绘制手绘效果的自由形状曲线，如图 7-83 所示。绘制自由曲线后，单击对话框中的【编辑点以修改曲线】按钮，可在曲线上显示编辑点，如图 7-84 所示。

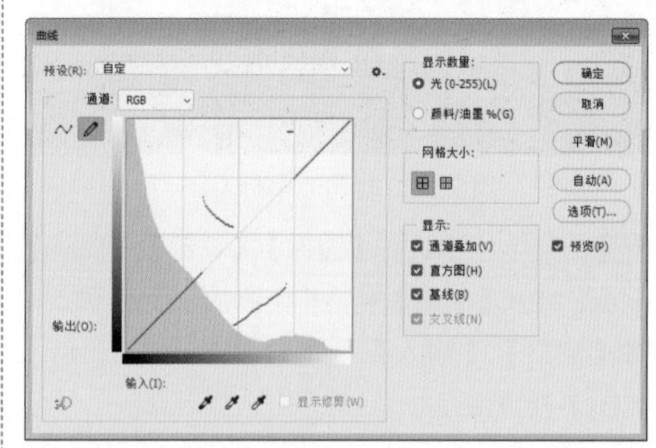

图 7-83　绘制曲线

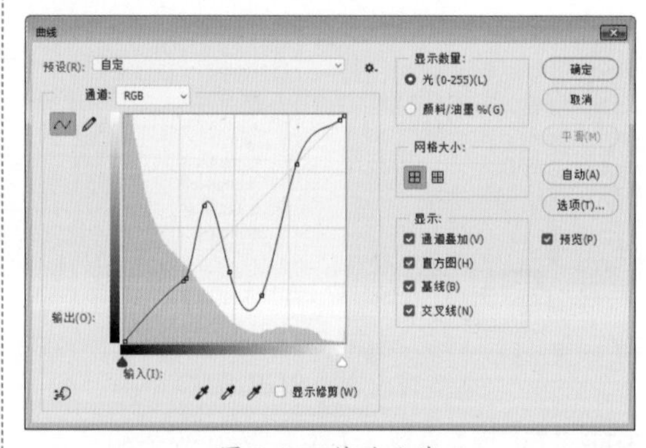

图 7-84　修改曲线

◎　【平滑】按钮：用【通过绘制来修改曲线】绘制曲线后，单击该按钮，可对曲线进行平滑处理。

◎　【输入 / 输出】：【输入】显示了调整前的像素值，【输出】显示了调整后的像素值。

◎ 【高光 / 中间调 / 阴影】：移动曲线顶部的点可以调整图像的高光区域；拖动曲线中间的点可以调整图像的中间调；拖动曲线底部的点可以调整图像的阴影区域。

◎ 【黑场 / 灰点 / 白场】：这几个工具和选项与【色阶】对话框中相应工具的作用相同，不再赘述。

◎ 【选项】按钮：单击该按钮，会弹出【自动颜色校正选项】对话框，如图 7-85 所示。在【自动颜色校正选项】对话框中，可控制由【色阶】和【曲线】中的【自动颜色】【自动色阶】【自动对比度】和【自动】选项应用的色调和颜色校正，它允许指定阴影和高光剪切百分比，并为阴影、中间调和高光指定颜色值。

图 7-85 【自动颜色校正选项】对话框

【实战】古铜色调效果

本案例将介绍如何将照片中人物的皮肤调整为古铜色，主要通过对素材图片进行复制，然后为照片添加调整图层对人物进行修饰，从而达到古铜色的质感。完成后的效果如图 7-86 所示。

图 7-86 古铜色调效果

素材：	素材 \Cha07\ 素材 12.jpg
场景：	场景 \Cha07\【实战】古铜色调效果 .psd
视频：	视频教学 \Cha07\【实战】古铜色调效果 .mp4

01 打开【素材 \Cha07\ 素材 12.jpg】素材文件，如图 7-87 所示。

图 7-87 打开的素材文件

02 按 Ctrl+M 组合键，在弹出的对话框中添加一个编辑点，将【输出】【输入】分别设置为 216、169，再添加一个编辑点，将【输出】【输入】分别设置为 160、115，如图 7-88 所示。

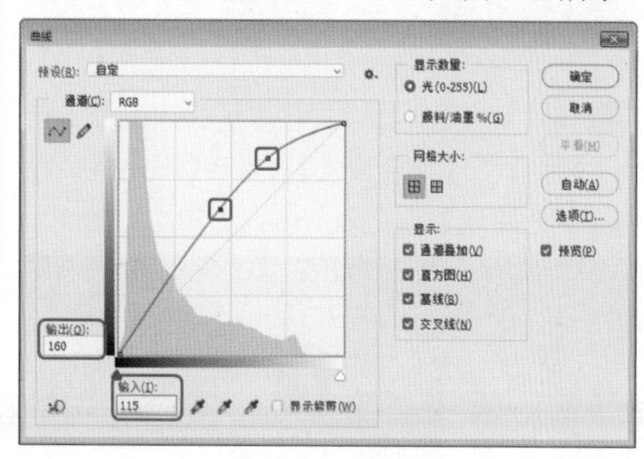

图 7-88 添加编辑点

03 设置完成后，单击【确定】按钮，按两次 Ctrl+J 组合键，对图层进行复制，如图 7-89 所示。

04 在【图层】面板中选择【图层 1】，将【图层 1】的【混合模式】设置为【柔光】，如图 7-90 所示。

图 7-89　复制图层

图 7-90　设置【图层 1】的【混合模式】

05 设置完成后，在【图层】面板中选择【图层 1 拷贝】，将【混合模式】设置为【正片叠底】，将【不透明度】设置为 40%，如图 7-91 所示。

图 7-91　设置混合模式与不透明度

06 在【图层】面板中按住 Alt 键单击【添加图层蒙版】按钮，在工具箱中单击【画笔工具】，将前景色设置为白色，对人物的皮肤进行涂抹，效果如图 7-92 所示。

图 7-92　添加图层蒙版并涂抹后的效果

07 设置完成后，按 Ctrl+Shift+Alt+E 组合键对图层进行盖印，在菜单栏中选择【图像】|【应用图像】命令，在弹出的对话框中将【通道】设置为【蓝】，将【混合】设置为【正片叠底】，如图 7-93 所示。

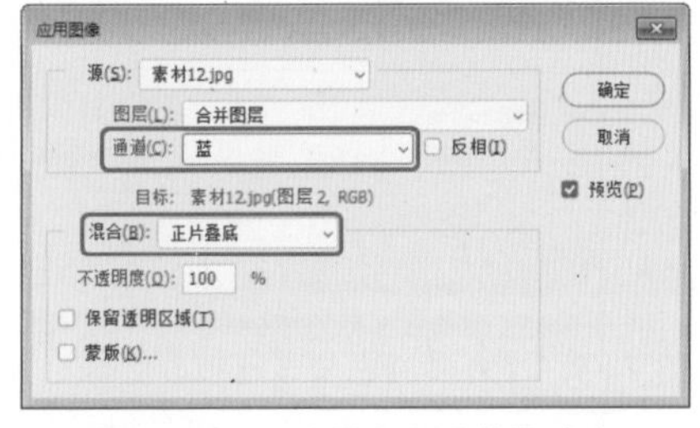

图 7-93　设置【应用图像】参数

08 设置完成后，单击【确定】按钮，在菜单栏中选择【图像】|【调整】|【色阶】命令，在弹出的对话框中将【色阶】设置为 0、2、200，如图 7-94 所示。

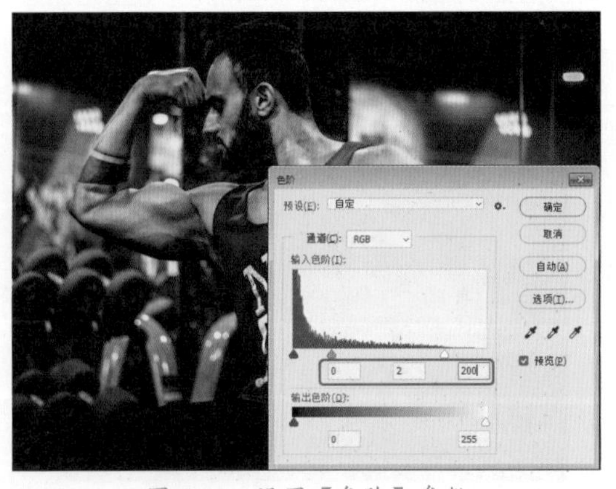

图 7-94　设置【色阶】参数

09 设置完成后，单击【确定】按钮，在【图层】面板中选择【图层 2】图层，按住 Alt 键单击【添加图层蒙版】按钮，在工具箱中单击【画笔工具】，对人物的皮肤进行涂抹。效果如图 7-95 所示。

图 7-95　添加图层蒙版并进行调整

10 在【图层】面板中单击【创建新的填充或调整图层】按钮，在弹出的列表中选择【曲线】命令，在【属性】面板中添加一个编辑点，将【输入】【输出】分别设置为 208、222，再次添加一个编辑点，将【输入】【输出】分别设置为 145、170，如图 7-96 所示。

图 7-96　设置【曲线】参数

提示：单击【创建新的填充或调整图层】按钮，可以在打开的下拉列表中选择创建新的填充图层或调整图层。在【图层】面板中添加的调整图层与通过在菜单栏中的【图像】|【调整】菜单中的命令作用相同，在【图层】面板中添加的调整图层是在源图像的基础上添加一个调整图层，不会破坏源图像，用户可以根据需要随时调整参数，而【调整】菜单中的命令直接在源图像上进行调整。

11 在【图层】面板中选择【曲线 1】调整图层右侧的图层蒙版，在工具箱中单击【画笔工具】，将前景色设置为黑色，对人物的皮肤进行涂抹，效果如图 7-97 所示。

图 7-97　对图层蒙版涂抹后的效果

12 在【图层】面板中单击【创建新的填充或调整图层】按钮，在弹出的列表中选择【色相 / 饱和度】命令，在【属性】面板中将【色相】【饱和度】【明度】分别设置为 -5、+44、+12，如图 7-98 所示。

图 7-98　设置【色相 / 饱和度】参数

13 在【图层】面板中选择【色相 / 饱和度 1】调整图层右侧的图层蒙版，在工具箱中单击

【画笔工具】，将前景色设置为黑色，对人物的皮肤进行涂抹，效果如图 7-99 所示。

图 7-99　对图层蒙版涂抹后的效果

14 继续选中【色相 / 饱和度 1】调整图层右侧的图层蒙版，按 Ctrl+I 组合键反选，效果如图 7-100 所示。

图 7-100　设置【混合模式】后的效果

7.2.2　色阶

使用【色阶】命令可以通过调整图像暗调、灰色调和高光的亮度级别来校正图像的影调，包括反差、明暗和图像层次以及平衡图像的色彩。

打开【色阶】对话框的方法有以下几种：

◎ 在菜单栏中选择【图像】|【调整】|【色阶】命令。

◎ 按 Ctrl+L 组合键。

◎ 按 F7 键打开【图层】面板，在该面板中单击【创建新的填充或调整图层】按钮，在弹出的快捷菜单中选择【色阶】命令，如图 7-101 所示。

图 7-101　选择【色阶】命令

【色阶】对话框如图 7-102 所示。

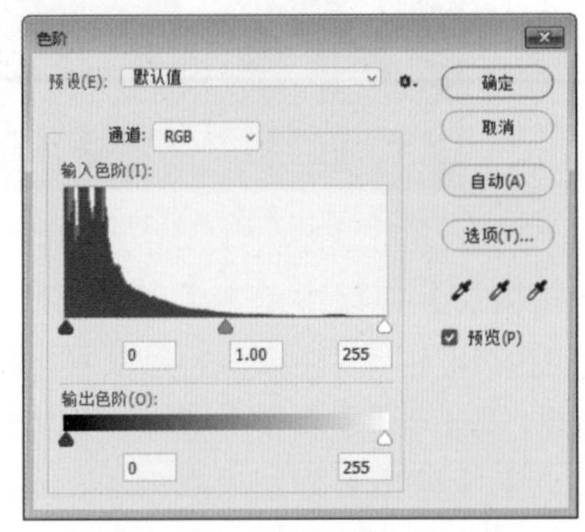

图 7-102　【色阶】对话框

【色阶】对话框中各选项的讲解如下。

1.【通道】下拉列表框

利用此下拉列表框，可以在整个颜色范围内对图像进行色调调整，也可以单独编辑特定颜色的色调。若要同时编辑一组颜色通道，在选择【色阶】命令之前应按住 Shift 键在【通道】面板中选择这些通道。之后，【通道】下拉列表会显示目标通道的缩写，例如 CM 代表青色和洋红。此下拉列表还包含所选组合的个别通道，可以只分别编辑专色通道和 Alpha 通道。

2.【输入色阶】参数框

在【输入色阶】参数框中，可以分别调整暗调、中间调和高光的亮度级别来修改图像的色调范围，以提高或降低图像的对比度。

◆ 最左边的黑色滑块（阴影滑块）：向右拖动可以增大图像的暗调范

围，使图像显示得更暗。

◆ 最右边的白色滑块（高光滑块）：向左拖动可以增大图像的高光范围，使图像变亮，如图 7-103 所示。

图 7-103　调整高光范围

◆ 中间的灰色滑块（中间调滑块）：左右拖动可以减小或增大中间色调范围，从而改变图像的对比度，如图 7-104 所示。

图 7-104　调整中间调范围

3.【输出色阶】参数框

【输出色阶】参数框中只有暗调滑块和高光滑块，通过拖动滑块或在方框中输入目标值，可以降低图像的对比度。

具体来说，向右拖动暗调滑块，【输出色阶】左边方框中的值会相应增加，但此时图像却会变亮；向左拖动高光滑块，【输出色阶】右边方框中的值会相应减小，但图像却会变暗。这是因为在输出时 Photoshop 的处理过程是这样的：比如将第一个方框的值调为 10，则表示输出图像会以在输入图像中色调值为 10 的像素的暗度为最低暗度，所以图像会变亮；将第二个方框的值调为 245，则表示输出图像会以在输入图像中色调值为 245 的像素的亮度为最高亮度，所以图像会变暗。

总而言之，【输入色阶】的调整是用来增加对比度的，而【输出色阶】的调整则是用来减少对比度的。

4. 吸管工具

吸管工具共有三个，即【图像中取样以设置黑场】、【图像中取样以设置灰场】、【图像中取样以设置白场】，它们分别用于完成图像中黑场、灰场和白场的设置。使用设置黑场吸管在图像中的某点颜色上单击，该点则成为图像中的黑色，该点与原来黑色的颜色色调范围内的颜色都将变为黑色，该点与原来白色的颜色色调范围内的颜色整体都进行亮度的降低。使用设置白场吸管，完成的效果则正好与设置黑场吸管的作用相反。使用设置灰场吸管可以完成图像中的灰度设置。

5.【自动】按钮

单击【自动】按钮可将高光和暗调滑块自动地移动到最亮点和最暗点。

7.2.3　亮度 / 对比度

使用【亮度 / 对比度】命令可以对图像的色调范围进行简单的调整。在菜单栏中选择【图像】|【调整】|【亮度 / 对比度】命令，弹出【亮度 / 对比度】对话框，如图 7-105 所示。

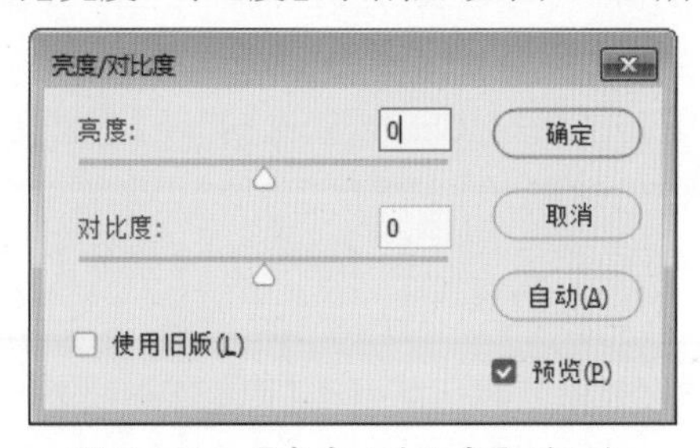

图 7-105　【亮度 / 对比度】对话框

在该对话框中向左侧拖动滑块可以降低

图像的亮度和对比度，如图 7-106 所示；向右侧拖动滑块则增加图像的亮度和对比度，如图 7-107 所示。

图 7-106　降低图像的亮度和对比度

图 7-107　增加图像的亮度和对比度

■ 7.2.4　阴影 / 高光

【阴影 / 高光】是一种用于校正由强逆光而形成剪影的照片，或者校正由于太接近相机闪光灯而有些发白的焦点的方法。下面介绍调整阴影 / 高光的操作方法。

01 打开【素材 \Cha07\ 素材 14.jpg】素材文件，如图 7-108 所示。

02 在菜单栏中选择【图像】|【调整】|【阴影 / 高光】命令，如图 7-109 所示。

03 在弹出的对话框中将【阴影】下的【数量】设置为 85%，如图 7-110 所示。

04 设置完成后，单击【确定】按钮，即可完成阴影 / 高光的调整，效果如图 7-111 所示。

图 7-108　打开的素材文件

图 7-109　选择【阴影 / 高光】命令

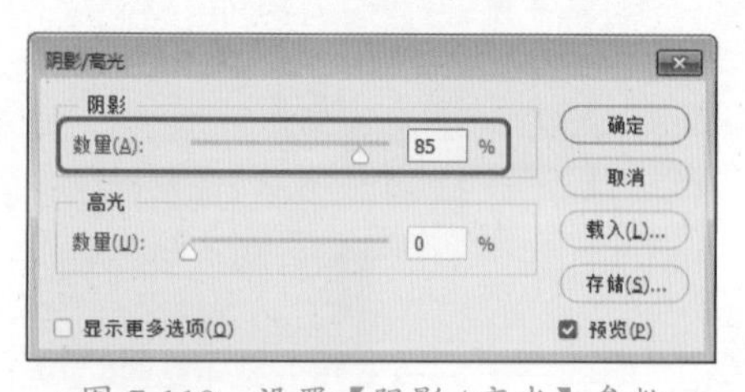

图 7-110　设置【阴影 / 高光】参数

图 7-111　调整完成后的效果

7.3　特殊色彩的处理

在 Photoshop 中可以对图像进行特殊色彩

的处理，如将彩色照片制作为黑白艺术照效果，或者利用渐变映射更改图像色调等。本节将对特殊色彩的处理进行简单讲解。

■ 7.3.1 去色

使用【去色】命令可以删除彩色图像的颜色，但不会改变图像的颜色模式，如图 7-112 所示分别为执行该命令前后的图像效果。如果在图像中创建了选区，则执行该命令时，只会删除选区内图像的颜色，如图 7-113 所示。

图 7-112 去色前后的效果对比

图 7-113 去除选区内的颜色

■ 7.3.2 反相

选择【反相】命令，可以反转图像中的颜色，通道中每个像素的亮度值都会转换为 256 级颜色值刻度上相反的值。例如值为 255 的正片图像中的像素会转换为 0，值为 5 的像素会转换为 250。使用【反相】命令的操作方法如下。

01 打开【素材\Cha07\素材 16.jpg】素材文件，如图 7-114 所示。

02 在菜单栏中选择【图像】|【调整】|【反相】命令，即可对图像进行反相，如图 7-115 所示。

图 7-114 打开的素材文件 图 7-115 反相后的效果

提示：还可以按 Ctrl+I 组合键执行【反相】命令。

■ 7.3.3 阈值

使用【阈值】命令可以删除图像的色彩信息，将其转换为只有黑白两色的高对比度图像。操作方法如下。

打开【素材 16.jpg】素材文件，在菜单栏中选择【图像】|【调整】|【阈值】命令，即可打开【阈值】对话框，如图 7-116 所示；在该对话框中输入【阈值色阶】值，或者拖动直方图下面的滑块，也可以指定某个色阶作为阈值，所有比阈值亮的像素便被转换为白色，相反，所有比阈值暗的像素则被转换为黑色。如图 7-117 所示为调整阈值前后的效果对比。

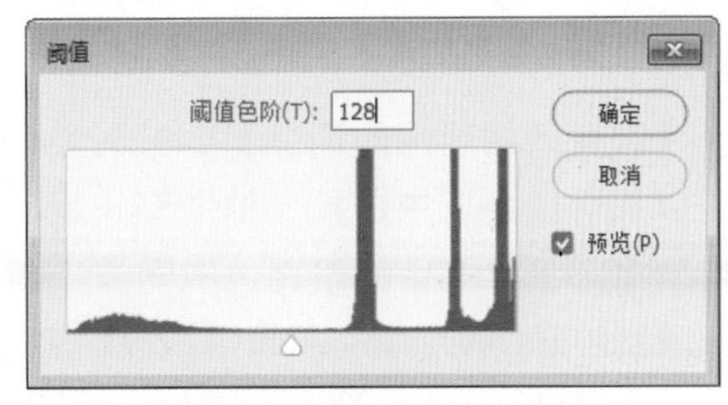

图 7-116 【阈值】对话框

图 7-117 调整阈值前后的效果对比

7.3.4 渐变映射

使用【渐变映射】命令可以将图像的色阶映射为一组渐变色的色阶。如指定双色渐变填充时，图像中的暗调被映射到渐变填充的一个端点颜色，高光被映射到另一个端点颜色，中间调被映射到两个端点之间的层次。

在菜单栏中选择【图像】|【调整】|【渐变映射】命令，即可打开【渐变映射】对话框，如图 7-118 所示。应用【渐变映射】命令前后的效果对比如图 7-119 所示。

图 7-118 【渐变映射】对话框

图 7-119 应用【渐变映射】命令前后的效果对比

【渐变映射】对话框中各个选项的讲解如下。

◎ 【灰度映射所用的渐变】下拉列表：可以从下拉列表中选择一种渐变类型。默认情况下，图像的暗调、中间调和高光分别映射到渐变填充的起始（左端）颜色、中间点和结束（右端）颜色。

◎ 【仿色】复选框：通过添加随机杂色，可使渐变映射效果的过渡显得更为平滑。

◎ 【反向】复选框：颠倒渐变填充方向，以形成反向映射的效果。

课后项目练习

电影色调效果

某影院要制作一张电影画面，要求画面富有年代感，营造出电影片段的氛围，效果如图 7-120 所示。

图 7-120 电影色调效果

课后项目练习过程概要：

（1）打开素材图像，添加调整图层，调整图像色调。

（2）使用【矩形工具】绘制矩形，并输入相应的文字。

素材：	素材 \Cha07\ 素材 18.jpg、素材 19.jpg
场景：	场景 \Cha07\ 电影色调效果 .psd
视频：	视频教学 \Cha07\ 电影色调效果 .mp4

01 打开【素材 \Cha07\ 素材 18.jpg】素材文件，如图 7-121 所示。

图 7-121 打开的素材文件

02 在菜单栏中选择【文件】|【置入嵌入对象】命令，在弹出的对话框中选择【素材\Cha07\素材 19.jpg】素材文件，单击【置入】按钮，按 Enter 键完成置入，在【图层】面板中将【素材 19】图层的【混合模式】设置为【柔光】，如图 7-122 所示。

图 7-122　置入素材文件并设置【混合模式】

03 在【图层】面板中单击【创建新的填充或调整图层】按钮，在弹出的列表中选择【色相 / 饱和度】命令，在【属性】面板中将【色相】【饱和度】【明度】分别设置为 0、-14、+15，如图 7-123 所示。

图 7-123　设置【色相 / 饱和度】参数

提示：为了方便案例的学习，我们在此使用调整图层来对图像进行调色。

04 在【图层】面板中单击【创建新的填充或调整图层】按钮，在弹出的列表中选择【色彩平衡】命令，在【属性】面板中将【色调】设置为【中间调】，并设置其参数，效果如图 7-124 所示。

图 7-124　设置【色彩平衡】参数

05 在【图层】面板中单击【创建新的填充或调整图层】按钮，在弹出的列表中选择【色阶】命令，在【属性】面板中设置其参数，效果如图 7-125 所示。

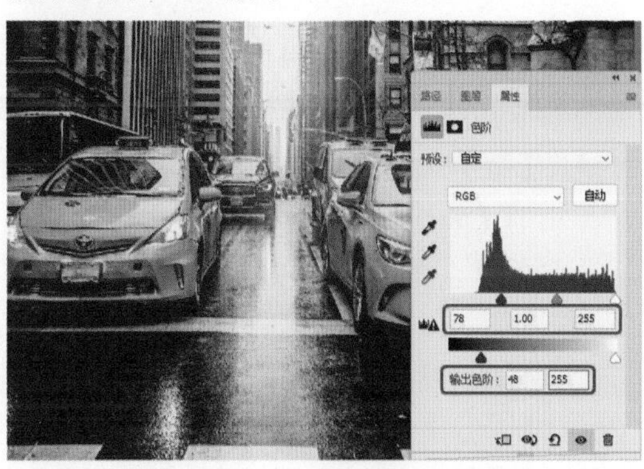

图 7-125　设置【色阶】参数

06 在【图层】面板中单击【创建新的填充或调整图层】按钮，在弹出的列表中选择【渐变映射】命令，在【属性】面板中单击渐变条，在弹出的【渐变编辑器】对话框中将左侧色标的颜色值设置为 # d3cec5，将右侧色标的颜色值设置为 # ffffff，如图 7-126 所示。

图 7-126　设置渐变颜色

07 设置完成后，单击【确定】按钮，在【属性】面板中选中【反向】复选框，在【图层】面板中选择【渐变映射 1】调整图层，将【混合模式】设置为【正片叠底】，如图 7-127 所示。

图 7-127 设置【混合模式】

08 在【图层】面板中单击【创建新的填充或调整图层】按钮，在弹出的列表中选择【渐变映射】命令，在【属性】面板中单击渐变条，在弹出的【渐变编辑器】对话框中将左侧色标的颜色值设置为 # 003959，将右侧色标的颜色值设置为 # dee0ae，如图 7-128 所示。

图 7-128 设置渐变颜色

09 设置完成后，单击【确定】按钮，在【图层】面板中选择【渐变映射 2】调整图层，将【混合模式】设置为【柔光】，如图 7-129 所示。

10 在工具箱中单击【矩形工具】，在工具选项栏中将【工具模式】设置为【形状】，将【填充】的颜色值设置为 #000000，将【描边】设置为无，单击【路径操作】按钮，在弹出的下拉列表中选择【合并形状】命令，在工作区中绘制矩形，效果如图 7-130 所示。

图 7-129 设置【混合模式】

图 7-130 绘制矩形

11 在工具箱中单击【横排文字工具】T，在工作区中单击鼠标，输入文字，选中输入的文字，在【字符】面板中将【字体】设置为 Times New Roman，将【字体大小】设置为 24 点，将【字符间距】设置为 700，将【颜色】的颜色值设置为 #ffffff，单击【全部大写字母】按钮 TT，效果如图 7-131 所示。

图 7-131 输入文字后的效果

第 08 章

公益海报设计——通道与蒙版

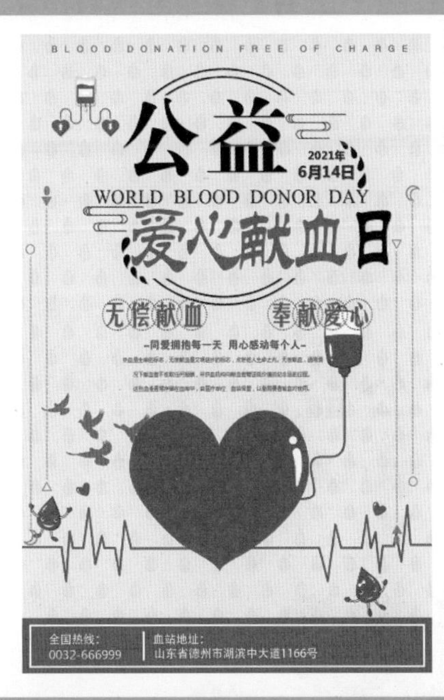

本章主要介绍如何使用通道与蒙版。通道与蒙版是两个常用的编辑功能，通道可存储不同类型信息的灰度图像；蒙版用来保护被遮蔽的区域，具有选择功能。通过本章可以学习并掌握通道与蒙版的使用方法。

本章导读

基础知识	Alpha 通道　专色通道
重点知识	通道的创建和编辑　蒙版的分类
提高知识	停用和启用蒙版　将通道转换为蒙版

案例精讲
公益海报设计

为了更好地完成本设计案例，现对制作要求及设计内容做如下规划，效果如图 8-1 所示。

作品名称	公益海报设计
作品尺寸	1000px×1500px
设计创意	（1）对素材添加 Alpha 通道效果，第一步是创建文档并置入素材文件。 （2）通过【横排文字工具】【矩形工具】【椭圆工具】【钢笔工具】，绘制图形与输入文字。
主要元素	（1）公益爱心背景。 （2）文字效果与图形元素。
应用软件	Photoshop CC 2020
素材：	素材 \Cha08\ 公益海报背景 01.jpg、公益海报 02.png、公益海报 03.png、公益海报 04.png、公益海报 05.jpg
场景：	场景 \Cha08\【案例精讲】公益海报设计 .psd
视频：	视频教学 \Cha08\【案例精讲】公益海报设计 .mp4
公益海报效果欣赏	图 8-1　公益海报设计

01 启动软件，按 Ctrl+N 组合键，在弹出的对话框中将【宽度】【高度】分别设置为 1000 像素、1500 像素，将【分辨率】设置为 100 像素 / 英寸，将【颜色模式】设置为 RGB 颜色，设置完成后，单击【创建】按钮，选择菜单栏中的【文件】|【置入嵌入对象】命令，弹出对话框，选择【素材 \Cha08\ 公益海报背景 01.jpg】素材文件，单击鼠标置入素材后调整文件大小与位置，如图 8-2 所示。

02 在工具箱中单击【矩形工具】按钮，拖曳鼠标绘制矩形，在【属性】面板中将 W、H 分别设置为 1003 像素、131 像素，X、Y 分别设置为 -3 像素、1369 像素，将【填充】的 RGB 值设置为 239、37、88，将【描边】设置为无，如图 8-3 所示。

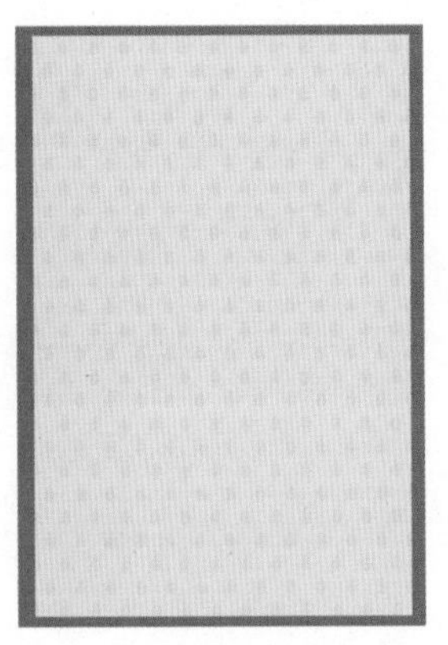

图 8-2　置入素材文件

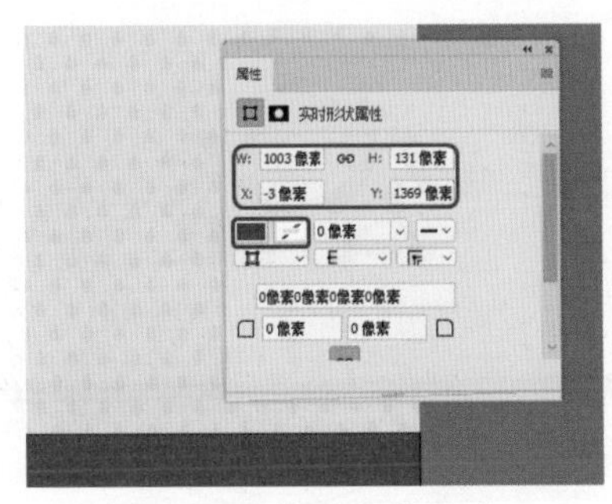

图 8-3　绘制矩形图形

03 在菜单栏中选择【文件】|【置入嵌入对象】命令，弹出对话框，选择【素材 \Cha08\ 公益海报 02.png】素材文件，单击鼠标置入素材后，调整文件大小与位置，如图 8-4 所示。

图 8-4　置入素材文件并调整大小

04 使用【横排文字工具】输入文本，在【字符】面板中将【字体】设置为【方正黑体简体】，将【字体大小】设置为 15 点，将【字符间距】设置为 800，将【颜色】设置为 242、94、66，单击【仿粗体】【全部大写字母】按钮，如图 8-5 所示。

05 选择菜单栏中的【文件】|【置入嵌入对象】命令，在弹出的对话框中选择【公益海报 03.png】素材文件，单击【置入】按钮，并调整至合适的位置，如图 8-6 所示。

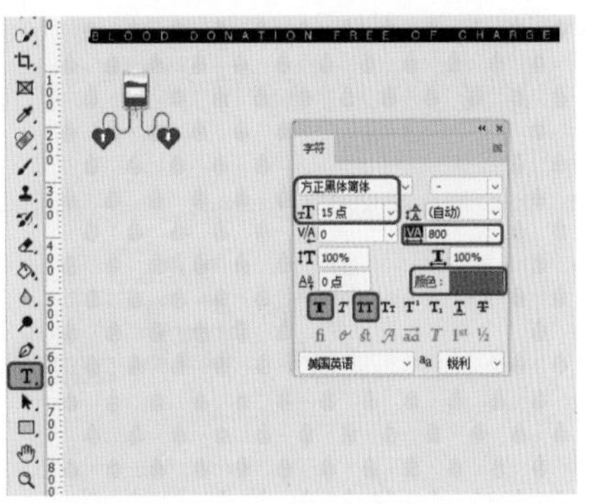

图 8-5　输入文字并设置参数

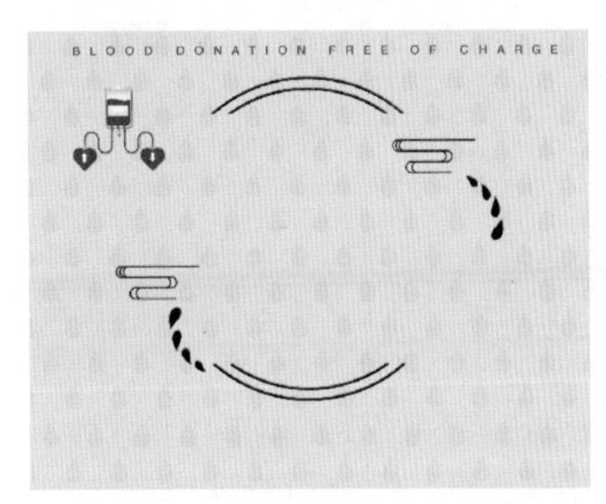

图 8-6　置入素材文件并调整

06 在工具箱中单击【横排文字工具】按钮，输入文字【公益】，在【字符】面板中将【字体】设置为【方正大标宋简体】，将【字体大小】设置为 150 点，将【字符间距】设置为 0，将【颜色】的 RGB 值设置为 0、3、1，单击取消【仿粗体】【全部大写字母】按钮，如图 8-7 所示。

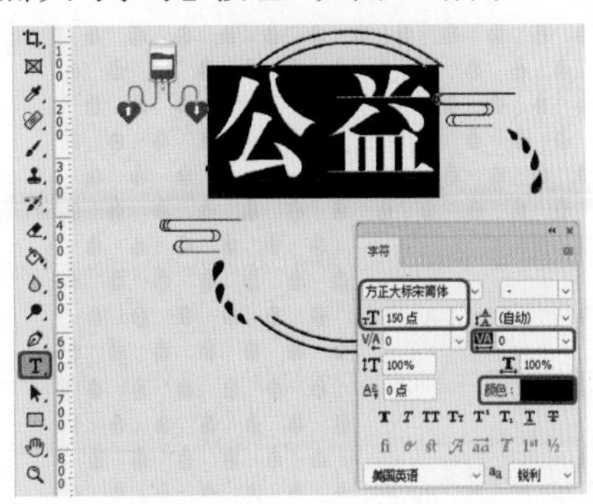

图 8-7　输入文字并设置参数

07 使用【横排文字工具】输入文本【2021 年 6 月 14 日】，在【字符】面板中将【字体】设置为【微软雅黑】，将【字体样式】设置为Bold，将【字体大小】设置为18点，将【行距】设置为24点，将【颜色】的RGB值设置为97、58、52，单击【仿粗体】按钮，将文字【6月14日】的【字体大小】设置为25点，如图8-8所示。

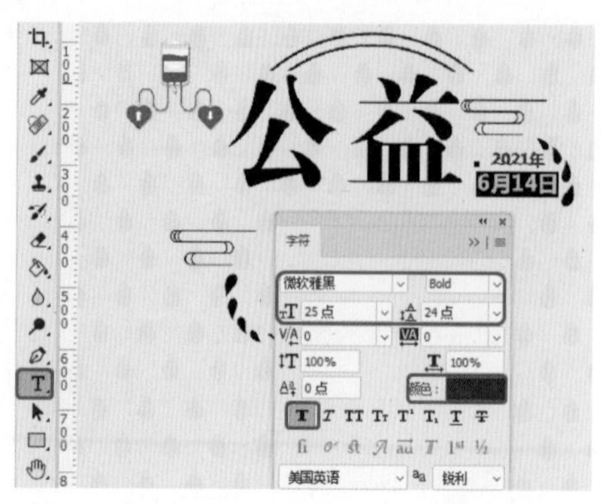

图 8-8 输入文字并进行设置

08 再次使用【横排文字工具】输入文本，在【字符】面板中将【字体】设置为Aparajita，将【字体大小】设置为40点，将【字符间距】设置为20，将【颜色】的RGB值设置为85、5、13，单击【全部大写字母】按钮，如图8-9所示。

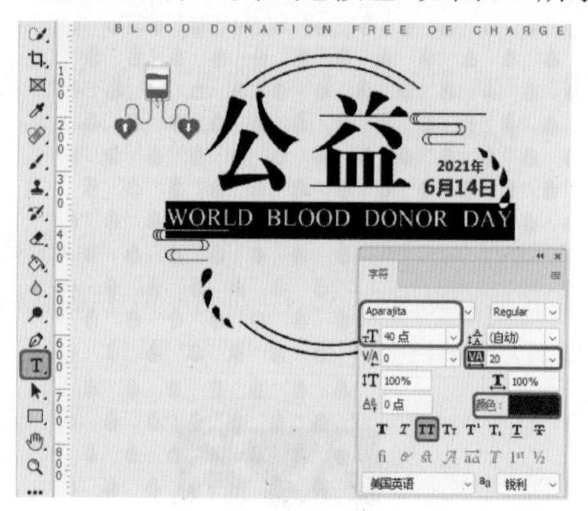

图 8-9 为文字添加填充

09 使用同样的方法输入【爱心献血日】文字，在【字符】面板中将【字体】设置为【华文隶书】，将【字体大小】设置为150点，将【字符间距】设置为-110，将【颜色】设置为255、0、0，将【日】文字的【颜色】设置为0、3、1，如图8-10所示。

10 选中【爱心献血日】图层，按Ctrl+T组合键，将工具选项栏中的W设置为70%，如图8-11所示。

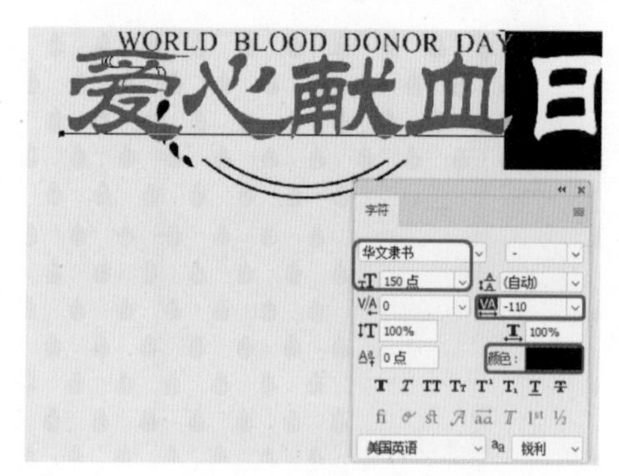

图 8-10 更改文字颜色

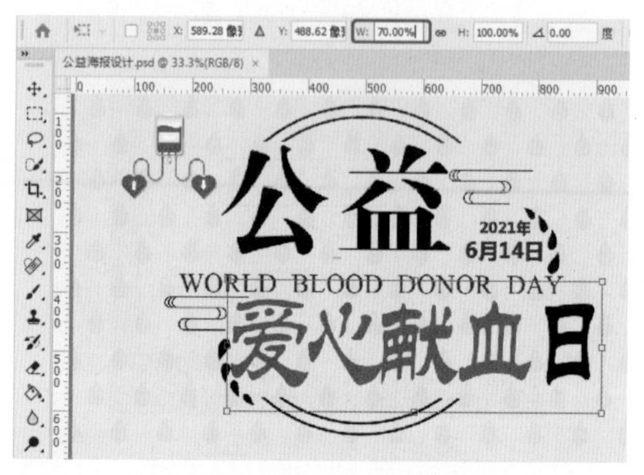

图 8-11 设置文字

11 使用【椭圆工具】绘制椭圆，在【属性】面板中将W、H都设置为75像素，将【填充】设置为无，将【描边】的RGB值设置为253、20、20，将【描边宽度】设置为3像素，单击【描边宽度】右侧的按钮，选中【虚线】复选框，将【虚线】【间隙】设置为0、2，如图8-12所示。

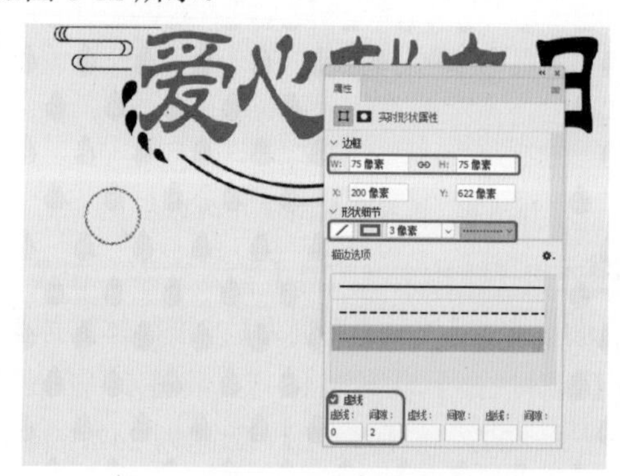

图 8-12 绘制椭圆并进行设置

12 使用上面介绍的方法绘制多个椭圆，绘制完成后将其调整至合适的位置，如图8-13所示。

图 8-13 绘制其他椭圆

13 使用【横排文字工具】输入文本，在【字符】面板中将【字体】设置为【方正美黑简体】，将【字体大小】设置为 45 点，将【颜色】的 RGB 值设置为 253、20、20，效果如图 8-14 所示。

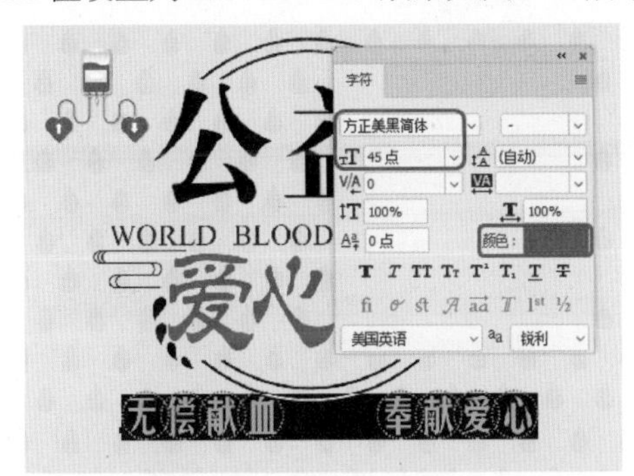

图 8-14 输入文字

14 再次使用【横排文字工具】输入文本，在【字符】面板中将【字体】设置为【方正大黑简体】，将【字体大小】设置为 18 点，将【颜色】的 RGB 值设置为 253、20、20，单击【全部大写字母】按钮，如图 8-15 所示。

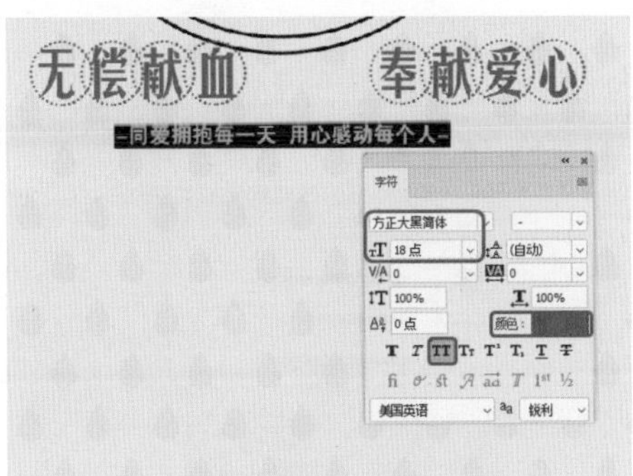

图 8-15 输入文字并设置参数

15 使用同样的方法输入其他文字并进行相应的设置，如图 8-16 所示。

图 8-16 输入其他文字

16 使用【椭圆工具】绘制椭圆，在【属性】面板中将 W、H 分别设置为 14 像素、22 像素，将 X、Y 分别设置为 62 像素、358 像素，将【填充】的 RGB 值设置为 242、123、101，将【描边】设置为无，如图 8-17 所示。

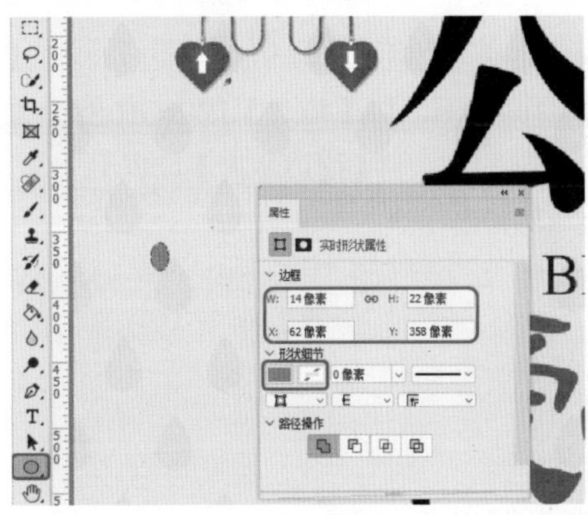

图 8-17 绘制椭圆图形

17 使用【多边形工具】绘制图形，将【填充】的 RGB 值设置为 242、123、101，将【描边】设置为无，将【边】设置为 3，如图 8-18 所示。

图 8-18 绘制三角图形并设置填充

18 使用【直线工具】绘制图形，将【填充】设置为无，将【描边】的 RGB 值设置为

242、123、101，将【描边宽度】设置为5像素，单击【描边宽度】右侧的按钮，在弹出的下拉列表中选择【虚线】，将【粗细】设置为1像素，如图8-19所示。

图 8-19　绘制直线并设置参数

19 使用【多边形工具】绘制多边形，将【填充】设置为无，将【描边】的RGB值设置为242、123、101，将【描边宽度】设置为2像素，如图8-20所示。

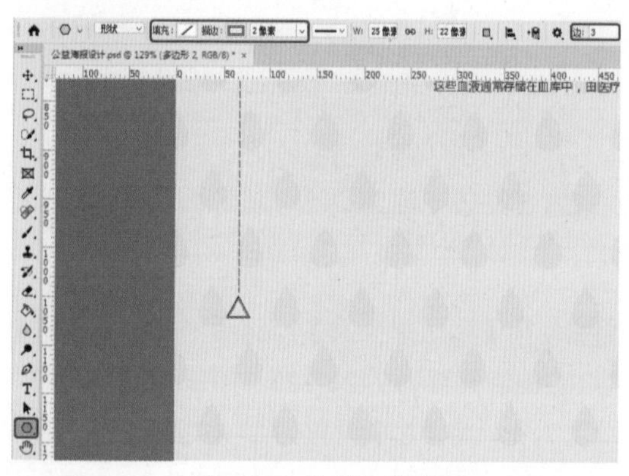

图 8-20　绘制三角形

20 使用上面介绍的方法绘制其他图形并进行相应的设置，绘制完成后的效果如图8-21所示。

21 在菜单栏中选择【文件】|【置入嵌入对象】命令，弹出对话框，选择【素材\Cha08\公益海报04.png】素材文件，单击鼠标置入素材后，调整素材文件的大小与位置，如图8-22所示。

22 按Ctrl+O组合键，在弹出的对话框中选择【公益海报05.jpg】素材文件，单击【打开】按钮，如图8-23所示。

图 8-21　绘制其他图形

图 8-22　置入素材并进行调整

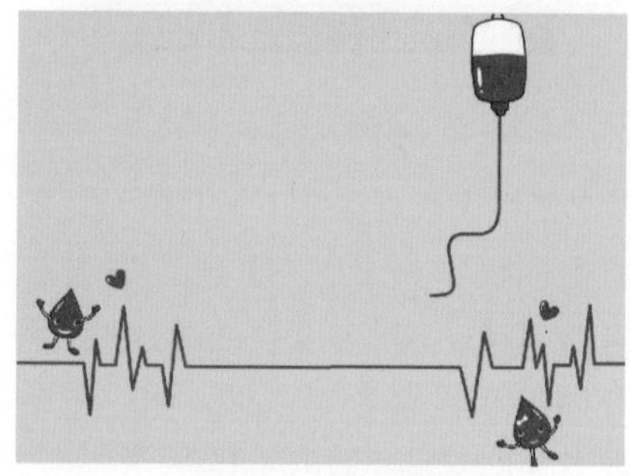

图 8-23　打开素材

23 将【颜色】面板中的【前景色】【背景色】分别设置为黑色、白色，如图8-24所示。

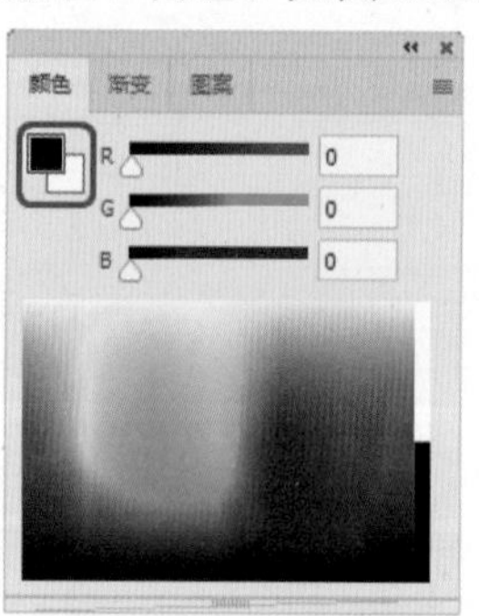

图 8-24　设置颜色

24 按住 Ctrl 键单击【绿】通道的缩略图，按 Ctrl+Shift+I 组合键进行反选，单击【创建新通道】，选择 Alpha 1 通道，按 Ctrl+Delete 组合键为其填充背景色白色，按住 Ctrl 键单击【蓝】通道的缩略图，按 Ctrl+Delete 组合键为其填充背景色白色，按住 Ctrl 键单击 Alpha 1 通道的缩略图，按 Ctrl+Shift+I 组合键进行反选，按 Alt+Delete 组合键为其填充前景色黑色，如图 8-25 所示。

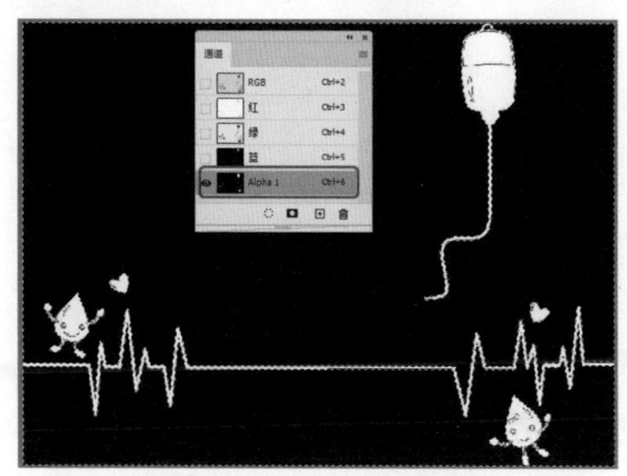

图 8-25　填充完成后的效果

> 提示：按 Ctrl+ 数字键可以快速选择通道。例如，如果图像为 RGB 模式，按 Ctrl+3 组合键可以选择【红】通道，按 Ctrl+4 组合键可以选择【绿】通道，按 Ctrl+5 组合键可以选择【蓝】通道，按 Ctrl+6 组合键可以选择 Alpha 1 通道；如果要回到 RGB 复合通道，可以按 Ctrl+2 组合键。

25 按 Ctrl+Shift+I 组合键进行反选，确认 Alpha 1 通道中的图形是处于选中的状态，在【图层】面板中选择【图层 0】，单击创建【图层蒙版】按钮，如图 8-26 所示。

26 使用【移动工具】将该素材拖曳至当前文档中，并调整图层的位置，如图 8-27 所示。

27 使用【钢笔工具】绘制图形，在工具选项栏中将【工具模式】设置为【形状】，将【填充】的 RGB 值设置为 230、0、39，将【描边】设置为无，如图 8-28 所示。

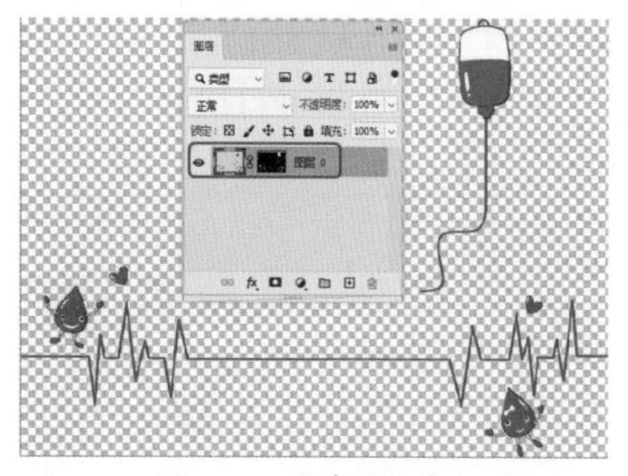

图 8-26　创建图层蒙版

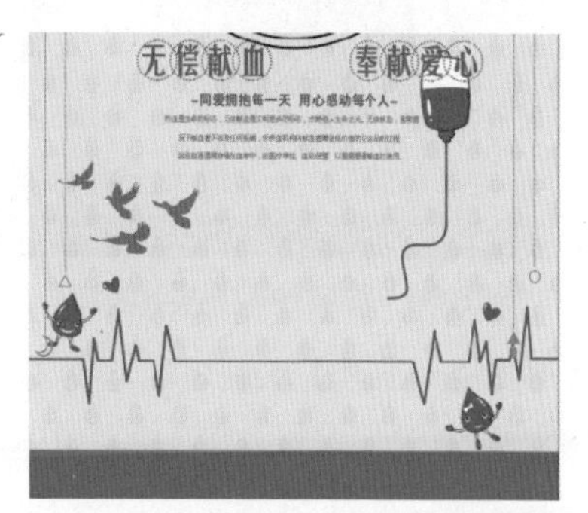

图 8-27　拖曳素材后的效果

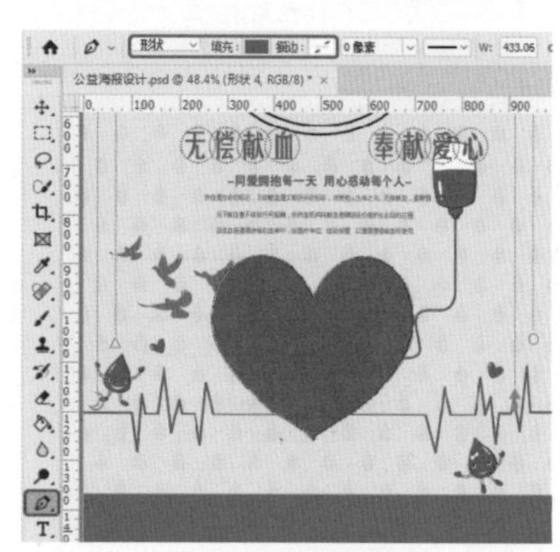

图 8-28　绘制图形

28 使用上面介绍的方法绘制其他图形，绘制完成后的效果如图 8-29 所示。

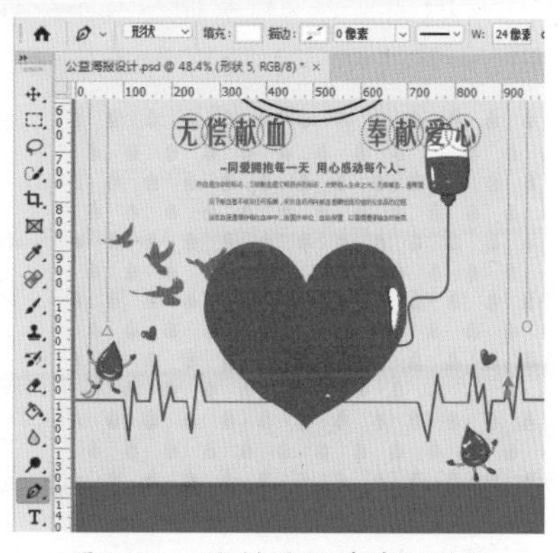

图 8-29　绘制图形并进行设置

29 使用【椭圆工具】，将工具选项栏中的【填充】设置为白色，将【描边】设置为无，将 W、H 都设置为 20 像素，如图 8-30 所示。

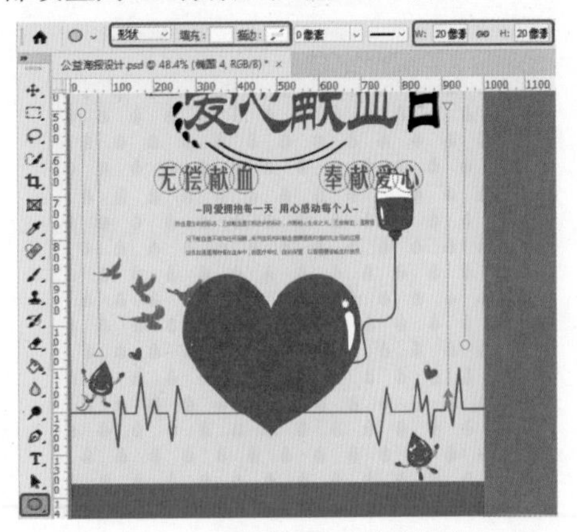

图 8-30　绘制椭圆并填充颜色

30 使用【矩形工具】绘制矩形，在【属性】面板中将 W、H 分别设置为 957 像素、101 像素，将 X、Y 分别设置为 24 像素、1384 像素，将【填充】设置为无，将【描边】设置为白色，将【描边宽度】设置为 5 像素，如图 8-31 所示。

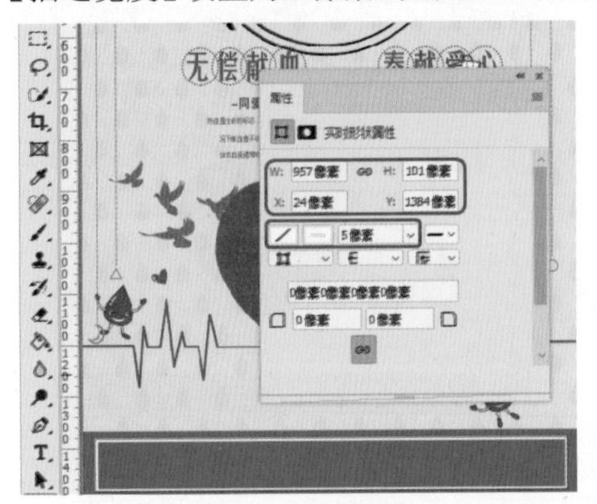

图 8-31　绘制矩形

31 使用【横排文字工具】输入文本，在【字符】面板中将【字体】设置为【Adobe 黑体 Std】，将【字体大小】设置为 20 点，将【颜色】设置为白色，如图 8-32 所示。

32 使用上面介绍的方法输入其他文本，使用【矩形工具】绘制图形，在【属性】面板中将 W、H 分别设置为 6 像素、69 像素，将 X、Y 分别设置为 297 像素、1400 像素，将【填充】设置为白色，将【描边】设置为无，如图 8-33 所示。

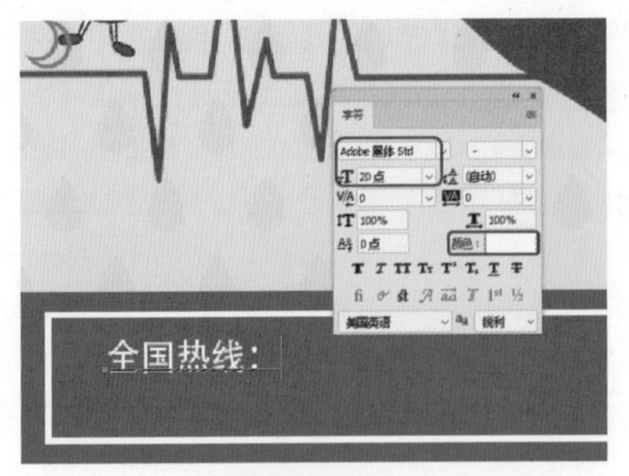

图 8-32　输入文本

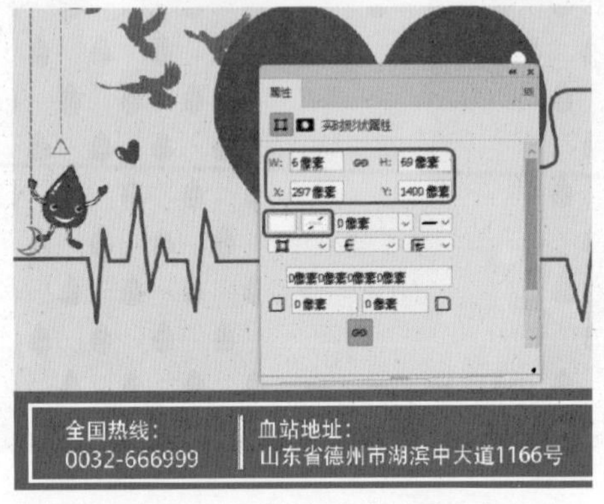

图 8-33　绘制图形并设置参数

8.1 Alpha 通道

Alpha 通道用来保存选区，它可以将选区存储为灰度图像。在 Alpha 通道中，白色代表被选择的区域，黑色代表未被选择的区域，灰色代表被部分选择的区域，即羽化的区域。如图 8-34 所示的图像，为一个添加了渐变的 Alpha 通道，并通过 Alpha 通道载入选区。载入该通道中的选区后切换至 RGB 复合通道，并删除选区中像素后的效果，如图 8-35 所示。

提示：由于复合通道（即 RGB 通道）是由各原色通道组成的，因此在选中隐藏面板中的某个原色通道时，复合通道将会自动隐藏。如果选择显示复合通道，组成它的原色通道将自动显示。

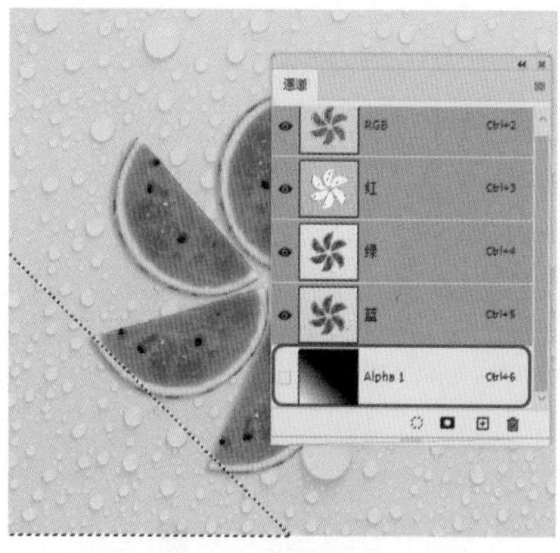
图 8-34 显示图像的 Alpha 通道

图 8-35 选区通道中的图像

除了可以保存选区外，也可以在 Alpha 通道中编辑选区。用白色涂抹通道可以扩大选区的范围，用黑色涂抹通道可以收缩选区的范围，用灰色涂抹通道则可以增加羽化的范围。如图 8-36 所示为修改后的 Alpha 通道，图 8-37 所示为载入该通道中的选区选取出来的图像。

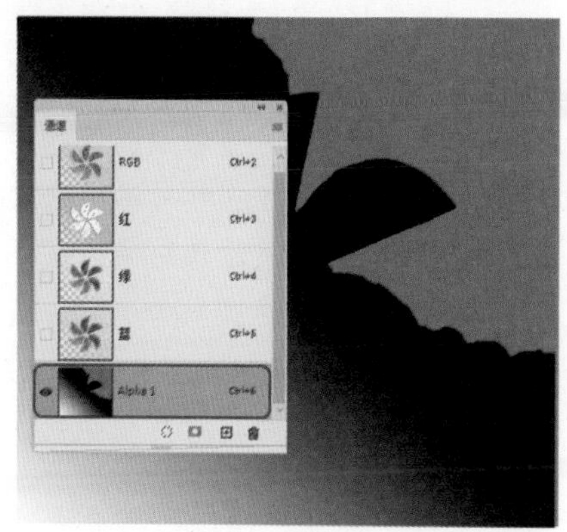
图 8-36 修改后的 Alpha 通道

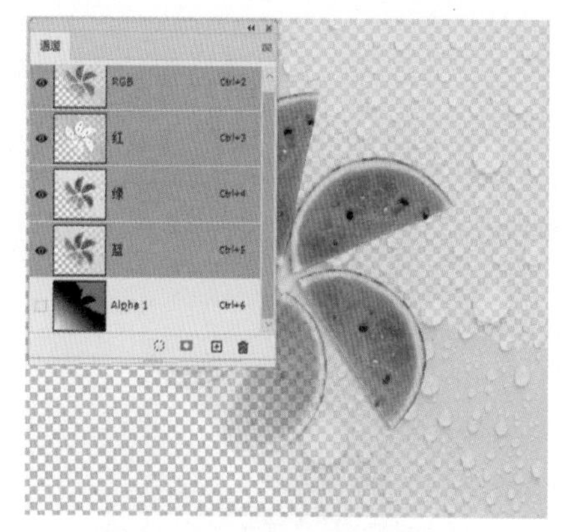
图 8-37 选区通道中的图像

8.2 专色通道

专色通道是用来存储专色的通道。专色油墨是特殊的预混油墨，例如金属质感的油墨、荧光油墨等，它们用于替代或补充印刷色 (CMYK) 油墨，因为使用印刷色油墨打印不出金属和荧光等炫目的颜色。

知识链接：通道的原理与工作方法

通道是 Photoshop 中最重要，也是最为核心的功能之一，它用来保存选区和图像的颜色信息。当打开一个图像（见图 8-38）时，【通道】面板中会自动创建该图像的颜色信息通道。

图 8-38 打开的图像

在图像窗口中看到的彩色图像是复合通道的图像，它是由所有颜色通道组合起来产生的效果。如图 8-39 所示的【通道】

面板，可以看到，此时所有的颜色通道都处于激活状态。

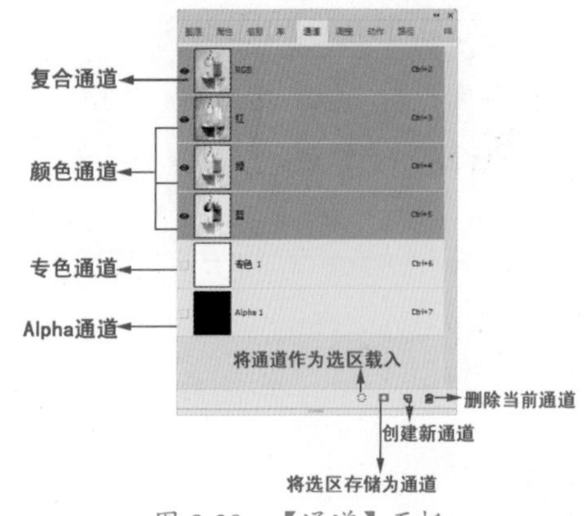

图 8-39 【通道】面板

单击一个颜色通道即可选择该通道，图像窗口中会显示所选通道的灰度图像，如图 8-40 所示。

图 8-40 选择【绿】通道

按住 Shift 键单击其他通道，可以选择多个通道，此时窗口中将显示所选颜色通道的复合信息，如图 8-41 所示。

图 8-41 选择【红】【绿】通道

通道是灰度图像，我们可以像处理图像那样使用绘画工具和滤镜对它们进行编辑。编辑复合通道时将影响所有的颜色通道，如图 8-42 所示。

图 8-42 编辑复合通道

编辑一个颜色通道时，会影响该通道及复合通道，但不会影响其他颜色通道，如图 8-43 所示。

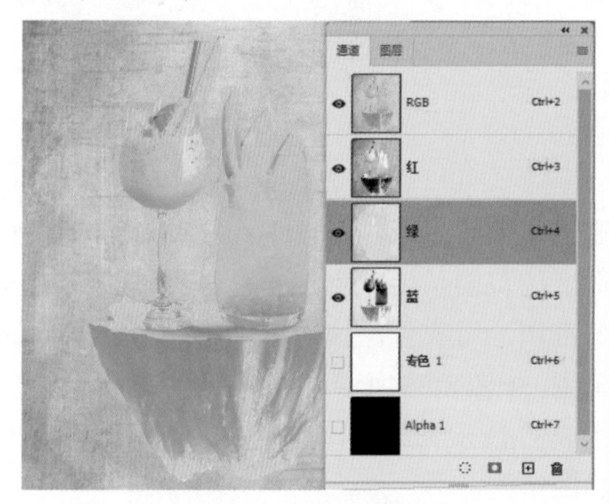

图 8-43 编辑一个通道

颜色通道用来保存图像的颜色信息，因此，编辑颜色通道时将影响图像的颜色和外观效果。Alpha 通道用来保存选区，因此，编辑 Alpha 通道时只影响选区，不会影响图像。对颜色通道或者 Alpha 通道编辑完成后，如果要返回到彩色图像状态，可单击复合通道，此时，所有的颜色通道将重新被激活，如图 8-44 所示。

图 8-44　切换 Alpha 通道与颜色通道

【通道】面板中各个选项的功能如下。

◎ 【查看与隐藏通道】：单击图标可以使通道在显示和隐藏之间切换，用于查看某一颜色在图像中的分布情况。例如在 RGB 模式下的图像，如果选择显示 RGB 通道，则【红】通道、【绿】通道和【蓝】通道都自动显示，如图 8-45 所示。但选择其中任意原色通道，其他通道会自动隐藏，如图 8-46 所示。

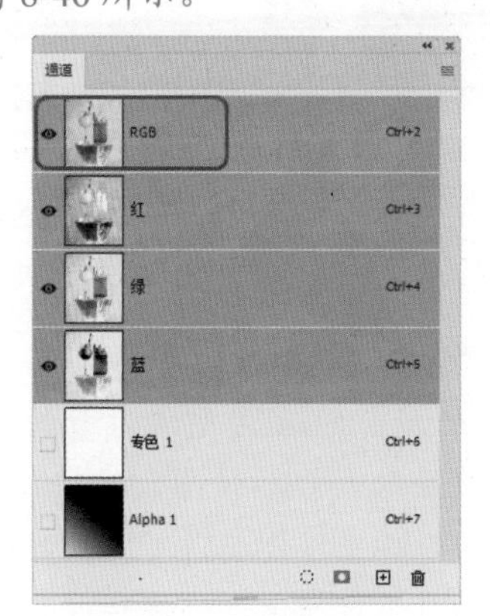

图 8-45　选择 RGB 通道

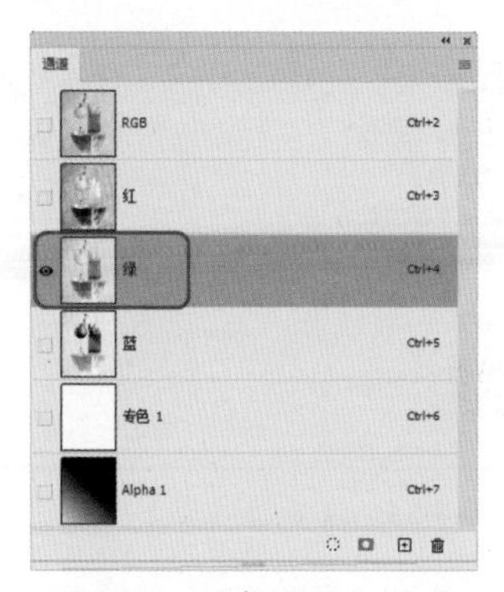

图 8-46　选择【绿】通道

◎ 【通道缩略图调整】：单击【通道】面板右上角的按钮，从弹出的下拉菜单中选择【面板选项】命令，如图 8-47 所示。打开【通道面板选项】对话框，从中可以设定通道缩略图的大小，以便对缩略图进行观察，如图 8-48 所示。

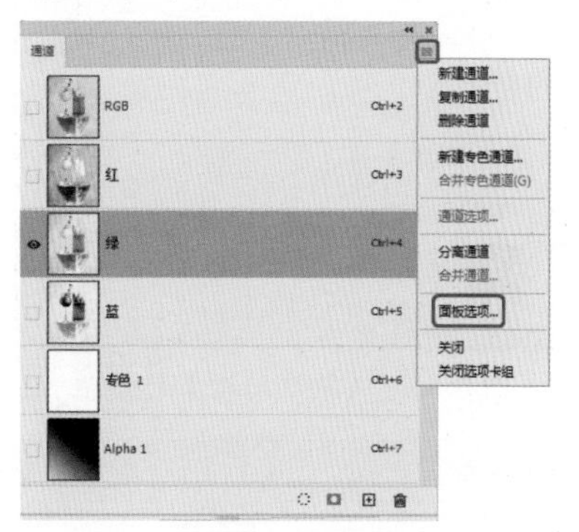

图 8-47　选择【面板选项】命令

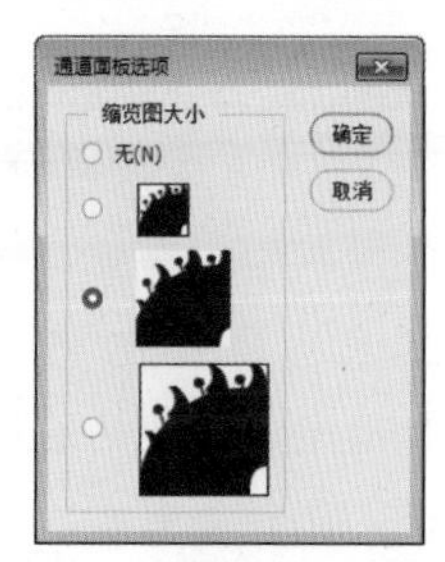

图 8-48　【通道面板选项】对话框

◎ 【通道的名称】：它能帮助用户很快识别各种通道的颜色信息。各原色通道和复合通道的名称是不能更改的，Alpha 通道与专色通道的名称可以通过双击通道名称任意修改，如图 8-49 所示。

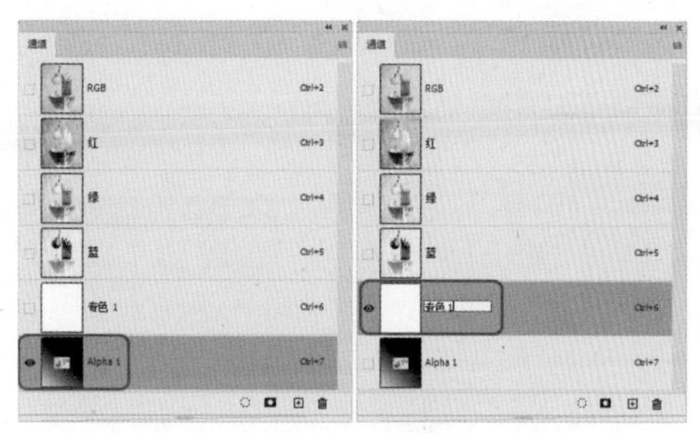

图 8-49　重命名 Alpha 与专色通道

◎ 【创建新通道】：单击该按钮，可以创建新的 Alpha 通道。按住 Alt 键并单击图标可以设置新建 Alpha 通道的参数，如图 8-50 所示。如果按住 Ctrl 键并单击该图标，则可以创建新的专色通道，如图 8-51 所示。

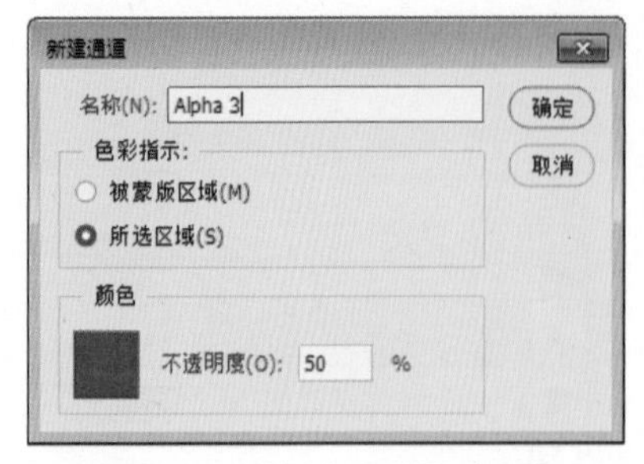

图 8-50 【新建通道】对话框

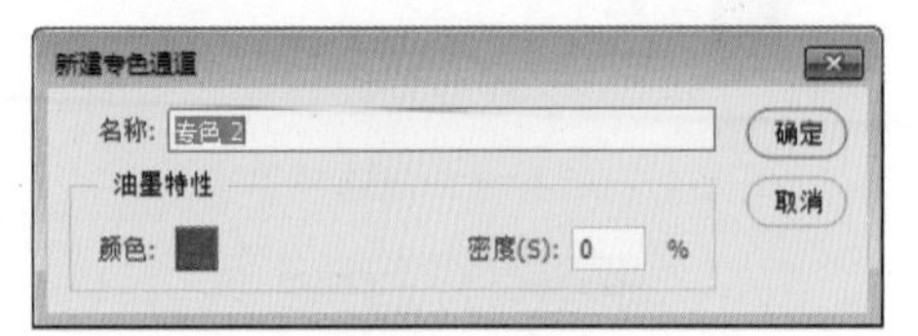

图 8-51 【新建专色通道】对话框

将颜色通道删除后会改变图像的色彩模式。例如原色彩为 RGB 模式时，删除其中的【蓝】通道，剩余的通道将变为青色和黄色通道，此时色彩模式将变化为多通道模式，如图 8-52 所示。

图 8-52 删除【蓝】通道

◎ 【创建新通道】按钮：所创建的通道均为 Alpha 通道，颜色通道无法用【创建新通道】创建。

◎ 【将通道作为选区载入】按钮：选择任意一个通道，在面板中单击【将通道作为选区载入】按钮，可将通道中颜色比较淡的部分当作选区加载到图像中，如图 8-53 所示。

图 8-53 将通道作为选区载入

◎ 【将选区存储为通道】按钮：如果当前图像中存在选区，那么可以通过单击【将选区存储为通道】按钮把当前的选区存储为新的通道，以便修改和以后使用。在按住 Alt 键的同时单击该图标，可以新建一个通道并且为该通道设置参数，如图 8-54 所示。

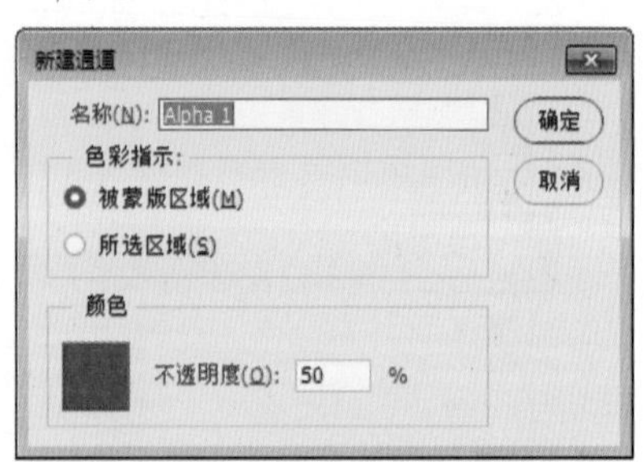

图 8-54 【新建通道】对话框

◎ 【删除通道】按钮：单击该按钮，可以将当前的编辑通道删除。

8.3 通道的创建和编辑

8.3.1 创建通道

下面将介绍如何创建通道。

01 按 Ctrl+O 组合键，在弹出的对话框中打开【素材\Cha08\爱心素材 01.jpg】素材文件，如图 8-55 所示。

图 8-55 打开的素材文件

02 在【通道】面板中选择【绿】通道，单击【将通道作为选区载入】按钮，如图 8-56 所示。

图 8-56 将【绿】通道载入选区

03 按 Ctrl+Shift+I 组合键，在【通道】面板中单击【将选区存储为通道】按钮，如图 8-57 所示。

04 按住 Ctrl 键单击【蓝】通道缩略图，将其载入选区，按 Ctrl+Shift+I 组合键，选择 Alpha 1 通道，按 Ctrl+Delete 组合键填充背景色，如图 8-58 所示。

图 8-57 将选区存储为通道

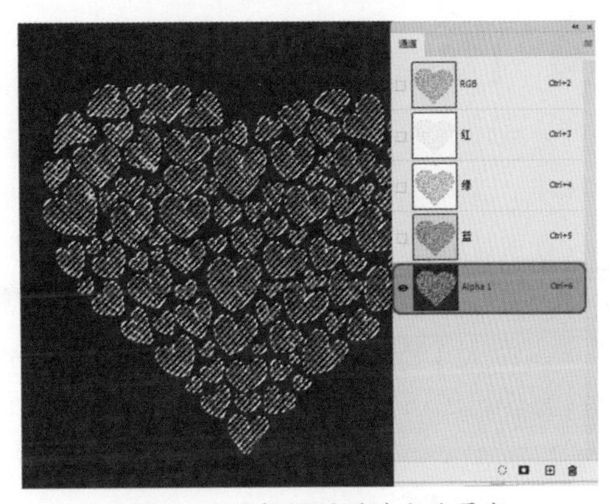

图 8-58 选择通道并填充背景色

05 按住 Ctrl 键单击 Alpha 1 通道缩略图，在【通道】面板中选择 RGB 通道，在【图层】面板中单击【添加蒙版】按钮，添加一个蒙版，如图 8-59 所示。

图 8-59 添加蒙版

06 打开【素材\Cha08\爱心素材 02.jpg】素材文件，按住鼠标将其拖曳至前面所操作的文档中，并在【图层】面板中调整图层的排放顺序，如图 8-60 所示。

图 8-60　添加素材文件并调整图层的排放顺序

【实战】感恩节海报设计

本例讲解如何对素材文件添加并设置通道效果。首先创建文档并置入素材文件，然后设置素材 Alpha 1 通道缩略图，在面板中添加【图层蒙版】效果，再通过【横排文字工具】【矩形工具】【钢笔工具】填充文档空白部分，最终制作出的感恩节海报设计效果如图 8-61 所示。

图 8-61　感恩节海报设计

素材：	素材 \Cha08\ 感恩海报 01.jpg、感恩海报 02.jpg、感恩海报 03.png、感恩海报 04.png、感恩海报 05.png、电话 .png
场景：	场景 \Cha08\【实战】感恩节海报设计 .psd
视频：	视频教学 \Cha08\【实战】感恩节海报设计 .mp4

01 启动软件，按 Ctrl+N 组合键，在弹出的对话框中将【宽度】【高度】分别设置为 640 像素、853 像素，将【分辨率】设置为 96 像素 / 英寸，设置完成后，单击【创建】按钮，在菜单栏中选择【文件】|【置入嵌入对象】命令，在弹出的对话框中选择【素材 \Cha08\ 感恩海报 01.jpg】素材文件，单击【置入】按钮，单击鼠标置入素材，调整位置与大小，如图 8-62 所示。

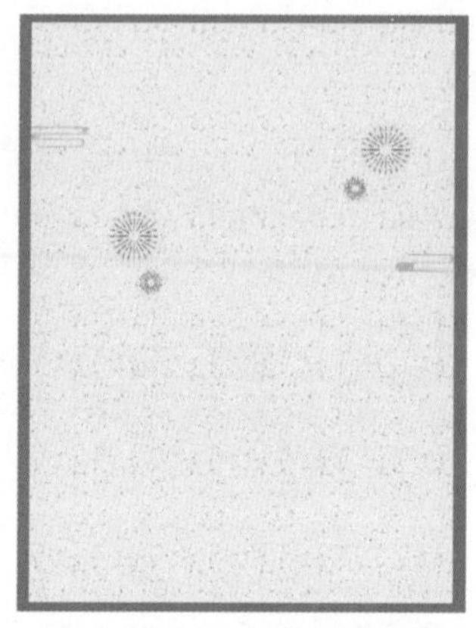

图 8-62　置入素材文件

02 按 Ctrl+O 组合键，打开【素材 \ Cha08\ 感恩海报 02.jpg】素材文件，在【通道】面板中单击【绿】通道，按住 Ctrl 键单击【绿】通道缩略图，将其载入选区，如图 8-63 所示。

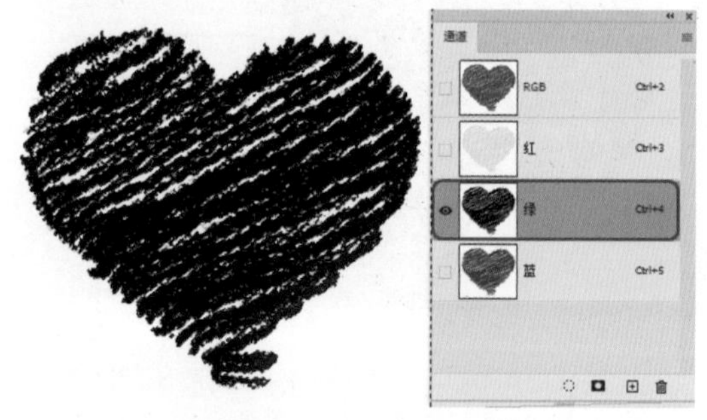

图 8-63　打开素材文件

03 按 Ctrl+Shift+I 组合键，将选区进行反选，在【通道】面板中单击【将选区存储为通道】按钮 ◘，将选区存储为通道，如图 8-64 所示。

04 在【通道】面板中选择 Alpha 1 通道，按住 Ctrl 键单击【绿】通道的缩略图，按 Ctrl+Shift+I 组合键进行反选，按 Ctrl+Delete 组合键填充背景色，如图 8-65 所示。

图 8-64　将选区存储为通道

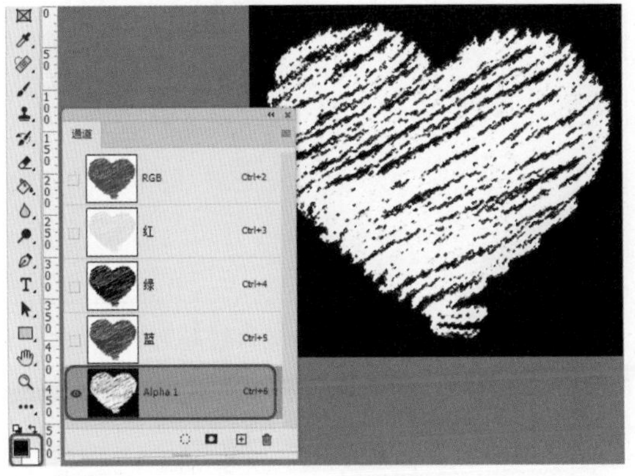

图 8-65　填充通道

05 在【通道】面板中按住 Ctrl 键单击【蓝】通道缩略图，按 Ctrl+Shift+I 组合键进行反选，按 Ctrl+Delete 组合键，填充背景色，效果如图 8-66 所示。

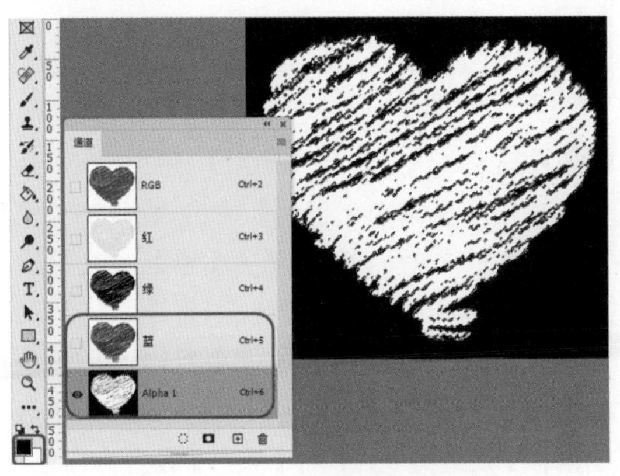

图 8-66　填充【蓝】通道选区

06 在【通道】面板中选择 RGB 通道，按住 Ctrl 键单击 Alpha 1 通道缩略图，将其载入选区，如图 8-67 所示。

图 8-67　将 Alpha 1 通道载入选区

07 在【图层】面板中选择【背景】图层，单击【添加蒙版】按钮，即可将选区作为蒙版进行添加，效果如图 8-68 所示。

图 8-68　添加蒙版后的效果

08 在工具箱中单击【移动工具】按钮，按住鼠标将其拖曳至前面新建的文档中，并调整其大小与位置，效果如图 8-69 所示。

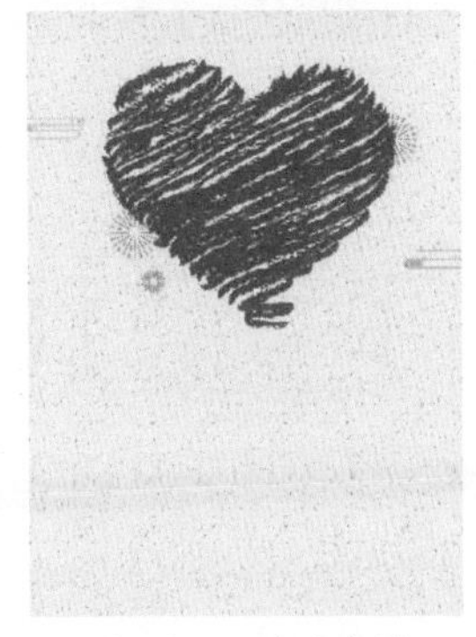

图 8-69　移动素材

09 在【图层】面板中双击【图层 2】，在弹出的对话框中选择【斜面和浮雕】选项，将【样式】设置为【内斜面】，将【方法】设置为【平滑】，将【深度】设置为 100%，将【方向】选择为【上】，将【大小】【软化】【角度】【高度】分别设置为 2 像素、0 像素、90 度、30 度，选中【使用全局光】复选框，将【光泽等高线】设置为【线性】，将【高光模式】设置为【正常】，将【高光模式】的颜色RGB值设置为238、90、105，将【高光模式】下的【不透明度】设置为75%，将【阴影模式】设置为【正片叠底】，将【阴影模式】的颜色RGB值设置为227、66、99，将【阴影模式】下的【不透明度】设置为75%，如图8-70所示。

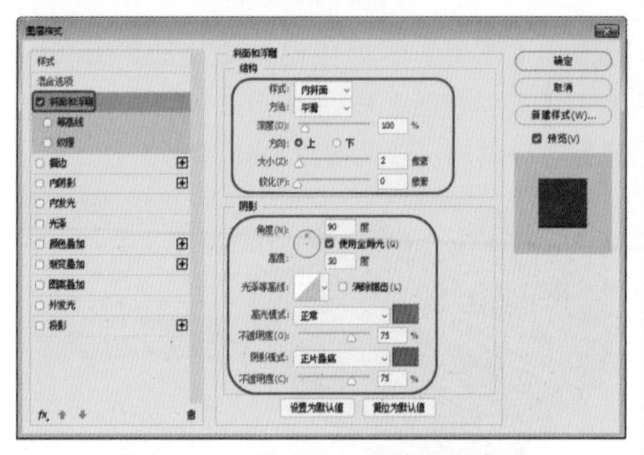

图8-70　设置【斜面和浮雕】参数

10 在该对话框中选中【纹理】复选框，单击【图案】右侧向下的小三角，单击面板右上角的按钮，打开后选择【导入图案】，弹出载入对话框，选择【素材\Cha08\气泡图案】素材，单击【载入】按钮，将【缩放】【深度】分别设置为37%、100%，选中【与图层链接】复选框，如图8-71所示。

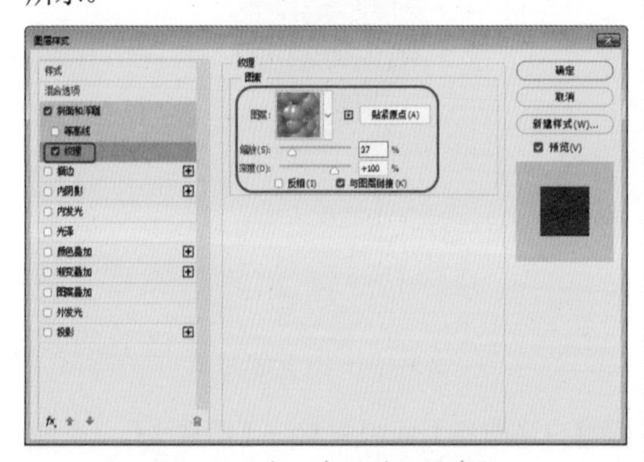

图8-71　载入素材并设置参数

11 在【图层样式】对话框中选择【颜色叠加】，将【混合模式】设置为【正常】，将【叠加颜色】的RGB值设置为199、13、32，将【不透明度】设置为100%，如图8-72所示。

12 在该对话框中选中【投影】复选框，将【混合模式】设置为【正片叠底】，将【阴影颜色】的RGB值设置为150、14、16，将【不透明度】设置为33%，将【角度】设置为90度，选中【使用全局光】复选框，将【距离】【扩展】【大小】分别设置为1像素、0%、1像素，如图8-73所示。

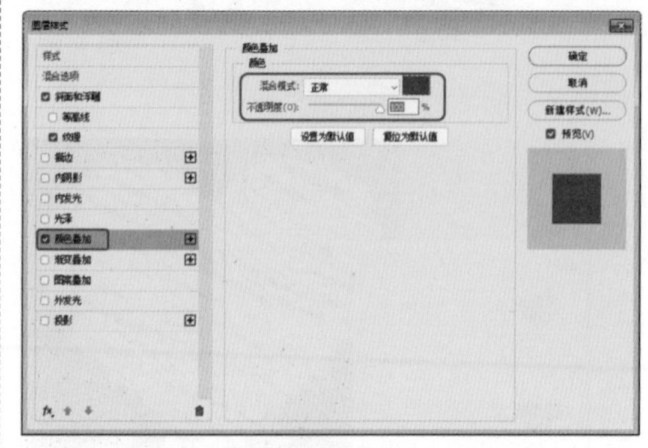

图8-72　设置【颜色叠加】参数

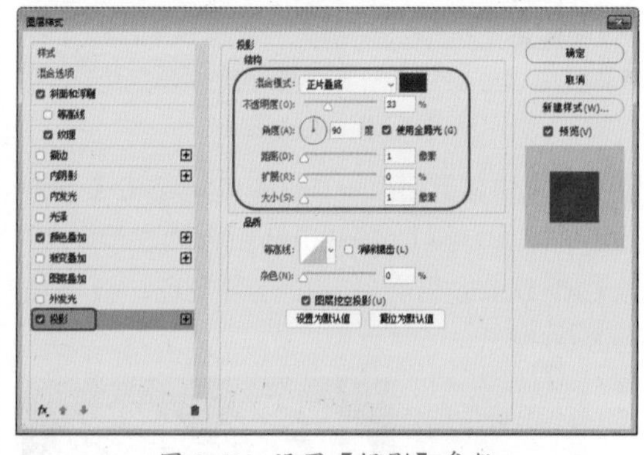

图8-73　设置【投影】参数

13 设置完成后，单击【确定】按钮，在工具箱中单击【横排文字工具】按钮 T，在工作界面中单击鼠标，输入文字【感】，选中输入的文字，在【字符】面板中将【字体】设置为【汉仪蝶语体简】，将【字体大小】设置为130点，将【字符间距】设置为100，将【基线偏移】设置为6点，将【颜色】设置为白色，单击【仿粗体】按钮，将【设置消除锯齿的方法】设置为【平滑】，如图8-74所示。

14 在【图层】面板中选中该图层，双击鼠标，在弹出的【图层样式】对话框中选择【投影】，将【混合模式】设置为【正片叠底】，将【阴影颜色】的RGB值设置为144、9、23，将【不透明度】设置为51%，将【角度】设置为90度，选中【使用全局光】复选框，将【距离】【扩展】【大小】分别设置为9像素、26%、9像素，如图8-75所示。

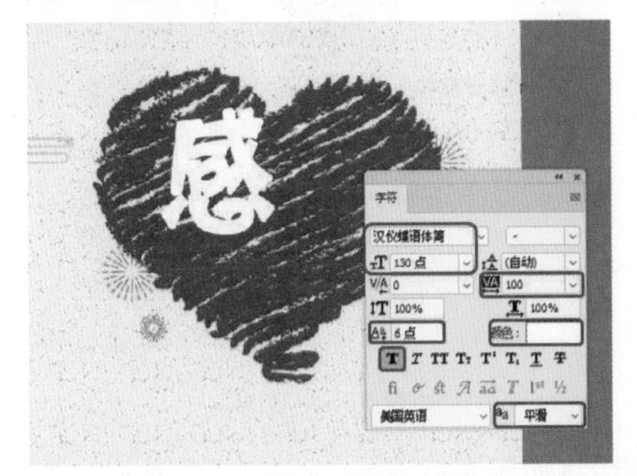

图 8-74　输入文字并进行设置

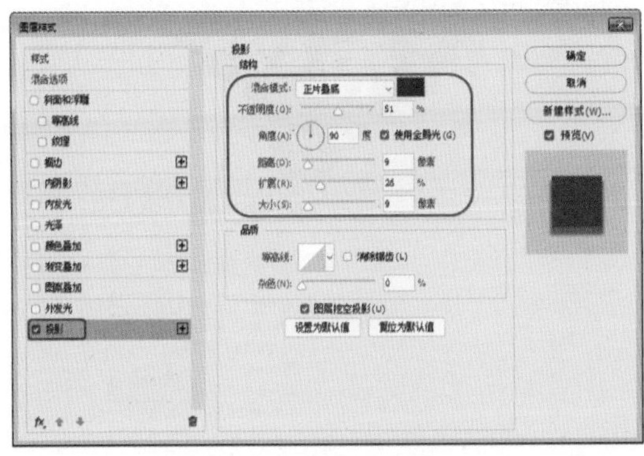

图 8-75　设置【投影】参数

15 设置完成后，单击【确定】按钮，并使用相同的方法输入其他文字，效果如图8-76所示。

图 8-76　输入其他文字后的效果

16 在工具箱中单击【圆角矩形工具】，在工作界面中绘制一个圆角矩形，在【属性】面板中将W、H分别设置为36像素、80像素，将X、Y分别设置为207像素、287像素，将【填充】的RGB值设置为234、82、73，将【描边】设置为无，将【左上角半径】【右上角半径】【左下角半径】【右下角半径】都设置为17像素，如图8-77所示。

图 8-77　绘制圆角矩形

17 继续选中该圆角矩形，按Ctrl+T组合键，在工具选项栏中将【旋转】设置为-5度，如图8-78所示。

图 8-78　设置旋转角度后的效果

18 在工具箱中单击【直排文字工具】按钮 ，在工作界面中单击，输入文字，调整文字的角度与位置，在【字符】面板中将【字体】设置为【Adobe 黑体 Std】，将【字体大小】设置为13点，将【字符间距】设置为110，将【颜色】的RGB值设置为255、255、255，单击【仿粗体】按钮，效果如图8-79所示。

19 在工具箱中单击【矩形工具】按钮，在工作界面中绘制图形，将【工具模式】设置为【形状】，将【填充】设置为无，将【描边】设置为252、69、128，将【描边宽度】设置为2像素，如图8-80所示。

图 8-79　输入文字并进行设置

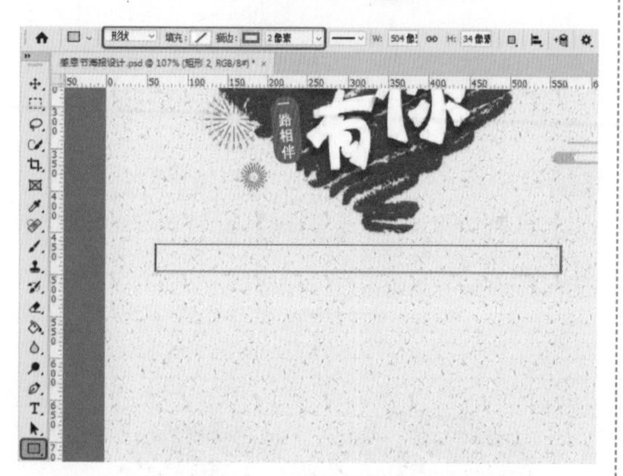

图 8-80　绘制图形

20 使用同样的方法绘制矩形图形，将【工具模式】设置为【形状】，将【填充】的 RGB 值设置为 252、69、128，将【描边】设置为无，如图 8-81 所示。

图 8-81　输入文字并进行设置

21 在工具箱中单击【横排文字工具】按钮 T，在工作界面中输入文字，在【字符】面板中将【字体】设置为【微软雅黑】，将【字体大小】设置为 16 点，将【字符间距】设置为 0，将【颜色】的 RGB 值设置为 255、255、255，效果如图 8-82 所示。

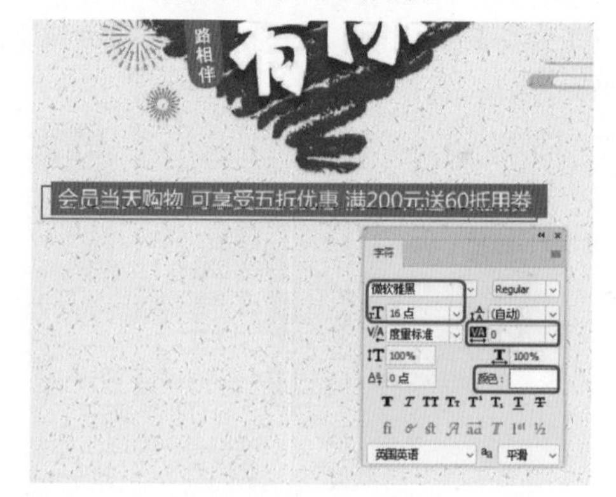

图 8-82　绘制图形

22 将如图 8-83 所示的文字【字体样式】设置为 Bold，【颜色】设置为 255、241、0。

图 8-83　设置文字样式

23 根据前面所介绍的方法置入【电话 .png】素材文件，输入其他文字并进行设置，效果如图 8-84 所示。

图 8-84　输入其他文字

提示：在制作本案例时若需要查看案例中的设置，可以在场景 \Cha08\ 感恩节海报设计 .psd 场景文件中查看。

24 在菜单栏中选择【文件】|【置入嵌入对象】命令，在弹出的对话框中选择【感恩海报 03.png】【感恩海报 05.png】素材文件，单击【置入】按钮，拖曳鼠标置入素材并调整大小与位置，如图 8-85 所示。

图 8-85　置入素材的效果

25 使用同样的方法置入【感恩海报 04.png】素材文件，拖曳鼠标调整素材大小与位置，如图 8-86 所示。

图 8-86　添加素材并设置其大小与位置

■ 8.3.2　合并专色通道

合并专色通道指的是将专色通道中的颜色信息混合到其他的各个原色通道中。它会对图像在整体上添加一种颜色，使得图像带有该颜色的色调。

合并专色通道的操作方法如下。

01 按 Ctrl+O 组合键，在弹出的【打开】对话框中选择【素材 \Cha08\ 合并专色通道 .jpg】文件，如图 8-87 所示。

02 在工具箱中单击【快速选择工具】按钮，在打开的素材图片中选择图像，如图 8-88 所示。

图 8-87　打开的文件

图 8-88　创建选区

03 打开【通道】面板，按住 Ctrl 键的同时单击【创建新通道】按钮，创建一个专色通道，在弹出的对话框中单击【油墨特性】选项组中【颜色】右侧的色块，弹出【拾色器（专色）】对话框，将 RGB 值设置为 248、206、124，单击【确定】按钮，如图 8-89 所示。

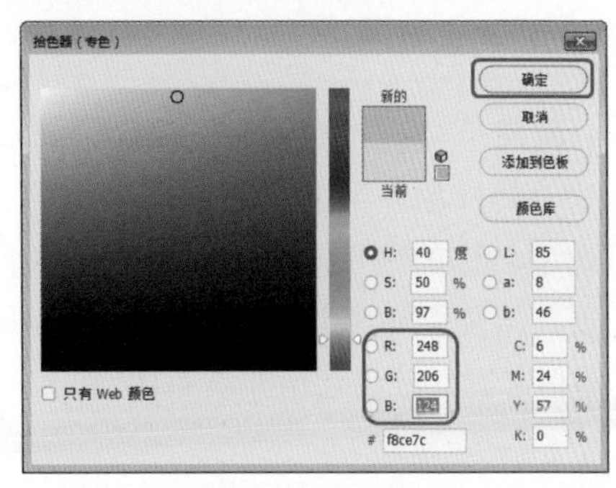

图 8-89　设置专色

04 返回【新建专色通道】对话框，将【密度】设置为 30%，单击【确定】按钮，如图 8-90 所示。

图 8-90　设置【密度】参数

05 在【通道】面板中单击右上角的☰按钮，在弹出的下拉菜单中选择【合并专色通道】命令，如图 8-91 所示。

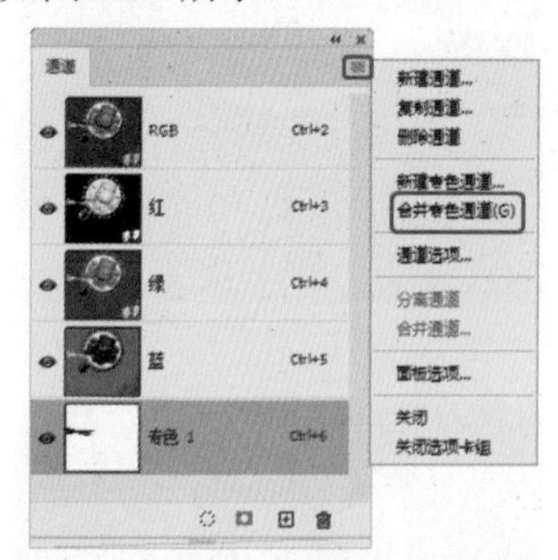

图 8-91　选择【合并专色通道】命令

06 合并专色通道后的效果如图 8-92 所示。

图 8-92　合并专色通道后的效果

8.3.3　分离通道

分离通道后会得到 3 个通道，它们都是灰色的。其标题栏中的文件名为源文件名加上该通道名称的缩写，而源文件则被关闭。当需要在不能保留通道的文件格式中保留单个通道信息时，分离通道非常有用。

> 提示：【分离通道】命令只能用来分离拼合后的图像，分层的图像不能进行分离通道的操作。

分离通道的操作方法如下。

01 按 Ctrl+O 组合键，在弹出的【打开】对话框中选择【素材\Cha08\分离通道.jpg】文件，如图 8-93 所示。

图 8-93　打开的文件

02 在【通道】面板中单击右上角的☰按钮，在弹出的下拉菜单中选择【分离通道】命令，如图 8-94 所示。

图 8-94　选择【分离通道】命令

03 分离通道后的效果如图 8-95 所示。

图 8-95　分离通道后的效果

8.3.4　合并通道

在 Photoshop 中，可以将多个灰度图像合并为一个图像的通道，进而创建彩色的图像。用来合并的图像必须是灰度模式、具有相同的像素尺寸，而且还要处于打开的状态。

01 按 Ctrl+O 组合键，在弹出的【打开】对话框中选择【合并 1 通道.jpg】【合并通道 2.jpg】和【合并通道 3.jpg】三个灰度模式的文件，如图 8-96 所示。

图 8-96　打开的三个灰度模式文件

02 在【通道】面板中单击右上角的 ≡ 按钮，在弹出的下拉菜单中选择【合并通道】命令，如图 8-97 所示。

图 8-97　选择【合并通道】命令

03 打开【合并通道】对话框，在【模式】下拉列表框中选择【RGB 颜色】，如图 8-98 所示。

图 8-98　【合并通道】对话框

04 单击【确定】按钮，弹出【合并 RGB 通道】对话框，指定红、绿和蓝色通道使用的图像文件，单击【确定】按钮，如图 8-99 所示。

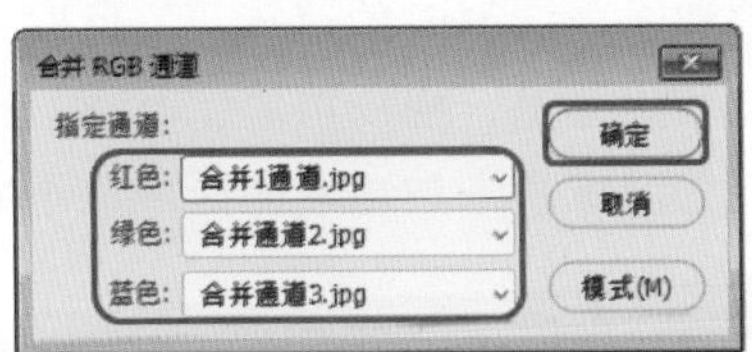

图 8-99　【合并 RGB 通道】对话框

05 选择【合并 RGB 通道】命令后的效果如图 8-100 所示。

> 提示：如果打开了四个灰度图像，则可以在【模式】下拉列表框中选择【CMYK 颜色】选项，将它们合并为一个 CMYK 图像。

图 8-100　效果图

■ 8.3.5　重命名与删除通道

如果要重命名 Alpha 通道或专色通道，可以双击该通道的名称，在显示的文本框中输入新名称，如图 8-101 所示。复合通道和颜色通道不能重命名，如图 8-102 所示。

图 8-101　重命名通道

图 8-102　复合通道和颜色通道不能重命名

如果要删除通道，可将其拖曳到【删除当前通道】按钮 上，如图 8-103 所示。如果删除的是一个颜色通道，则 Photoshop 会将图像转换为多通道模式，如图 8-104 所示。

图 8-103　删除通道

图 8-104　删除颜色通道后的效果

提示：多通道模式不支持图层，因此，图像中所有的可见图层都会拼合为一个图层。删除 Alpha 通道、专色通道或快速蒙版时，不会拼合图像。

8.3.6　载入通道中的选区

Alpha 通道、颜色通道和专色通道都包含选区。在【通道】面板中选择要载入选区的通道，然后单击【将通道作为选区载入】按钮，即可载入通道中的选区，如图 8-105 所示。

图 8-105　使用【将通道作为选区载入】载入通道选区

按住 Ctrl 键单击通道的缩略图可以直接载入通道中的选区。这种方法的好处在于不必通过切换通道就可以载入选区，因此，也就不必为了载入选区而在通道间切换，如图 8-106 所示。

图 8-106　配合 Ctrl 键载入通道选区

8.4 蒙版的分类

蒙版是一种特殊的选区，但它的目的并不是对选区进行操作，相反，是要保护选区不被操作。不属于蒙版范围的地方可以进行编辑与处理。

8.4.1　快速蒙版

利用快速蒙版能够快速地创建一个不规则的选区，当创建了快速蒙版后，图像就等于是创建了一层暂时的遮罩层，此时可以在图像上利用画笔、橡皮擦等工具进行编辑。被选取的区域和未被选取的区域以不同的颜色进行区分。

1. 创建快速蒙版

下面介绍如何创建快速蒙版。

01 打开【素材 \Cha08\ 快速蒙版 .jpg】素材文件，如图 8-107 所示。

02 在工具箱中将【前景色】设置为黑色，单击【以快速蒙版模式编辑】按钮，进入快速蒙版状态，在工具箱中选择【画笔工具】，在工具选项栏中选择一个硬笔触，将【大小】设置为 7 像素，沿着对象的边缘进行涂抹选取，如图 8-108 所示。

图 8-107　打开的素材文件

图 8-108　对人物边缘进行涂抹

03 涂抹完成后，选择工具箱中的【油漆桶工具】，将前景色设置为黑色，在选取的区域内进行单击填充，使蒙版覆盖整个需要的对象，如图 8-109 所示。

图 8-109　填充选取区域后的效果

04 单击工具箱中的【以标准模式编辑】按钮，退出快速蒙版模式，未涂抹部分变为选区，按 Ctrl+Shift+I 组合键反选，按 Ctrl+J 组合键复制图层，如图 8-110 所示。

图 8-110　退出快速蒙版模式

05 在【图层】面板中双击【图层 1】图层，在弹出的对话框中选择【投影】，将【阴影颜色】设置为黑色，将【不透明度】设置为 89%，选中【使用全局光】复选框，将【角度】设置为 30 度，将【距离】【扩展】【大小】分别设置为 6 像素、0%、23 像素，如图 8-111 所示。

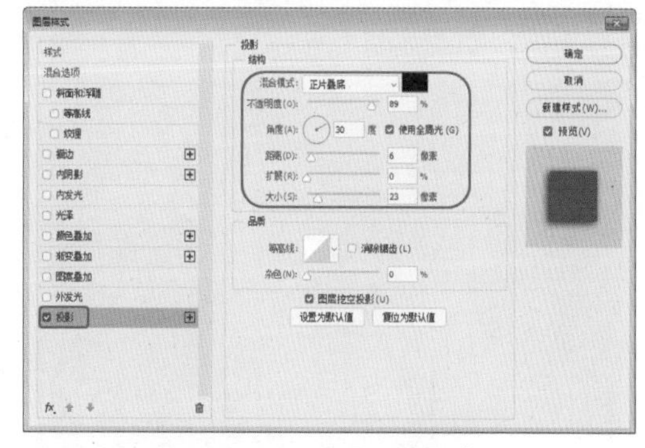

图 8-111　设置【投影】参数

06 设置完成后，单击【确定】按钮，选中【图层 1】图层，按 Ctrl+T 组合键，右击，在弹出的快捷菜单中选择【水平翻转】命令，如图 8-112 所示。

图 8-112　选择【水平翻转】命令

07 在工具箱中单击【移动工具】，在工作区中调整对象的位置，效果如图 8-113 所示。

图 8-113　完成后的效果

2. 编辑快速蒙版

下面介绍如何对快速蒙版进行编辑。

01 继续上面的操作，在工具箱中单击【以快速蒙版模式编辑】，再次进入快速蒙版模式，这时图像选区外的地方被屏蔽为红色，图层也呈红色模式，用【画笔工具】对背景地方进行涂抹，如图 8-114 所示。

图 8-114　进入快速蒙版模式

02 在键盘上按 X 键，将前景色与背景色交换，然后使用【画笔工具】在需要的地方涂抹，如图 8-115 所示。

图 8-115　编辑快速蒙版

提示：将前景色设定为白色，用【画笔工具】可以擦除蒙版（添加选区）；将前景色设定为黑色，用【画笔工具】可以添加蒙版（删除选区）。

03 单击工具箱中的【以标准模式编辑】按钮，退出蒙版模式，双击【以快速蒙版模式编辑】按钮，弹出【快速蒙版选项】对话框，从中可以对快速蒙版的各种属性进行设置，如图 8-116 所示。

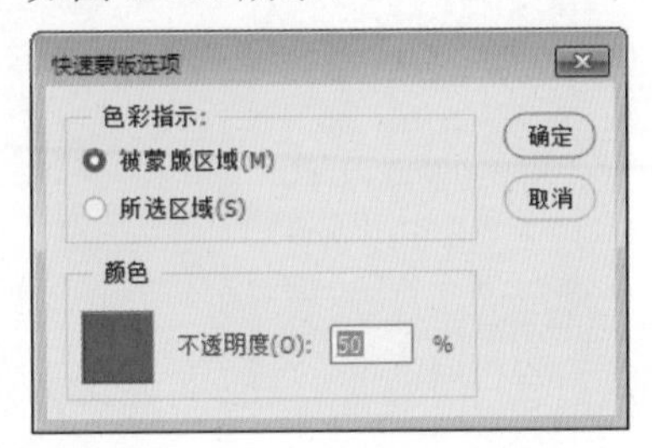

图 8-116　【快速蒙版选项】对话框

知识链接：

【颜色】和【不透明度】设置都只影响蒙版的外观，对如何保护蒙版下面的区域没有影响。更改这些设置能使蒙版与图像中的颜色对比更加鲜明，从而具有更好的可视性。

◎ 被蒙版区域：可使被蒙版区域显示为 50% 的红色，使选中的区域显示为透明。用黑色绘画可以扩大被蒙版区域，用白色绘画可以扩大选中区域。选择该选项时，工具箱中的按钮显示为。

◎ 所选区域：可使被蒙版区域显示为透明，使选中区域显示为 50% 的红色。用白色绘画可以扩大被蒙版区域，用黑色绘画可以扩大选中区域。选择该选项时，工具箱中的按钮显示为。

◎ 颜色：可单击颜色框选取新的蒙版颜色。

◎ 不透明度：要更改蒙版的不透明度，可在【不透明度】文本框中输入一个 0 ～ 100

的数值。

【实战】戏曲海报

本例讲解如何对素材文件添加并设置矢量蒙版效果。首先创建文档并置入素材文件，接着讲解如何通过【横排文字工具】【矩形工具】【椭圆工具】【钢笔工具】绘制图形与输入文字，然后打开素材文件调整大小，对人物素材添加【图层蒙版】与【矢量蒙版】效果，最终制作出的戏曲海报效果如图 8-117 所示。

图 8-117　戏曲海报

素材：	素材 \Cha08\ 戏曲海报 01.jpg、戏曲海报 02.png、戏曲海报 03.png、戏曲海报 04.png、戏曲海报 05.png、戏曲海报 06.png
场景：	场景 \Cha08\【实战】戏曲海报 .psd
视频：	视频教学 \Cha08\【实战】戏曲海报 .mp4

01 启动软件，按 Ctrl+N 组合键，在弹出的对话框中将【宽度】【高度】分别设置为 1417 像素、2126 像素，将【分辨率】设置为 300 像素 / 英寸，将【背景内容】设置为【白色】，单击【创建】按钮，在菜单栏中选择【文件】|【置入嵌入对象】命令，弹出对话框，选择【素材 \Cha08\ 戏曲海报 01.jpg】素材文件，单击置入素材后调整文件大小与位置，如图 8-118 所示。

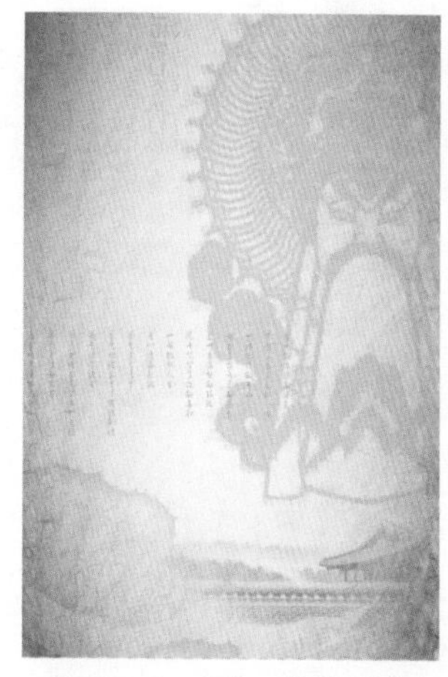

图 8-118　置入素材文件

02 在菜单栏中选择【文件】|【置入嵌入对象】命令，弹出对话框，选择【素材 \Cha08\ 戏曲海报 02.png】素材文件，单击鼠标置入素材后，调整文件大小与位置，如图 8-119 所示。

图 8-119　置入素材并进行调整

03 在工具箱中单击【直排文字工具】按钮 T，输入文字【中国】，在【字符】面板中将【字体】设置为【迷你繁王行】，将【字体大小】设置为 60 点，将【颜色】设置为黑色，单击【仿粗体】按钮，如图 8-120 所示。

04 在菜单栏中选择【文件】|【置入嵌入对象】命令，弹出对话框，选择【素材 \Cha08\ 戏曲海报 03.png】素材文件，单击鼠标置入素材后，调整文件大小与位置，如图 8-121 所示。

图 8-120　输入文字并设置参数

图 8-121　置入素材并调整位置与大小

05 在工具箱中单击【横排文字工具】按钮 T，输入文字，在【字符】面板中将【字体】设置为【Adobe 黑体 Std】，将【字体大小】设置为 17 点，将【颜色】的 RGB 值设置为 164、0、0，单击【仿粗体】按钮，如图 8-122 所示。

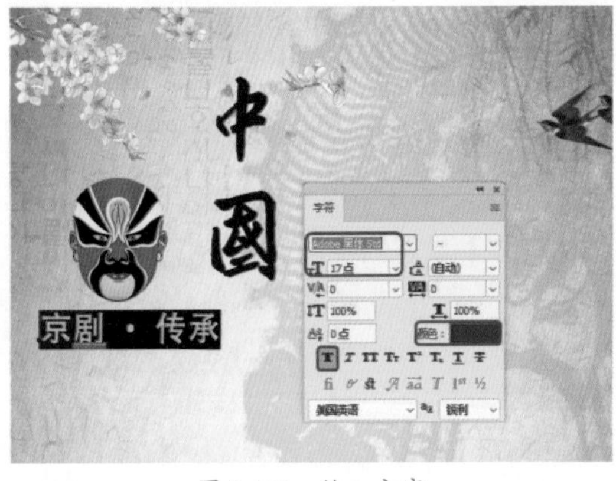

图 8-122　输入文字

06 使用【横排文字工具】输入文字，在【字符】面板中将【字体】设置为【Adobe 黑体 Std】，将【字体大小】设置为 7 点，单击【全部大写字母】按钮，将【颜色】的 RGB 值设置为 48、49、49，单击取消【仿粗体】按钮，单击【居中对齐文本】按钮，如图 8-123 所示。

图 8-123　输入文字并设置参数

07 在菜单栏中选择【文件】|【置入嵌入对象】命令，弹出对话框，选择【素材 \Cha08\ 戏曲海报 04.png】素材文件，置入素材后调整文件大小与位置，如图 8-124 所示。

图 8-124　置入素材文件

08 使用【直排文字工具】输入文字，在【字符】面板中将【字体】设置为【华文行楷】，将【字体大小】设置为 9 点，将【颜色】的 RGB 值设置为 32、32、32，如图 8-125 所示。

09 使用同样的方法输入其他文字并进行设置，如图 8-126 所示。

10 按 Ctrl+O 组合键，在弹出的对话框中选择【戏曲海报 05.png】【戏曲海报 06.png】

素材文件，单击【打开】按钮，将【戏曲海报 06.png】素材文件拖曳至【戏曲海报 05.png】素材场景中，调整素材位置与大小，如图 8-127 所示。

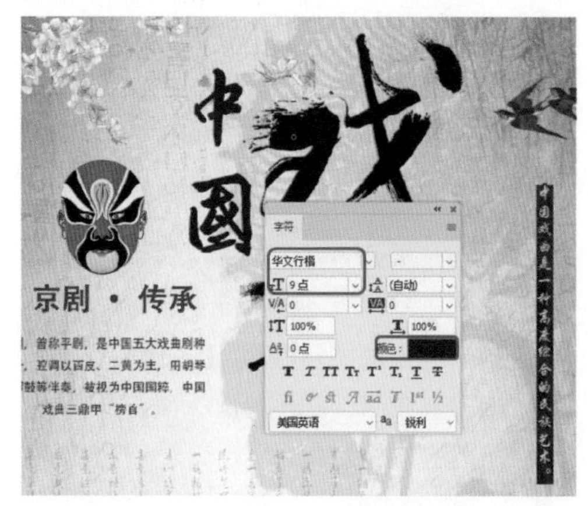

图 8-125　输入文字并进行设置

图 8-126　输入其他文字

图 8-127　打开素材文件并调整位置与大小

11 在【图层】面板中选择【图层 2】图层，单击【添加图层蒙版】按钮，在工具箱中单击【渐变工具】按钮，在工具选项栏中将渐变颜色设置为【黑，白渐变】，在工作区中拖曳鼠标填充图层蒙版，效果如图 8-128 所示。

图 8-128　添加图层蒙版并填充渐变

12 在工具箱中单击【椭圆工具】按钮，在工具选项栏中将【工具模式】设置为【路径】，在工作区中绘制一个椭圆形，效果如图 8-129 所示。

图 8-129　绘制椭圆形

13 在菜单栏中选择【图层】|【矢量蒙版】|【当前路径】命令，如图 8-130 所示。

14 执行该操作后，即可创建矢量蒙版，将选中的【图层 1】与【图层 2】拖曳至前面所创建的场景中，并调整位置与大小，如图 8-131 所示。

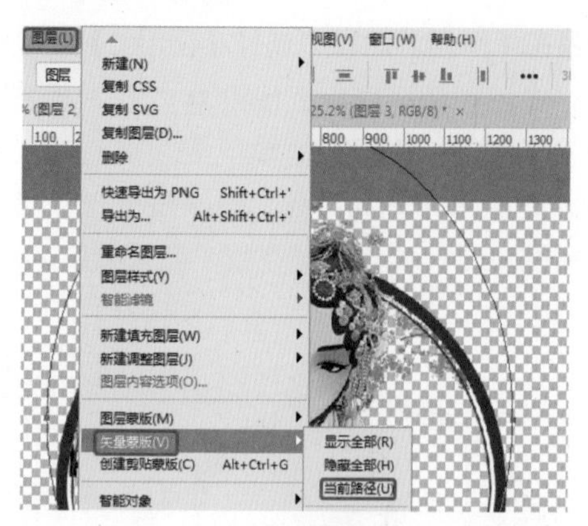

图 8-130　选择【当前路径】命令

图 8-131　调整位置和大小后的效果

8.4.2　矢量蒙版

矢量蒙版是通过路径和矢量形状控制图像显示区域的蒙版，需要使用绘图工具才能编辑蒙版。矢量蒙版中的路径是与分辨率无关的矢量对象，因此，在缩放蒙版时不会产生锯齿。向矢量蒙版添加图层样式可以创建标志、按钮、面板或者其他的 Web 设计元素。

可以采取以下方法创建矢量蒙版。

◎ 选择一个图层，然后在菜单栏中选择【图层】|【矢量蒙版】|【显示全部】命令，如图 8-132 所示，创建一个白色的矢量蒙版。

◎ 按 Ctrl 键单击【添加图层蒙版】按钮，即可创建一个隐藏全部内容的白色矢量蒙版。

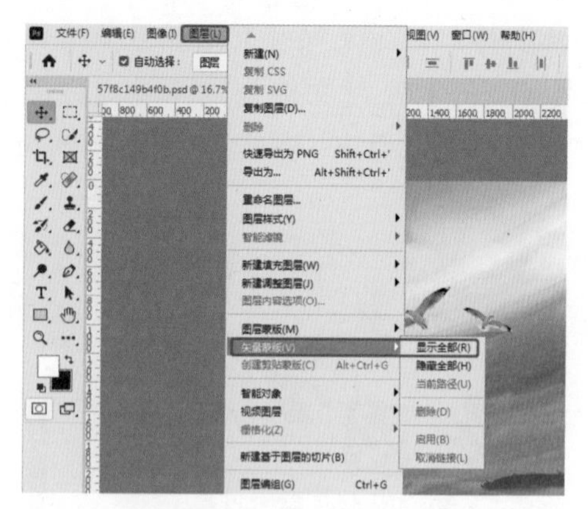

图 8-132　创建白色矢量蒙版

◎ 在菜单栏中选择【图层】|【矢量蒙版】|【隐藏全部】命令，如图 8-133 所示，创建一个灰色的矢量蒙版。

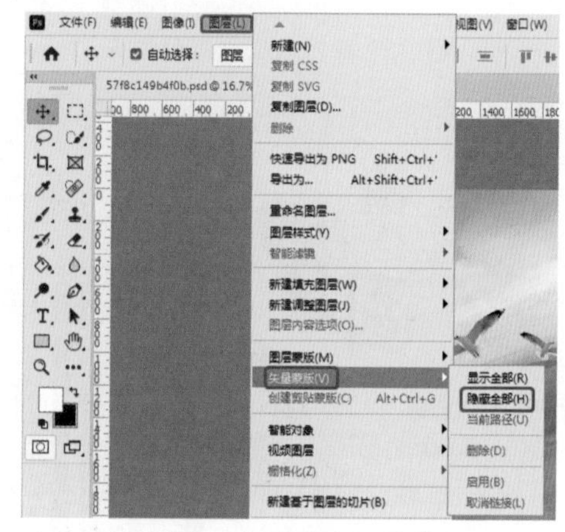

图 8-133　创建灰色矢量蒙版

◎ 按住 Ctrl+Alt 组合键单击【添加图层蒙版】按钮，创建一个隐藏全部内容的灰色矢量蒙版。

图层蒙版和剪贴蒙版都是基于像素的蒙版，而矢量蒙版则是基于矢量对象的蒙版，它是通过路径和矢量形状来控制图像显示区域的。为图层添加矢量蒙版后，【路径】面板中会自动生成一个矢量蒙版路径，如图 8-134 所示，编辑矢量蒙版时需要使用绘图工具。

矢量蒙版与分辨率无关，因此，在进行缩放、旋转、扭曲等变换和变形操作时不会产生锯齿。但这种类型的蒙版只能定义清晰的轮廓，无法创建类似图层蒙版那种淡入淡出的遮罩效果。在 Photoshop 中，一个图层可以同时添加一个图层蒙版和一个矢量蒙版，矢量蒙版显示为灰色图标，并且总是位于图层蒙版之后，如图 8-135 所示。

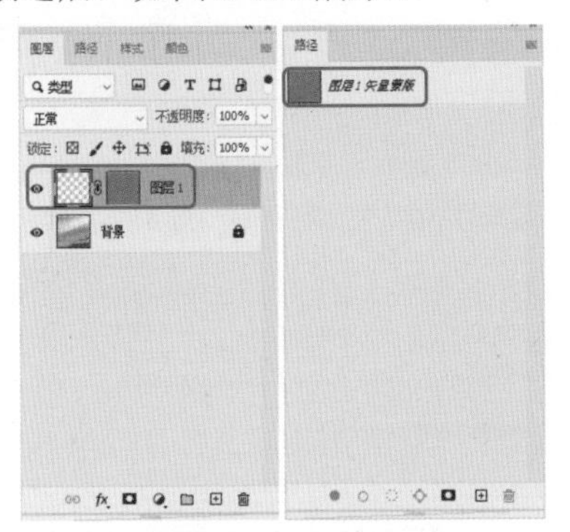

图 8-134　矢量蒙版路径

图 8-135　矢量蒙版的显示

8.4.3　图层蒙版

图层蒙版是与当前文档具有相同分辨率的位图图像，不仅可以用来合成图像，在创建调整图层、填充图层或者应用智能滤镜时，Photoshop 也会自动为其添加图层蒙版。因此，图层蒙版可以在颜色调整、应用滤镜和指定选择区域中发挥重要的作用。

1. 创建图层蒙版

创建图层蒙版的方法有两种，下面将分别对其进行介绍。

（1）在菜单栏中选择【图层】|【图层蒙版】|【显示全部】命令，如图 8-136 所示，创建一个白色图层蒙版。

（2）在菜单栏中选择【图层】|【图层蒙版】|【隐藏全部】命令，如图 8-137 所示，创建一个黑色图层蒙版。

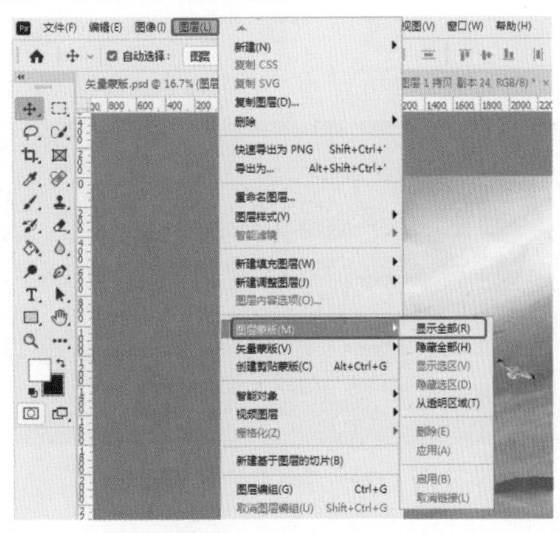

图 8-136　创建白色图层蒙版

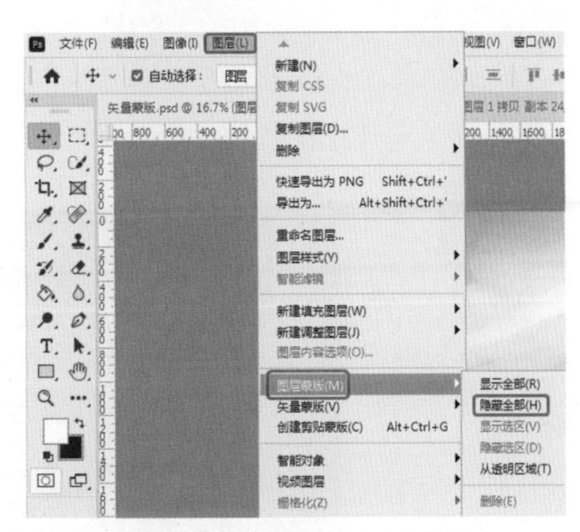

图 8-137　创建黑色图层蒙版

2. 编辑图层蒙版

创建图层蒙版后，可以像编辑图像那样使用各种绘画工具和滤镜编辑蒙版。下面介绍如何通过编辑图层蒙版合成一幅作品。

01 打开【素材 \Cha08\ 图层蒙版 01.psd】素材文件，如图 8-138 所示。

图 8-138　打开的素材文件

02 在菜单栏中选择【文件】|【置入嵌入对象】命令，在弹出的对话框中选择【素材 \Cha08\ 图

层蒙版 02.jpg】素材文件，单击【置入】按钮，按 Enter 键完成置入，调整其位置与大小，效果如图 8-139 所示。

图 8-139　置入素材文件

03 在【图层】面板中选择【图层蒙版 02.jpg】图层，单击【添加图层蒙版】按钮，在工作区中单击【画笔工具】，将前景色设置为黑色，在工作区中对人物进行涂抹，效果如图 8-140 所示。

图 8-140　添加图层蒙版并涂抹后的效果

04 选择【图层蒙版 02.jpg】图层右侧的图层蒙版，按 Ctrl+I 组合键进行反相，如图 8-141 所示。

图 8-141　反相图层蒙版后的效果

05 选择【图层蒙版 02.jpg】图层，按 Ctrl+M 组合键，在弹出的对话框中添加一个编辑点，将【输出】【输入】分别设置为 152、143，如图 8-142 所示。

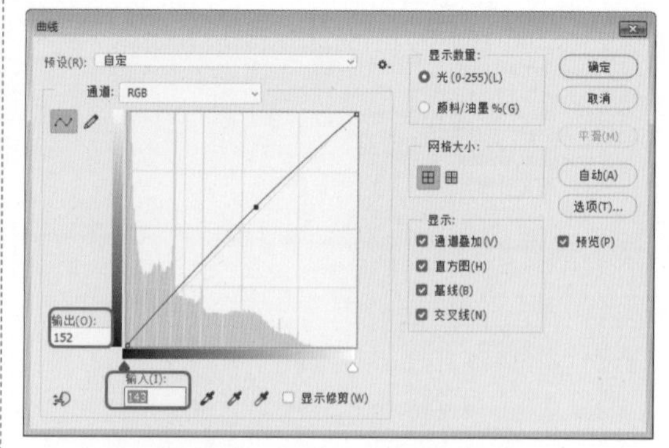

图 8-142　设置【曲线】参数

06 设置完成后，单击【确定】按钮，完成后的效果如图 8-143 所示。

图 8-143　完成后的效果

8.4.4　剪贴蒙版

剪贴蒙版是一种非常灵活的蒙版，它可以使用下面图层中图像的形状限制上层图像的显示范围。因此，可以通过一个图层来控制多个图层的显示区域，而矢量蒙版和图层蒙版都只能控制一个图层的显示区域。

1. 创建剪贴蒙版

剪贴蒙版的创建方法非常简单，只需选择一个图层，然后在菜单栏中选择【图层】|【创建剪贴蒙版】命令或按 Alt+Ctrl+G 组合键，即可将该图层与它下面的图层创建为一个剪贴蒙版。下面我们来使用剪贴蒙版合成一幅作品。

01 打开【素材 \Cha08\ 剪贴蒙版 01.psd】素材文件，如图 8-144 所示。

图 8-144 打开的素材文件

02 在菜单栏中选择【文件】|【置入嵌入对象】命令，在弹出的对话框中选择【素材\Cha08\剪贴蒙版 02.png】素材文件，单击【置入】按钮，按 Enter 键完成置入，并调整其位置，效果如图 8-145 所示。

图 8-145 置入素材文件

03 在【图层】面板中选择【背景】图层，按 Ctrl+J 组合键，将【背景 拷贝】图层调整至【剪贴蒙版 02.png】图层的上方，在【背景 拷贝】图层上右击鼠标，在弹出的快捷菜单中选择【创建剪贴蒙版】命令，如图 8-146 所示。

图 8-146 选择【创建剪贴蒙版】命令

提示：除了可以通过选择【创建剪贴蒙版】命令创建剪贴蒙版外，在【图层】面板中要创建剪贴蒙版的两个图层中间按住 Alt 键单击鼠标，同样可以创建剪贴蒙版。

04 在【图层】面板中选择【剪贴蒙版 02.png】图层，按 Ctrl+J 组合键复制图层，将【剪贴蒙版 02.png】图层调整至【背景 拷贝】图层的上方，并将【剪贴蒙版 02.png】图层的【不透明度】设置为 50%，如图 8-147 所示。

图 8-147 复制图层并调整后的效果

2. 编辑剪贴蒙版

下面介绍如何编辑剪贴蒙版。

01 打开【剪贴蒙版 4.psd】素材文件，为其创建剪贴蒙版后，可以对其进行编辑。在剪贴蒙版中基底图层的形状决定了内容图层的显示范围，如图 8-148 所示。

图 8-148 显示的图像

02 移动基底图层中的图形可以改变内容图层的显示区域，如图 8-149 所示。

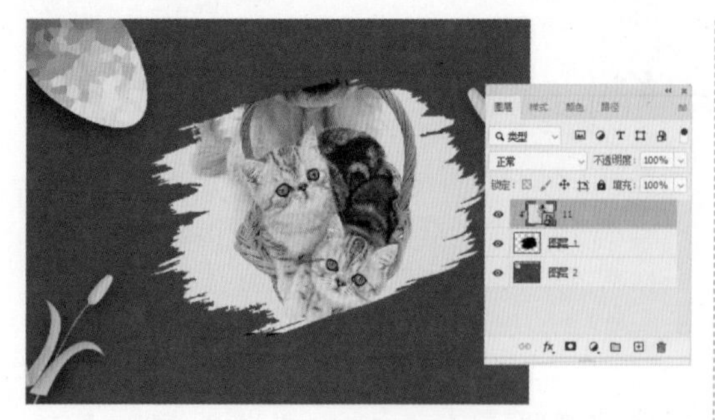

图 8-149　移动图形后显示的图像

03 如果在基底图层添加其他形状，使用【画笔工具】可以增加内容图层的显示区域，如图 8-150 所示。

图 8-150　添加图层显示区域

04 当需要释放剪贴蒙版时，可以选择内容图层，然后在菜单栏中选择【图层】|【释放剪贴蒙版】命令或者按 Ctrl+Alt+G 组合键，如图 8-151 所示，将剪贴蒙版释放。

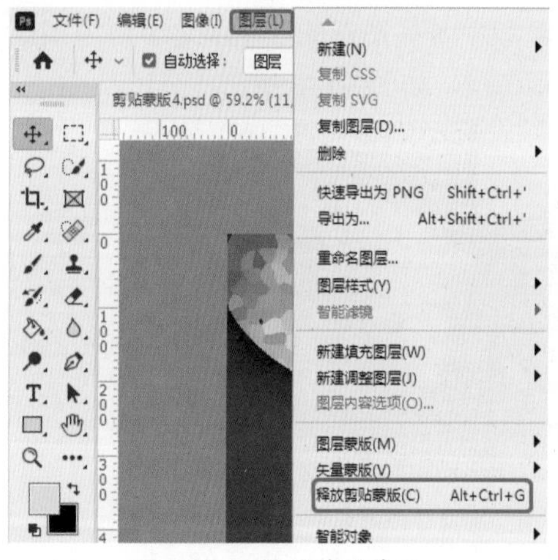

图 8-151　释放剪贴蒙版

8.5 蒙版的编辑

本节将介绍如何编辑蒙版，其中包括停用和启用蒙版、复制和移动蒙版、将通道转换为蒙版等。

1. 停用和启用蒙版

按住 Shift 键的同时单击蒙版缩略图，即可停用蒙版，同时蒙版缩略图中会显示红色叉号，表示此蒙版已经停用，图像随即还原成原始效果，如图 8-152 所示。如果需要启用蒙版，再次按住 Shift 键的同时单击蒙版缩略图即可。

图 8-152　停用蒙版

2. 复制和移动蒙版

在【图层】面板中，先按住 Alt 键，再左键按住图层蒙版缩略图，拖动到素材 1 栏中即可完成图层蒙版的复制，如图 8-153 所示。

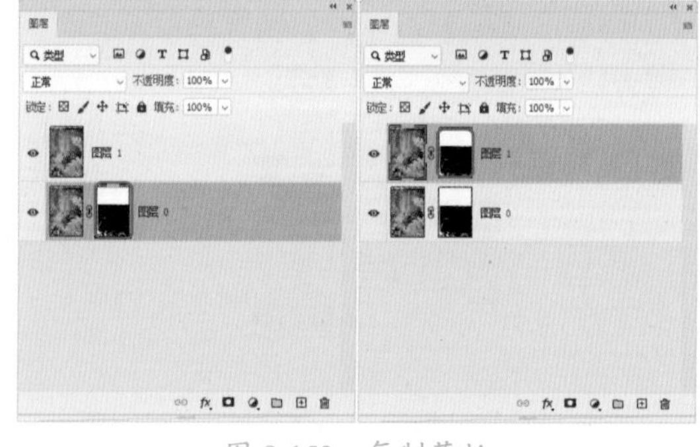

图 8-153　复制蒙版

在【图层】面板中，左键按住图层蒙版

缩略图，拖动到上面素材 1 栏中，松开鼠标即可完成图层蒙版的移动，如图 8-154 所示。

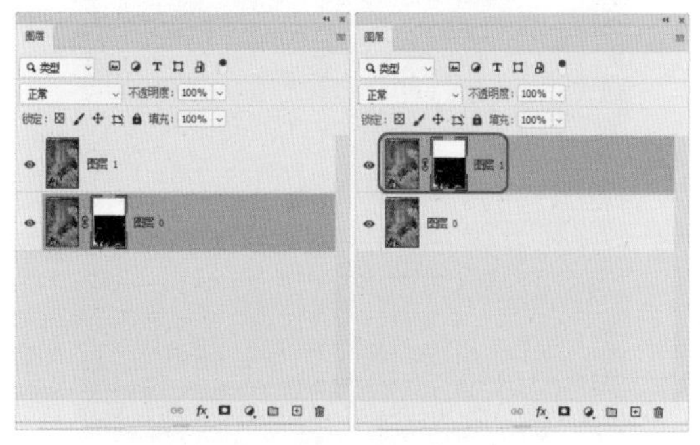

图 8-154　移动蒙版

3. 将通道转换为蒙版

将通道转换成图层蒙版不能直接转换，先将通道转换成选区，回到图层，在图层上再添加图层蒙版。有些通道成为选区后还要反选；在背景图层上不能使用蒙版，必须先将背景图层转换成普通的图层。

下面介绍如何将通道转换为蒙版。

01 继续上面的操作，选中【背景】图层，按 Ctrl+J 组合键进行复制，选中【背景 拷贝】图层，如图 8-155 所示。

图 8-155　复制图层

02 打开【通道】面板，单击一个颜色通道即可选择该通道，图像窗口中会显示所选通道的灰度图像，单击【将通道作为选区载入】按钮 ，如图 8-156 所示。

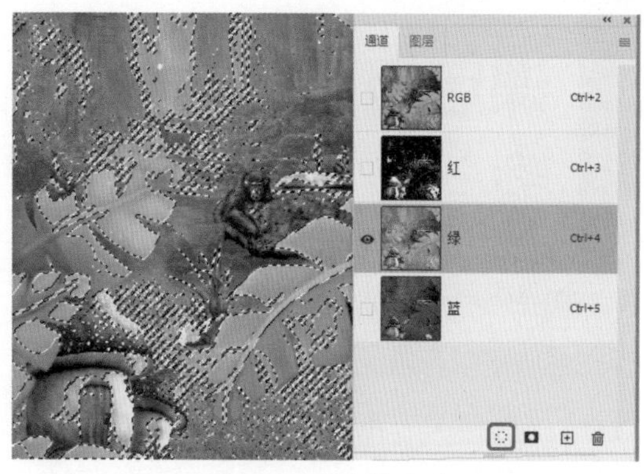

图 8-156　选择通道

03 此时界面出现载入通道中的选区，返回到【图层】面板，单击【添加图层蒙版】按钮，如图 8-157 所示。

图 8-157　单击【添加图层蒙版】按钮

04 设置完成后即在【图层】面板中添加了对应的图层蒙版效果，如图 8-158 所示。

图 8-158　设置完成后的效果

课后项目练习

计算机海报设计

某店铺需要通过计算机海报对外进行宣传与推广，展现新产品的功能与外观，为客户提供属于自己的计算机，不仅适合商务与游戏客户，并且方便出门携带，如图 8-159 所示。

图 8-159　计算机海报设计

课后项目练习过程概要：

（1）创建文档并置入素材文件。

（2）使用【横排文字工具】【钢笔工具】填充文档空白部分，最终制作出计算机海报设计效果。

素材：	素材 \Cha08\ 电脑海报 01.jpg、电脑海报 02.png、电脑海报 03.png
场景：	场景 \Cha08\ 电脑海报设计 .psd
视频：	视频教学 \Cha08\ 电脑海报设计 .mp4

01 启动软件，按 Ctrl+N 组合键，在弹出的对话框中将【宽度】【高度】分别设置为 1000 像素、861 像素，将【分辨率】设置为 150 像素 / 英寸，设置完成后，单击【创建】按钮，在菜单栏中选择【文件】|【置入嵌入对象】命令，在弹出的对话框中选择【素材 \Cha08\ 电脑海报 01.jpg】素材文件，单击【置入】按钮，单击鼠标置入素材，调整其位置与大小，如图 8-160 所示。

图 8-160　置入素材文件

02 在工具箱中选择【钢笔工具】，将【工具模式】设置为【形状】，将【填充】设置为白色，将【描边】设置为无，如图 8-161 所示。

图 8-161　绘制图形并填充

03 使用同样的方法绘制其他图形并进行相应的设置，效果如图 8-162 所示。

图 8-162　绘制多个图形

04 在工具箱中单击【横排文字工具】按钮 T，输入文字【创新未来】，在【字符】面板中将【字体】设置为【方正综艺简体】，将【字体大小】设置为 60 点，将【颜色】设置为 231、34、25，如图 8-163 所示。

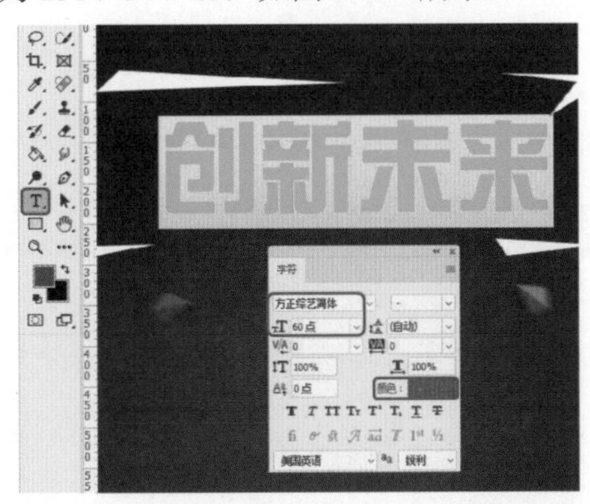

图 8-163　输入文字

05 选中输入的文字，按住 Alt 键拖曳鼠标进行复制，将【颜色】设置为白色，调整文字的位置，效果如图 8-164 所示。

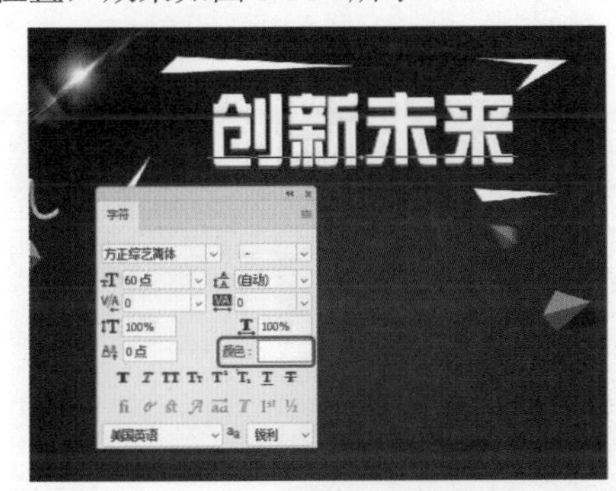

图 8-164　更改文字颜色

06 在工具箱中单击【横排文字工具】按钮 T，输入文字【视界之美，不至于想象】，在【字符】面板中将【字体】设置为【Adobe 黑体 Std】，将【字体大小】设置为 15 点，将【颜色】设置为白色，单击【全部大写字母】按钮。使用同样的方法输入文字 Art training, training enrollment，将【字体】设置为 Myriad Pro，将【字体样式】设置为 Regular，将【字体大小】设置为 10 点，将【字符间距】设置为 150，将【颜色】设置为白色，单击【仿粗体】【全部大写字母】按钮，如图 8-165 所示。

07 使用同样的方法输入其他文字并进行设置，效果如图 8-166 所示。

08 在菜单栏中选择【文件】|【置入嵌入对象】命令，在弹出的对话框中选择【素材\Cha08\电脑海报 02.png】素材文件，单击【置入】按钮，单击鼠标置入素材，调整其位置与大小，如图 8-167 所示。

图 8-165　输入文字并设置参数

图 8-166　输入其他文字

图 8-167　置入素材文件

09 在工具箱中单击【横排文字工具】按钮 T，在工作区中输入文字，在【字符】面板中将【字体】设置为【微软雅黑】，将【字体大小】设置为 20 点，将【字符间距】设置为 0，将【颜色】设置为白色，单击取消【仿粗体】【全部大写字母】按钮，如图 8-168 所示。

10 使用【横排文字工具】输入文字 911 M，将【字体】设置为【汉仪方隶简】，将【字体大小】设置为 24 点，将【垂直缩放】设置为 80%，将【颜色】设置为 127、191、38，单击【全部大写字母】按钮。使用同样的方法输入文字【铂金版】，将【字体】设置为【微软雅黑】，将【字体大小】设置为 14 点，将【字符间距】设置为 75，将【垂直缩放】设置为 100%，将【颜色】设置为白色，如图 8-169 所示。

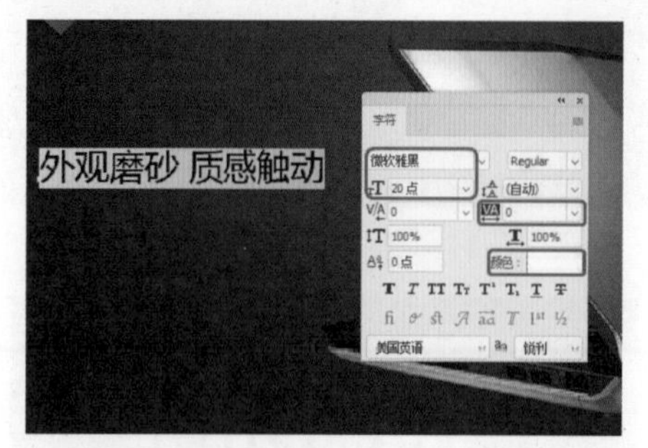

图 8-168　输入文字并设置参数

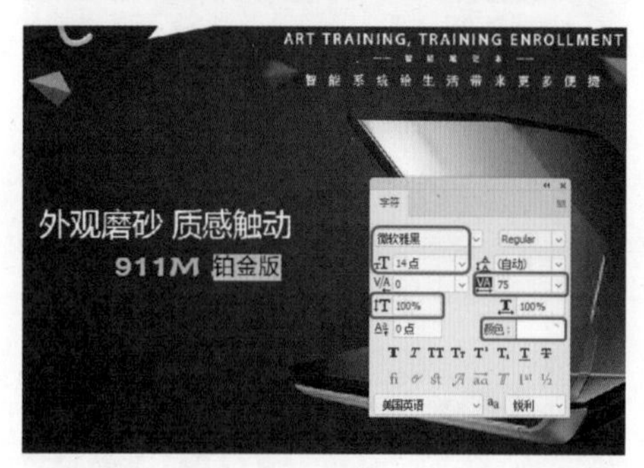

图 8-169　输入文字并进行设置

11 在工具箱中单击【椭圆工具】按钮，在工作区中绘制图形，在【属性】面板中将 W、H 都设置为 10 像素，将 X、Y 分别设置为 39 像素、710 像素，将【填充】设置为白色，将【描边】设置为无，如图 8-170 所示。

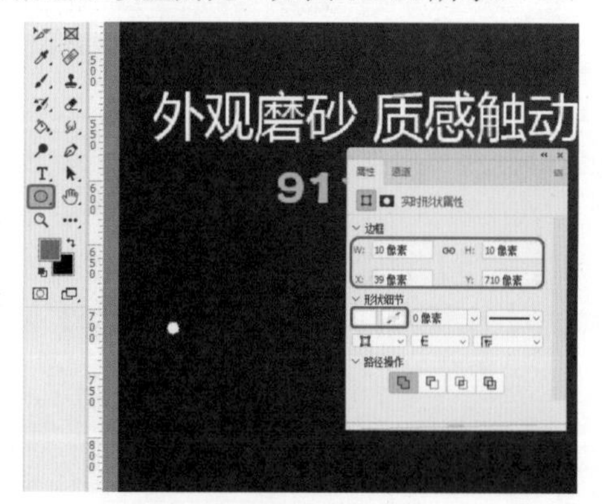

图 8-170　绘制椭圆

12 选中绘制的图形，按住 Alt 键拖曳鼠标复制多个图形，并调整复制图形的位置，如图 8-171 所示。

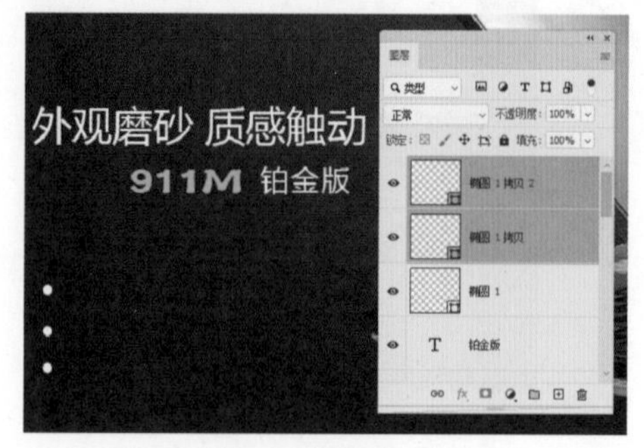

图 8-171　复制多个椭圆

13 使用【横排文字工具】输入文字，将【字体】设置为【微软雅黑】，将【字体大小】设置为 10 点，将【字符间距】设置为 0，将【颜色】设置为白色，如图 8-172 所示。

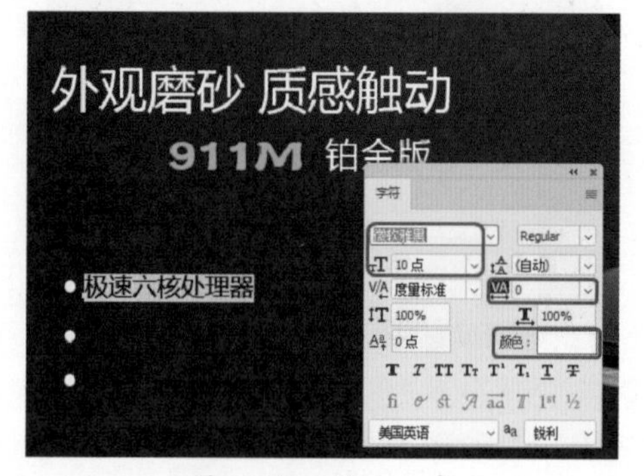

图 8-172　输入文字

14 使用同样的方法输入其他文字并进行设置，在菜单栏中选择【文件】|【置入嵌入对象】命令，在弹出的对话框中选择【素材\Cha08\电脑海报 03.png】素材文件，单击【置入】按钮，单击鼠标置入素材文件，调整其位置与大小，如图 8-173 所示。

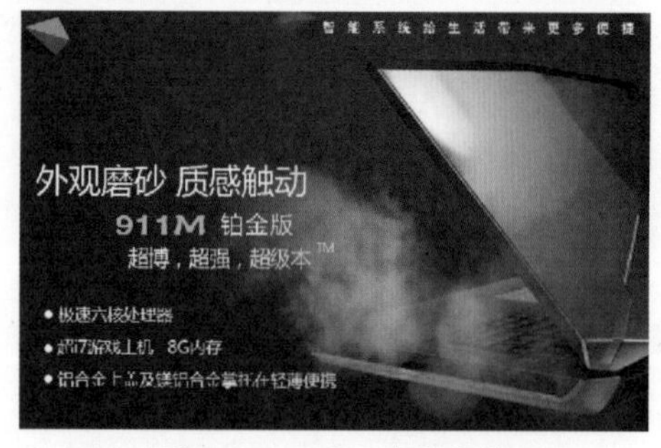

图 8-173　置入素材文件

第 09 章

护肤品网页宣传广告设计——滤镜

滤镜是 Photoshop 中独特的工具，通过菜单中的滤镜可以制作出各种各样的效果。在使用 Photoshop 中的滤镜特效处理图像的过程中，可能会发现滤镜特效太多了，不容易把握，也不知道这些滤镜特效究竟适合处理什么样的图片。要解决这些问题，就必须先了解这些特效滤镜的基本功能和特性。本章将对常用的滤镜进行简单的介绍。

本章导读

- 基础知识：创建智能滤镜　滤镜库的应用
- 重点知识：模糊滤镜组　杂色滤镜组
- 提高知识：素描滤镜组　纹理滤镜组

案例精讲
护肤品网页宣传广告

护肤品已成为大多数女性必备的法宝，精致的妆容能使女性增强自信心。随着消费者自我意识的日渐提升，护肤品市场迅速发展；随着网络时代的飞速发展，不少护肤品商家都选择在网页中制作宣传广告。

为了更好地完成本设计案例，现对制作要求及设计内容做如下规划，效果如图 9-1 所示。

作品名称	护肤品网页宣传广告
作品尺寸	1920px×900px
设计创意	（1）打开护肤品背景素材文件，会发现有些多余的部分，首先通过【消失点】技术将多余的部分消除。 （2）使用【圆角矩形工具】制作类似拱门的效果，输入关于网页的文字介绍。 （3）置入相关的护肤品素材并设置图层样式，完成最终效果。
主要元素	（1）护肤品宣传广告背景。 （2）装饰彩带。 （3）护肤品。 （4）礼物盒。
应用软件	Photoshop CC 2020
素材：	素材 \Cha09\ 护肤品网站素材 01.jpg、护肤品网站素材 02.png、护肤品网站素材 03.png
场景：	场景 \Cha09\【案例精讲】护肤品网页宣传广告 .psd
视频：	视频教学 \Cha09\【案例精讲】护肤品网页宣传广告 .mp4
护肤品网页宣传广告欣赏	圣诞狂欢 全场八折 满300减30/满1000减80 图 9-1　护肤品网页宣传广告

01 按 Ctrl+O 组合键，在弹出的对话框中选择【素材 \Cha09\ 护肤品网站素材 01.jpg】素材文件，如图 9-2 所示。

02 在菜单栏中选择【滤镜】|【消失点】命令，在弹出的对话框中单击【创建平面工具】，在素材文件上创建一个平面，如图 9-3 所示。

图 9-2　打开的素材文件

图 9-3　创建平面

提示：若要删除创建的平面，直接按 Backspace 键，不要使用 Delete 键。

03 在工具箱中单击【选框工具】，在平面中创建一个矩形选框，按住 Alt 键将选区向左进行拖动，对素材文件进行修复，如图 9-4 所示。

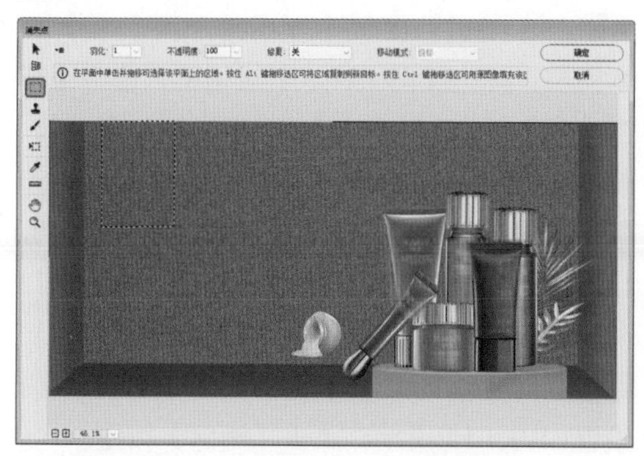

图 9-4　对素材文件进行修复

04 再次使用【选框工具】在平面中创建一个矩形选框，按住 Alt 键将选区向下进行拖动，对素材文件进行修复，如图 9-5 所示。

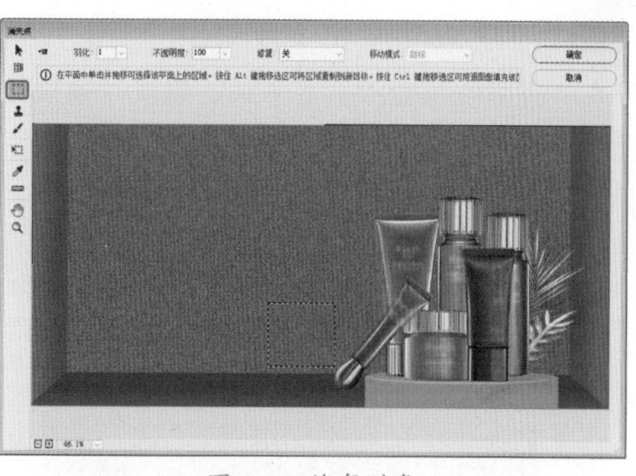

图 9-5　修复对象

05 单击【确定】按钮，在工具箱中单击【圆角矩形工具】按钮，绘制 W 和 H 为 708 像素、763 像素的圆角矩形，将【填充】设置为无，将【描边】的颜色值设置为 #fbd770，将【描边宽度】设置为 7 像素，将【圆角半径】的左上角半径、右上角半径分别设置为 354 像素、345 像素，将左下角半径、右下角半径均设置为 0 像素，如图 9-6 所示。

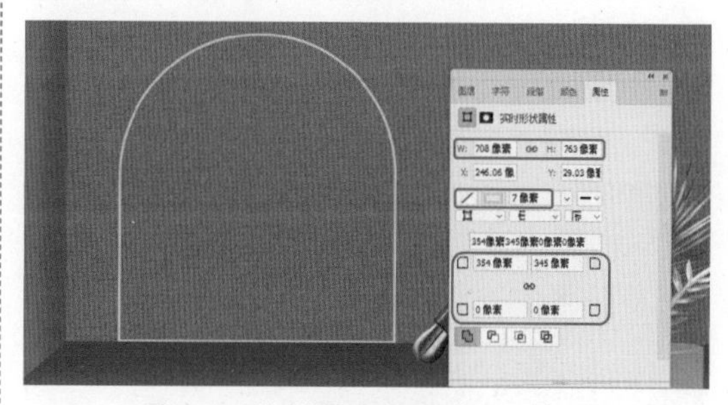

图 9-6　绘制圆角矩形并设置参数

06 在【图层】面板中选中【圆角矩形 1】图层，右击鼠标，在弹出的快捷菜单中选择【栅格化图层】命令，如图 9-7 所示。

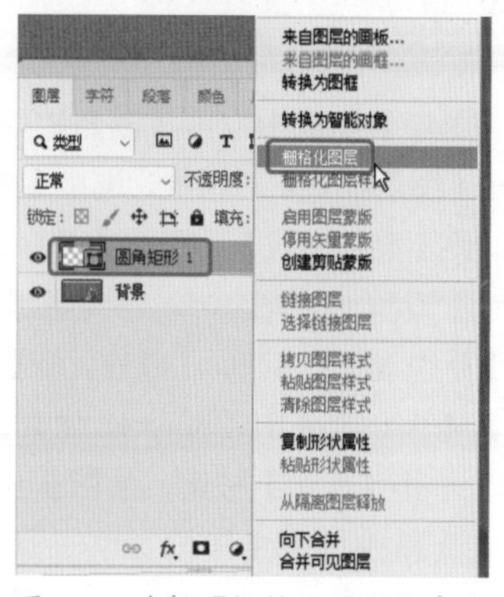

图 9-7　选择【栅格化图层】命令

07 在工具箱中单击【橡皮擦工具】按钮 ，擦除圆角矩形下方多余的线段，效果如图 9-8 所示。

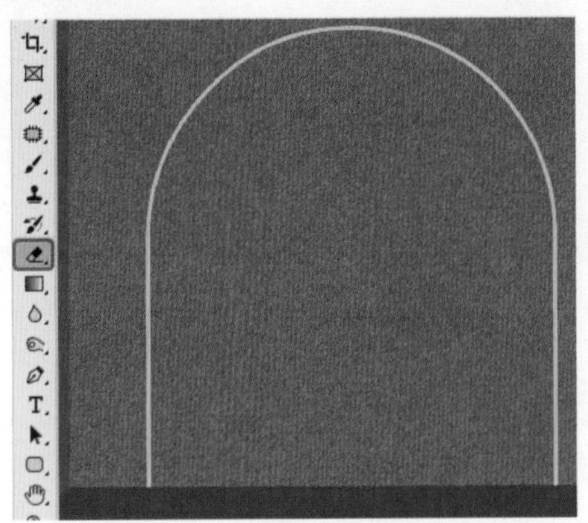

图 9-8 擦除多余线段

08 在工具箱中单击【圆角矩形工具】按钮 ，绘制 W 和 H 分别为 625 像素、715 像素的圆角矩形，将【填充】的颜色值设置为 # b32c30，将【描边】设置为无，将【圆角半径】的左上角半径、右上角半径均设置为 294 像素，将左下角半径、右下角半径均设置为 0 像素，如图 9-9 所示。

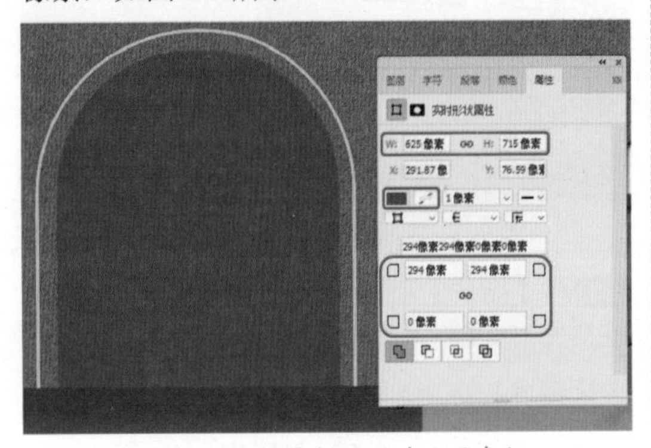

图 9-9 绘制圆角矩形并设置参数

09 在【图层】面板中双击【圆角矩形 2】图层，弹出【图层样式】对话框，选中【内阴影】复选框，将【混合模式】设置为【正片叠底】，将【颜色】设置为 # 960105，将【不透明度】【角度】分别设置为 64%、120 度，将【距离】【阻塞】【大小】分别设置为 18 像素、0%、54 像素，单击【确定】按钮，如图 9-10 所示。

10 在工具箱中单击【横排文字工具】按钮 ，在空白位置处单击鼠标，输入文本，在【字符】面板中将【字体】设置为【微软雅黑】，将【字体系列】设置为 Bold，将【字体大小】设置为 134 点，【字符间距】设置为 0，【颜色】设置为白色，单击【仿粗体】按钮 ，如图 9-11 所示。

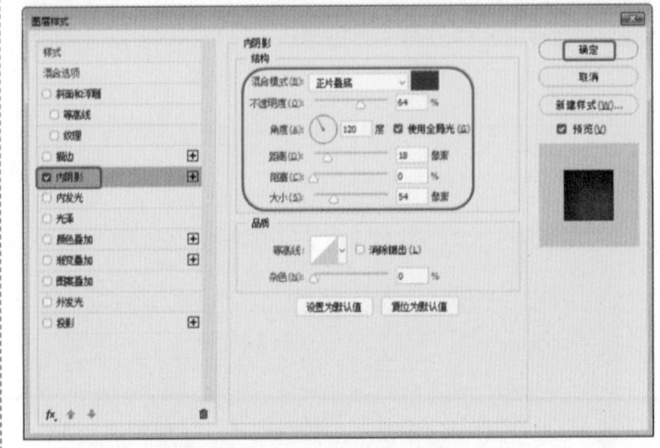

图 9-10 设置【内阴影】参数

图 9-11 输入文本并设置参数

11 在【图层】面板中双击【圣诞狂欢】文本图层，弹出【图层样式】对话框，选中【渐变叠加】复选框，单击【渐变】右侧的渐变条，弹出【渐变编辑器】对话框，将左侧色块的颜色值设置为 # f1e1ab，将右侧色块的颜色值设置为 #facc31，单击【确定】按钮，如图 9-12 所示。

12 返回【图层样式】对话框，其余参数的设置如图 9-13 所示，单击【确定】按钮。

13 在工具箱中单击【横排文字工具】按钮 ，在空白位置处单击，输入文本，在【字符】面板中将【字体】设置为【Adobe 黑体 Std】，将【字体大小】设置为 73 点，【字符间距】设置为 0，【颜色】设置为白色，单击

【仿粗体】按钮T，如图 9-14 所示。

图 9-12　设置渐变参数

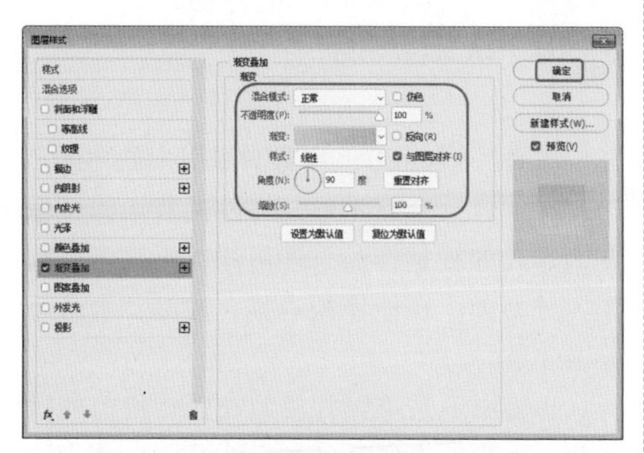

图 9-13　设置【渐变叠加】的其他参数

图 9-14　输入文本并设置参数

14 在工具箱中单击【直线工具】按钮 ⁄，在工具选项栏中将【工具模式】设置为【形状】，绘制一条水平直线，将【填充】的颜色值设置为 # ffd543，将【描边】设置为无，将 W、H 设置为 570 像素、2 像素，如图 9-15 所示。

15 选中制作的直线段，按住 Alt 键的同时向下拖动鼠标，复制直线段并调整位置，效果如图 9-16 所示。

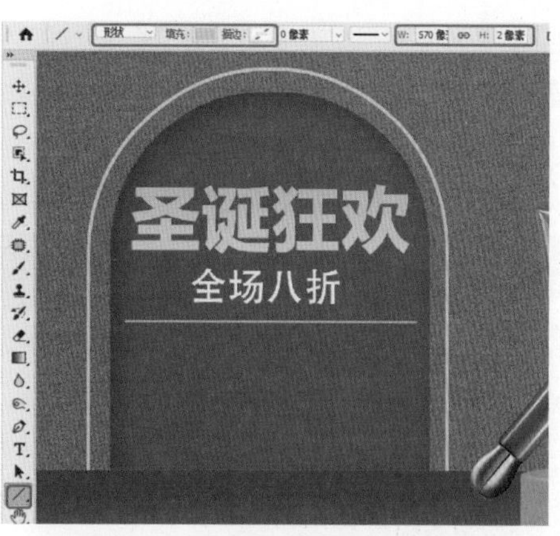

图 9-15　绘制直线段并设置参数

图 9-16　复制直线段

16 在工具箱中单击【横排文字工具】按钮 T，在空白位置处单击鼠标，输入文本，在【字符】面板中将【字体】设置为【Adobe 黑体 Std】，将【字体大小】设置为 40 点，【字符间距】设置为 80，【颜色】设置为白色，单击【仿粗体】按钮T，如图 9-17 所示。

图 9-17　设置文本参数

17 在菜单栏中选择【文件】|【置入嵌入对象】命令，置入【素材\Cha09\护肤品网站素材02.png】素材文件，适当地调整对象，效果如图9-18所示。

图9-18　置入素材文件并调整对象

18 在菜单栏中选择【文件】|【置入嵌入对象】命令，置入【素材\Cha09\护肤品网站素材03.png】素材文件，适当地调整对象，效果如图9-19所示。

图9-19　置入素材文件并调整对象

19 双击【护肤品网站素材03.png】素材文件，弹出【图层样式】对话框，选中【投影】复选框，将【混合模式】设置为【正片叠底】，将【颜色】设置为#94171a，将【不透明度】【角度】设置为75%、120度，将【距离】【扩展】【大小】设置为10像素、0%、24像素，单击【确定】按钮，如图9-20所示。

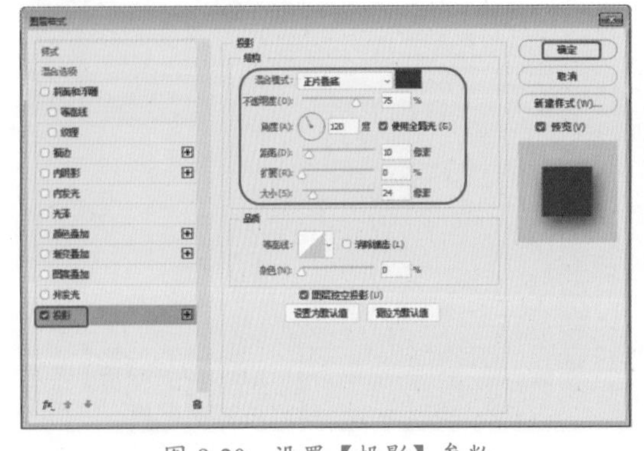

图9-20　设置【投影】参数

20 为素材文件添加投影后的效果如图9-21所示。

图9-21　添加投影后的效果

9.1 认识滤镜

滤镜是Photoshop中最具吸引力的功能之一，它就像一个魔术师，可以把普通的图像变为非凡的视觉作品。使用滤镜不仅可以制作各种特效，还能模拟素描、油画、水彩等绘画效果。

滤镜原本是摄影师安装在照相机前的过滤器，用来改变照片的拍摄方式，以产生特殊的拍摄效果。Photoshop中的滤镜是一种插件模块，能够操纵图像中的像素。我们知道，位图图像是由像素组成的，每一个像素都有自己的位置和颜色值，滤镜就是通过改变像素的位置或颜色值生成各种特殊效果的。如图9-22所示为原图像，图9-23所示是使用【拼贴】滤镜处理后的图像。

图9-22　原图像

图 9-23　使用滤镜处理后的图像

Photoshop 的【滤镜】菜单中包含多种滤镜，如图 9-24 所示。其中，【滤镜库】、【镜头校正】、【液化】和【消失点】是特殊的滤镜，被单独列出，其他滤镜都依据其主要的功能被放置在不同类别的滤镜组中，如图 9-25 所示。

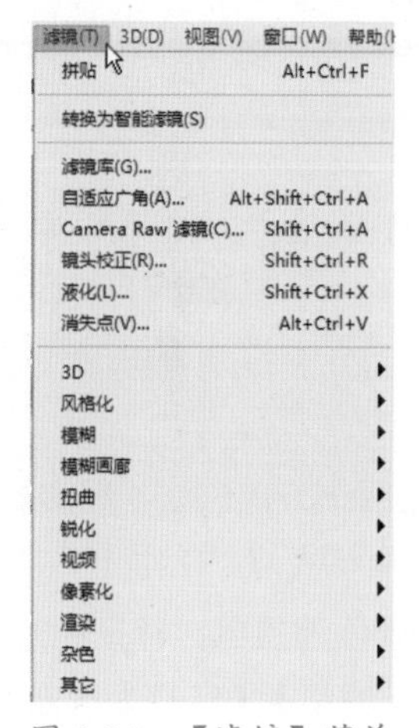

图 9-24　【滤镜】菜单

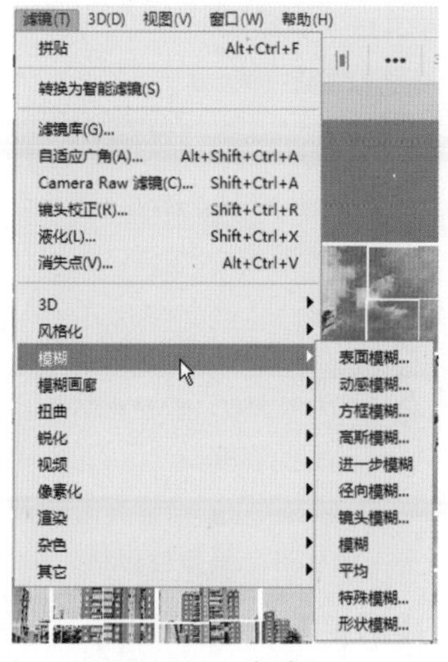

图 9-25　滤镜组

1. 滤镜的分类

Photoshop 中的滤镜可分为三种类型，第一种是修改类滤镜，使用它们可以修改图像中的像素，如【扭曲】【纹理】【素描】等滤镜，这类滤镜的数量最多；第二种是复合类滤镜，这类滤镜有自己的工具和独特的操作方法，更像是一个独立的软件，如【液化】【消失点】和【滤镜库】，如图 9-26 所示；第三种是创造类滤镜，这类滤镜不需要借助任何像素便可以产生效果，如【云彩】滤镜可以在透明的图层上生成云彩，这类滤镜的数量最少。

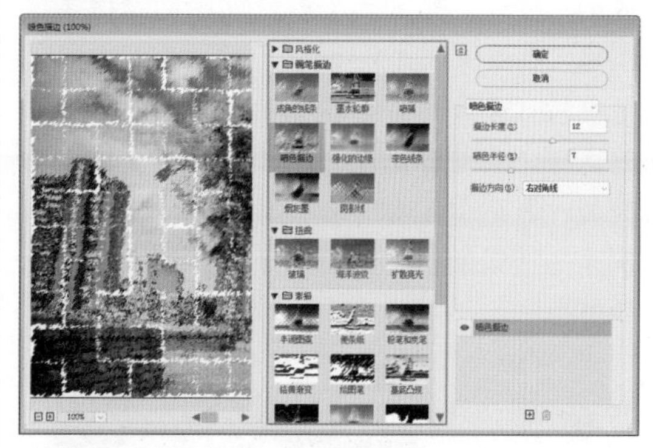

图 9-26　滤镜库

2. 滤镜的使用规则

使用【滤镜】处理图层中的图像时，该图层必须是可见的。如果创建了选区，【滤镜】只处理选区内的图像，如图 9-27 所示；没有创建选区，则处理当前图层中的全部图像，如图 9-28 所示。

图 9-27　对选区内图像使用滤镜

图 9-28　对全部图像应用滤镜

使用滤镜可以处理图层蒙版、快速蒙版和通道。

滤镜的处理效果是以像素为单位进行计算的，因此，相同的参数处理不同分辨率的图像，其效果也会不同。

只有【云彩】滤镜可以应用在没有像素的区域，其他滤镜都必须应用在包含像素的区域，否则不能使用这些滤镜。如图 9-29 所示是在透明的图层上应用【风】滤镜时弹出的警告。

图 9-29　提示对话框

RGB 模式的图像可以使用全部滤镜，部分滤镜不能用于 CMYK 模式的图像，索引模式和位图模式的图像不能使用滤镜。如果要对位图模式、索引模式或 CMYK 模式的图像应用一些特殊滤镜，可以先将它们转换为 RGB 模式，再进行处理。

9.2 智能滤镜

智能滤镜是一种非破坏性的滤镜，它可以单独存在于【图层】面板中，并且可以对其进行操作，还可以随时进行删除或者隐藏，所有的操作都不会对图像造成破坏。

9.2.1 创建智能滤镜

对普通图层中的图像应用【滤镜】命令后，此效果将直接应用在图像上，原图像将遭到破坏；而对智能对象应用【滤镜】命令后，将会产生智能滤镜。智能滤镜中保留有为图像选择的任何【滤镜】命令和参数设置，这样就可以随时修改选择的【滤镜】参数，且原图像仍保留原有的数据。使用智能滤镜的具体操作如下。

01 按 Ctrl+O 组合键，打开【素材 \Cha09\ 素材 01.jpg】素材文件，如图 9-30 所示。

图 9-30　打开的素材文件

02 确认前景色为黑色、背景色为白色，在菜单栏中选择【滤镜】|【转换为智能滤镜】命令，弹出提示对话框，如图 9-31 所示。

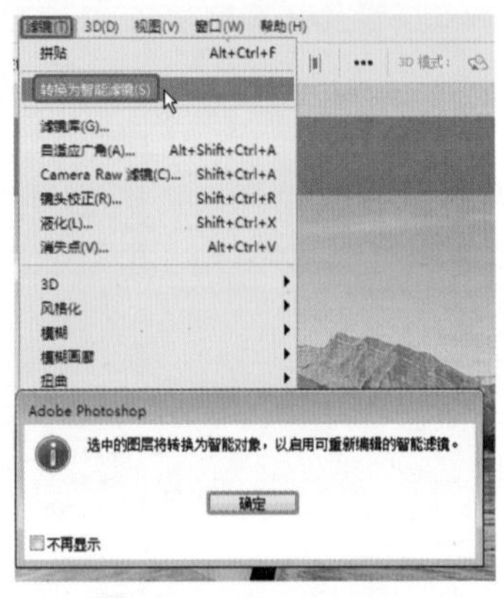

图 9-31　提示对话框

03 单击【确定】按钮，将图层中的对象转换为智能对象，然后在菜单栏中选择【滤镜】

|【风格化】|【拼贴】命令，如图 9-32 所示。

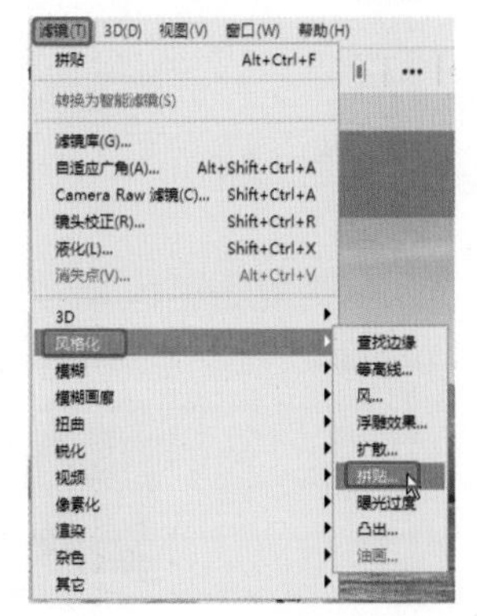

图 9-32　选择【拼贴】命令

04 在弹出的对话框中选中【背景色】单选按钮，其他参数使用默认设置即可，如图 9-33 所示。

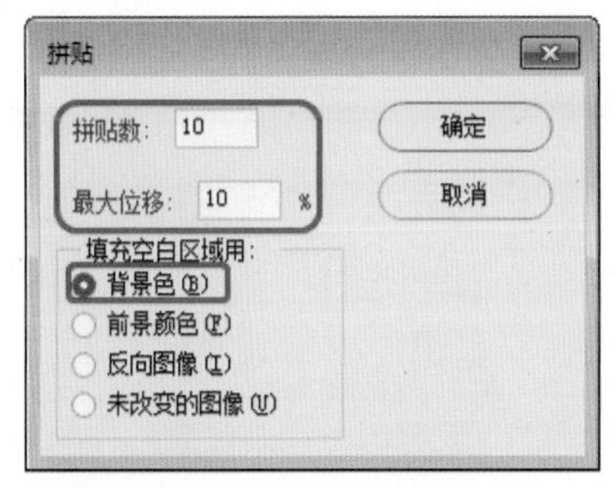

图 9-33　设置【拼贴】参数

05 设置完成后，单击【确定】按钮，即可应用该滤镜效果，在【图层】面板中该图层的下方将会出现智能滤镜效果，如图 9-34 所示。如果需要对【拼贴】进行设置，可以在【图层】面板中双击【拼贴】效果，然后在弹出的对话框中进行设置即可。

图 9-34　添加智能滤镜后的效果

知识链接：滤镜的使用技巧

在使用滤镜处理图像时，以下技巧可以帮助我们更好地完成操作。

选择一个滤镜命令后，【滤镜】菜单的第一行便会出现该滤镜的名称，如图 9-35 所示，单击它或者按 Alt+Ctrl+F 组合键可以快速应用这一滤镜。

在任意滤镜对话框中按住 Alt 键，对话框中的【取消】按钮都会变成【复位】按钮，如图 9-36 所示。单击它可以将滤镜的参数恢复到初始状态。

图 9-35　显示滤镜名称

图 9-36　【取消】按钮与【复位】按钮

如果在选择滤镜的过程中想要终止滤镜，可以按 Esc 键。

选择滤镜时通常会打开滤镜库或者相应的对话框，在预览框中可以预览滤镜效果，单击⊟和⊞按钮可以缩小或放大图像的显示比例。将鼠标指针移至预览框中，单击并拖动鼠标，可移动预览框内的图像，如图 9-37 所示。如果想要查看某一区域内的图像，则可将鼠标指针移至文档中，指针会显示为一个方框状，单击鼠标，滤镜预览框内将显示单击处的图像，如图9-38所示。

图 9-37　拖动鼠标查看图像

图 9-38　在预览框中查看图像

使用滤镜处理图像后，可选择【编辑】|【渐隐】命令修改滤镜效果的混合模式和不透明度。使用【渐隐】命令必须是在进行了编辑操作后立即选择，如果这中间又进行了其他操作，则无法选择该命令。

9.2.2　停用/启用智能滤镜

单击智能滤镜前的👁图标可以使滤镜不应用，图像恢复为原始状态，如图9-39所示。或者在菜单栏中选择【图层】|【智能滤镜】|【停用智能滤镜】命令，如图9-40所示，也可以将该滤镜停用。

图 9-39　停用智能滤镜

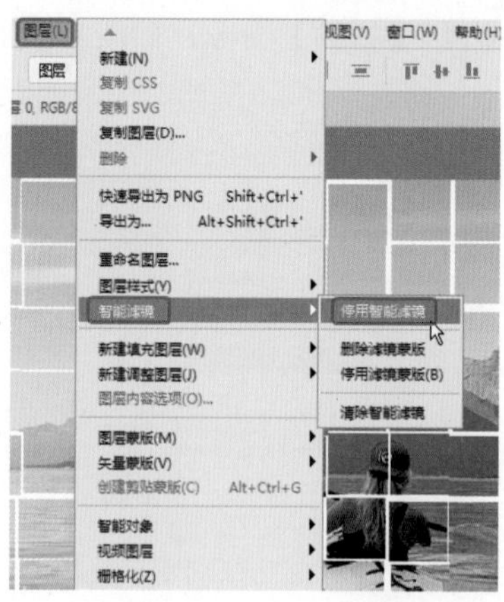

图 9-40　选择【停用智能滤镜】命令

如果需要恢复使用滤镜，在菜单栏中选择【图层】|【智能滤镜】|【启用智能滤镜】命令，如图9-41所示。或者在👁图标位置处单击鼠标左键，即可恢复使用。

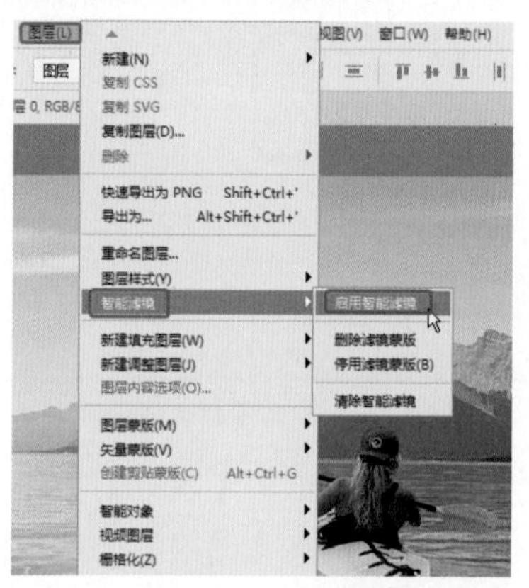

图 9-41　选择【启用智能滤镜】命令

9.2.3　编辑智能滤镜蒙版

当将智能滤镜应用于某个智能对象时，在【图层】面板中该智能对象下方的智能滤镜上会显示一个蒙版缩略图。默认情况下，此蒙版显示完整的滤镜效果。如果在应用智能滤镜前已建立选区，则会在【图层】面板中的【智能滤镜】行上显示适当的蒙版，而非一个空白蒙版。

滤镜蒙版的工作方式与图层蒙版非常相似，可以对它们进行绘制，用黑色绘制的滤镜区域将隐藏，用白色绘制的区域将可见，如图9-42所示。

图 9-42 编辑蒙版后的效果

9.2.4 删除智能滤镜蒙版

删除智能滤镜蒙版的操作方法有以下3种。

◎ 将【图层】面板中的滤镜蒙版缩略图拖动至面板下方的【删除图层】按钮上，释放鼠标左键。

◎ 单击【图层】面板中的滤镜蒙版缩略图，将其设置为工作状态，然后单击【蒙版】中的【删除图层】按钮。

◎ 选择【智能滤镜】效果，选择【图层】|【智能滤镜】|【删除智能滤镜】命令。

9.2.5 清除智能滤镜

清除智能滤镜的方法有两种，在菜单栏中选择【图层】|【智能滤镜】|【清除智能滤镜】命令，如图 9-43 所示。或者将智能滤镜拖动至【图层】面板下方【删除图层】按钮上。

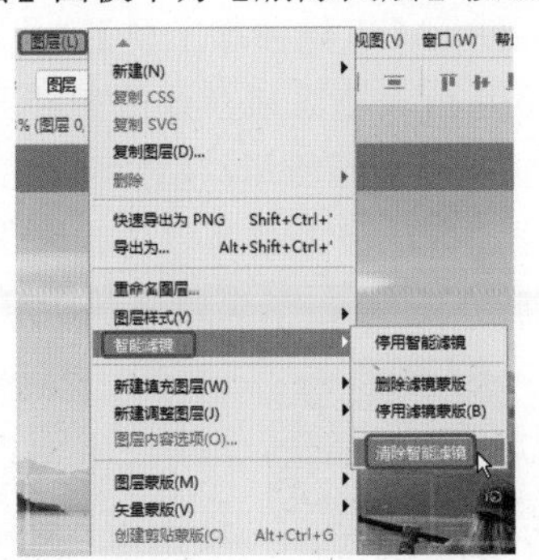

图 9-43 选择【清除智能滤镜】命令

9.3 独立滤镜组

独立滤镜组中包括液化滤镜、镜头校正功能以及消失点功能，下面进行详细介绍。

9.3.1 液化滤镜

【液化】滤镜可用于推、拉、旋转、反射、折叠和膨胀图像的任意区域。【液化】滤镜是修饰图像和创建艺术效果的强大工具，使用该滤镜可以非常灵活地创建推拉、扭曲、旋转、收缩等变形效果。下面介绍【液化】滤镜的使用方法。

01 按 Ctrl+O 组合键，打开【素材 \Cha09\ 素材 02.jpg】素材文件，如图 9-44 所示。

图 9-44 打开素材文件

02 选择【滤镜】|【液化】命令，打开液化对话框，如图 9-45 所示。

图 9-45 【液化】对话框

1. 使用变形工具

【液化】对话框中包含各种变形工具，选择这些工具后，在对话框中的图像上单击并拖动鼠标涂抹即可进行变形处理，变形效果将集中在画笔区域的中心，并且会随着鼠标在某个区域中的重复拖动而得到增强。

◎ 【向前变形工具】：拖动鼠标时可以向前推动像素，如图 9-46 所示。

图 9-46 使用【向前变形工具】

◎ 【重建工具】：在变形的区域单击或拖动鼠标进行涂抹，可以恢复图像，如图 9-47 所示。

图 9-47 使用【重建工具】

◎ 【平滑工具】：在变形的区域单击或拖动鼠标进行涂抹，可以将扭曲的图像变得平滑并恢复图像。其效果与【重建工具】类似。

◎ 【顺时针旋转扭曲工具】：在图像中单击或拖动鼠标可以顺时针旋转像素，如图 9-48 所示；按住 Alt 键操作则逆时针旋转扭曲像素。

图 9-48 使用【顺时针旋转扭曲工具】

◎ 【褶皱工具】：在图像中单击或拖动鼠标可以使像素向画笔区域的中心移动，使图像产生向内收缩的效果，如图 9-49 所示。

图 9-49 使用【褶皱工具】

◎ 【膨胀工具】：在图像中单击或拖动鼠标可以使像素向画笔区域中心以外的方向移动，使图像产生向外膨胀的效果，如图 9-50 所示。

图 9-50 使用【膨胀工具】

◎ 【左推工具】：垂直向上拖动鼠标时，像素向左移动；向下拖动，则像素向右移动。按住 Alt 键垂直向上拖动时，像素向右移动；按住 Alt 键向下拖动时，像素向左移动。如果围绕对象顺时针拖动，则可增加其大小，如图 9-51 左图所示；逆时针拖动时则减小其大小，如图 9-51 右图所示。

图 9-51 使用【左推工具】

◎ 【冻结蒙版工具】：在对部分图像进行处理时，如果不希望影响其他区域，可以使用【冻结蒙版工具】，在图像上绘制出冻结区域（要保护的区域），如图 9-52 左图所示，然后使用变形工具处理图像，被冻结区域内的图像就不会受到影响了，如图 9-52 右图所示。

图 9-52 使用【冻结蒙版工具】

◎ 【解冻蒙版工具】：使用该工具可以将冻结的蒙版区域解冻。

◎ 【脸部工具】：通过该工具可以对人物脸部进行调整。

◎ 【手抓工具】：可以在图像的操作区域中对图像进行拖动并查看。按住空格键拖动鼠标，可以移动画面。

◎ 【缩放工具】：可将图像进行放大缩小显示。也可以通过快捷键来操作，如按 Ctrl++ 组合键，可以放大视图；按 Ctrl+- 组合键，可以缩小视图。

知识链接：冻结蒙版

可以通过冻结预览图像的区域，防止更改这些区域。冻结区域会被使用【冻结蒙版工具】绘制的蒙版覆盖。还可以使用现有的蒙版、选区或透明度来冻结区域。

选择【冻结蒙版工具】并在要保护的区域上拖动。按住 Shift 键单击可在当前点和前一次单击的点之间的直线中冻结。

如果要将液化滤镜应用于带有选区、图层蒙版、透明度或 Alpha 通道的图层，可以在对话框【蒙版选项】选项组中，在五个按钮中的任意一个按钮的弹出菜单中选择【选区】【透明度】或【图层蒙版】选项，即可使用现有的选区、蒙版或透明度通道。

其中各个按钮的功能如下。

◎ 【替换选区】：单击该按钮可以显示原图像中的选区、蒙版或透明度。

◎ 【添加到选区】：单击该按钮可以显示原图像中的蒙版，以便使用【冻结蒙版工具】添加到选区，将通道中的选定像素添加到当前的冻结区域中。

◎ 【从选区中减去】：单击该按钮可以从当前的冻结区域中减去通道中的像素。

◎ 【与选区交叉】：只使用当前处于冻结状态的选定像素。

◎ 【反相选区】：使用选定像素使当前的冻结区域反相。

在该对话框的【蒙版选项】选项组中，单击【全部蒙住】按钮可以冻结所有解冻区域。

在该对话框的【蒙版选项】选项组中，单击【全部反相】按钮可以反相解冻区域和冻结区域。

在该对话框的【视图选项】选项组中，选择或取消选择【显示蒙版】可以显示或隐藏冻结区域。

在该对话框的【视图选项】选项组中，从【蒙版颜色】菜单中选取一种颜色即可更改冻结区域的颜色。

2. 设置工具选项

【液化】对话框中的【画笔工具选项】选项组用来设置当前选择的工具的属性。

◎ 【大小】：用来设置扭曲工具的画笔大小。

◎ 【压力】：用来设置扭曲速度，范围为 1 ～ 100。较低的压力可以减慢变形速度，因此，更易于对变形效果进行控制。

◎ 【密度】：控制画笔如何在边缘羽化。产生的效果是画笔的中心最强，边缘处最轻。

◎ 【速率】：用于设置画笔扭曲的速度，该设置的值越大，应用扭曲的速度就越快。

3. 设置重建选项

在【液化】对话框中扭曲图像时，可以通过【重建选项】选项组来撤销所做的变形。具体的操作方法是：首先在【模式】下拉列表中选择一种重建模式，然后单击【重建】按钮，按照所选模式恢复图像；如果连续单击【重建】按钮，则可以逐步恢复图像。如果要取消所有的扭曲效果，将图像恢复为变形前的状态，可以单击【恢复全部】按钮。

9.3.2 镜头校正

使用【镜头校正】滤镜可修复常见的镜头瑕疵、色差和晕影等，也可以修复由于相机垂直或水平倾斜而导致的图像透视现象。

01 按 Ctrl+O 组合键，在弹出的对话框中打开【素材 \Cha09\ 素材 03.jpg】素材文件，如图 9-53 所示。

图 9-53 打开的素材文件

02 在菜单栏中选择【滤镜】|【镜头校正】命令，弹出【镜头校正】对话框，如图 9-54 所示。其中左侧是工具栏，中间部分是预览窗口，右侧是参数设置区域。

图 9-54 【镜头校正】对话框

03 在【镜头校正】对话框中将【相机制造商】设置为 Canon，将【相机型号】【镜头型号】设置为【全部】，选中【晕影】复选框，如图 9-55 所示。

04 再在该对话框中选择【自定】选项卡，将【移去扭曲】设置为 +100，将【角度】设置为 -10°，如图 9-56所示。

图 9-55 设置校正参数

图 9-56 自定义校正参数

提示：除了可以通过【自定】选项卡进行设置外，还可以通过左侧工具栏中的各个工具进行调整。

05 设置完成后，单击【确定】按钮，即可完成对素材文件的校正，效果如图 9-57 所示。

图 9-57 校正后的效果

知识链接：镜头校正

【镜头校正】对话框中【自定】选项卡下的各个参数的功能如下。

◎ 【移去扭曲】：该参数用于校正镜头桶形或枕形失真的图像。移动滑块可拉直从图像中心向外弯曲或向图像中心弯曲的水平和垂直线条。也可以使用【移去扭曲工具】来进行此校正。向图像的中心拖动可校正枕形失真，向图像的边缘拖动可校正桶形失真。

◎ 【色差】选项组：使用该选项组中的参数可以通过相对其中一个颜色通道来调整另一个颜色通道的大小，来补偿边缘。

◎ 【数量】：该参数用于设置沿图像边缘变亮或变暗的程度，从而校正由于镜头缺陷或镜头遮光处理不正确而导致拐角较暗、较亮的图像。

◎ 【中点】：用于指定受【数量】滑块影响的区域的宽度。如果指定较小的数，会影响较多的图像区域；如果指定较大的数，则只会影响图像的边缘。如图 9-58 左图为【数量】设置为 -38、【中点】为 +12 时的效果，右图为【中点】为 100 时的效果。

图 9-58　设置【中点】参数后的效果

◎ 【垂直透视】：该参数用于校正由于相机向上或向下倾斜而导致的图像透视，使图像中的垂直线平行。

◎ 【水平透视】：该参数用于校正图像透视，并使水平线平行。

◎ 【角度】：该参数用于旋转图像以针对相机歪斜加以校正，或在校正透视后进行调整。也可以使用【拉直工具】来进行此校正。

◎ 【比例】：该参数用于向上或向下调整图像缩放，图像像素尺寸不会改变。主要用途是移去由于枕形失真、旋转或透视校正而产生的图像空白区域。

9.3.3　消失点

利用【消失点】将以立体方式在图像中的透视平面上工作。当使用【消失点】来修饰、添加或移去图像中的内容时，结果将更加逼真，因为系统可正确确定这些编辑操作的方向，并且将它们缩放到透视平面。

【消失点】是一个特殊的滤镜，它可以在包含透视平面（如建筑物侧面或任何矩形对象）的图像中进行透视校正。使用【消失点】滤镜时，我们首先要在图像中指定透视平面，然后再进行绘画、仿制、复制或粘贴以及变换等操作，所有的操作都采用该透视平面来处理，Photoshop 可以确定这些编辑操作的方向，并将它们缩放到透视平面，因此，可以使编辑结果更加逼真。【消失点】对话框如图 9-59 所示。【消失点】各项参数如下。

图 9-59　【消失点】对话框

◎ 【编辑平面工具】：用来选择、编辑、移动平面的节点以及调整平面的大小。

◎ 【创建平面工具】：用来定义透视平面的四个角节点。创建了四个角节点后，可以移动、缩放平面或重新确定其形状。按住 Ctrl 键拖动平面的边节点可以拉出一个垂直平面。

◎ 【选框工具】：在平面上单击并拖动鼠标可以选择图像。选择图像后，将鼠标指针移至选区内，按住 Alt 键拖动可以复制图像；按住 Ctrl 键拖动选区，可以用源图像填充该区域。

◎ 【图章工具】：选择该工具后，按住 Alt 键在图像中单击设置取样点，然后在其他区域单击并拖动鼠标即可复制图像。按住 Shift 键单击可以将描边扩展到上一次单击处。

提示：选择【图章工具】后，可以在对话框顶部的选项中选择一种修复模式。如果要绘画而不与周围像素的颜色、光照和阴影混合，应选择【关】；如果要绘画并将描边与周围像素的光照混合，同时保留样本像素的颜色，应选择【亮度】；如果要绘画并保留样本图像的纹理同时与周围像素的颜色、光照和阴影混合，应选择【开】。

◎ 【画笔工具】：可在图像上绘制选定的颜色。

◎ 【变换工具】：使用该工具时，可以通过移动定界框的控制点来缩放、旋转和移动浮动选区，类似于在矩形选区上使用【自由变换】命令。

◎ 【吸管工具】：可拾取图像中的颜色作为画笔工具的绘画颜色。

◎ 【测量工具】：可在平面中测量项目的距离和角度。

◎ 【抓手工具】：放大图像的显示比例后，使用该工具可在窗口内移动图像。

◎ 【缩放工具】：在图像上单击，可放大图像的视图；按住 Alt 键单击，则缩小视图。

9.4 滤镜库的应用

滤镜库中包括风格化滤镜组、画笔描边滤镜组、扭曲滤镜组、素描滤镜组、纹理滤镜组、艺术效果滤镜组，下面进行详细介绍。

9.4.1 风格化滤镜组

风格化滤镜组中包含 9 种滤镜，它们可以置换像素、查找并增加图像的对比度，产生绘画和印象派风格的效果。它们分别是：查找边缘、等高线、风、浮雕效果、扩散、拼贴、曝光过度、凸出、照亮边缘。

1. 查找边缘

使用【查找边缘】滤镜可以将图像的高反差区变亮、低反差区变暗，并使图像的轮廓清晰化。像描画【等高线】滤镜一样，【查找边缘】滤镜用相对于白色背景的黑色线条勾勒图像的边缘，这对于生成图像周围的边界非常有用。选择【滤镜】|【风格化】|【查找边缘】命令，使用【查找边缘】滤镜的对比效果如图 9-60 所示。

图 9-60　【查找边缘】滤镜效果对比

2. 等高线

使用【等高线】滤镜，可获得与等高线图中的线条类似的效果。选取一个【边缘】选项以勾勒选区中的区域：【较低】勾勒像素的颜色值低于指定色阶的区域；【较高】

勾勒像素的颜色值高于指定色阶的区域。选择【滤镜】|【风格化】|【等高线】命令，在弹出【等高线】对话框中对图像的色阶进行调整后，单击【确定】按钮，【等高线】滤镜的对比效果如图 9-61 所示。

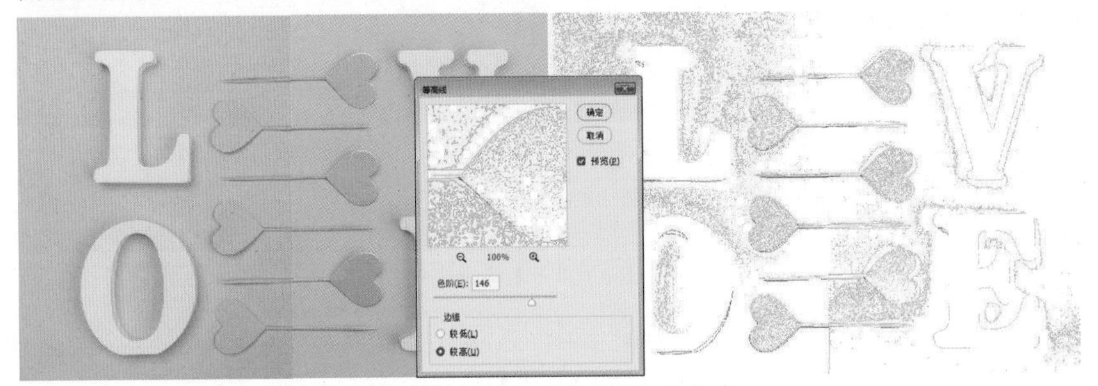

图 9-61 【等高线】滤镜效果对比

3. 风

使用【风】滤镜可在图像中增加一些细小的水平线来模拟风吹效果，包括【风】【大风】（用于获得更生动的风效果）和【飓风】（使图像中的风线条发生偏移）等几种。选择【滤镜】|【风格化】|【风】命令，在弹出的【风】对话框中进行设置后，可以为图像制作出风吹的效果。【风】滤镜的对比效果如图 9-62 所示。

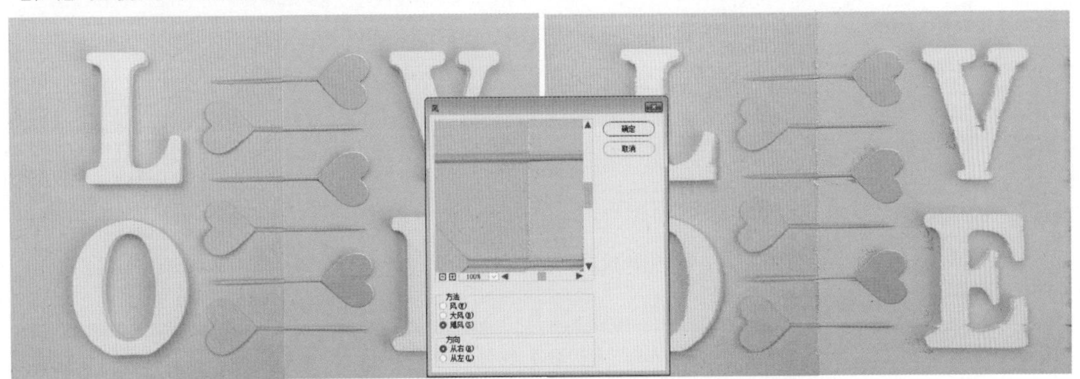

图 9-62 【风】滤镜效果对比

4. 浮雕效果

使用【浮雕效果】滤镜可以将选区的填充色转换为灰色，并用原填充色描画边缘，从而使选区显得凸起或压低。

选择【滤镜】|【风格化】|【浮雕效果】命令，打开【浮雕效果】对话框，从中进行设置。使用该滤镜的对比效果如图 9-63 所示。

该对话框中的选项包括【角度】（-360° 使表面压低，+360° 使表面凸起）、【高度】和选区中颜色数量的百分比（1% ～ 500%）。

若要在进行浮雕处理时保留颜色和细节，可在应用【浮雕效果】滤镜之后使用【渐隐】命令。

图 9-63 【浮雕效果】滤镜效果对比

提示：可以在菜单栏中选择【编辑】|【渐隐】命令。

5. 扩散

使用【扩散】对话框的选项搅乱选区中的像素，可使选区显得十分聚焦。

选择【滤镜】|【风格化】|【扩散】命令，打开【扩散】对话框，从中进行设置。使用【扩散】滤镜的对比效果如图 9-64 所示。

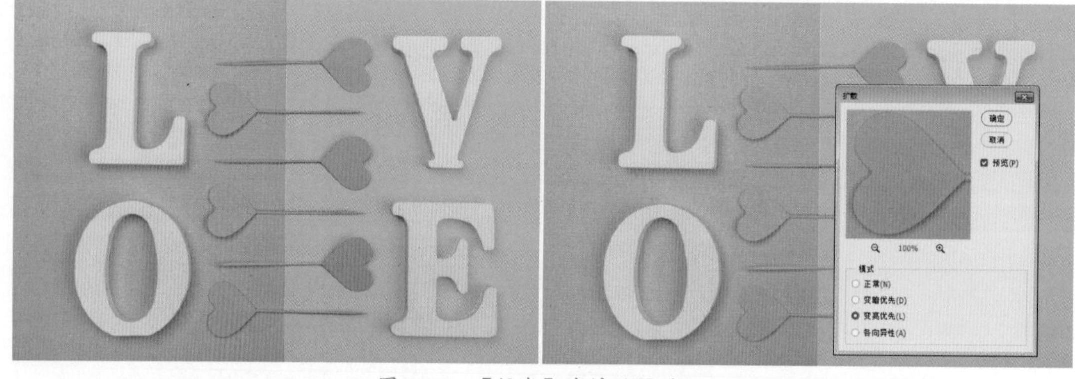

图 9-64 【扩散】滤镜效果对比

【扩散】对话框【模式】选项组中的各选项功能如下。

◎ 【正常】：使用该选项可以将图像的所有区域进行扩散，与原图像的颜色值无关。

◎ 【变暗优先】：使用该选项可以将图像中较暗区域的像素进行扩散，用较暗的像素替换较亮的区域。

◎ 【变亮优先】：该选项与【变暗优先】选项相反，是将亮部的像素进行扩散。

◎ 【各向异性】：使用该选项可在颜色变化最小的方向上搅乱像素。

6. 拼贴

使用【拼贴】滤镜可以将图像分解为一系列拼贴，使选区偏移原有的位置。可以选取下列对象填充拼贴之间的区域：【背景色】【前景色】图像的反转版本或图像的未改版本，它们可使拼贴的版本位于原版本之上并露出原图像中位于拼贴边缘下面的部分。使用【拼贴】滤镜的对比效果如图 9-65 所示。

【拼贴】对话框中各选项的功能如下。

◎ 【拼贴数】：可以设置在图像中使用的拼贴块的数量。

◎ 【最大位移】：可以设置图像中拼贴块的间隙的大小。

◎ 【背景色】：可以将拼贴块之间间隙的颜色填充为背景色。

◎ 【前景颜色】：可以将拼贴块之间间隙的颜色填充为前景色。

◎ 【反向图像】：可以将间隙的颜色设置为与原图像相反的颜色。

◎ 【未改变的图像】：可以将图像间隙的颜色设置为图像汇总的原颜色，设置拼贴后的图像不会有很大的变化。

图 9-65　添加【拼贴】滤镜的对比效果

7. 曝光过度

使用【曝光过度】滤镜可以混合负片和正片图像，类似于显影过程中将摄影照片短暂曝光。可选择【滤镜】|【风格化】|【曝光过度】命令进行设置。使用【曝光过度】滤镜的效果对比如图 9-66 所示。

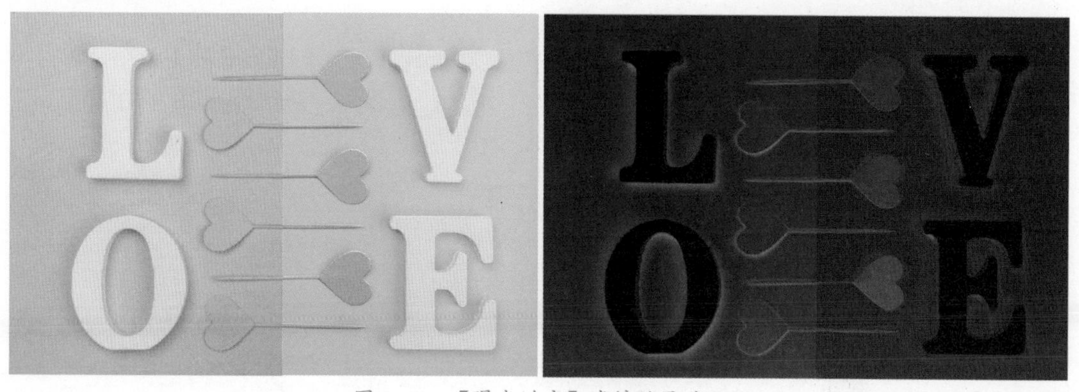

图 9-66　【曝光过度】滤镜效果对比

8. 凸出

使用【凸出】滤镜可以将图像分割为指定的三维立方块或棱锥体（此滤镜不能应用在 Lab 模式下）。下面介绍如何应用【凸出】滤镜。

01 在菜单栏中选择【滤镜】|【风格化】|【凸出】命令，如图 9-67 所示。

02 在弹出的对话框中选中【块】单选按钮，将【大小】【深度】分别设置为 8 像素、20，选中【立方体正面】复选框，如图 9-68 所示。

03 设置完成后，单击【确定】按钮，即可为素材文件添加【凸出】滤镜效果，如图 9-69 所示。

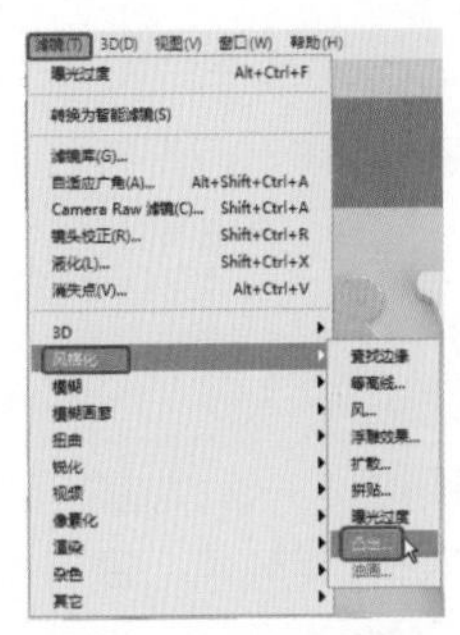

图 9-67　选择【风格化】|【凸出】命令

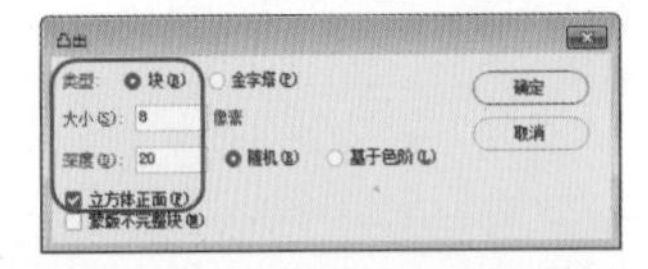

图 9-68　设置【凸出】参数

图 9-69　应用【凸出】滤镜后的效果

9. 照亮边缘

使用【照亮边缘】滤镜可以标识颜色的边缘，并向其添加类似霓虹灯的光亮。此滤镜可累积使用。下面介绍如何应用【照亮边缘】滤镜。

01 在菜单栏中选择【滤镜】|【滤镜库】命令，在弹出的对话框中选择【风格化】下的【照亮边缘】，如图 9-70 所示。

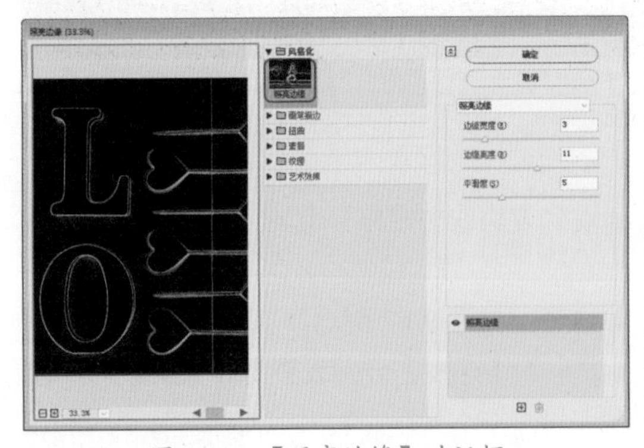

图 9-70　【照亮边缘】对话框

02 可以在该对话框的右侧设置【照亮边缘】的参数，设置完成后，单击【确定】按钮，即可应用【照亮边缘】滤镜，效果如图 9-71 所示。

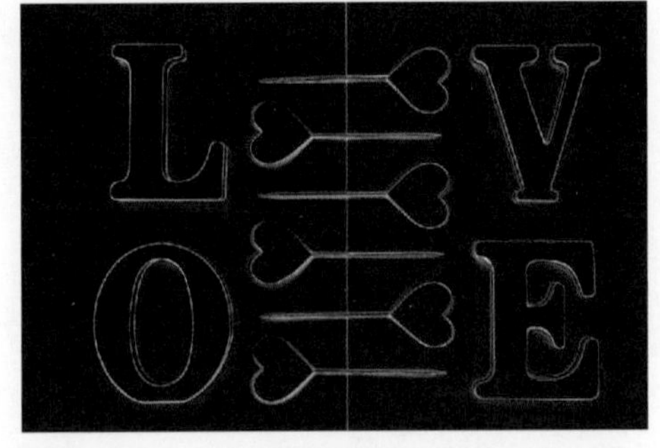

图 9-71　应用【照亮边缘】滤镜后的效果

知识链接：滤镜库

Photoshop 将【风格化】【画笔描边】【扭曲】【素描】【纹理】和【艺术效果】滤镜组中的主要滤镜整合在一个对话框中，这个对话框就是【滤镜库】。通过【滤镜库】对话框可以将多个滤镜同时应用于图像，也可以对同一图像多次应用同一滤镜，并且，还可以使用其他滤镜替换原有的滤镜。

选择【滤镜】|【滤镜库】命令，可以打开【滤镜库】对话框，如图 9-72 所示。对话框的左侧是滤镜效果预览区，中间是 6 组滤镜列表，右侧是参数设置区和效果图层编辑区。

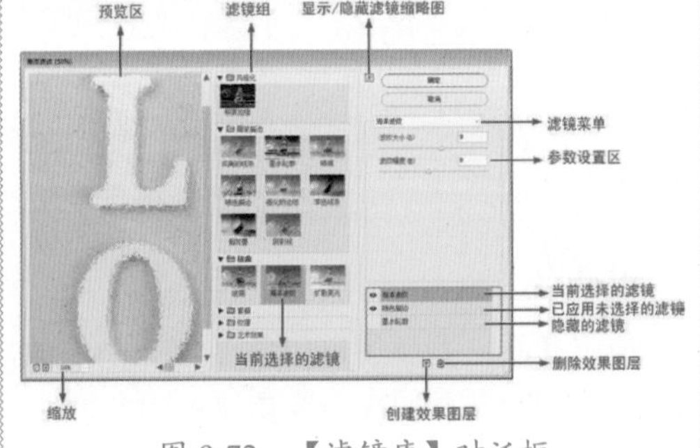

图 9-72　【滤镜库】对话框

◎　预览区：用来预览滤镜的效果。

◎　滤镜组 / 参数设置区：【滤镜库】中

共包含6组滤镜，单击一个滤镜组前的▶按钮，可以展开该滤镜组，单击滤镜组中的一个滤镜即可使用该滤镜，与此同时，右侧的参数设置区内会显示该滤镜的参数选项。

◎ 当前选择的滤镜缩略图：显示了当前使用的滤镜。

◎ 显示/隐藏滤镜缩略图：单击按钮，可以隐藏滤镜组，进而将空间留给图像预览区，再次单击则显示滤镜组。

◎ 滤镜菜单：单击照亮边缘下拉列表，可在打开的下拉列表中选择一个滤镜。这些滤镜是按照滤镜名称拼音的先后顺序排列的。如果想要使用某个滤镜，但不知道它在哪个滤镜组，便可以通过该下拉列表进行选择。

◎ 【缩放】：单击⊞按钮，可放大预览区图像的显示比例；单击⊟按钮，可缩小图像的显示比例。也可以在文本框中输入数值进行精确缩放。

9.4.2 画笔描边滤镜组

画笔描边滤镜组中包含8种滤镜，它们当中的一部分滤镜通过不同的油墨和画笔勾画图像产生绘画效果，有些滤镜可以添加颗粒、绘画、杂色、边缘细节或纹理。这些滤镜不能用于Lab和CMYK模式的图像。使用画笔描边滤镜组中的滤镜时，需要打开【滤镜库】进行选择。下面介绍如何应用画笔描边滤镜组中的滤镜。

1. 成角的线条

使用【成角的线条】滤镜可以用一个方向的线条绘制亮部区域，用相反方向的线条绘制暗部区域，通过对角描边重新绘制图像。下面介绍【成角的线条】滤镜的使用方法。

01 按Ctrl+O组合键，打开【素材\Cha09\素材04.jpg】素材文件，在菜单栏中选择【滤镜】|【滤镜库】命令，弹出【滤镜库】对话框，选择【画笔描边】下的【成角的线条】滤镜，将【方向平衡】【描边长度】【锐化程度】分别设置为79、21、2，如图9-73所示。

图9-73 选择滤镜并设置其参数

02 设置完后，单击【确定】按钮，即可为素材文件应用该滤镜效果。前后对比效果如图9-74所示。

图9-74 添加滤镜前后的效果

2. 墨水轮廓

【墨水轮廓】滤镜是以钢笔画的风格，用纤细的线条在原细节上重绘图像。下面介绍如何使用【墨水轮廓】滤镜。

01 在菜单栏中选择【滤镜】|【滤镜库】命令，在弹出的对话框中选择【画笔描边】下的【墨水轮廓】滤镜，将【描边长度】【深色强度】【光照强度】分别设置为29、0、50，如图9-75所示。

02 设置完后，单击【确定】按钮，即可为素材文件应用该滤镜效果。前后对比效果如图9-76所示。

图 9-75　选择滤镜并设置其参数

图 9-76　添加滤镜前后的效果

3. 喷溅

使用【喷溅】滤镜能够模拟喷枪，使图像产生笔墨喷溅的艺术效果，使用方法如下。

01 在菜单栏中选择【滤镜】|【滤镜库】命令，在弹出的对话框中选择【画笔描边】下的【喷溅】滤镜，将【喷色半径】【平滑度】分别设置为20、6，如图9-77所示。

图 9-77　设置【喷溅】滤镜参数

02 设置完后，单击【确定】按钮，即可为素材文件应用该滤镜效果。前后对比效果如图9-78所示。

图 9-78　添加滤镜前后的效果

4. 喷色描边

应用【喷色描边】滤镜可以使用图像的主导色，用成角的、喷溅的颜色线条重新绘画图像。下面介绍如何使用【喷色描边】滤镜。

01 在菜单栏中选择【滤镜】|【滤镜库】命令，在弹出的对话框中选择【画笔描边】下的【喷色描边】滤镜，将【描边长度】【喷色半径】分别设置为2、14，将【描边方向】设置为【右对角线】，如图9-79所示。

图 9-79　设置【喷色描边】滤镜参数

02 设置完后，单击【确定】按钮，即可为素材文件应用该滤镜效果。前后对比效果如图9-80所示。

图 9-80　添加滤镜前后的效果

5. 强化的边缘

使用【强化的边缘】滤镜可以强化图像边缘。设置高的边缘亮度控制值时，强化效果类似白色粉笔；设置低的边缘亮度控制值时，强化效果类似黑色油墨。下面介绍【强化的边缘】滤镜的使用方法。

01 在菜单栏中选择【滤镜】|【滤镜库】命令，在弹出的对话框中选择【画笔描边】下的【强化的边缘】滤镜，将【边缘宽度】【边缘亮度】【平滑度】分别设置为2、38、5，如图9-81所示。

图 9-81 设置【强化的边缘】滤镜参数

02 设置完后，单击【确定】按钮，即可为素材文件应用该滤镜效果。前后对比效果如图 9-82 所示。

图 9-82 添加滤镜前后的效果

6. 深色线条

使用【深色线条】滤镜会将图像的暗部区域与亮部区域分别进行不同的处理，暗部区域将会用深色线条进行绘制，亮部区域将会用长的白色线条进行绘制。下面介绍如何使用【深色线条】滤镜。

01 在菜单栏中选择【滤镜】|【滤镜库】命令，在弹出的对话框中选择【画笔描边】下的【深色线条】滤镜，将【平衡】【黑色强度】【白色强度】分别设置为 10、1、5，如图 9-83 所示。

图 9-83 设置【深色线条】滤镜参数

02 设置完后，单击【确定】按钮，即可为素材文件应用该滤镜效果。前后对比效果如图 9-84 所示。

图 9-84 添加滤镜前后的效果

7. 烟灰墨

【烟灰墨】滤镜效果是以日本画的风格绘画图像，看起来像是用蘸满油墨的画笔在宣纸上绘画。【烟灰墨】滤镜使用非常黑的油墨来创建柔和的模糊边缘，使用方法如下。

01 在菜单栏中选择【滤镜】|【滤镜库】命令，在弹出的对话框中选择【画笔描边】下的【烟灰墨】滤镜，将【描边宽度】【描边压力】【对比度】分别设置为 8、2、1，如图 9-85 所示。

图 9-85 设置【烟灰墨】滤镜参数

02 设置完后，单击【确定】按钮，即可为选中的图像应用该滤镜效果。前后对比效果如图 9-86 所示。

图 9-86 添加滤镜前后的效果

8. 阴影线

【阴影线】滤镜效果保留原始图像的细

节和特征，同时使用模拟的铅笔阴影线添加纹理，并使彩色区域的边缘变粗糙。下面介绍如何使用该滤镜。

01 在菜单栏中选择【滤镜】|【滤镜库】命令，在弹出的对话框中选择【画笔描边】下的【阴影线】滤镜，将【描边长度】【锐化程度】【强度】分别设置为13、8、2，如图9-87所示。

图 9-87　设置【阴影线】滤镜参数

02 设置完成后，单击【确定】按钮，即可为选中的图像应用该滤镜效果。前后对比效果如图9-88所示。

图 9-88　添加滤镜前后的效果

提示：【强度】选项（使用值1到3）用于确定所使用阴影线的边数。

9.4.3　扭曲滤镜组

使用【扭曲】滤镜可以使图像产生几何扭曲的效果，不同滤镜通过设置可以产生不同的扭曲效果。下面介绍几种常用的【扭曲】滤镜的使用方法。

1. 波浪

使用【波浪】滤镜可以使图像产生类似波浪的效果。下面介绍【波浪】滤镜的使用方法。

01 按Ctrl+O组合键，打开【素材\Cha09\素材05.jpg】素材文件，如图9-89所示。

图 9-89　打开的素材文件

02 在菜单栏中选择【滤镜】|【扭曲】|【波浪】命令，如图9-90所示。

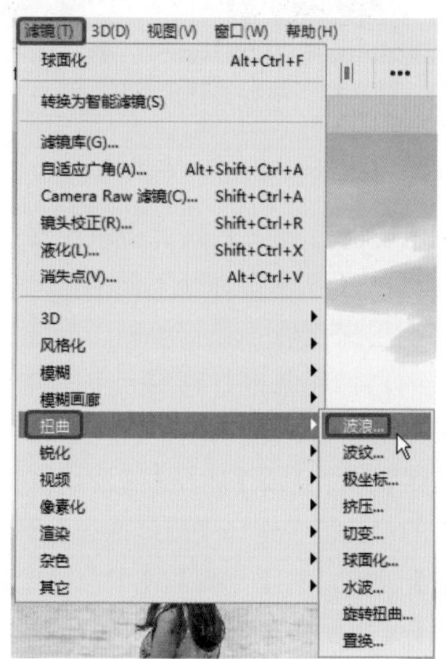

图 9-90　选择【波浪】命令

03 执行该操作后，即可打开【波浪】对话框，在该对话框中调整相应的参数，将【生成器数】设置为5，将【波长】分别设置为32、129，将【波幅】分别设置为36、37，如图9-91所示。

04 设置完成后，单击【确定】按钮，即可为选中的图像应用该滤镜效果，如图9-92所示。

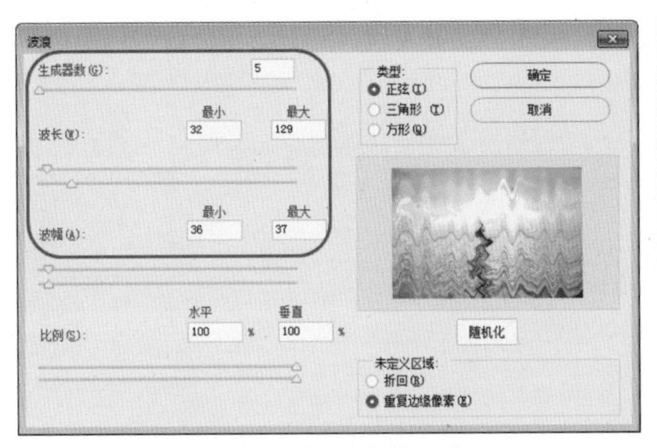

图 9-91　设置【波浪】参数

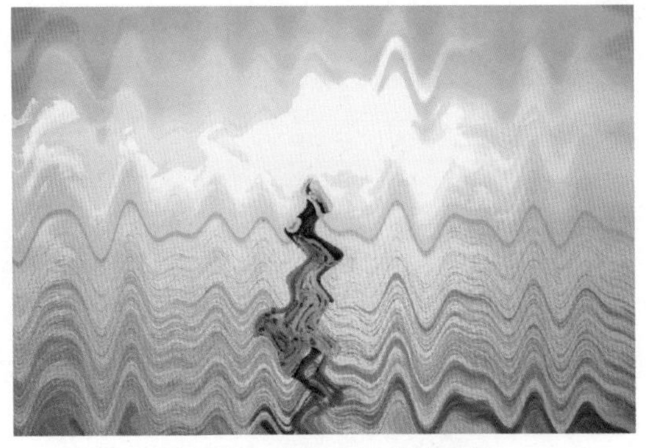

图 9-92　应用滤镜后的效果

2. 波纹

【波纹】滤镜用于创建波状起伏的图案，像水池表面的波纹。在菜单栏中选择【滤镜】|【扭曲】|【波纹】命令，在弹出的【波纹】对话框中调整【数量】与【大小】即可。如图 9-93 所示为添加【波纹】滤镜前后的效果。

图 9-93　添加【波纹】滤镜前后的效果

3. 球面化

使用【球面化】滤镜可以将选区变形为球形，通过设置不同的模式而在不同方向产生球面化的效果。如图 9-94 为【球面化】对话框，其中将【数量】设为 -100%，将【模式】设为【正常】，完成后的效果如图 9-95 所示。

图 9-94　【球面化】对话框

图 9-95　设置球面化后的效果

4. 水波

使用【水波】滤镜可以产生水波波纹的效果。在菜单栏中选择【滤镜】|【扭曲】|【水波】命令，弹出【水波】对话框，在该对话框中将【数

量】设为27，将【起伏】设为14，将【样式】设为【水池波纹】，如图9-96所示。添加后的效果如图9-97所示。

图 9-96 【水波】对话框

图 9-97 添加【水波】滤镜后的效果

5. 玻璃

使用【玻璃】滤镜可以使图像显得像是透过不同类型的玻璃来观看的。可以选取玻璃效果或创建自己的玻璃表面（存储为Photoshop文件）并加以应用。下面介绍如何使用【玻璃】滤镜。

01 在菜单栏中选择【滤镜】|【滤镜库】命令，在弹出的对话框中选择【扭曲】下的【玻璃】滤镜，将【扭曲度】【平滑度】分别设置为16、8，将【纹理】设置为【小镜头】，将【缩放】设置为129%，如图9-98所示。

02 设置完后，单击【确定】按钮，即可为选中的图像应用该滤镜效果。前后对比效果如图9-99所示。

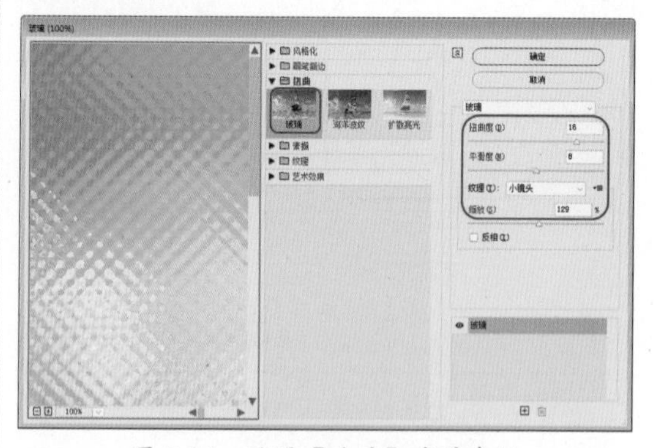

图 9-98 设置【玻璃】滤镜参数

图 9-99 添加滤镜前后的效果

6. 海洋波纹

【海洋波纹】滤镜效果可以在图像上随机添加波纹效果，使图像看上去像是在水中。下面介绍如何应用【海洋波纹】滤镜效果，其操作步骤如下。

01 在菜单栏中选择【滤镜】|【滤镜库】命令，在弹出的对话框中选择【扭曲】下的【海洋波纹】滤镜，将【波纹大小】【波纹幅度】分别设置为7、20，如图9-100所示。

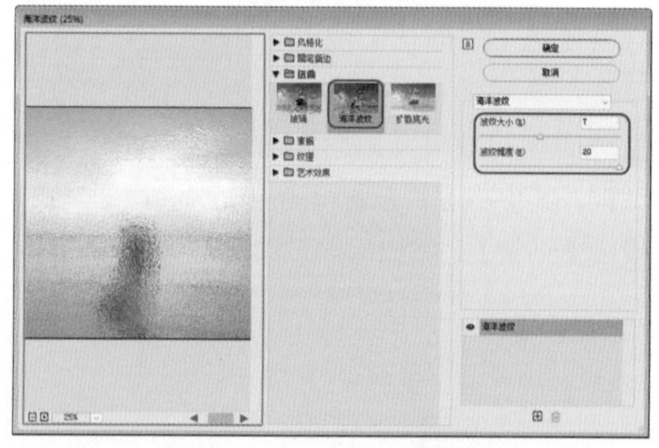

图 9-100 设置【海洋波纹】滤镜参数

02 设置完成后，单击【确定】按钮，即可为选中的图像应用该滤镜效果。前后对比效果如图9-101所示。

图 9-101　添加滤镜前后的效果

7. 扩散亮光

使用【扩散亮光】滤镜可以将图像渲染成像是透过一个柔和的扩散滤镜来观看的。此滤镜添加透明的白杂色，并从选区的中心向外渐隐亮光。下面介绍如何使用【扩散亮光】滤镜。

01 在菜单栏中选择【滤镜】|【滤镜库】命令，在弹出的对话框中选择【扭曲】下的【扩散亮光】滤镜，将【粒度】【发光量】【清除数量】分别设置为 8、8、16，如图 9-102 所示。

图 9-102　设置【扩散亮光】滤镜参数

02 设置完后，单击【确定】按钮，即可为选中的图像应用该滤镜效果。前后对比效果如图 9-103 所示。

图 9-103　添加滤镜前后的效果

9.4.4　素描滤镜组

使用【素描】滤镜可以将纹理添加到图像，常用来模拟素描和速写等艺术效果或手绘外观，其中大部分滤镜在重绘图像时都要使用前景色和背景色，因此，设置不同的前景色和背景色，可以获得不同的效果。可以通过【滤镜库】来应用所有素描滤镜，下面介绍主要的几种。

1. 半调图案

使用【半调图案】滤镜可以在保持连续的色调范围的同时，模拟半调网屏的效果，其操作方法如下。

01 按 Ctrl+O 组合键，打开【素材 \Cha09\ 素材 06.jpg】素材文件，如图 9-104 所示。

图 9-104　打开的素材文件

02 在菜单栏中选择【滤镜】|【滤镜库】命令，在弹出的对话框中选择【素描】下的【半调图案】滤镜，将【大小】【对比度】分别设置为 1、5，将【图案类型】设置为【网点】，如图 9-105 所示。

图 9-105　设置【半调图案】滤镜参数

提示：在此将【前景色】的 RGB 值设置为 0、0、0，将【背景色】的 RGB 值设置为 255、255、255。

03 设置完后，单击【确定】按钮，即可为该图像应用【半调图案】滤镜，效果如图 9-106 所示。

图 9-106　应用滤镜后的效果

2. 粉笔和炭笔

使用【粉笔和炭笔】滤镜可以重绘高光和中间调，并使用粗糙粉笔绘制纯中间调的灰色背景。阴影区域用黑色对角炭笔线条替换。炭笔用前景色绘制，粉笔用背景色绘制。下面介绍如何使用【粉笔和炭笔】滤镜。

01 在菜单栏中选择【滤镜】|【滤镜库】命令，在弹出的对话框中选择【素描】下的【粉笔和炭笔】滤镜，将【炭笔区】【粉笔区】【描边压力】分别设置为 1、20、1，如图 9-107 所示。

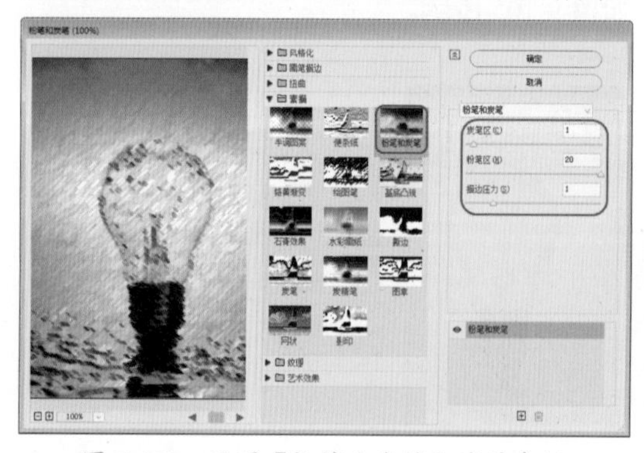

图 9-107　设置【粉笔和炭笔】滤镜参数

02 设置完后，单击【确定】按钮，即可为选中的图像应用该滤镜效果。前后对比效果如图 9-108 所示。

图 9-108　添加滤镜前后的效果

3. 水彩画纸

使用【水彩画纸】滤镜可以制作类似有污点的、像画在潮湿的纤维纸上的涂抹效果，使颜色流动并混合。下面介绍如何使用【水彩画纸】滤镜。

01 在菜单栏中选择【滤镜】|【滤镜库】命令，在弹出的对话框中选择【素描】下的【水彩画纸】滤镜，将【纤维长度】【亮度】【对比度】分别设置为 33、58、77，如图 9-109 所示。

图 9-109　设置【水彩画纸】滤镜参数

02 设置完后，单击【确定】按钮，即可为选中的图像应用该滤镜效果。前后对比效果如图 9-110 所示。

图 9-110　添加滤镜前后的效果

4. 炭精笔

使用【炭精笔】滤镜可以在图像上模拟浓黑和纯白的炭精笔纹理。【炭精笔】滤镜在暗区使用前景色，在亮区使用背景色。为了获得更逼真的效果，可以在应用滤镜之前将前景色改为一种常用的【炭精笔】颜色（黑色、深褐色或血红色）。下面介绍如何使用【炭精笔】滤镜。

01 在菜单栏中选择【滤镜】|【滤镜库】命令，在弹出的对话框中选择【素描】下的【炭精笔】滤镜，将【前景色阶】【背景色阶】分别设置为 12、7，将【纹理】设置为【画布】，将【缩放】【凸现】分别设置为 100%、4，将【光照】设置为【上】，如图 9-111 所示。

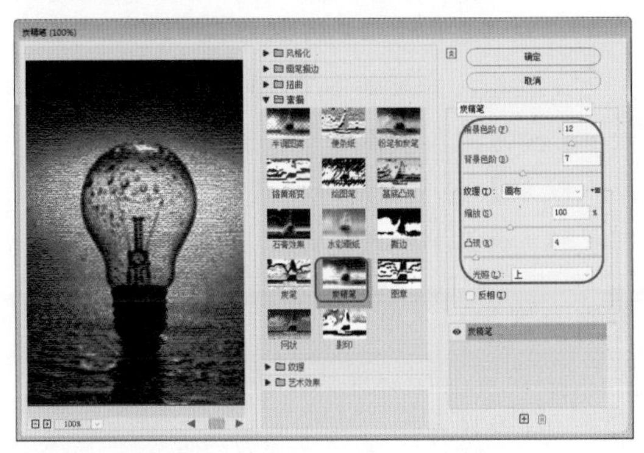

图 9-111　设置【炭精笔】滤镜参数

02 设置完后，单击【确定】按钮，即可为选中的图像应用该滤镜效果。前后对比效果如图 9-112 所示。

图 9-112　添加滤镜前后的效果

■ 9.4.5　纹理滤镜组

使用【纹理】滤镜可以使图像的表面产生深度感和质感，下面介绍常用的几种滤镜。

1. 龟裂缝

使用【龟裂缝】滤镜可以将图像绘制在一个高凸现的石膏表面上，以循着图像等高线生成精细的网状裂缝。使用该滤镜可以对包含多种颜色值或灰度值的图像创建浮雕效果。下面介绍该滤镜的使用方法。

01 按 Ctrl+O 组合键，打开【素材 \Cha09\ 素材 07.jpg】素材文件，如图 9-113 所示。

图 9-113　打开的素材文件

02 在菜单栏中选择【滤镜】|【滤镜库】命令，在弹出的对话框中选择【纹理】下的【龟裂缝】滤镜，将【裂缝间距】【裂缝深度】【裂缝亮度】分别设置为 12、2、9，如图 9-114 所示。

图 9-114　设置【龟裂缝】滤镜参数

03 设置完成后，单击【确定】按钮，即可为该图像应用【龟裂缝】滤镜效果，如图 9-115 所示。

图 9-115　应用滤镜后的效果

2. 拼缀图

使用【拼缀图】滤镜可以将图像分解为用图像中该区域的主色填充的正方形。此滤镜可以随机减小或增大拼贴的深度，以模拟高光和阴影。下面介绍如何使用【拼缀图】滤镜。

01 在菜单栏中选择【滤镜】|【滤镜库】命令，在弹出的对话框中选择【纹理】下的【拼缀图】滤镜，将【方块大小】【凸现】分别设置为4、3，如图9-116所示。

图 9-116　设置【拼缀图】滤镜参数

02 设置完后，单击【确定】按钮，即可为选中的图像应用该滤镜效果。前后对比效果如图9-117所示。

图 9-117　添加滤镜前后的效果

3. 纹理化

使用【纹理化】滤镜可以在图像中加入各种纹理，使图像呈现纹理质感，可选择的纹理包括【砖形】【粗麻布】【画布】和【砂岩】。下面介绍如何使用【纹理化】滤镜。

01 在菜单栏中选择【滤镜】|【滤镜库】命令，在弹出的对话框中选择【纹理】下的【纹理化】滤镜，将【纹理】设置为【砂岩】，将【缩放】【凸现】分别设置为125%、6，如图9-118所示。

图 9-118　设置【纹理化】滤镜参数

提示：如果单击【纹理】选项右侧的 ▾≡ 按钮，在打开的下拉列表中选择【载入纹理】命令，则可以载入一个PSD格式的文件作为纹理文件。

02 设置完后，单击【确定】按钮，即可为选中的图像应用该滤镜效果。前后对比效果如图9-119所示。

图 9-119　添加滤镜前后的效果

9.4.6　艺术效果滤镜组

【艺术效果】滤镜组中包含15种滤镜，它们可以模仿自然或传统介质效果，使图像看起来更贴近绘画或艺术效果。可以通过【滤镜库】应用所有艺术效果滤镜，下面介绍主要的几种。

1. 粗糙蜡笔

使用【粗糙蜡笔】滤镜可以在带纹理的背景上应用粉笔描边。在亮色区域，粉笔看上去很厚，几乎看不见纹理；在深色区域，粉笔似乎被擦去了，使纹理显露出来。下面介绍如何使用【粗糙蜡笔】滤镜。

01 按 Ctrl+O 组合键，打开【素材\Cha09\素材08.jpg】素材文件，在菜单栏中选择【滤镜】|【滤镜库】命令，在弹出的对话框中选择【艺术效果】下的【粗糙蜡笔】滤镜，将【描边长度】【描边细节】分别设置为 13、4，将【纹理】设置为【画布】，将【缩放】【凸现】分别设置为 114%、28，将【光照】设置为【下】，如图 9-120 所示。

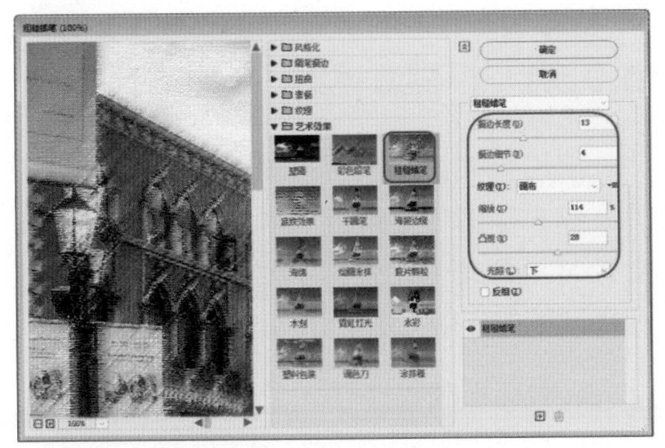

图 9-120　设置【粗糙蜡笔】滤镜参数

02 设置完后，单击【确定】按钮，即可为选中的图像应用该滤镜效果。前后对比效果如图 9-121 所示。

图 9-121　添加滤镜前后的效果

2. 干画笔

【干画笔】滤镜使用干画笔技术（介于油彩和水彩之间）绘制图像边缘，并通过将图像的颜色范围降到普通颜色范围来简化图像。下面介绍如何使用【干画笔】滤镜。

01 在菜单栏中选择【滤镜】|【滤镜库】命令，在弹出的对话框中选择【艺术效果】下的【干画笔】滤镜，将【画笔大小】【画笔细节】【纹理】分别设置为 6、10、1，如图 9-122 所示。

02 设置完后，单击【确定】按钮，即可为选中的图像应用该滤镜效果。前后对比效果如图 9-123 所示。

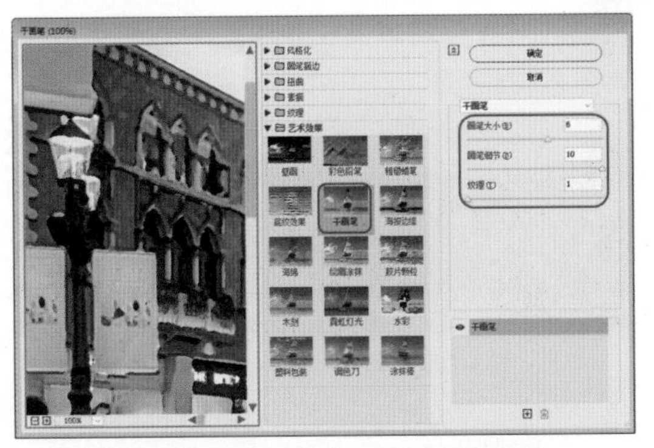

图 9-122　设置【干画笔】滤镜参数

图 9-123　添加滤镜前后的效果

3. 海报边缘

使用【海报边缘】滤镜可以根据设置的【海报化】选项减少图像中的颜色数量（对其进行色调分离），并查找图像的边缘，在边缘上绘制黑色线条。大而宽的区域有简单的阴影，细小的深色细节遍布图像。下面介绍如何使用【海报边缘】滤镜。

01 在菜单栏中选择【滤镜】|【滤镜库】命令，在弹出的对话框中选择【艺术效果】下的【海报边缘】滤镜，将【边缘厚度】【边缘强度】【海报化】分别设置为 5、10、5，如图 9-124 所示。

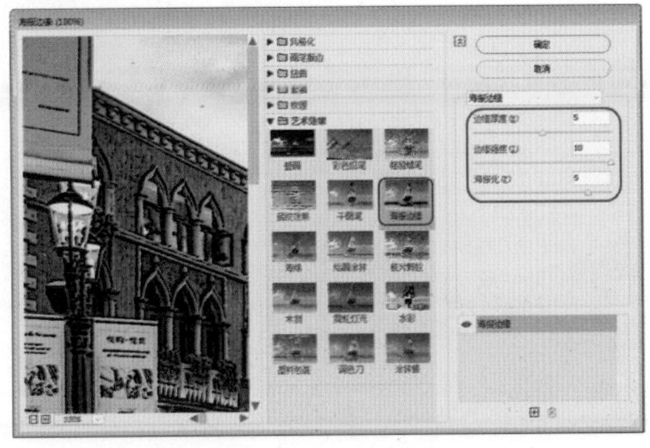

图 9-124　设置【海报边缘】滤镜参数

02 设置完后，单击【确定】按钮，即可为选中的图像应用该滤镜效果。前后对比效果如图 9-125 所示。

图 9-125　添加滤镜前后的效果

4. 绘画涂抹

使用【绘画涂抹】滤镜可以选取各种大小（从 1 到 50）和类型的画笔来创建绘画效果。画笔类型包括简单、未处理光照、暗光、宽锐化、宽模糊和火花。下面介绍如何使用【绘画涂抹】滤镜。

01 在菜单栏中选择【滤镜】|【滤镜库】命令，在弹出的对话框中选择【艺术效果】下的【绘画涂抹】滤镜，将【画笔大小】【锐化程度】分别设置为 8、25，将【画笔类型】设置为【简单】，如图 9-126 所示。

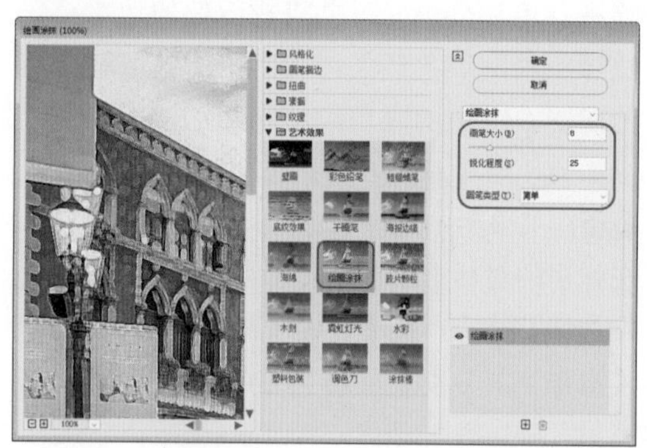

图 9-126　设置【绘画涂抹】滤镜参数

02 设置完后，单击【确定】按钮，即可为选中的图像应用该滤镜效果。前后对比效果如图 9-127 所示。

图 9-127　添加滤镜前后的效果

9.5 其他滤镜组

本节首先介绍模糊滤镜组、模糊画廊滤镜组、锐化滤镜组、像素化滤镜组、渲染滤镜组、杂色滤镜组的使用方法，其次介绍其他滤镜组中的【高反差保留】和【位移】滤镜的使用方法。

9.5.1 模糊滤镜组

使用模糊滤镜组可以使图像产生模糊效果。在去除图像的杂色或者创建特殊效果时会经常用到此类滤镜。下面介绍几种主要的模糊滤镜的使用方法。

1. 表面模糊

使用【表面模糊】滤镜能够在保留边缘的同时模糊图像，该滤镜可用来创建特殊效果并消除杂色或颗粒。下面介绍【表面模糊】滤镜的使用方法。

01 按 Ctrl+O 组合键，打开【素材 \Cha09\ 素材 09.jpg】素材文件，如图 9-128 所示。

图 9-128　打开的素材文件

02 在菜单栏中选择【滤镜】|【模糊】|【表面模糊】命令，如图 9-129 所示。

03 弹出【表面模糊】对话框，将【半径】设为 63 像素，将【阈值】设为 60 色阶，如图 9-130 所示。

04 设置完后，单击【确定】按钮。添加【表面模糊】滤镜后的效果如图 9-131 所示。

图 9-129　选择【表面模糊】命令

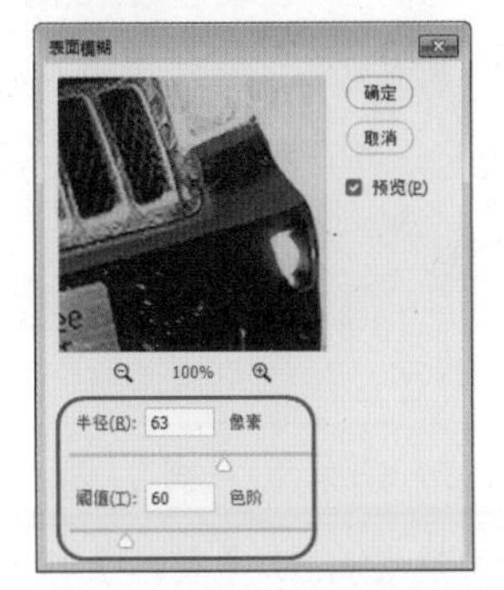

图 9-130　设置【表面模糊】参数

图 9-131　添加【表面模糊】滤镜后的效果

2. 动感模糊

使用【动感模糊】滤镜可以沿指定的方向，以指定的强度模糊图像，产生一种移动拍摄的效果。在表现对象的速度感时经常会用到该滤镜。在菜单栏中选择【滤镜】|【模糊】|【动感模糊】命令，在弹出的【动感模糊】对话框中进行相应的设置即可。图 9-132 所示为添加【动感模糊】滤镜前后的效果。

图 9-132　添加【动感模糊】滤镜前后的效果对比

3. 径向模糊

使用【径向模糊】滤镜可以模拟缩放或旋转的相机所产生的模糊效果。该滤镜包含两种模糊方法：选中【旋转】单选按钮，然后指定旋转的【数量】值，可以沿同心圆环线模糊；选中【缩放】单选按钮，然后指定缩放的【数量】值，则沿着径向线模糊，图像会产生放射状的模糊效果。图 9-133 为【径向模糊】对话框设置，图 9-134 为完成后的效果。

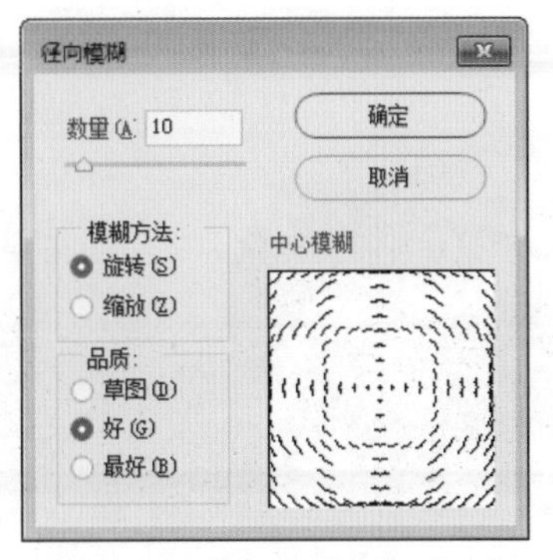

图 9-133　【径向模糊】对话框

图 9-134　添加【径向模糊】后的效果

4. 镜头模糊

【镜头模糊】滤镜通过图像的 Alpha 通道或图层蒙版的深度值来映射像素的位置，产生带有镜头景深的模糊效果。该滤镜的强大之处是可以使图像中的一些对象在焦点内，另一些区域变得模糊。图 9-135 为【镜头模糊】参数的设置，图 9-136 为完成后的效果。

图 9-135　【镜头模糊】参数设置

图 9-136　添加【镜头模糊】后的效果

【实战】虚化人物背景

本案例使用【高斯模糊】滤镜将画面进行虚化，使用图层蒙版擦除人物身体上方的模糊效果，使视觉点聚焦在人物身上，效果如图 9-137 所示。

图 9-137　虚化背景内容

素材：	素材 \Cha09\ 人物 01.jpg
场景：	场景 \Cha09\【实战】虚化人物背景 .psd
视频：	视频教学 \Cha09\【实战】虚化人物背景 .mp4

01 按 Ctrl+O 组合键，打开【素材 \Cha09\ 人物 01.jpg】素材文件，如图 9-138 所示。

图 9-138　打开的素材文件

02 按 Ctrl+J 组合键复制图层，在菜单栏中选择【滤镜】|【模糊】|【高斯模糊】命令，弹出【高斯模糊】对话框，将【半径】设置为 2 像素，单击【确定】按钮，如图 9-139 所示。

03 单击【图层】面板底部的【添加图层蒙版】按钮 ，添加图层蒙版后的效果如图 9-140 所示。

图 9-139　设置【高斯模糊】参数

图 9-140　添加图层蒙版

04 将前景色设置为黑色，在工具箱中单击【画笔工具】按钮，在工具选项栏中单击打开【画笔预设】选取器，在画笔预设选取器中选择一种柔边圆画笔，设置画笔【大小】为 20 像素，设置【硬度】为 0%，如图 9-141 所示。

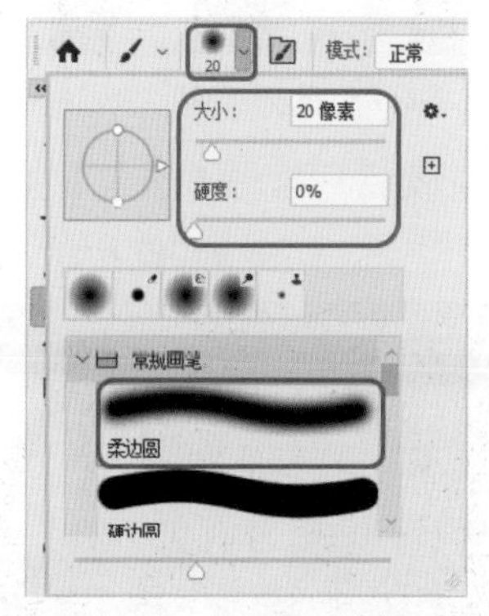

图 9-141　设置画笔参数

05 设置完成后，在画面中人物身体处按住鼠标左键进行涂抹，如图 9-142 所示。

06 使用 Ctrl+Shift+Alt+E 组合键，将图层进行盖印，选择盖印后的图层，在菜单栏中选择【滤镜】|【模糊】|【高斯模糊】命令，在弹出的【高斯模糊】对话框中设置【半径】为 10 像素，如图 9-143 所示。

图 9-142　涂抹人物

图 9-143　设置【高斯模糊】参数

07 单击【确定】按钮，强化景深后的效果如图 9-144 所示。

图 9-144　强化景深后的效果

08 再次单击【图层】面板底部的【添加图层蒙版】按钮，为盖印的图层添加图层蒙版。将前景色设置为黑色，然后选择工具箱中的【画笔工具】，在选项栏中选择合适的画笔大小，将【不透明度】设置为 100%。对人物进行涂抹，将【不透明度】设置为 50%，【画笔大小】设置为 800，对除人物外的区域进行处理，如图 9-145 所示。

图 9-145　涂抹完成后的效果

■ 9.5.2　模糊画廊滤镜组

使用模糊画廊滤镜组可以通过直观的图像控件快速创建截然不同的照片模糊效果，每个模糊工具都提供直观的图像控件来应用和控制模糊效果。

1. 场景模糊

使用【场景模糊】滤镜通过定义具有不同模糊量的多个模糊点来创建渐变的模糊效果。将多个图钉添加到图像，并指定每个图钉的模糊量，即可设置【场景模糊】滤镜效果。下面介绍如何使用【场景模糊】滤镜。

01 按 Ctrl+O 组合键，打开【素材 \Cha09\ 素材 10.jpg】素材文件，如图 9-146 所示。

图 9-146　打开的素材文件

02 在菜单栏中选择【滤镜】|【模糊画廊】|【场景模糊】命令，如图 9-147 所示。

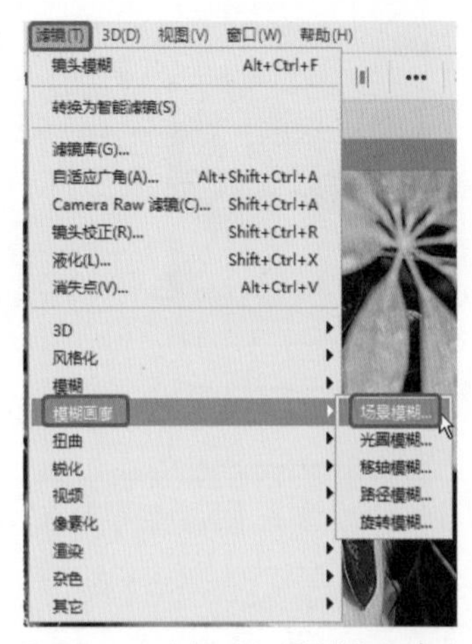

图 9-147　选择【场景模糊】命令

03 执行该命令后，在工作界面中添加模糊控制点，可以按住模糊控制点进行拖动，还可以在选中模糊控制点后，在【模糊工具】面板中通过【场景模糊】下的【模糊】参数来控制模糊效果，如图 9-148 所示。

图 9-148　设置模糊控制点参数

04 设置完成后，单击【确定】按钮，即可应用该滤镜效果，如图 9-149 所示。

图 9-149　应用【场景模糊】滤镜后的效果

2. 光圈模糊

使用【光圈模糊】滤镜可以对图片模拟浅景深效果，而不管使用的是什么相机或镜头。也可以定义多个焦点，这是使用传统相机技术几乎不可能实现的效果。下面介绍如何使用【光圈模糊】滤镜。

01 在菜单栏中选择【滤镜】|【模糊画廊】|【光圈模糊】命令，执行该命令后，即可为素材文件添加光圈模糊效果。可以在工作界面中对光圈进行旋转、缩放、移动等，如图 9-150 所示。

图 9-150　对光圈进行移动、旋转

02 调整完成后，在工作界面中单击鼠标，添加一个光圈，并调整其位置与大小。设置完成后，按 Enter 键完成设置即可。设置完成后的效果如图 9-151 所示。

图 9-151　再次添加光圈后的效果

3. 移轴模糊

使用【移轴模糊】滤镜可以模拟使用倾斜偏移镜头拍摄的图像。此特殊的模糊效果会定义锐化区域，然后在边缘处逐渐变得模糊，可以在添加该滤镜效果后通过调整线条位置来控制模糊区域，还可以在【模糊工具】面板中设置【倾斜偏移】下的【模糊】与【扭曲度】来调整模糊效果，如图 9-152 所示。

图 9-152　【移轴模糊】滤镜效果

添加【移轴模糊】滤镜效果后，在工作界面中会出现多个不同的区域，每个区域所控制的效果不同，区域含义如图 9-153 所示。

图 9-153　区域的含义

4. 路径模糊

使用【路径模糊】滤镜可以沿路径创建运动模糊，还可以控制形状和模糊量。Photoshop 可自动合成应用于图像的多路径模糊效果。如图 9-154 所示为应用【路径模糊】滤镜前后的效果对比。

图 9-154　【路径模糊】效果

知识链接：路径模糊

应用【路径模糊】滤镜效果时，可以在【模糊工具】面板中设置【路径模糊】下的各项参数，如图 9-155 所示。

图 9-155　【路径模糊】参数选项

◎　【速度】：调整速度滑块，以指定要应用于图像的路径模糊量。【速度】设置将应用于图像中的所有路径模糊。如图 9-156 所示为将【速度】设置为 42 与 150 时的效果。

图 9-156　【速度】为 42 与 150 时的效果

◎　【锥度】：调整滑块指定锥度值，较高的值会使模糊逐渐减弱。如图 9-157 所示为将【锥度】设置为 5 与 100 时的效果。

图 9-157　设置【锥度】参数后的效果

◎　【居中模糊】：该选项可以任何像素的模糊形状为中心创建稳定模糊。

◎　【终点速度】：该参数用于指定要应用于图像的终点路径模糊量。

◎　【编辑模糊形状】：选中该复选框后，可以对模糊形状进行编辑。

在应用【路径模糊】与【旋转模糊】滤镜效果时，可以在【动感效果】面板中进行相应的设置。【动感效果】面板如图 9-158 所示，其中各个选项的功能如下。

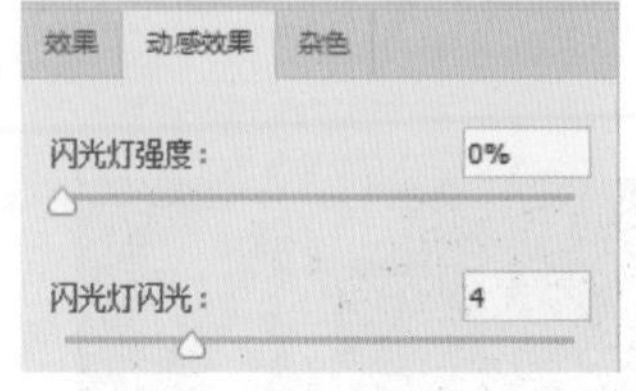

图 9-158　【动感效果】面板

◎　【闪光灯强度】：确定闪光灯闪光曝光之间的模糊量。闪光灯强度控制环境光和虚拟闪光灯之间的平衡。如图 9-159 所示为将【闪光灯强度】分别设置为 38%、100% 时的效果。

图 9-159　设置【闪光灯强度】后的效果

◎　【闪光灯闪光】：设置虚拟闪光灯闪光曝光次数。

提示：如果将【闪光灯强度】设置为 0%，则不显示任何闪光灯效果，只显示连续的模糊。如果将【闪光灯强度】设置为 100%，则会产生最大强度的闪光灯闪光，但在闪光曝光之间不会显示连续的模糊。处于中间的【闪光灯强度】值会产生单个闪光灯闪光与持续模糊混合在一起的效果。

5. 旋转模糊

使用旋转模糊效果，可以在一个或更多点旋转和模糊图像。旋转模糊是等级测量的径向模糊。如图 9-160 所示为应用【旋转模糊】滤镜后的效果，A 图像为原稿图像，B 图像（模糊角度：15°；闪光灯强度：50%；闪光灯闪光：2；闪光灯闪光持续时间：10°）、C 图像（模糊角度：60°；闪光灯强度：100%；闪光灯闪光：4；闪光灯闪光持续时间：10°）为旋转模糊时的效果。

图 9-160　应用【旋转模糊】滤镜后的效果

■ 9.5.3　锐化滤镜组

锐化滤镜组主要通过增加相邻像素之间的对比度来聚焦模糊的图像，使图像变得更加清晰。下面介绍两种常用的锐化滤镜。

1. USM 锐化

使用【USM 锐化】滤镜可以调整边缘细节的对比度，并在边缘的每一侧生成一条亮线和一条暗线，此过程将使边缘突出，造成图像更加锐化的错觉。下面介绍如何使用【USM 锐化】滤镜。

01 按 Ctrl+O 组合键，打开【素材 \Cha09\ 素材 11.jpg】素材文件，如图 9-161 所示。

图 9-161　打开的素材文件

02 在菜单栏中选择【滤镜】|【锐化】|【USM 锐化】命令，如图 9-162 所示。

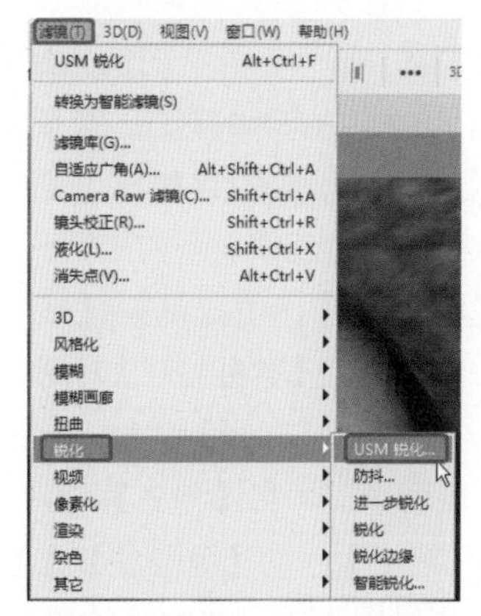

图 9-162　选择【USM 锐化】命令

03 在弹出的【USM 锐化】对话框中将【数量】【半径】【阈值】分别设置为 344%、1.0 像素、0 色阶，如图 9-163 所示。

图 9-163　设置【USM 锐化】滤镜参数

04 设置完成后，单击【确定】按钮，即可完成对图像的锐化处理，效果如图 9-164 所示。

图 9-164　锐化图像后的效果

2. 智能锐化

使用【智能锐化】滤镜可以对图像进行更全面的锐化，它具有独特的锐化控制功能，通过该功能可设置锐化算法，或控制在阴影和高光区域中进行的锐化量。下面介绍如何使用【智能锐化】滤镜。

01 在菜单栏中选择【滤镜】|【锐化】|【智能锐化】命令，弹出【智能锐化】对话框，将【数量】设为500%，将【半径】设为2像素，将【减少杂色】设为79%，将【移去】设为【高斯模糊】，将【阴影】下的【渐隐量】【色调宽度】【半径】分别设置为6%、39%、46像素，将【高光】下的【渐隐量】【色调宽度】【半径】分别设置为81%、50%、44像素，如图9-165所示。

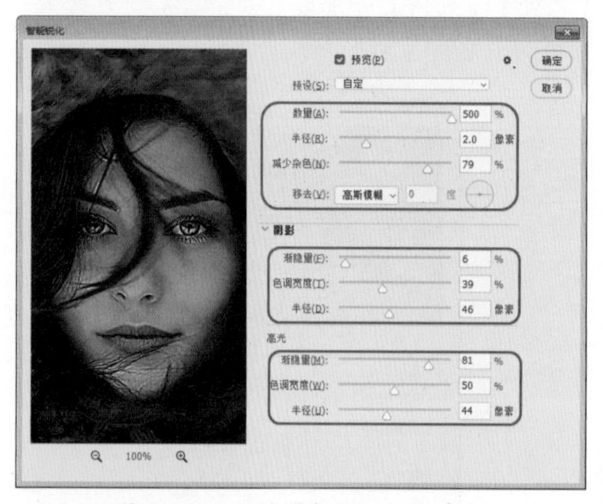

图 9-165　设置【智能锐化】参数

02 设置完成后，单击【确定】按钮，即可完成对图像应用【智能锐化】滤镜效果，如图9-166所示。

图 9-166　应用【智能锐化】滤镜效果

知识链接：智能锐化

【智能锐化】对话框中各个选项的功能如下。

◎ 【数量】：设置锐化量。较大的值将会增强边缘像素之间的对比度，从而看起来更加锐利。

◎ 【半径】：决定边缘像素周围受锐化影响的像素数量。半径值越大，受影响的边缘就越宽，锐化的效果也就越明显。

◎ 【减少杂色】：减少不需要的杂色，同时保持重要边缘不受影响。

◎ 【移去】：设置用于对图像进行锐化的锐化算法。

- ◆ 【高斯模糊】是【USM锐化】滤镜使用的方法。
- ◆ 【镜头模糊】将检测图像中的边缘和细节，可对细节进行更精细的锐化，并减少锐化光晕。
- ◆ 【动感模糊】将尝试减少由于相机或主体移动而导致的模糊效果。选取了【动感模糊】，【角度】参数才可用。

◎ 【角度】：为【移去】控件的【动感模糊】选项设置运动方向。

◎ 使用【阴影】和【高光】选项组调整较暗和较亮区域的锐化。如果暗的或亮的锐化光晕看起来过于强烈，可以使用这些控件减少光晕。这仅对于8位/通道和16位/通道的图像有效。

- ◆ 【渐隐量】：该参数用于调整高光或阴影中的锐化量。
- ◆ 【色调宽度】：该参数用于控制阴影或高光中色调的修改范围。向左移动滑块会减小【色调宽度】值，向右移动滑块会增加该值。较小的值会限制只对较暗区域进行阴影校正的调整，并只对较亮区域进行高光校正的调整。

- 【半径】：控制每个像素周围的区域的大小，该大小用于决定像素是在阴影还是在高光中。向左移动滑块会指定较小的区域，向右移动滑块会指定较大的区域。

9.5.4 像素化滤镜组

像素化滤镜组主要通过像素颜色产生块的形状，下面介绍两种常用的滤镜。

1. 彩色半调

使用【彩色半调】滤镜可以使图像变为网点效果，它先将图像的每一个通道划分出矩形区域，再将矩形区域转换为圆形，圆形的大小与矩形的亮度成比例，高光部分生成的网点较小，阴影部分生成的网点较大。下面介绍【彩色半调】滤镜的使用方法。

01 按 Ctrl+O 组合键，打开【素材 \Cha09\ 素材 12.jpg】素材文件，如图 9-167 所示。

图 9-167 打开的素材文件

02 在菜单栏中选择【滤镜】|【像素化】|【彩色半调】命令，如图 9-168 所示。

03 弹出【彩色半调】对话框，从中将【最大半径】【通道 1】【通道 2】【通道 3】【通道 4】分别设置为 4 像素、108、162、90、45，如图 9-169 所示。

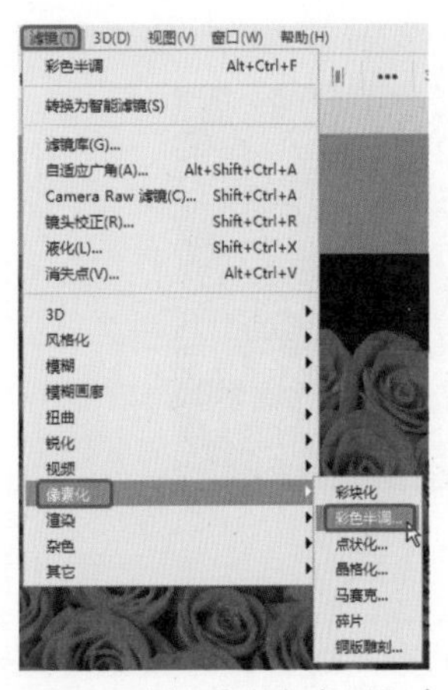

图 9-168 选择【彩色半调】命令

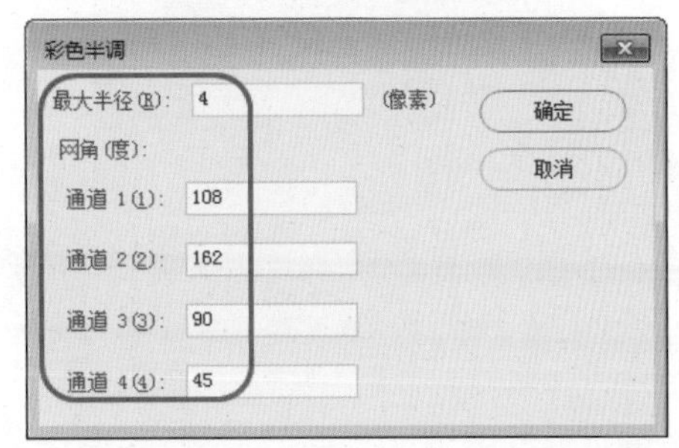

图 9-169 设置【彩色半调】滤镜参数

04 设置完成后，单击【确定】按钮。添加【彩色半调】滤镜后的效果如图 9-170 所示。

图 9-170 添加滤镜后的效果

2. 点状化

使用【点状化】滤镜可以将图像中的颜色分散为随机分布的网点，如同点状绘画效果，背景色将作为网点之间的画布区域。使用该滤镜时，可通过【单元格大小】来控制网点的大小。如图 9-171 所示为设置该滤镜参数，图 9-172 所示为添加该滤镜后的效果。

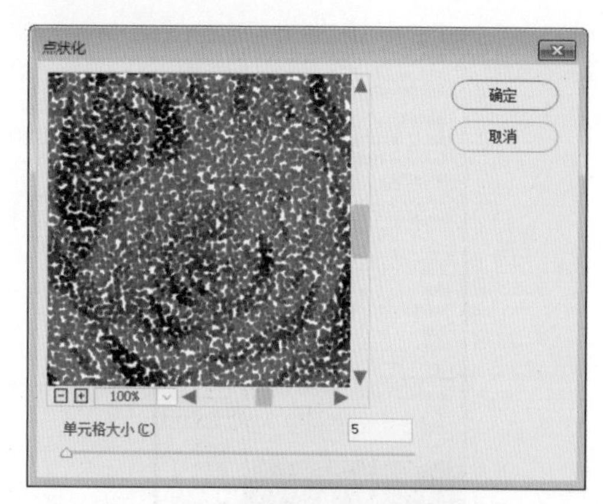

图 9-171 设置【点状化】滤镜参数

图 9-172 应用该滤镜后的效果

9.5.5 渲染滤镜组

使用渲染滤镜组可以处理图像中类似云彩的效果，还可以模拟出镜头光晕的效果。下面介绍两种常用的渲染滤镜的使用方法。

1. 分层云彩

【分层云彩】滤镜使用随机生成的介于前景色与背景色之间的值，生成云彩图案。【分层云彩】滤镜可以将云彩数据和现有的像素混合，其方式与【差值】模式混合颜色的方式相同。下面介绍【分层云彩】滤镜的使用方法。

01 按 Ctrl+O 组合键，打开【素材 \Cha09\ 素材 13.jpg】素材文件，如图 9-173 所示。

02 在工具箱中单击【钢笔工具】，在工具选项栏中将【工具模式】设置为【路径】，在工作界面中绘制一个如图 9-174 所示的路径。

图 9-173 打开的素材文件

图 9-174 绘制路径

03 在工具箱中将【前景色】的 RGB 值设置为 0、0、0，将【背景色】的 RGB 值设置为 255、255、255，在【图层】面板中单击【创建新图层】按钮，新建一个图层，将其命名为【云彩】，按 Ctrl+Enter 组合键将路径载入选区，按 Shift+F6 组合键，在弹出的对话框中将【羽化半径】设置为 20 像素，如图 9-175 所示。

图 9-175 新建图层并羽化选区

04 设置完成后，单击【确定】按钮，按 Alt+Delete 组合键填充前景色。填充后的效果如图 9-176 所示。

05 按 Ctrl+D 组合键取消选区，在【图层】面板中选择【云彩】图层，在菜单栏中选择【滤镜】|【渲染】|【分层云彩】命令，如图 9-177 所示。

图 9-176　填充前景色后的效果

图 9-177　选择【分层云彩】命令

06 继续选中【云彩】图层，按 Alt+Ctrl+F 组合键，再次添加【分层云彩】滤镜效果，如图 9-178 所示。

图 9-178　再次添加【分层云彩】滤镜效果

> 提示：因为【分层云彩】滤镜是随机生成云彩的值，每次应用的滤镜效果都不同，所以，在此不详细介绍色阶的参数，可以根据需要自行进行设置。

07 按 Ctrl+L 组合键，在弹出的对话框中调整【色阶】参数，如图 9-179 所示。

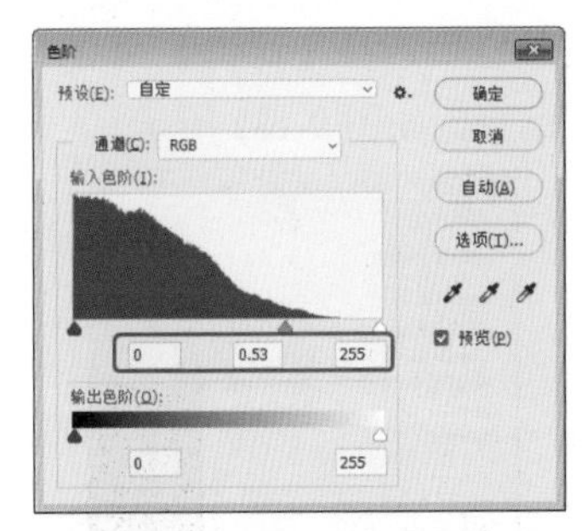

图 9-179　调整【色阶】参数

08 调整完成后，单击【确定】按钮，在【图层】面板中选择【云彩】图层，将【混合模式】设置为【滤色】，效果如图 9-180 所示。

图 9-180　应用【分层云彩】滤镜后的效果

2. 镜头光晕

【镜头光晕】滤镜用于模拟亮光照射到相机镜头所产生的折射。通过单击图像缩略图的任一位置或拖动其十字线，便可指定光晕中心的位置。下面介绍如何使用【镜头光晕】滤镜。

01 继续上面的操作，在【图层】面板中新建一个图层，将其命名为【镜头光晕】，按 Alt+Delete 组合键填充前景色，如图 9-181 所示。

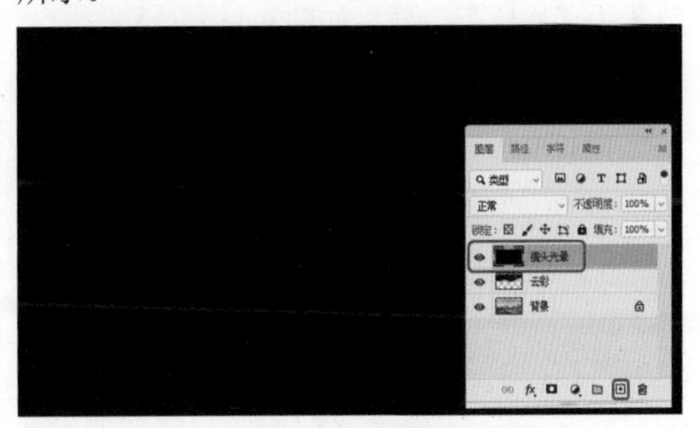

图 9-181　新建图层并填充前景色

02 在菜单栏中选择【滤镜】|【渲染】|【镜头光晕】命令，如图 9-182 所示。

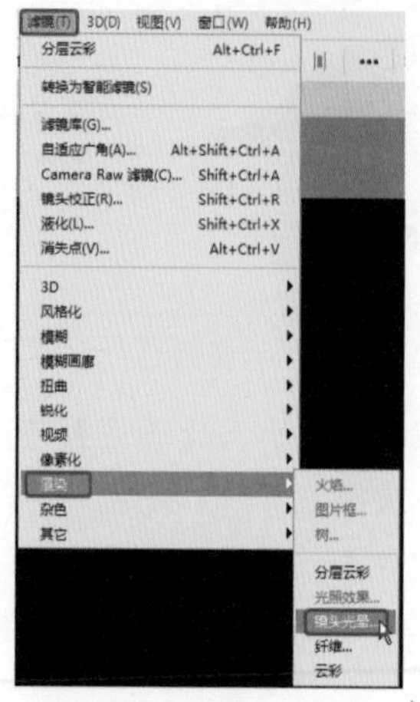

图 9-182　选择【镜头光晕】命令

03 在弹出的对话框中将【亮度】设置为 135%，选中【50-300 毫米变焦】单选按钮，在缩略图上调整光晕的位置，如图 9-183 所示。

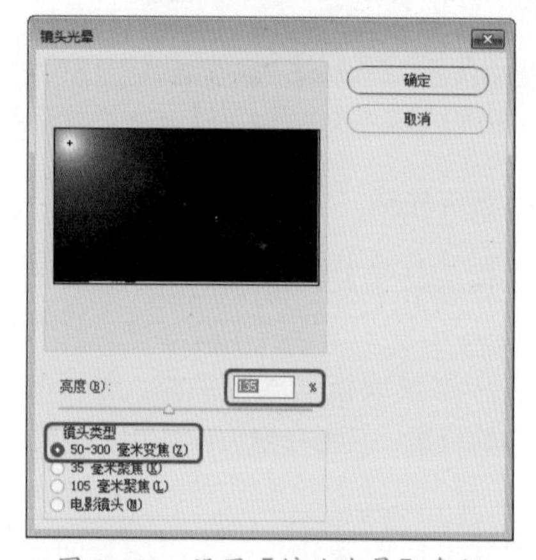

图 9-183　设置【镜头光晕】参数

04 设置完成后，单击【确定】按钮，在【图层】面板中选择【镜头光晕】图层，将【混合模式】设置为【滤色】，效果如图 9-184 所示。

图 9-184　应用【镜头光晕】后的效果

9.5.6　杂色滤镜组

使用杂色滤镜组可以为图像添加或移除杂色或带有随机分布色阶的像素，可以创建与众不同的纹理效果或移除图像中有问题的区域。

1. 减少杂色

【减少杂色】滤镜在基于影响整个图像或各个通道的用户设置保留边缘的同时减少杂色。在菜单栏中选择【滤镜】|【杂色】|【减少杂色】命令，将会打开【减少杂色】对话框，如图 9-185 所示，在该对话框中进行相应的设置即可。设置完成后，单击【确定】按钮，即可应用【减少杂色】滤镜效果，如图 9-186 所示。

图 9-185　【减少杂色】对话框

图 9-186　应用【减少杂色】滤镜后的效果

知识链接：【减少杂色】对话框

【减少杂色】对话框中各个参数的功能如下。

◎ 【强度】：该参数控制应用于所有图像通道的明亮度杂色减少量。

◎ 【保留细节】：该参数用于设置保留边缘和图像细节（如头发或纹理对象）。如果值为 100，则会保留大多数图像细节，但会将明亮度杂色减到最少。平衡设置【强度】和【保留细节】控件的值，以便对杂色减少操作进行微调。

◎ 【减少杂色】：该参数用于设置移去随机的颜色像素。值越大，减少的颜色杂色越多。

◎ 【锐化细节】：该参数用于对图像进行锐化。移去杂色将会降低图像的锐化程度。

◎ 【移去 JPEG 不自然感】：移去由于使用低 JPEG 品质设置存储图像而导致的斑驳的图像伪像和光晕。

2. 中间值

【中间值】滤镜通过混合选区中像素的亮度来减少图像的杂色。该滤镜可以搜索像素选区的半径范围以查找亮度相近的像素，扔掉与相邻像素差异太大的像素，并用搜索到的像素的中间亮度值替换中心像素，在消除或减少图像的动感效果时非常有用。图 9-187 为【中间值】对话框，图 9-188 为添加滤镜后的效果。

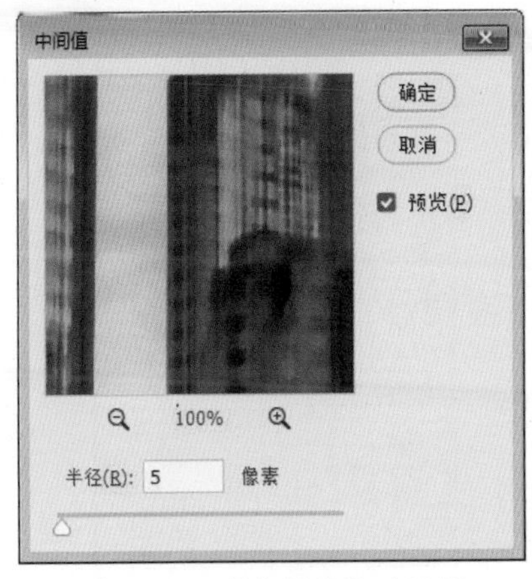

图 9-187 【中间值】对话框

图 9-188 添加【中间值】滤镜后的效果

【实战】神奇放大镜效果

神奇放大镜效果是利用素描风格照片和原图，通过不同图层顺序，创建剪贴蒙版来制作的神奇的放大镜效果，如图 9-189 所示。

图 9-189 神奇放大镜

素材：	素材 \Cha09\ 人物 2.jpg、放大镜 .psd
场景：	场景 \Cha09\【实战】神奇放大镜效果 .psd
视频：	视频教学 \Cha09\【实战】神奇放大镜效果 .mp4

01 按 Ctrl+O 组合键，打开【素材 \Cha09\ 人物 2.jpg】素材文件，如图 9-190 所示。

图 9-190 打开素材

02 选择【背景】图层，按 Ctrl+J 组合键复制图层，在菜单栏中选择【图像】|【调整】|【去色】命令，再次复制去色后的图层，如图 9-191 所示。

图 9-191　去色后的效果

03 选择【图层 1 拷贝】图层，按 Ctrl+I 组合键反相，如图 9-192 所示。

图 9-192　反相效果

04 在【图层】面板中将该图层的【混合模式】改为【颜色减淡】，如图 9-193 所示，此时照片会变为白色。

图 9-193　【颜色减淡】模式

05 在菜单栏中选择【滤镜】|【其他】|【最小值】命令，在弹出的【最小值】对话框中将【半径】设置为 3 像素，单击【确定】按钮，如图 9-194 所示。

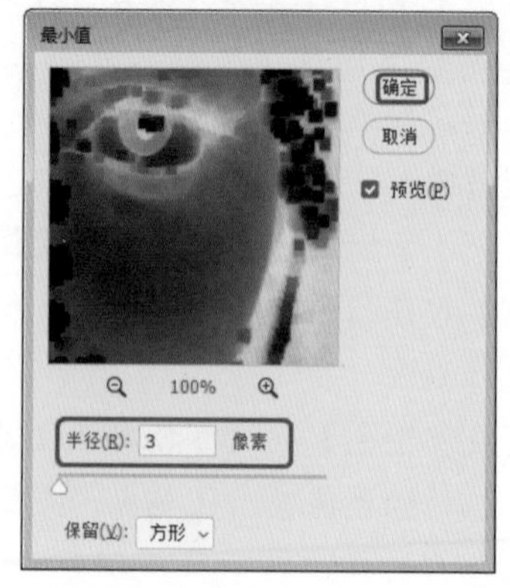

图 9-194　【最小值】对话框

06 按住 Ctrl 键将【图层 1】和【图层 1 拷贝】选中，按 Ctrl+E 组合键合并图层，如图 9-195 所示。

图 9-195　合并图层

07 选中合并后的图层，在菜单栏中选择【滤镜】|【杂色】|【添加杂色】命令，在弹出的【添加杂色】对话框中将【数量】设置为 10%，单击【确定】按钮，如图 9-196 所示。

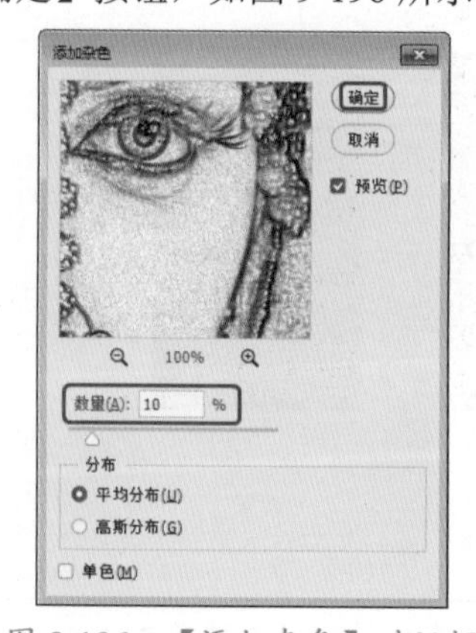

图 9-196　【添加杂色】对话框

08 在菜单栏中选择【滤镜】|【模糊】|【动感模糊】命令，在弹出的【动感模糊】对话框中将【角度】设置为 43 度，将【距离】设置为 5 像素，单击【确定】按钮，如图 9-197 所示。

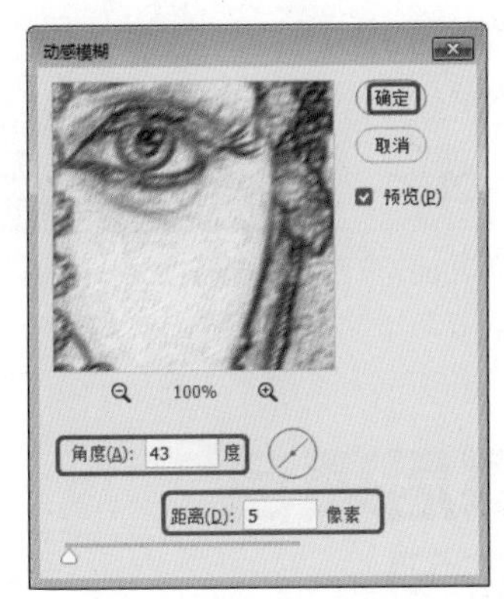

图 9-197 【动感模糊】对话框

09 打开【素材 \Cha09\ 放大镜 .psd】素材文件，按住 Ctrl 键选中【镜片】图层和【镜框】图层，右击鼠标，在弹出的快捷菜单中选择【链接图层】命令，效果如图 9-198 所示。

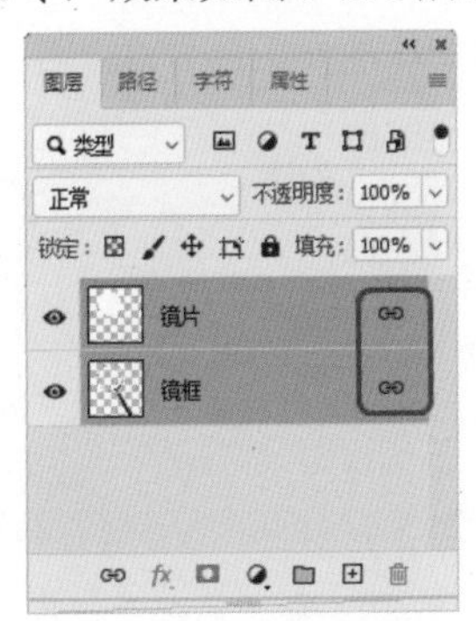

图 9-198 链接图层

10 使用【移动工具】，将【放大镜 .psd】拖动至【人物 02.jpg】素材文件中，单击【图层】面板右侧的【指示图层部分锁定】按钮 来解锁【背景】图层，然后将其拖动至【镜片】图层的上方，如图 9-199 所示。

11 将【镜框】图层移动至【背景】图层上方，如图 9-200 所示。

12 按住 Alt 键在人物图层和【镜片】图层之间单击鼠标，创建剪贴蒙版，如图 9-201 所示。

13 用鼠标移动放大镜就可以看到下方的彩色人物，如图 9-202 所示。

图 9-199 移动【背景】图层

图 9-200 移动【镜框】图层

图 9-201 蒙版效果

图 9-202 移动放大镜效果

9.5.7 其他滤镜组

在其他滤镜组中包括 6 种滤镜，它们中有允许用户自定义滤镜的命令，也有使用滤镜修改蒙版、在图像中使选区发生位移和快速调整颜色的命令。下面介绍两种常用的滤镜使用方法。

1. 高反差保留

使用【高反差保留】滤镜可以在有强烈颜色转变发生的地方按指定的半径保留边缘细节，并且不显示图像的其余部分。该滤镜对于从扫描图像中取出艺术线条和大的黑白区域非常有用。如图 9-203 所示为【高反差保留】对话框，通过调整【半径】参数可以改变保留边缘细节，效果如图 9-204 所示。

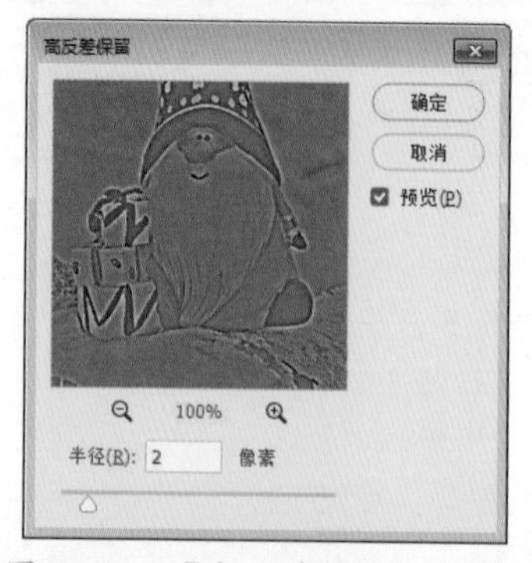

图 9-203 【高反差保留】对话框

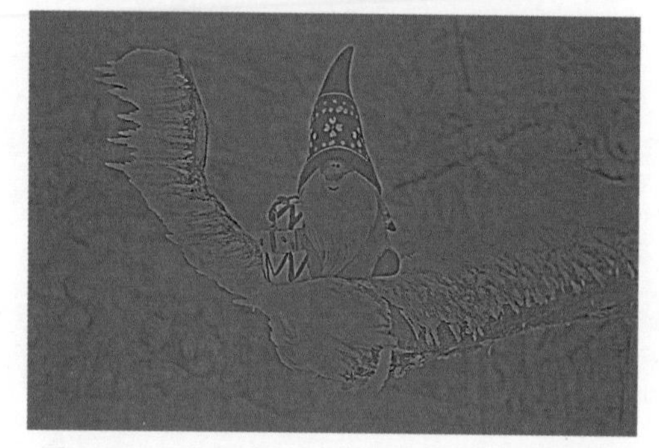

图 9-204 应用【高反差保留】滤镜后的效果

2. 位移

使用【位移】滤镜可以水平或垂直偏移图像，对于由偏移生成的空缺区域，还可以用不同的方式来填充。选中【设置为背景】单选按钮，将以背景色填充空缺部分；选中【重复边缘像素】单选按钮，可在图像边界的空缺部分填入扭曲边缘的像素颜色；选中【折回】单选按钮，可在溢出图像之外的内容填满空缺部分，在这里选择【折回】选项。其参数设置如图 9-205 所示，完成后的效果如图 9-206 所示。

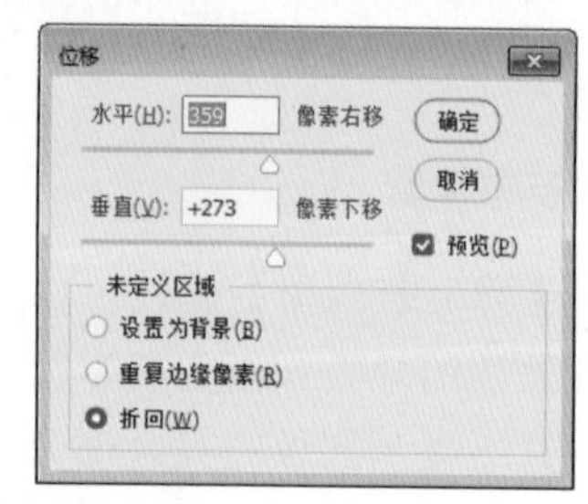

图 9-205 【位移】对话框

图 9-206 应用【位移】滤镜后的效果

课后项目练习

服装网站宣传广告

某服装店铺要将童装上架，需要制作服装网站宣传广告，要求具有一定的宣传性，效果如图 9-207 所示。

图 9-207 服装网站宣传广告

课后项目练习过程概要：

（1）使用【钢笔工具】绘制童装秀的背景底板。为白色的底板添加投影效果，使整体效果富有层次感。

（2）为广告文本选择合适的字体，使宣传广告版面比较活泼。

（3）为飞机素材添加白色描边效果，通过【形状工具】制作出星星对象，最后为了管理图层，可以将星星对象进行编组。

（4）添加素材文件并输入其他的文本对象，为人物制作阴影部分。

素材：	素材 \Cha09\ 服装网站素材 01.jpg、服装网站素材 02.png~ 服装网站素材 05.png
场景：	场景 \Cha09\ 服装网站宣传广告 .psd
视频：	视频教学 \Cha09\ 服装网站宣传广告 .mp4

01 按 Ctrl+O 组合键，打开【素材 \Cha09\ 服装网站素材 01.jpg】素材文件，如图 9-208 所示。

图 9-208　打开的素材文件

02 在工具箱中单击【钢笔工具】按钮，在工具选项栏中将【工具模式】设置为【形状】，绘制如图 9-209 所示的图形，将【填充】设置为 # a2dcf2，【描边】设置为无。

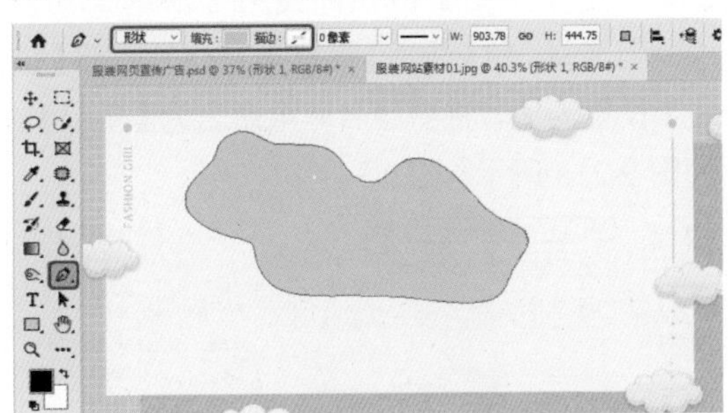

图 9-209　绘制图形并设置填色和描边

03 使用【钢笔工具】绘制如图 9-210 所示的图形，将【填充】设置为白色，【描边】设置为无。

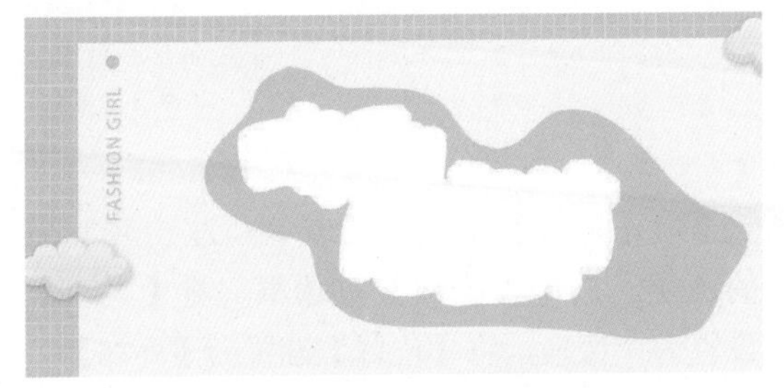

图 9-210　绘制图形并进行设置

04 双击【形状 2】图层，弹出【图层样式】对话框，选中【投影】复选框，将【混合模式】设置为【正片叠底】，将【颜色】设置为 # 0458a4，将【不透明度】设置为 35%，【角度】设置为 90 度，【距离】【扩展】【大小】设置为 7 像素、33%、16 像素，如图 9-211 所示。

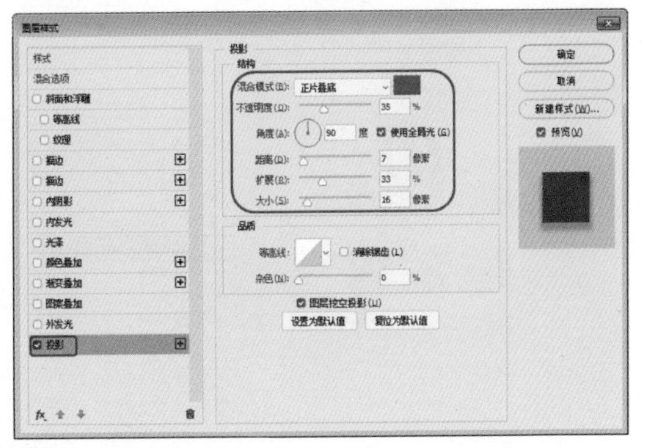

图 9-211　设置图形的【投影】参数

05 单击【确定】按钮，在工具箱中单击【横排文字工具】按钮，输入文本【时尚】，将【字体】设置为【汉仪太极体简】，【字体大小】设置为 125 点，将【时】的颜色值设置为 # fd8d22，将【尚】的颜色值设置为 #f7c111，将【字符间距】设置为 0，效果如图 9-212 所示。

图 9-212　制作完成后的效果

06 继续使用【横排文字工具】输入文本，将【字体】设置为【汉仪太极体简】，【字体大小】设置为 130 点，将颜色值设置为 # 448aca，如图 9-213 所示。

07 置入【服装网站素材 02.png】素材文件，适当地调整对象的位置，如图 9-214 所示。

图 9-213　设置文本参数

图 9-214　置入素材并进行调整

08 使用【横排文字工具】输入文本，将【字体】设置为【Adobe 黑体 Std】，将【字体大小】设置为 32 点，将【字符间距】设置为 -25，将【颜色】设置为 # 448aca，单击【全部大写字母】按钮TT，在【属性】面板中将【旋转】设置为 19.2°，如图 9-215 所示。

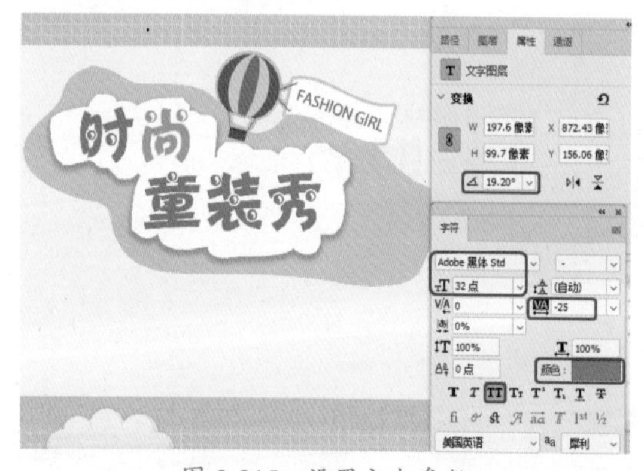

图 9-215　设置文本参数

09 置入【服装网站素材 03.png】素材文件，适当地调整对象的位置，双击该图层，如图 9-216 所示。

10 弹出【图层样式】对话框，选中【描边】复选框，将【大小】设置为 6 像素，将【位置】设置为【外部】，【颜色】设置为白色，如图 9-217 所示。

图 9-216　置入素材并进行调整

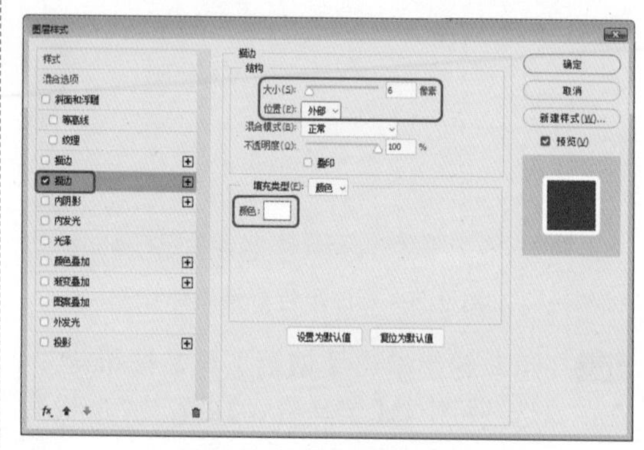

图 9-217　设置描边参数

11 单击【确定】按钮，使用【钢笔工具】绘制五角星，将【颜色】设置为#fd8d22，将【描边】设置为无，将图层名称重命名为【星星】，如图 9-218 所示。

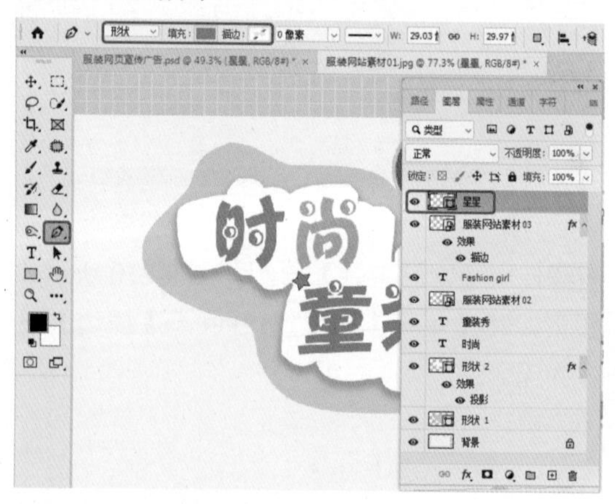

图 9-218　绘制五角星

12 将【星星】图层进行复制，双击复制后的图层，选中【描边】复选框，将【大小】设置为 7 像素，将【位置】设置为【外部】，将【颜色】设置为白色，如图 9-219 所示。

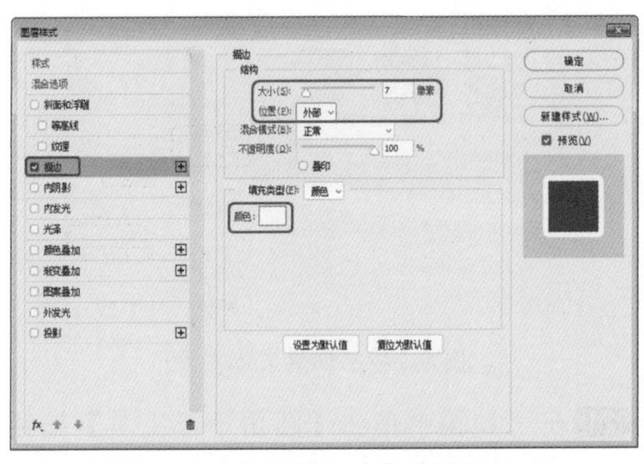
图 9-219 复制星星对象并设置描边

13 单击【确定】按钮，调整对象的大小及位置，使用同样的方法制作其他的星星对象，在【图层】面板中单击【创建新组】按钮，将其重命名为【星星组】，将绘制的所有星星对象拖曳至该组中，如图 9-220 所示。

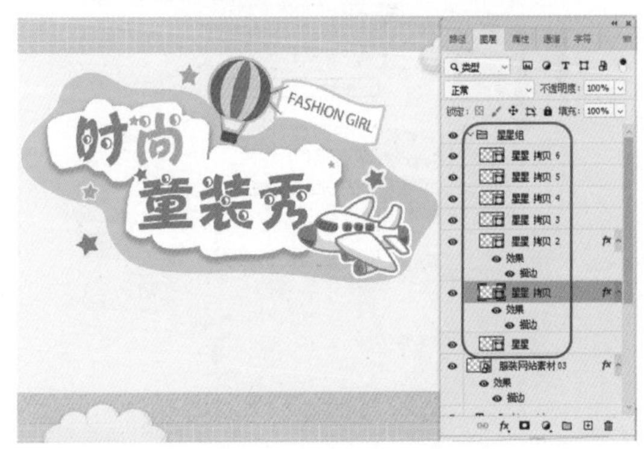
图 9-220 对星星对象编组

14 置入【服装网站素材 04.png】素材文件，调整对象的大小及位置，双击该图层，如图 9-221 所示。

图 9-221 置入素材并进行调整

15 弹出【图层样式】对话框，选中【投影】复选框，将【混合模式】设置为【正片叠底】，将【颜色】设置为黑色，将【不透明度】设置为 27%，将【角度】设置为 90 度，将【距离】【扩展】【大小】设置为 9 像素、0%、24 像素，如图 9-222 所示。

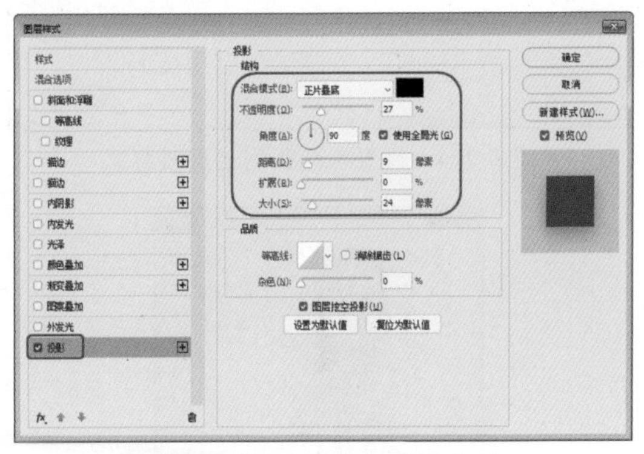
图 9-222 设置【投影】参数

16 单击【确定】按钮，置入【服装网站素材 05.png】素材文件，调整对象的大小及位置，如图 9-223 所示。

图 9-223 调整对象的大小及位置

17 将置入的素材文件复制一层，将名称重命名为【人物阴影】，双击该图层，弹出【图层样式】对话框，选中【颜色叠加】复选框，将【颜色】设置为 # 1b2e42，将【不透明度】设置为 40%，如图 9-224 所示。

18 单击【确定】按钮，在菜单栏中选择【滤镜】|【模糊】|【高斯模糊】命令，弹出【高斯模糊】对话框，将【半径】设置为 5 像素，如图 9-225 所示。

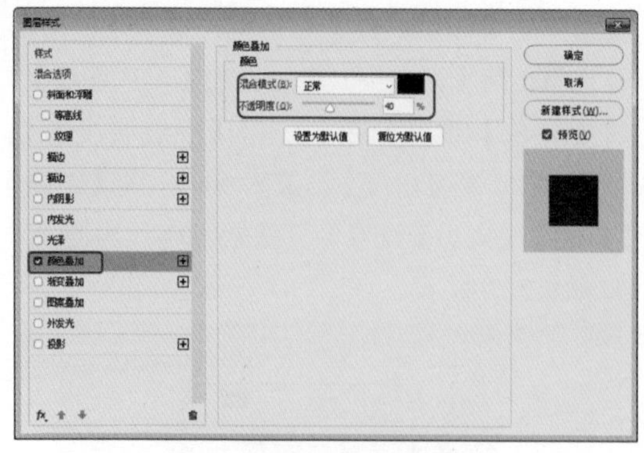

图 9-224　设置人物阴影的图层样式

图 9-225　设置【高斯模糊】参数

19 单击【确定】按钮，将【人物阴影】图层调整至【服装网站素材 05】图层的下方，在工具箱中单击【圆角矩形工具】按钮，将 W、H 设置为 440 像素、78 像素，将【填充】设置为 # a2dcf2，【描边】设置为无，将【右上角半径】【左下角半径】设置为 0 像素，【左上角半径】【右下角半径】设置为 50 像素，如图 9-226 所示。

图 9-226　设置圆角矩形参数

20 在工具箱中单击【横排文字工具】按钮，输入文本，将【字符】面板中的【字体】设置为【方正大黑简体】，【字体大小】设置为 48 点，将【字符间距】设置为 -25，将【颜色】设置为白色，如图 9-227 所示。

图 9-227　设置文本参数

21 在工具箱中单击【圆角矩形工具】按钮，将 W、H 设置为 547 像素、50 像素，将【填充】设置为无，【描边】的颜色设置为 # 448aca，将【描边宽度】设置为 2 像素，将【左上角半径】【右下角半径】设置为 0 像素，将【右上角半径】【左下角半径】设置为 50 像素，如图 9-228 所示。

图 9-228　设置圆角矩形参数

22 在工具箱中单击【横排文字工具】按钮，输入文本，将【字符】面板中的【字体】设置为【微软雅黑】，将【字体系列】设置为 Bold，【字体大小】设置为 30 点，将【字符间距】设置为 195，将【颜色】设置为 # 448aca，如图 9-229 所示。

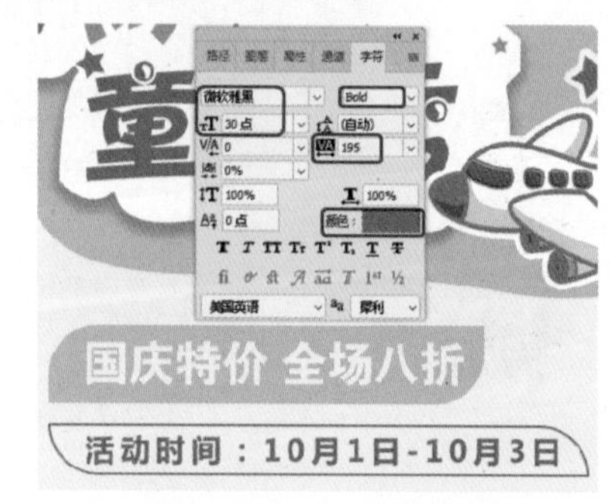

图 9-229　设置文本参数

口红网站宣传广告

口红对于女性来说有着十分重要的地位，大多数女性的包包里都会有一支自己喜爱的口红。在淘宝中，口红店铺也较为常见。在制作口红淘宝店铺时，需要注意图片与文字的颜色搭配，通过版面的构成在第一时间内吸引人们的目光。近日某美妆店铺要将新品口红上架，需要制作口红网站宣传广告，要求具有一定的宣传性，效果如图 9-230 所示。

图 9-230　口红网站宣传广告

课后项目练习过程概要：

（1）打开素材文件，置入礼物盒素材文件，设置对象的投影以及动感模糊效果。

（2）置入女王节的艺术字，并进行相应的调整。

（3）输入女王节的文案，最终制作出口红网站宣传广告效果。

素材：	素材 \Cha09\ 口红网站素材 01.jpg、口红网站素材 02.png~ 口红网站素材 05.png
场景：	场景 \Cha09\ 口红网站宣传广告 .psd
视频：	视频教学 \Cha09\ 口红网站宣传广告 .mp4

01 按 Ctrl+O 组合键，打开【素材 \Cha09\ 口红网站素材 01.jpg】素材文件，如图 9-231 所示。

图 9-231　打开的素材文件

02 置入【口红网站素材 02.png】素材，调整素材文件的大小及位置，如图 9-232 所示。

图 9-232　置入素材并调整大小及位置

03 双击该图层，弹出【图层样式】对话框，选中【投影】复选框，将【混合模式】设置为【正片叠底】，将【颜色】设置为黑色，将【不透明度】设置为 70%，将【角度】设置为 90 度，将【距离】【扩展】【大小】设置为 15 像素、0%、24 像素，如图 9-233 所示。

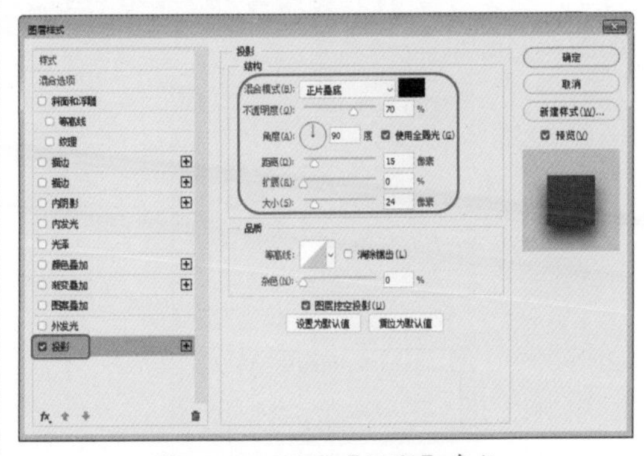

图 9-233　设置【投影】参数

04 单击【确定】按钮，在菜单栏中选择【滤镜】|【模糊】|【动感模糊】命令，弹出【动感模糊】对话框，将【角度】【距离】设置为 55 度、8 像素，如图 9-234 所示。

图 9-234　设置【动感模糊】参数

05 单击【确定】按钮，置入【口红网站素材 03.png】素材，在菜单栏中选择【滤镜】|【模糊】|【动感模糊】命令，将【角度】【距离】设置为 55 度、5 像素，如图 9-235 所示。

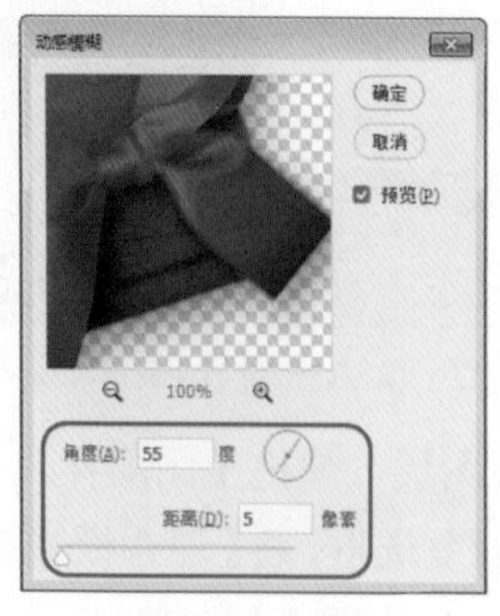

图 9-235 设置【动感模糊】参数

06 单击【确定】按钮，置入【口红网站素材 04.png】素材，同样为素材添加动感模糊效果，将【角度】【距离】设置为 10 度、3 像素，如图 9-236 所示。

图 9-236 设置【动感模糊】参数

07 置入【口红网站素材 05.png】素材并调整对象的大小及位置，如图 9-237 所示。

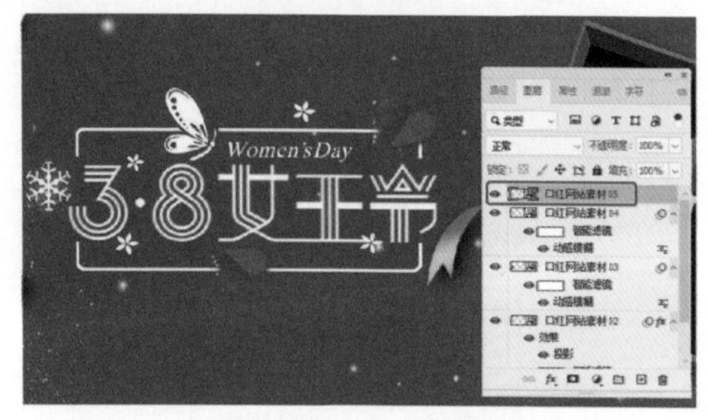

图 9-237 置入素材并进行调整

08 使用【横排文字工具】输入文本，将【字体】设置为【经典粗宋简】，将【字体大小】设置为 47 点，将【字符间距】设置为 -60，将【颜色】设置为 # f9c60a，如图 9-238 所示。

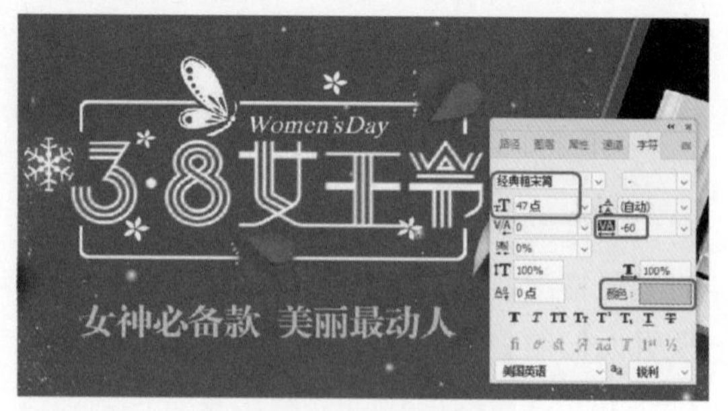

图 9-238 设置文本参数

09 使用【横排文字工具】输入文本，将【字体】设置为【方正大标宋简体】，将【字体大小】设置为 30 点，将【字符间距】设置为 220，将【颜色】设置为白色，如图 9-239 所示。

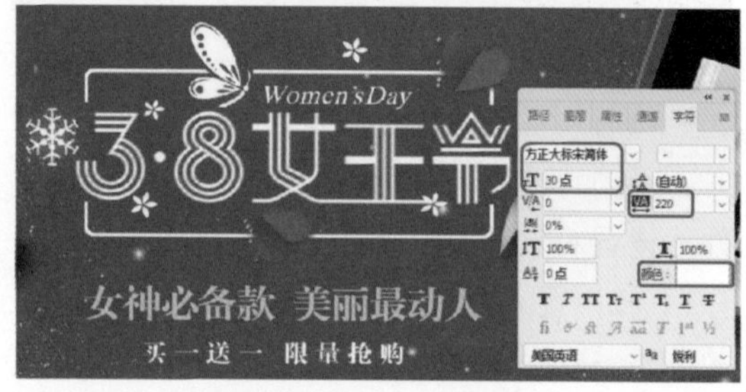

图 9-239 设置文本参数

10 在工具箱中单击【直线工具】按钮，在工具选项栏中将【工具模式】设置为【形状】，将【填充】设置为白色，将【描边】设置为无，将【粗细】设置为 2 像素，绘制水平线段，如图 9-240 所示。

图 9-240 绘制水平线段并进行设置

第 10 章

课程设计

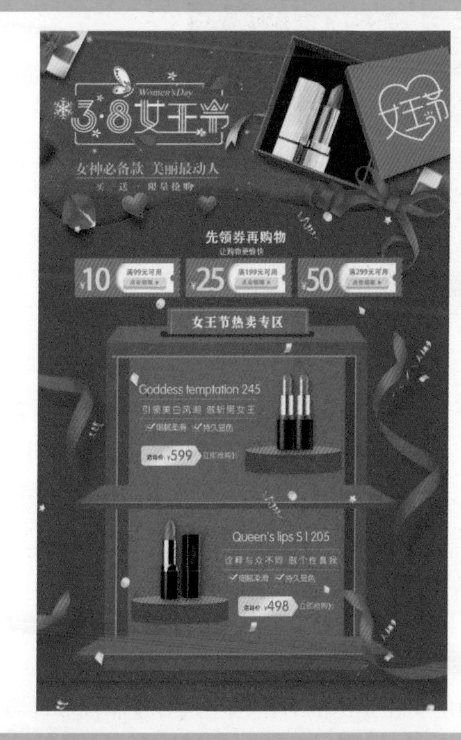

在很多淘宝店铺中，为了增添艺术效果，经常利用多种颜色及复杂的图形，让画面看起来色彩斑斓，从而激发大众的购买欲，这也是淘宝店铺的一大特点。本课程设计了口红淘宝店铺及服装淘宝店铺的案例，让读者自主进行动手操作，巩固学习。

10.1 口红淘宝店铺设计

效果展示：

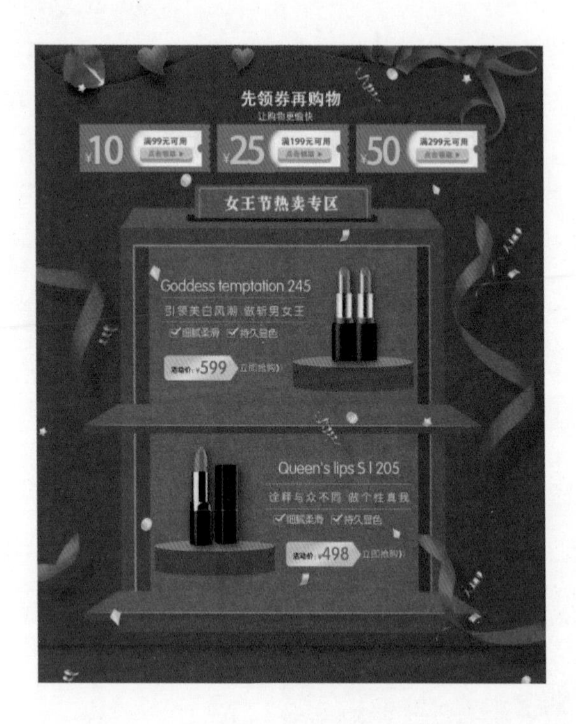

操作要领：

（1）新建【宽度】【高度】为1300像素、2060像素的文档，将【分辨率】设置为72像素/英寸，将【背景内容】设置为【自定义】，将【颜色】设置为#9b0a20，置入【口红素材01.jpg】素材文件，在【图层】面板中选择【口红素材01】图层，单击【添加图层蒙版】按钮，在工具箱中单击【渐变工具】，在工具选项栏中将渐变颜色设置为【黑，白渐变】，单击【线性渐变】按钮，在工作区中拖动鼠标，为图层蒙版填充渐变。

（2）在工具箱中单击【钢笔工具】，在工具选项栏中将【工具模式】设置为【形状】，将【填充】设置为#900113，将【描边】设置为无，在工作区中绘制图形。

（3）在【图层】面板中双击【形状1】图层，在弹出的对话框中选择【斜面和浮雕】选项，将【样式】设置为【内斜面】，将【方法】设置为【平滑】，将【深度】设置为100%，选中【上】单选按钮，将【大小】【软化】分别设置为1像素、0像素，选中【使用全局光】复选框，将【角度】【高度】分别设置为90度、30度，将【高光模式】设置为【叠加】，将【高亮颜色】设置为白色，将【不透明度】设置为75%，将【阴影模式】设置为【正片叠底】，将【阴影颜色】设置为黑色，将【不透明度】设置为0%。

（4）设置完成后，在【图层样式】对话框中选择【投影】选项，将【混合模式】设置为【叠加】，将【阴影颜色】设置为黑色，将【不透明度】设置为86%，选中【使用全局光】复选框，将【角度】设置为90度，将【距离】【扩展】【大小】分别设置为0像素、0%、39像素。

（5）在工具箱中单击【钢笔工具】，在工具选项栏中将【填充】设置为#900113，将

【描边】设置为无，在工作区中绘制图形，制作出背景的底板，在【图层】面板中选择【形状 1】图层，右击鼠标，在弹出的快捷菜单中选择【拷贝图层样式】命令，选择【形状 2】图层，右击鼠标，在弹出的快捷菜单中选择【粘贴图层样式】命令，为【形状 2】图层添加图层样式。

（6）根据前面所介绍的方法将【口红素材 02.png】【口红素材 03.png】素材文件置入文档，并在工作区中调整其位置，在【图层】面板中双击【口红素材 03】图层，在弹出的对话框中选择【投影】选项，将【混合模式】设置为【正片叠底】，将【阴影颜色】设置为 # 040000，将【不透明度】设置为 20%，选中【使用全局光】复选框，将【角度】设置为 90 度，将【距离】【扩展】【大小】分别设置为 16 像素、0%、18 像素。

（7）使用【横排文字工具】输入其他的文本对象，并置入相应的素材文件，完成最终效果。

10.2 服装淘宝店铺设计

效果展示：

操作要领：

（1）新建【宽度】【高度】为 1920 像素、3499 像素的文档，将【分辨率】设置为 72 像素 / 英寸，将【背景内容】设置为【自定义】，将颜色值设置为 #bcedf4，置入【服装素材 01.jpg】素材文件，适当地调整对象的大小及位置。

（2）使用【钢笔工具】绘制装饰形状，将【填充】设置为 #0cb5d4，【描边】设置为无。

（3）置入【服装素材 02.png】素材文件，调整对象的大小及位置，使用【横排文字工具】输入文本，为文本添加相应的投影效果，并设置对象的投影参数。

（4）使用【矩形工具】【圆角矩形工具】和【横排文字工具】制作优惠券部分内容。

（5）使用同样的方法制作服装款式区域的内容，置入相应的素材文件，从而完成最终效果。

附　录

Photoshop 2020 常用快捷键

文件

新建 Ctrl+N	打开 Ctrl+O	打开为 Alt+Shift+Ctrl+O
关闭 Ctrl+W	保存 Ctrl+S	另存为 Ctrl+Shift+S
打印 Ctrl+P	退出 Ctrl+Q	

选择

全选 Ctrl+A	取消选择 Ctrl+D	全部选择 Ctrl+Shift+D
反选 Ctrl+Shift+I		

工具

矩形、椭圆选框工具 M	裁剪工具 C	移动工具 V
套索、多边形套索、磁性套索 L	魔棒工具 W	临时使用抓手工具 空格键
画笔工具 B	仿制图章、图案图章 S	历史记录画笔工具 Y
橡皮擦工具 E	减淡、加深、海绵工具 O	钢笔、自由钢笔、磁性钢笔 P
直接选取工具 A	文字、文字蒙版、直排文字、直排文字蒙版 T	渐变工具 G
吸管、颜色取样器 I	抓手工具 H	缩放工具 Z
默认前景色和背景色 D	切换前景色和背景色 X	切换标准模式和快速蒙版模式 Q
标准屏幕模式、带有菜单栏的全屏模式、全屏模式 F	临时使用移动工具 Ctrl	

编辑操作

还原 / 重做前一步操作 Ctrl+Z	还原两步以上操作 Ctrl+Alt+Z	重做两步以上操作 Ctrl+Shift+Z
复制选取的图像或路径 Ctrl+C	将剪贴板的内容粘贴到当前图形中 Ctrl+V 或 F4	将剪贴板的内容粘贴到选框中 Ctrl+Shift+V
应用自由变换（在自由变换模式下）Enter	从中心或对称点开始变换（在自由变换模式下）Alt	限制（在自由变换模式下）Shift

续表

扭曲（在自由变换模式下）Ctrl	取消变形（在自由变换模式下）Esc	自由变换复制的像素数据 Ctrl+Shift+T
再次变换复制的像素数据并建立一个副本 Ctrl+Shift+Alt+T	删除选框中的图案或选取的路径 Del	用背景色填充所选区域或整个图层 Ctrl+Del
用前景色填充所选区域或整个图层 Alt+Del	从历史记录中填充 Alt+Ctrl+Backspace	

图像调整

调整色阶 Ctrl+L	自动调整色阶 Ctrl+Shift+L	打开曲线调整对话框 Ctrl+M
反相 Ctrl+I	打开【色彩平衡】对话框 Ctrl+B	打开【色相/饱和度】对话框 Ctrl+U
全图调整（在【色相/饱和度】对话框中）Ctrl+2	只调整红色（在【色相/饱和度】对话框中）Ctrl+3	只调整黄色（在【色相/饱和度】对话框中）Ctrl+4
只调整绿色（在【色相/饱和度】对话框中）Ctrl+5	只调整青色（在【色相/饱和度】对话框中）Ctrl+6	只调整蓝色（在【色相/饱和度】对话框中）Ctrl+7
只调整洋红（在【色相/饱和度】对话框中）Ctrl+8	去色 Ctrl+Shift+U	自动对比度 Ctrl+Shift+Alt+L

图层操作

从对话框新建一个图层 Ctrl+Shift+N	以默认选项建立一个新的图层 Ctrl+Alt+Shift+N	通过复制建立一个图层 Ctrl+J
通过剪切建立一个图层 Ctrl+Shift+J	与前一图层编组 Ctrl+G	取消编组 Ctrl+Shift+G
向下合并或合并链接图层 Ctrl+E	合并可见图层 Ctrl+Shift+E	盖印或盖印链接图层 Ctrl+Alt+E
盖印可见图层 Ctrl+Alt+Shift+E	将当前层下移一层 Ctrl+[	将当前层上移一层 Ctrl+]
将当前层移到最下面 Ctrl+Shift+[	将当前层移到最上面 Ctrl+Shift+]	激活下一个图层 Alt+[
激活上一个图层 Alt+]	激活底部图层 Shift+Alt+[	激活顶部图层 Shift+Alt+]
调整当前图层的透明度（当前工具为无数字参数的，如移动工具）0 至 9	投影效果（在效果对话框中）Ctrl+1	

续表

内阴影效果(在效果对话框中)Ctrl+2	外发光效果(在效果对话框中)Ctrl+3	内发光效果(在效果对话框中)Ctrl+4
斜面和浮雕效果(在效果对话框中)Ctrl+5		

视图操作

显示单色通道 Ctrl+ 数字	显示复合通道 ~	以 CMYK 方式预览(开关)Ctrl+Y
打开 / 关闭色域警告 Ctrl+Shift+Y	放大视图 Ctrl++	缩小视图 Ctrl+-
满画布显示 Ctrl+0	显示 / 隐藏标尺 Ctrl+R	显示 / 隐藏参考线 Ctrl+;
锁定参考线 Ctrl+Alt+;	显示 / 隐藏【画笔】面板 F5	显示 / 隐藏【颜色】面板 F6
显示 / 隐藏【图层】面板 F7	显示 / 隐藏【信息】面板 F8	显示 / 隐藏【动作】面板 F9
显示 / 隐藏所有命令面板 Tab	色域警告 Ctrl+Shift+Y	实际像素 Ctrl+Alt+0
显示附加 Ctrl+H	显示网格 Ctrl+Alt+'	锁定参考线 Ctrl+Alt+;
启用对齐 Shift+Ctrl+;		

参考文献

[1] 姜洪侠，张楠楠 . Photoshop CC 图形图像处理标准教程 [M]. 北京：人民邮电出版社，2016.

[2] 周建国 . Photoshop CS6 图形图像处理标准教程 [M]. 北京：人民邮电出版社，2016.

[3] 孔翠，杨东宇，朱兆曦 . 平面设计制作标准教程 Photoshop CC +Illustrator CC[M]. 北京：人民邮电出版社，2016.

[4] 沿铭洋，聂清彬，Illustrator CC 平面设计标准教程 [M]. 北京：人民邮电出版社，2016.

[5] Adobe 公司 . Adobe InDesign CC 经典教程 [M]. 北京：人民邮电出版社，2014.